KB044532

인간 등정의 발자취

인간 등정의 발자취

제이콥 브로노우스키 지음

THE ASCENT OF MAN

Jacob Bronowski

송상용 감수

김은국·김현숙 옮김

바다출판사

*이 책의 저자인 Jacob Bronowski의 이름 표기는 우리나라에서 브로노프스키, 브로노브스키, 브로노우스키 등 통일이 되지 않아 그동안 혼란이 있었다. 저자가 폴란드 태생임에 비추어볼 때 표준어 규정에 의거하면 브로노브스키로 표기하는 것이 일반적이나 저자가 일찍부터 영국에 귀화하여 브로노우스키로 불렸으므로 이 책에서 브로노우스키로 표기하였다.

『인간 등정의 발자취』가 탄생하기까지

최초로 〈인간 등정의 발자취The Ascent of Man〉의 윤곽을 잡은 시기는 1969년 7월이었고, 텔레비전 프로그램의 막바지 촬영이 1972년 12월 무렵이었다. 이와 같은 방대한 작업이란 무한한 흥분을 자아내는 일이긴 하지만 가볍게 손댈 일은 아니었다. 꾸준한 지적·육체적 정력과 전면적인 몰입이 요청되는 일이니만큼, 기꺼이나 자신을 송두리째 바칠 각오가 있어야 했다. 이를테면 이미 시작해놓은 연구 활동도 뒤로 미루어야만 했다. 그래서 무엇 때문에 내가 이 일을 맡게 되었는가를 설명할 필요를 느낀다.

지난 20년 동안 과학은 큰 변화를 겪어왔다. 물리과학에서 생명과학으로 관심의 초점이 옮아갔다. 그 결과 과학은 점점 더 개체성의 연구 쪽으로 기울어지고 있다. 과학도들조차 이것이 과학이 빚어내는 인간상을 변화시키는 데 얼마나 중대한 영향을 끼치고 있는지를 미처 깨닫지 못하고 있다. 물리학을 공부한 수학자인 나도, 일련의 행운에 힘입어 중년에 이르러서야 생명과학 분야에 입문하면서 그것을 깨닫게 되었다. 나는 일생 동안에 발전적인 두 과학 분야에 몰두하는 행운을 입었다. 누구에게인지는 모르겠으나, 그 빚을 갚는 심정으로 나는 〈인간 등정의 발자취〉를 구상하게 되었다.

BBC(영국방송공사)는 내가 클라크 경의 〈문명Civilization〉에 비길 만한 텔레비전 시리즈를 만들어 과학의 발전상을 제시해주기를 원했다. 텔레비전은 몇 가지 면에서 경탄할 만한 해설 매체다. 인간의 시각에 직접 강력하게 호소하며, 묘사되고 있는 장소와 과정 속으로 시청자를 몸소 끌어들일 수 있으며, 또 다분히 대화적이어서 목격하고 있는 대상이 사건이 아니라 인간의 행동이라는 것을 시청자들이 의식하게 한다. 내가 텔레비전 에세이 형식으로 관념에 대한 개인적 전기를 제작하기로 합의한 데는 이 마지막 장점이 가장 강력하게 작용했다. 요컨대 일반적 지식, 특히 과학은 그 시발점에서부터 현대의 특유한 모델에 이르기까지, 추상적인 관념이 아니라 인간이 만든 관념으로 이루어졌다. 그러므로 자연을 해석하는 기본적인 개념들은 초기의 가장 단순한 인류 문화에서 인간의 기초적이고 구체적인 기능들로부터 일어났음을 보여주어야 한다. 그리고 그들의 뒤를 이어 점차 복잡한 결합을 이루어나가는 과학의 발전도 마찬가지로 인간적인 차원에서 보아야 한다. 발견이란 정신의 소산일 뿐만 아니라 인간의 행위이므로 생명이 있고 개성이 충만하다. 텔레비전이 그와 같은 생각들을 구체화하는 데 이용되지 않는다면 낭비일 것이다.

관념을 드러내는 일은 어쨌든 친근하고도 개인적인 노력으로 이루어지는 것이며, 여기서 우리는 텔레비전과 인쇄된 책 간의 공통된 기반에 이르게 된다. 강연 또는 영화 상영과는 달리, 텔레비전은 군중을 겨냥하지 않는다. 그것은 방 안에 있는 두세 사람에게 얼굴을 맞댄 대화—책과 마찬가지로 대부분 일방적인 대화임에도 불구하고 가정적이고 소크라테스적 문답식이다—로써 전달된다. 지식의 철학적 의미에 몰두하고 있는 나에게는 이 점이 텔레비전 매체가 주는 가장 매력적인 선물이며 그로 인해 책과 같이 설득력 있는 지성적인 힘이 될 수 있는 것이다.

인쇄된 책은 한 가지 자유가 더 있다. 구두로 하는 담화와는 달리 책은 시간의 흐름에 얽매이지 않는다. 독자는 시청자들이 할 수 없는 일을 할 수 있다. 잠시 멈추어 성찰하고, 책장을 되넘기며 논증을 재검토하고, 이것과 저것의 사실을 비교하는 등 대체로 자유롭게 세부적인 증거를 음미할 수 있다. 텔레비전 화면에서 먼저 말했던 내용을 글로 쓰면서, 나는 가능한 한 이러한 마음의 한가로운 행보라는 장점을 이용했다. 텔레비전 방송을 하기 위해서 방대한 조사·연구가 필요했었는데, 그 연구에서 예상치 못했던 연관성과 기이한 사실들이 드러났다. 만약 그 풍부한 내용을 추려서 이 책에 담지 않았더라면 섭섭한 일이 되었을 것이다. 실은 그 이상의 작업, 즉 본문에 근거 자료와 인용구들을 상세하게 삽입하는 일을 하고 싶었다. 그랬다면 이 책은 일반 독자보다는 학생들을 위한 저서가 되고 말았을 것이다.

텔레비전 프로그램에 사용할 문안을 작성하면서 나는 두 가지 이유에서 최대한 구어체를 유지했다. 첫째, 말 속에 담긴 생각의 자연스런 흐름이 유지되기를 바랐기 때문이다. 그래서 어느 장소를 가나 그러기 위해 최선을 다했고, 같은 이유로 가능한 한 시청자들과 나에게 다 같이 참신한 장소를 선택했다. 더 중요한 둘째 이유는, 그에 못지않게 논증의 자연스런 흐름을 살리고 싶었기 때문이다. 말을 통한 논증이란 격식이 없고 스스로 발견하게 하는 역할을 한다. 그것은 문제의 핵심을 가려내고 어떤 각도에서 그 핵심이 결정적이며 새로운 것인가를 보여준다. 그리고 단순할지라도 논리에 맞는 해결의 방향과 노선을 제시한다. 논증의 이런 철학적 형태가 과학의 기반이 되는 것이며, 그것을 흐리게 하는 일은 일절 허용해서는 안 되리라 생각한다.

사실 이 책의 내용은 과학의 영역을 넘어서는 것이다. 내가 인간의 문화적 진화에 있는 다른 단계들을 염두에 두지 않았다면 이 책의 제목을 'The Ascent of Man'이라고 하지 않았을 것이다. 여기서도 나의 야심은 문학이나 과학을 다룬 나의 다른 책들의 경우와 다를 바가 없이 모두가 한 덩어리를 이루게 되는 20세기의 철학을 도출하려는 것이었다. 다른 책에서처럼, 이 시리즈도 역사라기보다는 철학을, 그리고 과학의 철학(Philosophy of Science)이라기보다는 자연의 철학(Philosophy of Nature)을 제시하고 있다. 그 주제는 과거에 자연철학(Natural Philosophy)이라 부르던 대상의 현대판이다. 내가 보기에 오늘날 우리는 지난 300년 동안의 그 어느 때보다 자연철학을 구상하기에 적합한 정신 상태에 있다. 이는 최근 인체생물학의 모든 발견들이 르네상스가 자연계의 문을 열어놓은 이후 처음으로 '일반으로부터 개체로의 전환'이라는 과학 사상의 새로운 방향을 제시했기 때문이다.

인간성 없이는 철학이 있을 수 없고, 나아가 올바른 과학도 존재할 수 없다. 나는 그러한 확신이 이 책에 나타나 있기를 바란다. 나에게 자연의 이해는 인간 본성의 이해를, 그리고 자연 안에서의 인간 조건의 이해를 목적으로 한다.

이 시리즈와 같은 규모로 자연관을 제시한다는 것은 모험인 동시에 일종의 실험이며, 이 둘을 가능하게 한 여러분들에게 감사한다. 먼저 솔크 생물학연구소(Salk Institute for Biological Studies)의 도움에 감사드린다. 이 연구소는 인간의 특수성을 주제로 한 내 연구를 오랫동안 지원해왔으며, 텔레비전 프로그램의 촬영을 위해 1년간의 안식년 휴가를 허락해주었다. 또한 BBC와 그 관계자들에게 큰 빚을 졌다. 특히 이 방대한 주제를 기획하고 2년 동안이나 이 작업을 맡아달라고 나를 설득한 오브리 싱어(Aubrey Singer)에게 힘입은 바 크다.

이 프로그램을 만드느라 수고한 모두에게 깊은 감사의 뜻을 표한다. 그들과 함께 일할 수 있어서 즐거웠다. 특히 상상력 넘치는 아이디어로 글을 피와 살로 바꾸어놓은 애드리언 말론(Adrian Malone)과 딕 길링(Dick Gilling)을 잊을 수 없다.

책으로 나오기까지는 조세핀 글래드스톤(Josephine Gladstone)과 실비아 피츠제럴드(Sylvia Fitzgerald)의 노고가 컸다. 장기간에 걸친 그들의 작업에 사의를 표할 수 있게 되어 기쁘다. 조세핀은 1969년 이래로 프로그램의 모든 조사 작업을 담당했고, 실비아는 각 단계마다 대본을 기획하고 준비하는 일을 도와주었다. 이들은 나에게 더할 나위 없이 힘이 되어준 동료들이었다.

1973년 8월

캘리포니아 주 라졸라에서

제이콥 브로노우스키

차례

천사 아래 있는 존재

인간은 특이한 생물이다. 인간은 동물과 구별되는 일련의 재능을 가지고 있다. 그래서 다른 동물들과 달리, 풍경 속의 한 형상이 아니라 그 풍경을 형성하는 주체이다. 인간은 육체와 정신 양면에서 자연의 탐험가이며, 가지 않는 곳이 없는 동물이며, 또한 모든 대륙에서 집을 찾아내는 것이 아니라 만들어왔다.

1769년 대륙을 횡단하여 태평양에 닿은 스페인 사람들은 만월 때가 되면 물고기들이 물가로 나와 춤을 춘다는, 캘리포니아 인디언들 사이에 퍼져 있는 이야기를 듣게 되었다. 이 지역 어족인 그러니언(grunion, 색줄멸)은 물 밖으로 올라와서, 정상적인 한사리 수위선 위에 알을 낳고 있는 게 사실이다. 암컷들이 모래 속에 꼬리를 먼저 박으면서 몸을 묻으면, 수컷들이 그들 주위를 맴돌다가 나오는 알에 수정을 시킨다. 여기서는 만월이라는 것이 중요한 역할을 한다. 알은 모래 속에서 9~10일 동안 방해받지 않고 부화한다. 이렇게 부화한 새끼들은 다음 한사리 때에 물에 씻겨 바다로 가는 것이다.

이 세계의 모든 풍경은 이처럼 정확하고 아름다운 적응 현상들로 가득 차 있으며, 마치 톱니바퀴가 서로 맞물리듯이 동물은 적응을 통해 환경에 맞추어간다. 겨울잠을 자고 있는 고슴도치는 신진대사 기능이 갑자기 활기를 띠기 시작하는 봄을 기다린다. 벌새는 허공을 날아 매달려 있는 꽃송이에 바늘처럼 섬세한 부리를 꽂는다. 나비는 포식 동물을 속이려고 잎사귀나 유독성 동물로 가장한다. 두더지는 마치 베틀의 북같이 땅속을 왔다 갔다 한다.

1 **수백만 년의 진화를 거치면서 그러니언은 조수의 주기와 꼭 맞추어 활동하기에 이르렀다.**
미국 캘리포니아 주 라졸라(la Jolla) 해안에서 짝짓기 춤을 추고 있는 봄철의 그러니언.

그와 같은 수백만 년의 진화를 거치면서 그러니언은 조수의 주기와 꼭 맞추어 활동하기에 이르렀다. 그런데 자연, 다시 말하면 생물학적 진화는 인간과 어느 특정한 환경을 서로 맞물리게 해놓지 않았다. 그러니언과 비교하여 인간은 오히려 엉성한 생존 장비를 가지고 있는데, 이 생존 장비로 모든 환경에 적응하고 있다는 것이 인간 조건의 역설이다. 우리 주변에서 기고, 날고, 땅속을 파고, 헤엄을 치는 뭇 동물들 가운데서 인간만이 자기 환경에 갇혀 있지 않은 유일한 존재다. 상상력, 이성, 정서적 예민성과 강인성으로 인해 인간은 환경을 그대로 받아들이지 않고 변화시킬 수 있게 되었다. 여러 시대를 거쳐오면서 인간이 일련의 발명을 통해 자기 환경을 개조해온 것은 일종의 다른 종류의 진화, 즉 생물학적인 진화가 아니라 문화적인 진화인 것이다. 나는 그 눈부신 문화적 산봉우리의 연속을 '인간의 등정(The Ascent of Man)'이라 부른다.

이 '등정'이라는 낱말에는 엄밀한 의미가 있다. 인간은 상상력의 자질 때문에 다른 동물과 구분된다. 인간은 서로 다른 재능을 결합하여 계획을 세우고 발명과 새로운 발견을 한다. 인간이 여러 재능을 더 복잡하고 치밀한 방법으로 결합하는 것을 배워나감에 따라 발견의 형태 또한 점점 교묘하고 심오해져간다. 그러므로 각 시대와 문화권에서 기술, 과학, 예술 분야에 걸친 위대한 발견들은 그 진행 과정에서 인간의 기능들이 보다 풍요롭고 정교하게 결합한 것이며, 이것은 인간의 자질이 격자(格子) 구조로 향상됨을 나타내는 것이다.

사람들, 그중에서도 과학자들은 가장 최근의 것이 가장 창의적인 인간 정신의 업적이라고 생각하고 싶을 것이다. 실제로 현대의 업적은 자랑할 만하다. DNA 나선 속의 유전 암호를 판독한 사실이라든지, 인간 두뇌의 특수 기능에 대한 연구 진

2 어느 시대에나 세계를 새롭게 보고 그 일관성을 주장하는 전환점이 있게 마련이다.
르네상스 시대의 원근법은 성배를 그리는 데도 사용되지만
컴퓨터그래픽으로 유전의 분자적 기초인 DNA 나선 구조를 그리는 데도 이용된다.

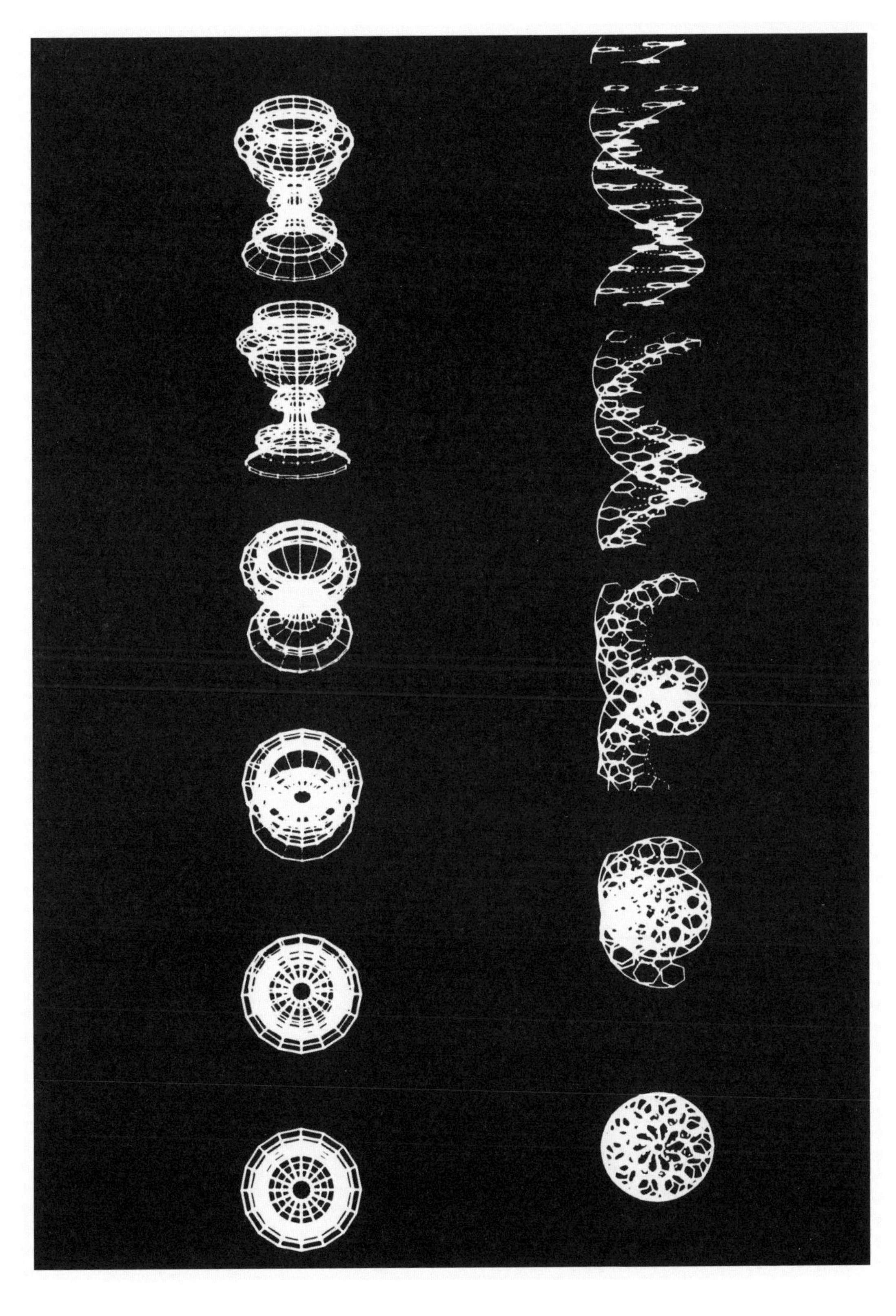

척 상황을 생각해보거나 상대성이론이나 원자 규모에서의 물질의 미세한 행동을 투시한 철학적 통찰력을 생각해보면 말이다.

그러나 과거가 없었다는 듯이(미래를 확신하면서), 우리 자신의 성공만을 찬양한다면 지식을 만화화(漫畫化)하는 것이 된다. 인간의 성취, 특히 과학은 완성된 구조물의 박물관이 아니기 때문이다. 그것은 진행 과정으로서, 연금술사들의 첫 실험도 그것을 구성하는 요소로서 한자리를 차지하고 있으며, 중앙아메리카의 마야 천문학자들이 구세계와는 독자적으로 발명한 정교한 수학도 그 안에 자리잡고 있다. 안데스 산맥 속 마추픽추(Machu Picchu)의 석조 예술과 이슬람 지배하의 스페인에 건설된 알람브라 궁전의 기하학적 조형미는 5세기 뒤에 살고 있는 우리에게 정교한 장식 예술품으로 보인다. 그런데 우리의 인식이 그 단계에서 그친다면, 그런 것들을 만들어낸 두 문화의 독창성을 놓치게 된다. 당시에 그 구조물들은 오늘날의 DNA와 마찬가지로 동시대인들을 사로잡은 중요한 의미를 지니고 있었다.

어느 시대에나 세계를 새롭게 보고, 그 일관성을 주장하는 전환점이 있게 마련이다. 그것은 시간을 정지시킨 이스터 섬의 조상(彫像)들 속에, 한때 하늘에 대한 영원불변한 결론을 내린 듯이 보였던 중세 유럽의 시계 속에 동결되어 있다. 각 문화는 자연이나 인간에 대한 새로운 개념에 의하여 바뀔 때 그 깨달음의 순간을 고착시키려고 노력한다. 하지만 되돌아보건대, 그에 못지않게 우리의 주목을 끄는 것은 계속성—문명과 문명 사이에 흐르고 있으며 재생

3 **메마른 초원은 시·공간적인 덫이 되었다.**
◀그랜트가젤.
▶토피영양.

하는 사상들—이다. 근대 화학에서 새로운 성질을 가진 합금을 만든 것만큼 예기치 않은 성과는 없다. 그러나 남아메리카에서는 그리스도 탄생 시절에, 그리고 아시아에서는 그보다 오래전에 이미 합금 방법이 발견되었다. 원자 분열 및 융합은, 돌을 비롯하여 모든 물체는 새로운 배열에 따라 분리되고 조합될 수 있는 구조를 지니고 있다는 선사 시대에 발견한 개념에서 유래한다. 또 인간은 그에 못지않게 일찍부터 생물학적 발명에 성공했다. 야생밀을 개량한 농업과 말을 길들여 타고 다닌 기상천외한 발상이 그 실례다.

문화의 전환점과 계속성을 더듬어나가면서 대체로 연대기적 순서를 따르겠지만, 엄격하게 지키지는 않으려 한다. 내가 관심을 갖는 것은 인간의 서로 다른 재능들이 전개되는 과정으로서의 인간 정신사이기 때문이다. 나는 자연이 인간에게 부여하여 그를 독특한 동물의 위치에 올려놓은 원천적인 자질들과 인간의 사상, 특히 과학사상을 연관지으려 한다. 내가 여기 제시하려는 것이며, 오랫동안 나를 매혹시킨 것은 사람의 사상이나 인간의 본성 가운데서 본질적으로 인간적인 것을 표현하는 방식이다.

그래서 이 프로그램이나 글은 인류의 지성사를 통과하는 여행, 인간 성취의 높은 봉우리를 오르는 인간적인 여정이다. 인간은 자신의 자질들(그의 재능이나 기능들)의 전 영역을 발굴해나감으로써 한 단계 올라가며, 그 과정에서 창조한 것은 자연과 자아를 이해한 각 단계의 기념비가 된다. 시인 예이츠(W. B. Yeats)는 그것을 가리켜 '늙지 않는 지성의 기념비들'이라고 불렀다.

그런데 어디서부터 시작해야 할 것인가? 창조, 바로 인간의 창조에서 출발해야 할 것이다. 찰스 다윈(Charles Darwin)은 1859년에 『종의 기원The Origin of Species』

4 **인류의 기원을 찾기에 가장 적합한 곳이 바로 이 지역이다.**
오모 단층의 여러 지층들이 멀리 뻗어 있다. 그 기층(基層)은 400만 년이 되었다.
200만 년이 훨씬 넘는 지층에서 초기 유인(類人) 동물의 잔해가 발견되고 있다.

을, 그리고 뒤이어 1871년에 『인간의 유래The Descent of Man』를 내놓아 그 길을 제시했다. 인간이 적도 부근 아프리카에서 최초로 진화했다는 사실은 이제 거의 확실해졌다. 북부 케냐와 루돌프 호수 부근 서남 에티오피아에 펼쳐진 대평원 지역이 인간의 진화가 시작됐음 직한 전형적인 곳이다. 루돌프 호수는 동아프리카 지구대를 따라 남북으로 기다란 띠처럼 누워 있으며, 과거에는 훨씬 넓었을 호수의 밑바닥이 400만 년이 넘는 오랜 세월에 걸쳐 가라앉은 두꺼운 퇴적층으로 인하여 좁아들고 있다. 호수 물의 상당량은 꾸불꾸불 돌아 천천히 흐르고 있는 오모(Omo) 강을 따라 들어온다. 인류의 기원지로서 그럴듯한 지역이 바로 이곳, 루돌프 호수 가까이에 있는 에티오피아의 오모 강 골짜기이다.

고대 설화에 나오는 인류의 시원(始源)은 으레 황금시대였고, 아름답고도 전설적인 풍경이 배경으로 펼쳐졌다. 지금 내가 구약성서의 '창세기'를 이야기하고 있다면, 나는 에덴동산에 서 있어야만 한다. 그러나 이곳은 분명히 에덴동산이 아니다. 하지만 나는 세계의 배꼽이며 인류의 발상지인 여기 적도 부근 동아프리카 지구대에 서 있는 것이다. 오모 분지의 무너져 내린 지층과 절벽들, 불모의 삼각지가 인류의 중대한 과거를 기록하고 있다. 그리고 설사 이곳이 에덴동산이었더라도 이

미 수백만 년 전에 시들어버리지 않았을까.

나는 이곳이 특이한 구조를 하고 있는 까닭에 선택했다. 이 골짜기에는 지난 400만 년 동안에, 혈암(頁岩)과 이암(泥岩)의 널따란 띠가 사이사이에 끼여 있는 화산재의 켜가 층층이 쌓였다. 시대에 따라 형성된 깊은 퇴적층은 뚜렷이 구분되어 지층을 이루고 있었으며, 400만 년 전, 300만 년 전, 200만 년 전 이상, 200만 년 전 이하로 갈라져 있었다. 그러다가 동아프리카 지구대가 그 지층을 구부려 위로 솟구치게 한 바람에, 곤두선 지층의 단면을 통해 이제 시간의 지도를 볼 수 있게 되었다. 이 시간의 지도는 저 멀리 아득한 과거로 뻗어 있다. 보통은 땅속에 묻혀 있는 지층의 시간 기록은 오모 강을 끼고 있는 절벽에 곤두서서 부챗살처럼 펴져 있다.

이 절벽들은 지층의 단면으로서, 전면에서 보면 맨 아래층이 400만 년이고, 그 위가 다음 층으로 300만 년을 훨씬 넘는다. 인간의 뼈와 유사한 동물의 잔해가 그 위에서 나타나고, 같은 시기에 살았던 동물의 잔해들도 나타난다.

그 동물들은 변화가 너무 적어 경이의 대상이 되고 있다. 200만 년 전의 진흙에서 인간으로 보이는 화석을 발견했을 당시, 우리는 그것의 골격과 우리의 골격과의 차이—이를테면 두개골의 발달—에 놀랐다. 그러므로 당연히 대초원의 다른 동물들도 크게 변화했을 것으로 예상했다. 그러나 아프리카의 화석 기록에 따르면 사실은 그렇지 않다는 것이 증명되었다. 현재의 토피영양(topi)을 보자. 200만 년 전 토피영양의 조상을 사냥하던 인류의 조상은 오늘날의 토피영양을 즉시 알아볼 수 있을 테지만, 오늘날의 사냥꾼이, 백인이건 흑인이건, 자신의 후손임을 알아보지는 못할 것이다.

그런데 인간을 변화시킨 요인은 사냥 그 자체(또는 다른 어느 한 가지 활동)가 아니다. 왜냐하면 동물들 사이에서, 사냥꾼은 사냥감만큼이나 변화가 없기 때문이다.

---

5 **동물들은 변화가 너무 적어 경이의 대상이 되고 있다.**
현대의 니얄라(nyala) 뿔과 오모 화석에서 나온 같은 동물의 뿔. 화석의 뿔은 200만 년이 넘었다.

고양잇과의 몇몇 동물들은 여전히 강력한 추격 능력을 지니고 있으며, 오릭스영양(oryx)은 아직도 날쌔게 도망을 친다. 그 둘은 오래전 그들의 종(種) 사이에 형성되었던 관계를 그대로 유지하고 있다. 인간의 진화는 아프리카의 기후가 건기(乾期)에 들어섰을 때 시작되었다. 호수는 말라들고 숲은 줄어들어 대초원으로 바뀌었다. 인류의 조상이 이러한 조건에 잘 적응하지 못한 것이 아무래도 행운이었던 것 같다. 환경은 적자생존의 대가를 요구한다. 즉 환경은 그 적자(適者)들을 붙들어놓는다. 얼룩말이 메마른 초원에 적응하자, 초원은 얼룩말의 시·공간적인 덫이 되었으며, 그들은 그 자리에 커다란 변화 없이 그대로 묶이게 되었다. 짐승들 가운데서 가

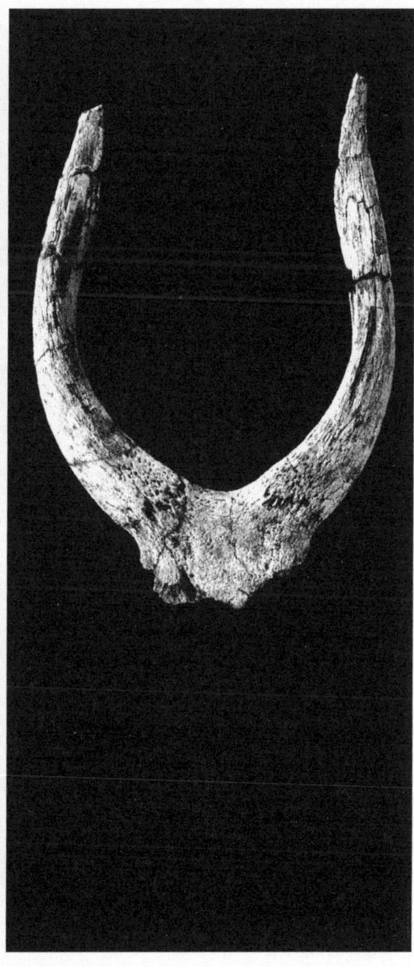

장 멋지게 적응한 동물은 분명 그랜트가젤(Grant's gazelle)이다. 하지만 그들은 그 아름다운 뜀뛰기로도 영원히 초원을 벗어나지 못한다.

오모와 같은 바싹 말라붙은 아프리카의 풍경 속에서 인류는 처음으로 땅에 발을 딛고 서게 되었다. 그것은 인간의 등정을 시작하는 보행인다운 방법이었으며, 매우 중대한 일이었다. 200만 년 전 최초의 인간 조상이 현대인의 발과 거의 분간할 수 없는 발로 걸었다. 사실 인간이 땅에 발을 딛고 직립하여 걷게 되었을 때, 인간은 새로이 통합된 삶을, 사지를 종합하는 생활을 영위하게 되었다.

물론 우리는 인간의 모든 기관 중에서 가장 큰 형태의 변화를 치른 머리에 관심을 집중해야 한다. 다행히 머리는 영속적인 화석(연약한 기관과는 달리)을 남겼으며, 비록 우리가 바라는 만큼 두뇌에 관한 정보를 제공하지는 않지만 적어도 그 크기는 알려준다. 지난 50년 동안에 남부 아프리카에서 많은 두개골 화석이 발견되었는데 그것으로 인간의 형상을 띠기 시작하던 당시의 머리 구조의 특징을 알 수 있다. 그림 6은 200만여 년 전 인간의 머리가 어떻게 생겼는지를 보여준다. 이것은 오모가 아니라 적도 남쪽 타웅(Taung)이라는 곳에서 해부학자 레이먼드 다트(Raymond Dart)가 발견한 역사적인 두개골이다. 대여섯 살의 어린아이의 것으로, 얼굴 모양은 거의 완전했지만 안타깝게도 두개골의 일부가 없었다. 1924년에는 그러한 종류의 발견이 처음이었으므로 매우 수수께끼처럼 여겨졌고, 그것에 대한 다트의 선구적인 연구가 있은 뒤에도 조심스레 다루어졌다.

그러나 다트는 즉각 두 가지 이례적인 특징을 찾아냈다. 그 하나는 대공(大孔 *foramen magnum*, 척수가 뇌로 올라오는 두개골의 구멍)이 위로 솟아 있다는 점이다. 이로 미루어, 이 어린아이는 머리를 꼿꼿이 세우고 다녔음을 알 수 있었는데 그 점이 인간과 유사한 한 가지 특징이다. 원숭이와 유인원(類人猿)은 머리가 척추에서 앞으로

6 **타웅 어린이가 어떻게 삶을 시작했는지는 모르지만, 내게는 그가 인류의 모든 모험담을 시작하는 원초의 어린이로 여겨진다.**
▶타웅 어린이의 두개골.

7 **인류의 조상은 엄지손가락이 짧아서 아주 섬세한 동작을 할 수는 없었다.**
▶▶올두바이 협곡 맨 아래층에서 나온 오스트랄로피테쿠스의 손가락과 엄지 뼈의 화석. 현대인의 뼈 위에 올려놓아 비교했다.

숙여져 달려 있고, 척추 위에 직립해 있지 않기 때문이다. 다른 특징은 이인데, 이는 언제나 많은 것을 말해준다. 이 두개골의 이는 작고 네모지며—아직 아이의 젖니이다—유인원이 싸울 때 쓰는 큰 이빨과 다르다. 그러한 사실로 미루어 이 동물은 입이 아니라 손으로 먹이를 얻는 동물이었다. 또한 이로 보면 날고기를 먹었을 가능성을 보여준다. 이 손을 사용한 동물은 사냥을 위한 돌연장과 돌도끼 등의 도구를 만들고 다듬었을 것이 거의 확실하다.

다트는 이 동물을 오스트랄로피테쿠스(*Australopithecus*)라 불렀지만 그건 내가 좋아하는 이름이 아니다. 그 이름은 단지 '남부 유인원(Southern Ape)'이라는 뜻으로, 처음으로 유인원의 단계를 벗어난 아프리카의 존재를 지칭하기에는 혼란스러울 수 있기 때문이다. 오스트레일리아에서 태어난 다트가 이름을 선택하면서 조금은 장난기를 섞지 않았나 싶다.

그 뒤 다른 두개골—이번에는 성인의 것—을 찾을 때까지 10년이 걸렸고, 1950년대 말이 되어서야 오스트랄로피테쿠스의 이야기는 대폭적으로 종합되기에 이르렀다. 그것은 남아프리카에서 시작하여 북쪽으로 올라가 탄자니아의 올두바이 협곡(Olduvai Gorge)에서 나왔고, 최근에 풍부한 화석과 연장들이 루돌프 호수 밑바닥

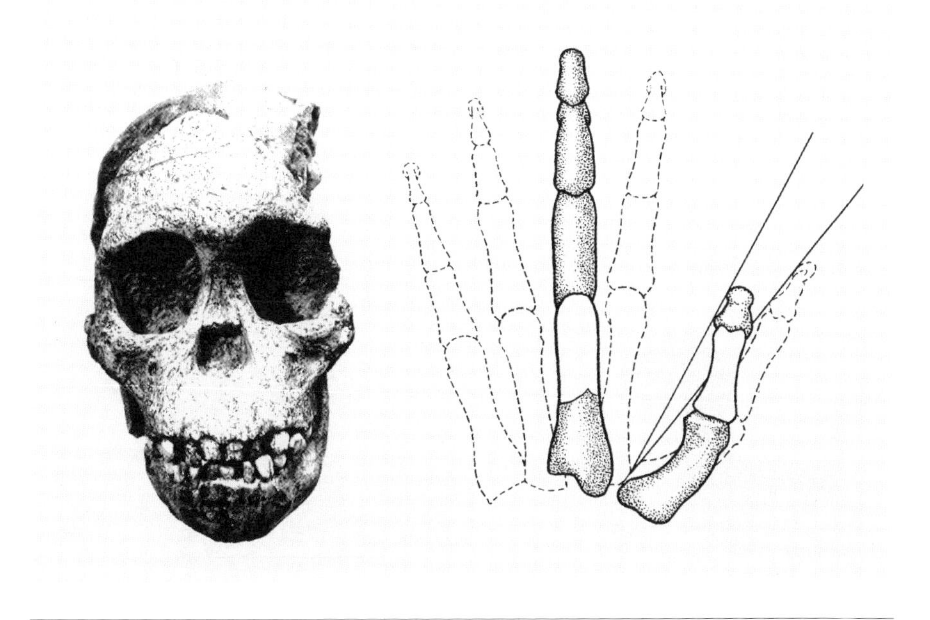

에서 드러났다. 이것의 역사는 20세기 과학의 쾌거로 꼽힌다. 그것은 1940년 이전의 물리학계, 그리고 1950년 이후의 생물학계의 발견들만큼이나 흥분을 자아내며, 인간으로서의 우리 본성에 빛을 던진다는 의미에서 어느 쪽에도 지지 않는 가치가 있다.

그 자그마한 오스트랄로피테쿠스 어린아이에게는 내 개인적인 이력이 들어가 있다. 1950년, 즉 오스트랄로피테쿠스의 인간성이 전혀 인정을 받지 못하던 당시 한 가지 수학 작업을 해달라는 요청이 들어왔다. 타웅 어린이의 이 크기와 모양을 비교하여 그것과 유인원의 이빨을 구분할 수 있겠느냐는 내용이었다. 나는 이전에 화석 두개골을 만져본 적이 없었고, 이에 관한 전문가도 아니었지만 그 작업은 제법 효과가 있었다. 나는 그때의 흥분을 지금도 기억한다. 사물의 형상에 관한 추상적인 수학을 연구하느라 평생을 보내며 나이 마흔을 넘긴 나는, 돌연 나의 지식이 200만 년을 거슬러 올라가 인류의 역사에 탐조등을 비추는 것을 보게 되었다. 그것은 경이였다.

그 순간 이후로, 나는 인간을 인간으로 만드는 요인이 무엇인지를 사색하는 데 몰두하게 되었다. 그 이후부터 나는 그러한 생각으로 과학적인 작업을 했고 글을 썼으며, 이처럼 텔레비전 프로그램을 만들고 있다. 어떻게 해서 이 영광스러운 인간이 생겨난 것인가? 손재주와 관찰력이 있으며, 생각이 깊고 정열적이면서, 언어와 수학의 표상들과 예술과 기하학, 시와 과학의 상상력을 동시에 마음속으로 조작할 수 있는 '인간'으로 말이다. 어떻게 해서 '인간의 등정'을 통해 인간이 동물에서 시작하여, 점차 자연의 작용을 탐구하고, 또 그 지식에 열광(이 책도 그 표현의 하나이지만)하게 되었는가? 나는 타웅 어린

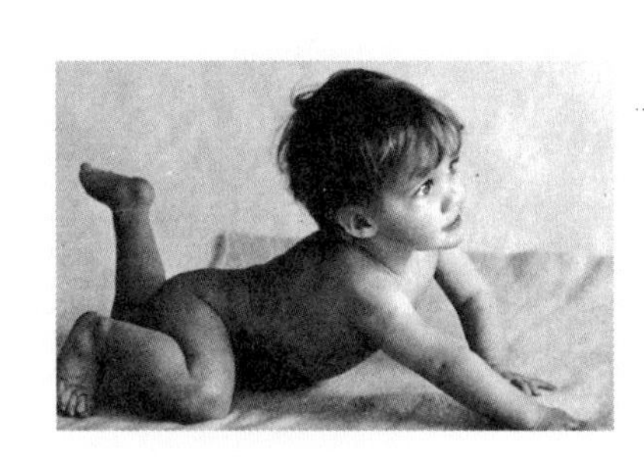

이가 어떻게 삶을 시작했는지 모르지만, 내게는 그가 인류의 모든 모험담이 시작되는 원초의 어린아이로 여겨진다.

갓난아이. 그는 동물과 천사의 혼합체다. 예를 들어, 갓난아이의 발길질 반사운동은 이미 자궁 안에서부터 있었고(어머니는 누구나 그 사실을 알고 있다) 이는 모든 척추동물의 경우에도 마찬가지다. 반사운동은 그 자체만으로도 충분한 것이지만, 연습을 거듭해야만 자동적으로 이루어지는 더 정교한 운동의 발판이 된다. 생후 11개월이 되면 반사운동은 갓난아이에게 기어 다니라고 충동한다. 그로 말미암아 새로운 운동이 일어나게 되고, 그다음에는 뇌 안(특히 근육 활동과 균형을 통합 조정하는 소뇌)에 통로를 트고 강화한다. 이를 바탕으로 온갖 복잡 미묘한 운동이 형성되고, 그것은 인간의 제2의 천성이 된다. 이제 소뇌가 통제를 담당하게 되고 인간의 의식은 명령만 내리면 된다. 14개월이 되면 '일어서!'가 그 명령이 된다. 아이는 꼿꼿이 서서 걸어야 하는 인간의 책임을 떠맡게 된 것이다.

모든 인간의 행동은 일부분은 동물적 기원으로 거슬러 올라간다. 만일 우리가 그 생명의 핏줄에서 잘려나간다면 냉혹하고 고독한 존재가 될 것이다. 그래도 그 차이점을 물어보는 것은 옳은 일이다. 인간이 짐승들과 공통적으로 가지고 있는 신체적 자질은 무엇이며, 그들과 구분되는 자질은 무엇인가? 어떤 실례든 한번 생각해보기로 하자. 간단할수록 더 좋다. 가령 달리기나 뜀뛰기를 하는 운동선수의 단순 동작을 검토해보자. 총소리를 들었을 때 운동선수의 출발 반응은 영양의 도주 반응과 동일하다. 그의 동작은 짐승의 동작과 전혀 다를 바가 없다. 심장의 박동이 올라가고, 최고의 속도로 질주할 때 그

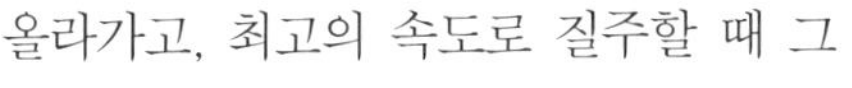

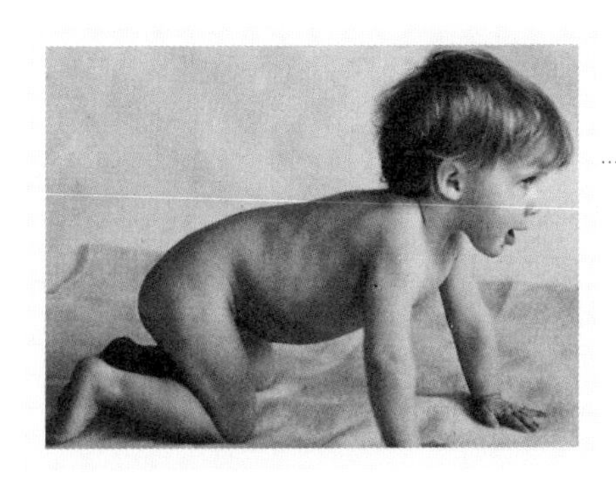

……

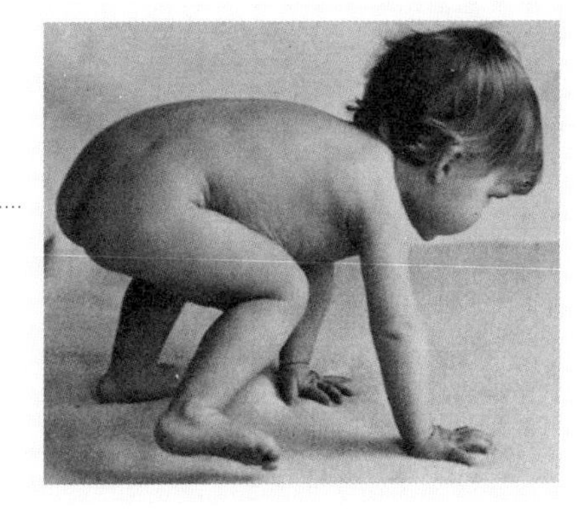

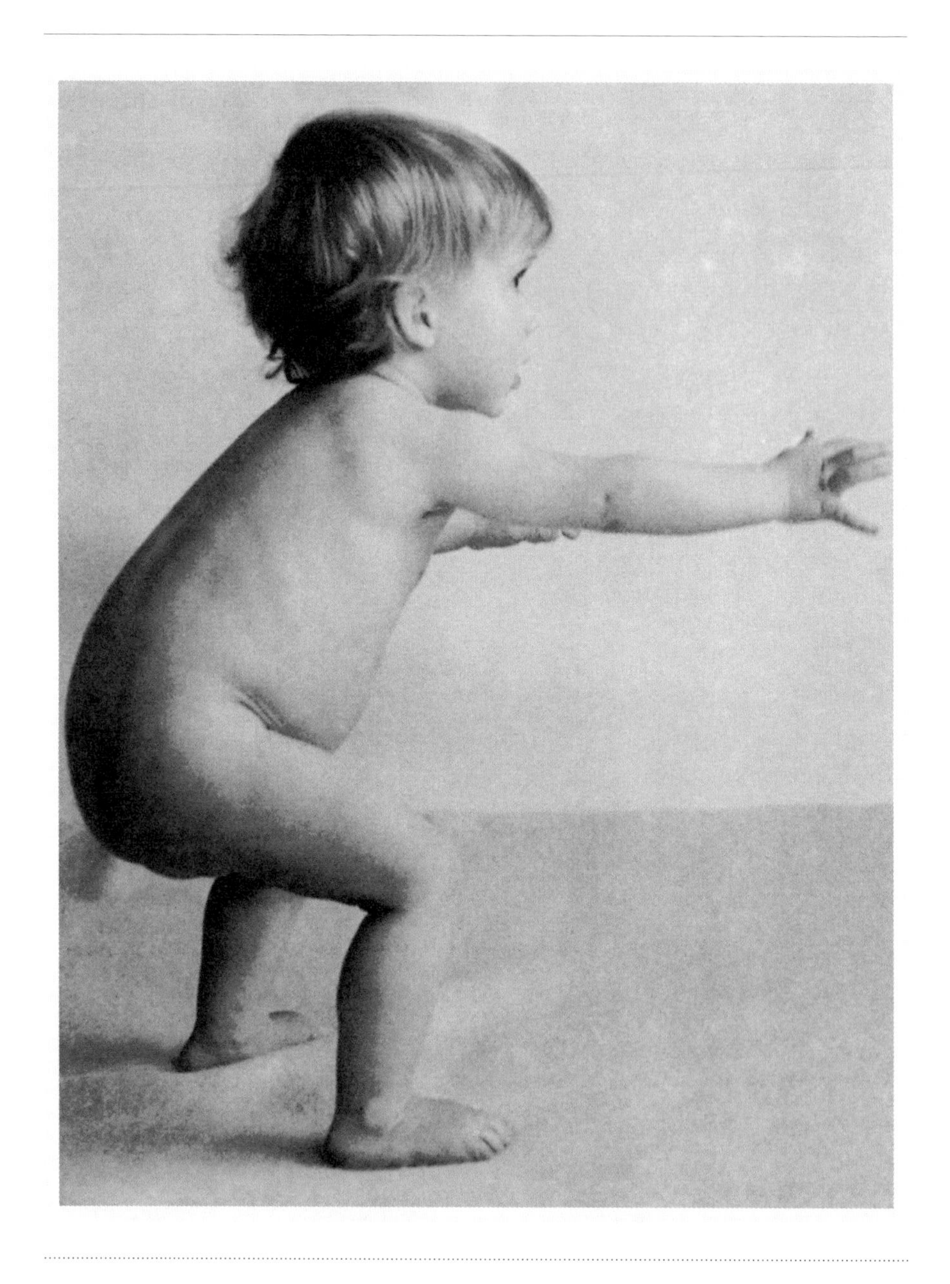

8 **아이는 꼿꼿이 서서 걸어야 하는 인간의 책임을 떠맡게 된 것이다.**
14개월 된 어린아이가 이제 막 걸으려고 하고 있다.

의 심장은 정상의 다섯 배가 되는 피를 뿜어내며, 그 피의 90%가 근육에 공급된다. 그때 근육에 운반될 산소를 피 속에 공급하기 위해서는 1분당 약 91ℓ의 공기가 필요하다.

그와 같은 격렬한 혈액 순환과 공기 흡입은 방열에 민감한 적외선 필름에 열기로 나타나기 때문에 우리가 볼 수 있다(파랑 또는 밝은 부분이 가장 고온이고, 빨강 또는 어두운 부분은 온도가 더 낮다). 우리 눈에 보이는, 적외선 카메라가 분석한 붉은빛은 근육 운동의 한계를 알리는 부산물이다. 주된 화학 작용은 당을 연소시켜 근육에 에너지를 공급하는 일이지만, 그 에너지의 4분의 3은 열로 사라지기 때문이다. 운동선수와 영양 둘 다에게 훨씬 가혹한 또 다른 한계가 있다. 이 같은 속도에서는 근육 안의 화학 작용이 너무 빨라 완전 연소가 되지 못하는데 이 불완전 연소의 노폐물, 주로 젖산이 피를 더럽히게 된다. 이로 말미암아 피로가 생기고, 신선한 산소로 피를 다시 정화하기까지 근육 운동을 가로막게 된다.

지금까지는 모두가 질주하는 동물의 신진대사라는 측면에서 바라본 것으로 운동선수와 영양을 구분 지을 근거가 전혀 없었다. 하지만 거기에는 기본적인 차이가 있다. 운동선수는 도망치고 있는 것이 아니라는 점이다. 그를 출

9 **운동선수는 장래를 위하여 기량을 닦는 데 마음이 있을 것이다. 그는 상상력으로 미래를 향해 높이 도약하는 것이다.**

▲막 도약하여 그 정점의 순간에 있는 운동선수.

◀격렬한 운동을 마친 운동선수의 머리와 가슴.

발시킨 총소리는 출발 신호수의 권총에서 나왔고, 그가 의도적으로 경험하고 있는 감정은 공포가 아니라 고양감(高揚感)이다. 운동선수는 놀이를 하는 아이와 같다. 그의 행동은 자유로운 모험이고, 숨 막히는 화학 작용의 유일한 목적은 자기 힘의 한계를 탐색하려는 데 있다.

인간과 다른 동물들 간에, 또는 인간과 유인원 사이에조차도 신체적인 차이가 있는 것은 물론이다. 예를 들어 장대높이뛰기를 할 때, 선수는 자기의 장대를 유인원이 감히 맞설 수 없을 정도로 정확히 움켜쥔다. 그렇지만 이 같은 차이는 근본적인 차이에 비하면 부차적인 것이다. 근본적인 차이는 동물들과는 달리 운동선수는 직접적인 환경에 의해 행동이 촉발되지 않는 성인으로서 행동하고 있다는 점이다. 그의 행동 자체는 실용적인 의미가 없는 것이며, 현재를 위한 것이 아닌 훈련이다. 운동선수는 장래를 위하여 기량을 닦는 데 마음이 있다. 그는 상상력으로 미래를 향해 높이 뛰는 것이다.

도약의 자세를 취하고 있는 장대높이뛰기 선수는 인간 능력의 집결체이다. 손의 움켜쥠, 발의 구부림, 그리고 어깨와 골반의 근육, 화살을 날리려는 활시위처럼 에너지를 저장했다가 방출하는 장대 등, 그 복합적인 행동의 두드러진 특징은 선견력(先見力)이다. 다시 말해, 앞으로의 목표를 세워놓고 자기의 관심을 거기에다 집중시키는 능력이다. 장대의 한끝에서 다른 끝에 이르는 그의 행동과 뛰는 순간의 정신 집중 같은 것들은 계속적인 계획의 수행이며, 그것이 바로 인간의 낙인(烙印)이 되는 것이다.

머리는 인간의 상징적 이미지 이상의 것이다. 앞을 내다보는 부위라는 점에서 머리는 문화적 진화를 추진하는 원천이다. 그러므로 인간의 등정을 동물적인 시초로 소급해 올라가려면, 머리와 두개골의 진화를 추적하지 않으면 안 된다. 그러나 불행하게도, 논의의 대상으로 삼아야 할 5,000만 년 동안에 진화의 여러 단계를 확인해줄 만큼 본질적으로 차이가 있는 두개골은 6~7개뿐이다. 그 밖의 다른 중간 단계들이 화석 기록에 묻혀 있을 것이 틀림없고, 그중 일부는 장차 발견되리라 믿지만 그동안에는 이미 알려진 두개골들 사이의 중간 항을 보충적으로 삽입하여 대충 어떤 현상이 일어났는지를 추리해야만 한다. 두개골 사이의 기하학적 변화를 측정하는 최선의 방법은 컴퓨터를 이용하는 것이다. 따라서 나는 계속성을 추적하기 위해 컴퓨터로 한 단계에서 다음 단계로 넘어가는 것을 볼 수 있도록 제시하겠다.

5,000만 년 전 나무 위에서 살고 있던 작은 동물, 여우원숭이(lemur)에서 시작한다. '리머(lemur)'는 로마시대에 죽은 자의 영혼을 가리키는 말이어서 매우 적절하다. 화석 두개골은 아다피스(*Adapis*)라는 여우원숭잇과에 속하고, 파리 교외에 있는 백악층에서 발견되었다. 그 두개골을 뒤집어놓으면 대공이 훨씬 뒤쪽으로 가 있는 것을 볼 수 있다(이 동물의 두개골은 척추 위에 바로 얹혀 있지 않고 매달려 있었던 것이다). 이 동물은 과일과 함께 곤충을 먹었음 직하고, 이빨의 개수는 인간을 비롯하여 현재의 대다수 영장류가 지니고 있는 32개보다 많다.

이 화석 여우원숭이는 영장류, 즉 원숭이, 유인원, 인간 무리들과 비슷한 몇 가지 표지를 지니고 있다. 골격 전체의 잔해로 미루어 이 짐승에게는 갈퀴 발톱이 아니라 손톱이 있었음을 알 수 있고 조금이나마 나머지 손가락과 방향을 달리할 수 있는 엄지손가락이 있다. 게다가 두개골에는 실제로 인간의 기원을 가리키는 두 가지 특징이 있다. 주둥이가 짧고, 눈은 크고, 눈 사이가 크게 벌어졌다. 미루어 짐작건대, 이는 후각에 불리하고 시각에 유리한 자연선택이 일어났음을 뜻한다. 눈구멍은 아직도 코의 양쪽으로 두개골의 옆쪽에 자리잡고 있다. 그러나 이전의 벌레잡이

(insect eater)의 눈과 비교한다면 여우원숭이의 눈구멍은 이미 전면으로 옮아와 입체 시각의 기능이 생기기 시작했다. 이것은 인간의 얼굴이 지닌 정교한 구조를 향해 진화, 발달하는 자그마한 징조들이고 거기서 인간은 시작되는 것이다.

이것은 어림잡아 5,000만 년 전이었고 그 뒤 2,000만 년 동안에 원숭이로 이어지는 계통이 주류에서 갈라져 유인원과 인간으로 진화한다. 3,000만 년 전, 그 주류에 등장한 다음 동물이 이집트의 파윰(Fayum)에서 발견된 화석 두개골이며, 그 이름을 이집토피테쿠스(*Aegyptopithecus*)라고 했다. 이 동물은 여우원숭이보다 주둥이가 짧고, 이는 유인원과 같았으며, 몸집이 더 크지만 여전히 나무 위에서 살았다. 하지만 그때부터 유인원과 인간의 조상들은 가끔 나무에서 내려와 땅 위에서 시간을 보냈다.

1,000만 년이 지나서 지금으로부터 약 2,000만 년 전에 이르러 동아프리카, 유럽과 아시아에 이른바 유인원이 나타났다. 루이스 리키(Louis Leakey)가 발견한 고전적 화석에는 프로콘술(*Proconsul*)이라는 위엄 있는 이름이 붙여졌으며, 그 밖에 적어도 또 하나의 널리 퍼진 속(屬)으로

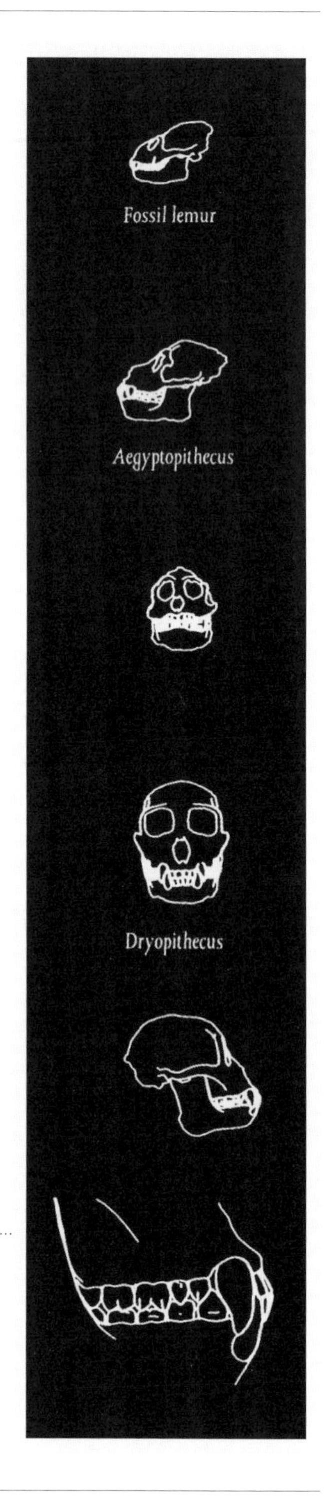

서 드리오피테쿠스(*Dryopithecus*)가 있었다('프로콘술'이라는 이름에서는 인류학적 기지가 엿보인다. 이것은 그 고전적 화석이 1931년 런던 동물원에서 '콘술'이라는 별명으로 유명했던 침팬지의 조상이라는 암시를 주고 있다). 여기에 이르면 뇌가 두드러지게 커지고, 두 눈은 완전히 앞으로 옮겨와 입체 시각이 가능해진다. 이러한 발달상들이 유인원 인간(ape-and-man)의 주류가 나아가는 방향을 알려준다. 그러나 혹시라도 이 주류 라인에서 또 다른 분파가 벌써 이루어졌다면, 이 동물은 인간과의 관계에서는 안타깝게도 방계 즉 유인원 쪽에 들어간다. 턱이 커다란 송곳니에 의해 꽉 물려 있는 모습이 인간과 다르기 때문에, 이는 그가 유인원이라는 것을 나타낸다.

때가 되면 인간으로 발달하는 계통이 분리되어 나가는 신호가 이에서 나타난다. 그 효시가 케냐와 인도에서 발견된 라마피테쿠스(*Ramapithecus*)이다. 이 동물은 1,400만 년이 되었고, 턱의 일부만 남아 있다. 그러나 이가 가지런하여 한층 인간에 가깝다. 유인원의 커다란 송곳니가 사라지고, 얼굴은 더 평평해졌으며, 이제 분명히 진화의 계통수에서 갈림길에 가까이 가 있다. 어떤 인류학

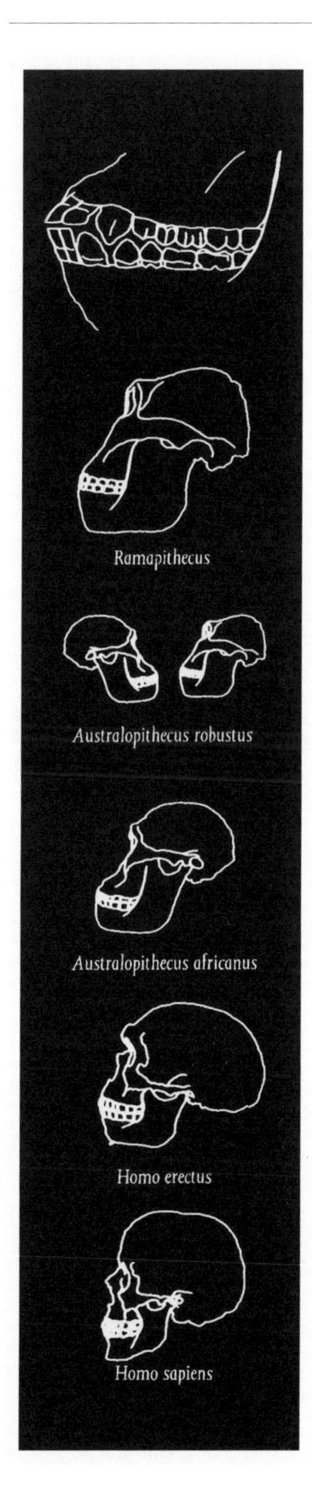

10 머리는 문화적 진화의 원동력이다.
머리의 진화 단계를 컴퓨터그래픽으로 재현했다.

자들은 라마피테쿠스를 대담하게 인류에 포함시키려 한다.

화석 기록에는 500만 년에서 1,000만 년의 공백기가 있다. 필연적으로 그 공백기는 가장 흥미로운 이야기의 일부를 숨기고 있으며, 그 시기에 인간에 이르는 계통이 현대의 유인원으로부터 확고하게 갈라져 나간다. 그러나 아직도 우리는 그 분명한 기록을 가지고 있지 않다. 약 500만 년 전에 우리는 인류의 친족뻘에 이르게 되는 듯하다.

인간의 계통에 직접 이어지는 것은 아니지만 사촌이라 할 수 있는 건장한 몸집을 가진 오스트랄로피테쿠스는 초식동물이었다. 오스트랄로피테쿠스 로부스투스(*Australopithecus robustus*)는 인간과 비슷하나, 그 계통은 행방이 묘연하다. 간단히 말해서 이미 멸종하고 말았다. 그가 식물을 먹고 살았다는 증거는 이에 직접 나타나 있다. 현재 남아 있는 이에는 먹기 위해 식물을 뽑아 올릴 때 뿌리에 묻어 있던 미세한 모래알에 긁힌 자국이 있다.

인간으로 이어지는 계통 위에 있는 그의 사촌은 몸집이 상대적으로 가벼운(턱으로 미루어 보아 분명하다) 육식동물이다. 그는 이른바 '잃어버린 고리'에 가장 가까운 동물로, 이름 하여 오스트랄로피테쿠스 아프리카누스(*Australopithecus africanus*)이다. 트란스발(Transvaal)의 스테르크폰테인(Sterk-fontein)과 그 밖의 아프리카 지역에서 발견된 수많은 화석 두개골 중의 하나이며, 완전히 성장한 암컷이다. 내가 처음에 말한 타웅 어린이가 자라났다면 이와 같이 되지 않았을까 생각한다. 완전히 직립하여 걸어 다니며, 450~680g의 무게가 나가는, 약간 크다고 할 수 있는 뇌를 가지고 있다. 이 뇌의 크기는 지금의 큰 유인원의 뇌의 크기와 같다. 그런데 이것은 키가 1.3m에 불과한 동물이다. 실은 최근에 리처드 리키(Richard Leakey)가 발견한 성과에 의하면 200만 년 전에 이르면 뇌는 그보다 훨씬 커졌음을 알 수 있다.

뇌가 커짐에 따라 인간의 조상들은 두 가지 중대한 발명을 하게 되었는데, 그중 하나에 대해서는 눈으로 볼 수 있는 증거가, 다른 하나에는 추리적 증거가 있다. 첫째, 가시적인 발명이었다. 200만 년 전 오스트랄로피테쿠스는 돌의 가장자리를 쳐서 날을 세운 초보적인 석기를 만들었다. 그 뒤 100만 년 동안 진화를 계속하던 인간은 이 유형의 도구에 변화를 가하지 않았다. 인간은 기초적인 발명을 했으며 뒷날 사용하기 위해서 돌을 마련하고 갈무리하는 목적 있는 행위를 했다. 그와 같은 기술과 선견력의 비약적 발전, 미래를 예측하는 상징적 행위를 통하여 인간은 다른 모든 동물들에게 가해진 환경의 제동을 풀어놓게 되었다. 똑같은 도구를 그토록 오랫동안 지속적으로 사용한 사실로 보아 그 발명의 위력이 증명된다. 사람들은 도구의 뭉툭한 끝을 손바닥으로 힘차게 움켜쥐는 단순한 방법을 사용했다(인간의 조상들은 엄지손가락이 짧았고, 따라서 아주 정교하게 조작할 능력은 없었으나 힘껏 움켜쥘 수는 있었다). 물론 그 도구는 육식동물이 먹이를 쳐서 자르는 데 썼다는 것이 거의 분명하다.

다른 발명은 사회적 성격을 띠고 있으며, 더 섬세한 수학적인 추리를 통해 알 수 있다. 현재 대량으로 발견되고 있는 오스트랄로피테쿠스의 두개골과 골격들을 조사해보면, 그들의 대다수가 스무 살 이전에 죽었다. 그렇다면 숱한 고아들이 있었을 것이다. 확실히 오스트랄로피테쿠스는 모든 영장류와 마찬가지로 유아기가 길기 때문이다. 가령 열 살이라고 하더라도 살아 있는 어린것들은 아직 성숙하지 않았다. 그러므로 틀림없이 일종의 사회 조직이 있어 아이들을 돌보고 (말하자면) 입양을 했으며, 공동체의 일원으로 받아들이고, 넓은 의미에서 교육을 시키기도 했을 것이다. 그것은 문화적 진화를 향한 거보였다.

과연 어느 시점에서 인간의 조상들이 완전한 인간이 되었다고 할 수 있을까?

이는 매우 미묘한 질문인데, 그러한 변화는 하룻밤 사이에 일어나는 것이 아니기 때문이다. 그 변화들이 실제 이상으로 돌발적이었다는 인상을 주려 한다거나, 전환기를 너무 단정적으로 규정하거나, 명칭을 둘러싸고 논란을 벌이려는 자세는 어리석은 일이다. 200만 년 전만 하더라도 우리는 아직 인간이 아니었다. 100만 년 전에 이르러 호모-호모 에렉투스(*Homo-Homo erectus*)라고 부를 수 있는 동물이 나타나서야 비로소 인간이 되었다. 그는 아프리카 너머로 퍼져나갔다. 직립인 호모 에렉투스를 발견한 고전적인 사례는 중국에서 나타난다. 그는 약 40만 년 전의 북경인으로, 최초로 불을 사용했다.

호모 에렉투스는 100만 년에 걸쳐 상당한 변화를 겪으며 우리로 이어지지만, 이 변화는 이전의 변화와 비교해볼 때 훨씬 점진적이라는 인상을 준다. 가장 잘 알려진 호모 에렉투스의 후계자는 19세기 독일에서 처음 발견되었는데, 이것이 바로 또 하나의 고전적인 화석 두개골인 네안데르탈인(Neanderthal Man)이다. 그는 이미 현대인과 비슷한 무게인 1.36kg의 뇌를 가지고 있었다. 네안데르탈인의 일부 계통은 사멸했으리라 짐작되지만 중동 지방의 한 방계가 바로 우리들 호모 사피엔스(*Homo sapiens*)로 이어진 듯하다.

지난 100만 년 동안의 어느 시기에, 인간은 도구를 개량하게 되었다. 그 사실로 미루어 이 기간에 손의 생물학적 기능이 더 세밀해졌고, 특히 손을 제어하는 뇌 중추의 발달이 있었다는 것을 알 수 있다. 최근 50만 년 동안에 등장한 (생물학적으로나 문화적으로) 더 세련된 동물은, 오스트랄로피테쿠스가 사용하던 고대의 돌도끼를 흉내 내는 것보다는 더 나은 활동을 할 수 있었다. 그는 만들거나 사용하는 데 한층 섬세한 조작이 요구되는 연장들을 만들었다.

이처럼 세련된 기술의 발달과 불의 사용은 독립된 현상이 아니다. 오히려 진화

(생물학적이며 동시에 문화적인)의 진정한 내용은 새로운 행동을 정교하게 만드는 데 있다는 사실을 항상 기억해야 한다. 그러나 행동은 화석을 남기지 않기 때문에 뼈와 이를 연구함으로써 그 증거를 찾아야만 하는 것이다. 뼈와 이는 그 자체만으로는 그것을 소유한 동물에게도 흥미로운 것이 아니다. 뼈와 이는 행동의 도구로서 기능하는 것이다. 하지만 그들이 도구로서 그 주인의 행동을 드러내고, 그 도구의 변화가 행동과 기술의 변화를 보여주는 까닭에 우리는 흥미를 갖는 것이다.

이와 같은 이유로, 진화 과정에서 인간의 변화는 단편적으로 일어나지 않았다. 인간은 한 영장류의 두개골과 다른 영장류의 턱을 조립하여 만들어진 것이 아니다. 그러한 오해는 너무나 소박한 것이기 때문에 진실로 보기 어렵고, 필트다운 두개골(Piltdown skull:1911~15년 영국 잉글랜드 서섹스의 필트다운 하상 퇴적지에서 발견된 두개골과 하악골편. 두개골은 인류형이고 하악골은 침팬지를 닮아 인류학자들은 모순을 느끼면서도 인류 계통의 위치 부여 문제로 앞 다퉈 논쟁하면서 제2~3간빙기에 살았던 가장 오래된 인류라고 인정하기에 이르렀다. 그러나 이 골편들의 플루오르 및 질소 함유량을 분석한 결과 두개골은 일부가 현대인의 것이고 하악골은 침팬지의 것으로 밝혀지면서, 이 발견은 해프닝으로 끝나고 말았다—옮긴이)과 같은 허위를 낳을 따름이다. 어느 동물이든, 특히 인간은 고도로 통합된 구조를 갖고 있으므로, 행태가 변하면 구조의 모든 부분들이 함께 변화해야 한다. 뇌·손·눈·발·이 그리고 인간의 외형 전체의 진화는 특수한 자질(어느 의미에서 이 책의 여러 장들은 그 하나하나가 인간의 어느 특수한 자질을 주제로 씌어진 한 편의 에세이다)의 모자이크를 이루는 것이며, 그 자질들이 그 어느 동물보다 진화 속도가 빠르고, 그 행태가 더 풍요롭고 유연한 현재의 인간을 만들어놓았다. 500만 년, 1,000만 년, 심지어 5,000만 년 동안이나 변하지 않은 동물들(이를테면 곤충들)과는 달리, 인간은 그 시간 동안 전혀 몰라볼 만큼 변했다. 그렇다고 인간이 동물 중에서 가장 위엄 있는 존재라는 뜻은 아니다. 포유류가 출현하기 오래전 공룡들이 그들보다 훨씬 당당했다. 그러나 인간은 다른 동물이 갖지 않은 다양한 능력을 가지고 있으며, 그러한 능력이 30억 년이 넘는 생명의 역사 속에서 인간을 유일하게 창조적인 생명체로 만들었다. 모든 동물은 존재의 흔적만을 남기지만 오직 인간만이 창조의 흔적을 남긴다.

자그마치 5,000만 년이라는 장구한 시간에 걸친 종의 변화에는 음식물의 변화가 중요한 역할을 한다. 인간으로 이어지는 연속선상에 있던 최초의 동물은 여우원숭이와 마찬가지로 눈이 날쌔고, 손이 잽싸며, 벌레와 열매를 먹었다. 이집토피테쿠스와 프로콘술을 비롯하여 중량급 오스트랄로피테쿠스에 이르는 초기의 유인원과 인간들은 주로 식물성 먹이를 뒤지느라고 나날을 보냈으리라 생각되지만, 경량급 오스트랄로피테쿠스는 영장류가 오랫동안 지니고 있던 식물성 먹이를 먹는 습성을 깨뜨렸다.

일단 초식성에서 잡식성으로 바뀌자, 그 습관이 호모 에렉투스, 네안데르탈인과 호모 사피엔스로까지 꾸준히 이어졌다. 조상 격인 경량급 오스트랄로피테쿠스 이후로 인간 가족은 고기를 주식의 일부로 먹었다. 처음에는 작은 동물을, 그리고 나중에는 좀 더 큰 동물을 잡아먹었다. 고기는 식물보다 단백질이 많이 농축되어 있고, 식물에 비해 먹는 양과 시간을 3분의 2나 줄일 수 있다. 인간 진화의 결과는 광범위했다. 여가가 늘어나고, 그 늘어난 시간을 굶주린 짐승의 힘만으로는 쓰러뜨릴 수 없는 식량원(가령 큰 짐승들)으로부터 먹이를 확보하기 위한 더 간접적인 방법에다 사용할 수 있었다. 결국 그것은 모든 영장류들이 그렇듯 자극과 반응 사이에서 뇌의 내적 지연을 개입시키는 경향을 (자연선택에 의해) 촉진하게 되었으며, 마침

11 모든 동물은 존재의 흔적만을 남기지만 오직 인간만이 창조의 흔적을 남긴다.
아슐기(구석기시대 전기)의 직립인이 쓰던 손도끼.

내 욕망의 충족을 지연시키는 인간의 완전한 능력으로 발전해갔다.

그러나 식량 공급을 늘이기 위한 간접적 전략이 끼친 가장 두드러진 영향은 사회적 행동과 의사소통을 촉진시킨 것이었다. 사람과 같이 느린 동물은 도망치는 데 익숙한 초원의 큰 동물들을 협동 작업에 의해서만 접근하고 추격하여 한곳에 몰아넣을 수 있었다. 사냥에는 특수 무기 외에도 언어를 통한 의식적인 계획과 조직이 필요하다. 사실 우리가 사용하는 언어는 (짐승들과는 달리) 가동성 있는 단위들을 결합한 문장을 사용해서 서로를 지시한다는 점에서 어느 정도 사냥 계획의 성격을 지니고 있다. 사냥은 공동체의 활동이며, 오직 그 절정에 이르러서야 잡아 죽이게 되는 것이다.

한 장소에 눌러 있으면서 사냥만으로 계속 늘어나는 인구를 먹여 살릴 수는 없다. 2.6km²에 두 사람 이상은 생존할 수 없는 것이 초원의 한계였다. 그러한 인구 밀도를 기준으로 할 경우, 지구의 전체 면적으로도 현재의 캘리포니아 주민 정도인 약 2,000만 명밖에 부양할 수 없고, 영국 인구 정도도 살아갈 수가 없다. 수렵인들에게는 굶어 죽느냐 이동하느냐 하는 잔인한 선택의 길이 있을 뿐이었다.

그들은 엄청난 거리를 이동해 다녔다. 100만 년 전까지는 그들이 북아프리카에 있었고, 70만 년 전 혹은 그보다 앞선 시기에는 자바에도 있었다. 40만 년 전에 이르면 그들은 사방으로 퍼져 북쪽으로 나아갔고, 동쪽으로는 중국, 서쪽으로는 유럽으로 퍼져나갔다. 믿을 수 없으리만큼 널리 뻗어나간 이 같은 이동으로 말미암아, 인류는 전체적인 숫자는 꽤 적었지만(어림잡아

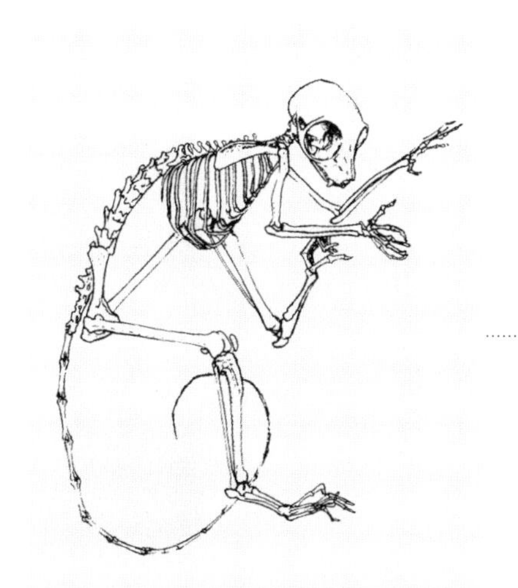

12 **인간으로 이어지는 연속선상에 있던 최초의 동물은 여우원숭이와 마찬가지로 눈이 날쌔고, 손이 잽싸며, 벌레와 열매를 먹었다.**
◀◀마다가스카르에 살고 있는 현대의 여우원숭이.
◀동아프리카에 살면서 열매를 따 먹던 원숭이의 뼈대 (손과 손톱의 구조를 볼 것).

100만 명) 일찍부터 널리 흩어져 사는 종이 되었다.

훨씬 더 험난했던 일은 기후가 빙하기로 들어간 직후에 인간이 북쪽으로 이동한 것이었다. 그 혹한 속에서는 그야말로 얼음이 땅속에서 나오는 것 같았다. 북방의 기후는 오랜 세월 동안(문자 그대로 수억 년 동안) 온화했었다. 그러다가 호모 에렉투스가 중국 대륙과 북부 유럽에 정착하기 전에 세 차례에 걸쳐서 일련의 빙하시대가 시작되었다.

40만 년 전 제1빙하기의 가장 혹독한 추위가 끝난 무렵에 북경인이 동굴에서

13 사냥은 공동체가 떠맡는 일이며 오직 그 절정에 이르러서야 잡아 죽이게 되는 것이다.
▲아마존 분지에 사는 와야나족(Wayana)의 사냥꾼들. 사냥을 하기 전에 함께 음식을 나눠 먹고 있다.

14 인간의 문화적 진화를 질서 정연한 단계를 따라 설명해주는 화석들.
1 스페인의 산탄데르에서 나온 구멍 뚫린 지팡이는 암사슴의 머리로 장식되어 있다.
2 마들렌기(구석기시대 최후기)의 순록 뿔로 만든 작살. 작살의 갈고리는 마지막 빙하기 동안 한 줄에서 두 줄로 바뀌었다.
3 동부 스페인 카스테용 발토르타 계곡 로스카바요스 동굴의 순록 사냥 암각화(岩刻畵).
후기 빙하시대 말에 활과 화살이 발명되었다.

살고 있었다. 그 동굴에서 처음으로 불을 사용한 흔적이 발견된 것은 놀라운 일이 아니다. 빙하는 남쪽으로 이동했다가 세 차례 후퇴했고, 그때마다 땅이 변했다. 만년빙(萬年氷)이 가장 커졌을 때는 그 속에 지구상의 수분을 얼마나 많이 담고 있었던지 해면이 120m나 내려갔다. 약 20만 년 전 제2빙하기가 끝나자, 큰 두뇌를 가진 네안데르탈인들이 출현했고, 그들은 마지막 빙하시대에서 중요한 자리를 차지하게 되었다.

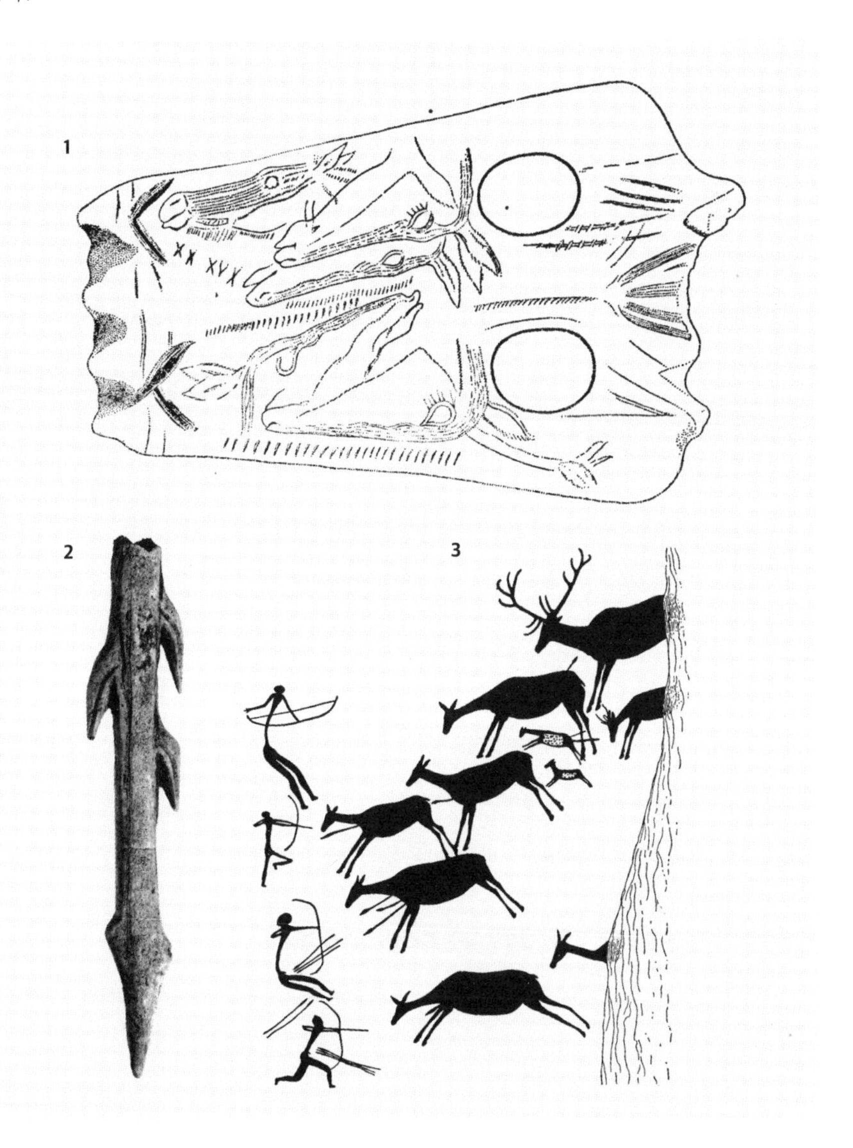

우리가 제일 뚜렷이 알아볼 수 있는 인간의 문화는 지난 10만 년 또는 5만 년 전에 맞이한 가장 최근의 빙하기에 형성되기 시작했다. 우리는 이 시기에서 세련된 사냥 방식을 말해주는 정교한 도구들을 발견한다. 예를 들어 투창기, 똑바로 펴는 도구인 방망이, 작살, 그리고 사냥 도구를 만드는 데 필요했던 장인용(匠人用) 부싯돌들이다.

지금과 마찬가지로 당시에도 발명이란 희귀한 일이긴 했지만, 같은 문화권 안에서 빠른 속도로 전파되었음이 분명하다. 이를테면 남부 유럽의 마들렌기 수렵인들은 1만 5,000년 전에 작살을 발명했다. 발명 초기에는 마들렌기의 작살에 갈고리가 없었다. 그러다가 한 줄의 낚시 갈고리가 달린 작살로 변했고, 동굴 예술이 꽃피던 그 시대 말기에는 두 줄의 갈고리가 달린 작살로 발달했다. 마들렌기의 수렵인들은 뼈연장에다 장식을 했기 때문에, 그 양식이 얼마나 세련되었는지에 따라서 연장을 제작한 정확한 시기와 장소를 알 수 있다. 때문에 그것은 진정한 의미에서의 화석이라 할 수 있으며, 인간의 문화적 진화를 질서 정연한 단계를 따라 설명해주는 것이다.

인간은 발명을 인정하고, 그것을 공동체의 재산으로 전환하는 정신적인 유연성을 갖고 있었던 까닭에 빙하시대의 가장 치열한 시련을 극복하고 살아남았다. 빙하시대는 인간의 생존 방법에 심오한 변화를 가져왔음이 분명하다. 그 위세에 밀려 인간은 채식 의존도를 줄이고 육식에 더 많이 의존하게 되었다. 뾰족한 빙하 위에서 사냥해야 하는 험난한 상황 역시 사냥술에 변화를 가져왔다. 아무리 크다 하더라도 짐승 한 마리를 추격하는 일은 점차 매력이 줄어들었다. 그보다 더 좋은 대안은 짐승 떼를 놓치지 않고 쫓아가는 방식—짐승들의 이주 습성을 포함하여, 그 습성을 예상하고 종국적으로는 거기에 적응하는—이었다. 이것은 특이한 적응 방법

15 현재 3만 명의 랩족이 있는데 그들의 생활양식은 이제 종말에 접어들고 있다.
1900년 핀마크 지역에서 순록을 치는 랩족 목자들.

으로, 이동 생활양식이었다. 이것은 추적을 하는 방식이기 때문에 이전의 사냥과 일부 흡사한 성격을 지니는데, 이를테면 추적 장소와 속도가 먹잇감인 동물에 의해 결정된다는 특징이 있다. 그리고 또 이 방식은 이동하는 동안 짐승들을 보살펴서 식량 저장소처럼 보유하기 때문에, 이후의 목축업의 성격을 띠기도 한다.

이동 생활양식은 이제 문화적 화석이 되어 간신히 그 흔적을 남기고 있을 뿐이다. 아직까지 이 같은 방식으로 살고 있는 유일한 종족이 스칸디나비아 반도의 최북단에 있는 랩족(Lapp)인데, 이들은 빙하시대에도 그랬듯이 순록 떼를 따라다닌다. 1만 2,000년 전 마지막 빙모(氷帽)가 남부 유럽에서 물러감에 따라 순록의 뒤를 쫓아 랩족의 조상들이 피레네 산맥에 있는 프랑코-칸타브리아(Franco-Cantabrian)의 동굴(구석기시대 동굴 회화의 대표적인 장소. 북부 스페인의 알타미라, 카스티요 등과 서남

프랑스의 라스코, 퐁드곰, 레퐁바렐, 니키 등지 그리고 이탈리아의 일부 지역 등 약 80개가 있다—옮긴이)을 떠나 북쪽으로 왔으리라 짐작된다. 현재 3만 명의 랩족과 30만 마리의 순록들이 있는데, 그들의 생활양식은 이제 종말에 접어들고 있다. 순록 무리는 피오르드(fiord)를 건너 얼음이 덮인 한 지의류대(地衣類帶)에서 다른 지의류대로 계속 이동하고 랩족도 그들과 함께 이동한다. 그러나 랩족은 목축가들이 아니다. 그들은 순록들을 다스리거나 가축화하지는 않는다. 그들은 단순히 그 무리가 이동하

는 곳으로 옮겨 다닐 뿐이다.

비록 순록 무리가 사실상 아직도 야생 상태이긴 하지만, 랩족은 다른 문화권에서도 발견한 바 있듯이, 단일 동물을 제어하는 전통적인 방식을 가지고 있다. 예를 들어, 그들은 수컷의 일부를 거세하여 사역동물(使役動物)로 쓸 만큼 순화시킨다. 그것은 이상한 관계다. 랩족은 완전히 순록에 의존해서 살아간다. 매일 한 사람이 450g의 고기를 먹고, 힘줄과 털과 가죽과 뼈를 사용하며, 젖을 마시고, 뿔마저 이용한다. 그럼에도 랩족은 순록보다 자유롭다. 그들의 생활양식은 문화적인 적응이지 생물학적인 적응이 아니기 때문이다. 랩족들이 적응한 방식, 즉 짐승을 따라 얼음 덮인 풍경 속을 이동하는 생활양식은 바꿀 수도 있는 일종의 선택이다. 그것은 생물학적 변이(變異)와는 달라서 변경이 가능하다. 생물학적인 적응이란 선천적인 형태다. 그러나 문화란 학습된 행위의 형태이고, 그 사회 전체가 채택하고(다른 고안이나 발명처럼), 그 공동체가 선호하여 결정한 형식이다.

문화적 적응과 생물학적 적응에는 근본적인 차이가 있는데, 둘 다 랩족의 생활

16 ◀1925년 여름에 노르웨이 해변가 섬으로 이동하고 있는 스웨덴계 랩족 여인.
▲겨울 동안 갇혀 있다가 풀려난 야생의 순록 무리.

에서 입증될 수 있다. 순록 껍질로 집을 짓는 방법은 랩족이 내일이라도 바꿀 수 있는 적응이다(그들의 대다수가 지금 그렇게 바꾸고 있다). 그와 반대로 랩족 또는 그들의 조상에 해당하는 인간 계통은 어느 정도 생물학적 적응을 치르기도 했다. 호모 사피엔스의 생물학적 적응 방식은 규모가 그다지 크지 않다. 우리 인류는 단일 중심에서 매우 급속히 전 세계로 퍼졌기 때문에 비교적 동질적인 종이다. 그렇지만 우리 모두가 알다시피, 인간 집단 사이에는 생물학적 차이점이 분명히 있다. 우리는 그것을 '인종적 차이'라 부르는데, 이 말은 단순히 습관이나 주거의 변화만으로 바뀔 수 없다는 것을 의미한다. 말하자면 사람의 피부색은 바꿀 수 없다. 랩족이 하얀 이유는 무엇인가? 인류는 원래 피부색이 검었다. 햇빛은 사람의 피부에 비타민D를 만들어내는데, 가령 아프리카에 백인이 살고 있었다면, 비타민D의 생산량이 지나치게 많아졌을 것이다. 하지만 북쪽에 살고 있는 사람들은 비타민D를 충분히 만들기 위해서 햇빛을 많이 받아들여야 했다. 따라서 자연선택에 의해 피부가 희게 된 것이다.

서로 다른 공동체 간의 생물학적 차이점이란 이처럼 그 규모가 크지 않다. 랩족은 생물학적인 적응이 아니라 발명의 재능으로 살아왔다. 상상력을 동원하여 순록의 습성을 이용하고 순록의 모든 생산품을 사용했으며, 사역동물로 전환시켰고, 수공예품과 썰매를 이용하여 살아왔다. 피부색 때문에 얼음판에서 살아남은 것이 아니다. 랩족, 그리고 인류는 모든 발명 가운데서도 최대의 걸작품인 불을 발명하여 빙하시대를 이겨냈다.

불은 화로(火爐) 의 상징이며, 3만 년 전 호모 사피엔스가 손자국을 남기기 시작한 이래 그 화로는 동굴이었다. 줄잡아 100만 년 동안 인간은 어느 정도 눈에 띄게 채집과 수렵으로 살았다. 우리가 기록하고 있는 어떤 역사보다도 훨씬 더 긴 선사의 방대한 시기를 증언할 기념물은 거의 없다. 그 시대 말기에 가서야 유럽의 얼음장 가장자리, 알타미라 (그리고 스페인과 남부 프랑스의 다른 곳에서도) 같은 동굴에서 사냥꾼으로 살았던 사람들의 마음을 보여주는 기록이 발견된다. 거기서 그들의 세계를 형성하고, 관심을 사로잡은 대상들을 보게 된다. 약 2만 년 전의 동굴화들은 그 시대 문화의 보편적인 기반을, 그들이 함께 살며 뒤를 쫓던 동물에 대한 사냥꾼의 지식을 영원히 고정시켜놓고 있다.

동굴벽화와 같은 생생한 예술이 비교적 후기에 나타나고 그처럼 희귀하다는 것을 사람들은 이상하게 생각할 것이다. 인간의 발명을 증명하는 기념물과는 달리, 인간의 시각적 상상력을 증언할 만한 기념물들이 더 많지 않은 이유는 무엇인가? 그런데 다시 생각해보면 기념물이 너무 적다는 사실보다는 그나마 남아 있다는 사실이 더욱 놀랍다. 인간은 미약하고 느리며, 서투르고 무장이 되지 않은 동물이다. 그래서 석기, 부싯돌, 칼과 창 등을 발명하지 않으면 안 되었다. 그러나 왜 인간은 생존에 요긴한 이런 과학적 발명에다 지금 우리를 놀라게 하는 저 예술을 일찍부터 추가했을까? 이를테면 동물 형상의 장식들 말이다. 무엇보다도 이와 같은 동굴에 와서 그 안에서 살면서도 왜 자신이 살고 있는 곳이 아닌, 어둡고 은밀하며, 구석지고 은폐되어 접근할 수 없는 장소에 짐승 그림들을 그려놓았을까?

이러한 장소에서는 그 짐승이 마력을 지니고 있었기 때문이라는 점만은 의심할 여지가 없다. 한데 마력이란 하나의 낱말일 뿐 해답이 아니다. '마력'이란 말 자체는 아무것도 설명하지 못한다. 말하자면 사람들이 힘을 갖게 되었다고 믿었다는데, 무슨 힘이란 말인가? 우리는 아직도 사냥꾼들이 그림에서 얻어낼 수 있다고 믿었던 힘이 무엇인지를 알고 싶어 한다.

17 (다음 페이지) **얼음 위로 이동하고 있는 이동 생활양식.**
랩족의 요한 투리(Johan Turi)가 그들 종족의 삶을 설명하기 위해 그린 그림.
야생의 순록 무리 옆에 짐을 나르고 있는 동물들이 보이고, 스키를 탄 목동이 이 무리를 이끌고 있다.

여기에 대해서는 내 개인적인 견해를 제시할 수밖에 없는데, 나는 처음으로 이곳에 표현된 그 힘은 선견력이라고 생각한다. 다시 말하면 그것은 앞을 내다보는 상상력이다. 이 그림들을 보면서 사냥꾼은 언젠가는 직면하리라는 것을 알고는 있으나 그때까지는 일어나지 않은 위험들이 무엇인지를 익히게 되었을 것이다. 사냥꾼은 이 은밀한 암흑 속으로 안내되어 들어와 갑자기 불빛에 의해 드러난 그림을 통해서, 장차 맞서야 할 들소, 달리는 사슴, 돌아서는 멧돼지를 보게 된다. 그리고 오래지 않아 있을 사냥에서처럼, 그는 짐승들과 홀로 맞서고 있다는 느낌을 갖게 되어 공포의 순간을 현실로 맞닥뜨린다. 공포를 떨쳐버리는 데 요긴했던 경험과 앞으로 겪어야 할 경험의 순간들이 떠오르면서 창을 든 그의 팔이 꿈틀거린다. 그림을 그린 사람은 공포의 순간을 고정시켜놓았고, 사냥꾼은 마치 우주선의 에어로크를 통과하는 것처럼 그림을 통과해 순간에 빠져 들어가게 되는 것이다.

동굴벽화는 역사의 한순간처럼 사냥꾼의 생활양식을 우리 앞에 재현하고 있으며, 우리는 그것을 통해 과거를 들여다본다. 그러나 사냥꾼에게 그 그림은 미래를 들여다보는 구멍이었을 것이다. 그는 앞으로 닥쳐올 미래를 내다보았던 것이다. 어느 쪽이든지 간에 동굴벽화는 상상력의 망원경 역할을 하고 있다. 그것은 인간의 사고를 보이는 것에서 추측할 수 있는 것으로 향하게 했다. 실은 그림을 그리는 바로 그 행위 속에 그런 의미가 담겨 있다. 탁월한 관찰력을 보여주기는 하지만 사실은 평면적인 이 그림이 의미 있게 되는 것은 사고력에 의해 입체성과 운동성을 보완하고, 눈으로서가 아니라 상상력으로 추리된 현실을 창출하기 때문이다.

예술과 과학은 동물이 할 수 있는 영역 밖에 있는, 인간만이 할 수 있는 특유의 행동이다. 또한 여기서 우리는, 그 둘이 동일한 인간의 능력에서 나온다는 것을 알 수 있다. 그 능력이란, 미래를 그려보고 장차 일어날 일을 내다보며, 그 예상을 계

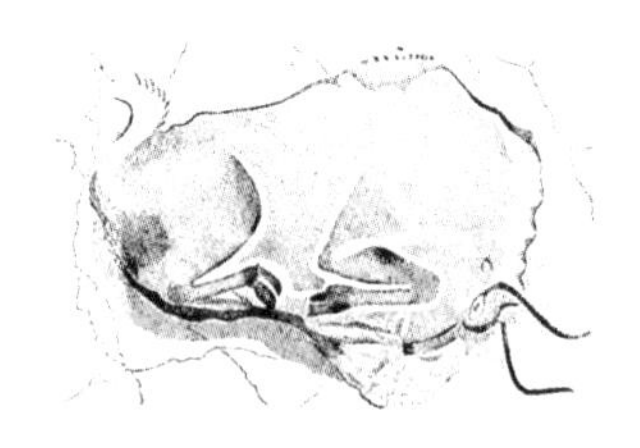

18 알타미라와 같은 동굴에는 사냥꾼이었던 인간의 마음을 지배하고 있던 것이 무엇이었는지를 알려주는 기록이 남아 있다. 이 그림들에 표현된 능력을 나는 선견력이라고 본다. 다시 말하면 앞을 내다보는 상상력이다.

◀▶ 드러누운 들소.

획하여, 우리의 머릿속에 투사되고 돌아다니는 이미지들로 표현하거나, 혹은 어느 동굴의 어두운 벽이나 텔레비전 화면 위에 빛을 쏘아 재현하는 능력을 말한다.

또한 우리는 여기서 상상력의 망원경을 통하여 보고 있다. 상상력이란 시간상의 망원경이며, 과거의 경험을 되돌아보는 것이다. 이 벽화를 그린 사람들, 그 자리에 있었던 사람들은 그 망원경을 통하여 앞을 내다보았다. 문화적 진화란 본질적으로 상상력의 끊임없는 성장과 확대이므로, 그들은 인간의 등정을 따라 앞을 내다보았던 것이다.

무기를 만든 사람들과 벽화를 그린 사람들은 동일한 작업—오직 인간만이 할 수 있는 미래의 예상, 현재 있는 것에서부터 무엇이 나올지 추론하는 일—을 하고

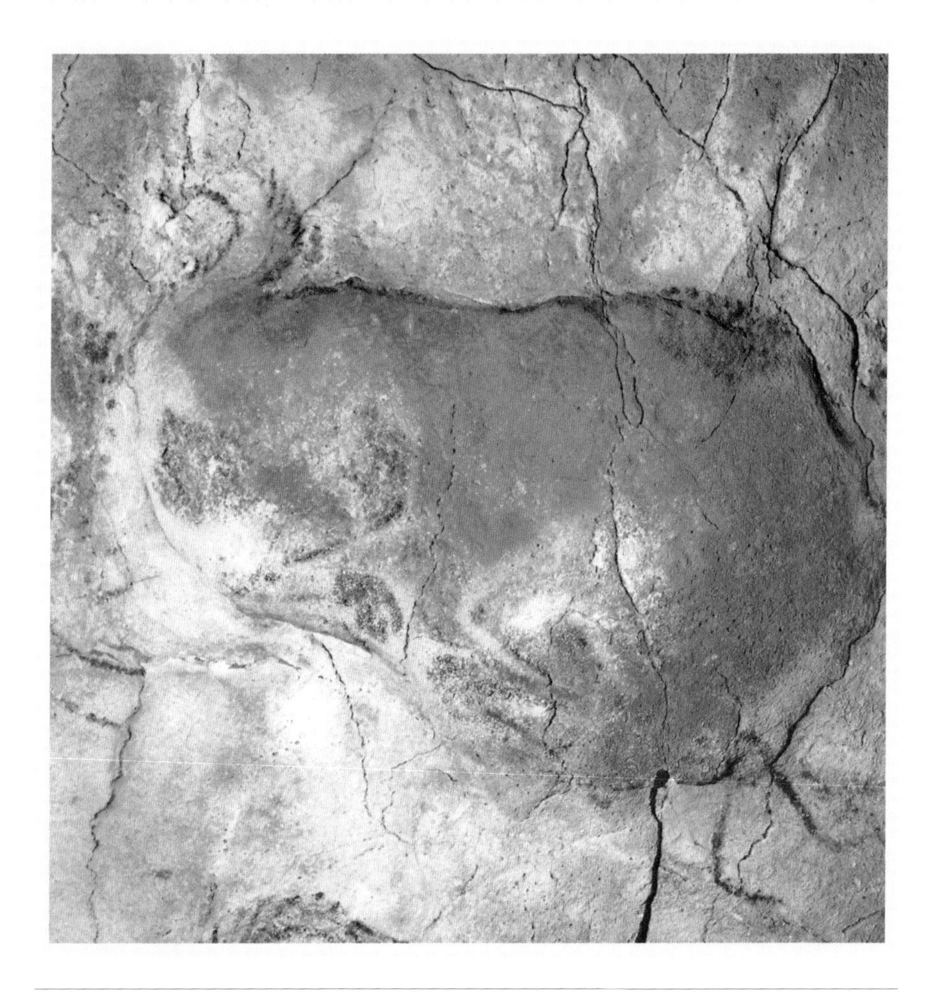

있었던 것이다. 인간에게는 수많은 독특한 자질이 있다. 그러나 그 모두의 중심, 모든 지식이 자라는 뿌리에는, 보이는 것에서 보이지 않는 것의 결론을 내리고, 시간과 공간을 통하여 우리의 마음을 움직이게 하며, 현재로 이어지는 계단 위에서 과거의 우리를 인식하는 능력이 있는 것이다. 이 동굴 안 사방에 찍혀 있는 손자국들이 이렇게 말하고 있다. "이것이 나의 자국이다. 이것이 인간이다."

19 **이 동굴 안 사방에 찍혀 있는 손자국들이 이렇게 말하고 있다. "이것이 나의 자국이다. 이것이 인간이다."**
스페인 산탄데르 엘 카스티요에 있는 손자국들.

계절의 수확

인류의 역사는 균등하게 구분되어 있지 않다. 먼저, 인류의 생물학적 진화로, 우리를 유인원 조상들과 분리시키는 그 모든 단계들이 있다. 이 단계들은 수백만 년이 걸렸다. 그 뒤를 이어 문화의 역사가 있다. 아프리카에 남아 있는 소수의 수렵 부족들이나 오스트레일리아의 식량채집 부족들과 우리를 갈라놓는 긴 문명의 도래를 말한다. 사실 두 번째의 문화적 차이는 불과 수만 년이라는 시간 속에 꽉 들어차 있다. 그 시초는 1만 년을 조금 넘고 2만 년을 크게 밑도는 1만 2,000년을 거슬러 올라갈 뿐이다. 지금부터 나는 오직 이 1만 2,000년만을 대상으로 이야기하고자 한다. 우리들이 지금 생각하고 있는 '인간의 등정'은 거의 이 안에 포함되어 있다. 그럼에도 수백만과 수만이라는 수치 사이의 격차, 즉 생물학적 시간의 척도와 문화적 시간의 척도 사이의 격차가 너무 커서 잠시 뒤돌아보지 않을 수가 없다.

인간이 중앙아프리카의 오스트랄로피테쿠스라는, 손에 돌을 든 검고 작은 동물로부터 호모 사피엔스라는 현생인류로 변화하는 데 줄잡아 200만 년이 걸렸다. 그것이 생물학적 진화의 속도다. 그런데도 인간의 생물학적 진화는 다른 어떤 동물보다 빨랐다. 그러나 호모 사피엔스가 여러분과 내가 열망해온 '인간', 예술가이면서 과학자이고, 도시 건설가이면서 미래의 설계자이며, 독서가와 여행가이고, 자연과 인간 감정을 열정적으로 탐구하는 탐구자이며, 우리의 어느 조상보다 경험이 풍부하고 상상력이 대담한 존재가 되기까지는 2만 년보다 훨씬 적게 걸렸다. 문화적 진화의 속도는 앞의 두 숫자의 비율이 말해주듯, 일단 시작이 되면 생물학적 진화

20 **바크티아리족이 페르시아 자그로스 산맥을 넘어 봄철 이동을 하고 있다.**

보다는 최소한 100배나 빨리 진행된다.

'일단 시작이 되면'이라는 말은 중요한 구절이다. 인류를 지구의 주인으로 만들게 한 문화적 변화가 왜 그처럼 최근에 와서야 시작되었는가? 2만 년 전 세계의 모든 지역으로 퍼져나간 인간은 채집생활자나 수렵인이었고, 가장 발달된 기술이란 지금도 랩족들이 하고 있는 바와 마찬가지로 이동하는 짐승 떼와 밀착하여 살아가는 것이었다. 1만 년 전에 와서는 그런 방식이 바뀌어서 어떤 곳에서는 짐승의 일부를 길들이기 시작했고 몇 가지 식물을 재배하게 되었다. 그 변화로 문명이 시작된 것이다. 우리들이 알고 있는 문명이 1만 2,000년 전에야 겨우 시작되었다는 것은 이상하다는 생각이 든다. 기원전 1만 년경에 이례적으로 폭발적인 일이 있었던 것이 틀림없다—실제로 그런 일이 있었다. 하지만 그것은 조용한 폭발이었다. 그때는 마지막 빙하기가 끝날 무렵이었다.

우리는 지금도 빙하의 풍경 속에서 그 광경, 말하자면 변화의 기미를 읽을 수 있다. 아이슬랜드의 봄은 해마다 그 장면을 재연하고 있으나, 아득한 옛날 빙하가 물러갈 때에는 유럽과 아시아 전역에서 그러한 장면이 연출되었다. 엄청난 고난을 겪으면서 지난 100만 년에 걸쳐 아프리카를 떠나 북쪽으로 유랑해 왔으며, 빙하시대를 이겨내야 했던 인간들은 돌연 땅에 꽃이 피어나고 그들의 주변에 동물들이 있음을 발견하게 되었고, 그래서 또 다른 생활양식으로 옮아가게 되었다.

일반적으로 이를 가리켜 '농업혁명'이라 부른다. 하지만 나는 그 현상을 보다 더 광범위한 것으로서, '생물학적 혁명'이라고 생각한다. 그것은 큰 비약으로서, 그 속에는 식물 재배와 동물의 가축화가 얽혀 있다. 그리하여 가장 중요한 면에서, 즉 물리적으로가 아니라 식물과 동물이라는 생물의 수준에서, 인간이 환경을 지배하는 중요한 일이 여기서 실현된 것이다. 이와 더불어 그에 못지않은 강력한 사회혁명이 일어난다. 이제 인간은 정착할 수 있게 되었을 뿐만 아니라, 정착해야 할 필요성이 한층 커졌다. 그리고 100만 년 동안 떠돌아다니던 이 존재는 유목민의 생활에 종지부를 찍고 촌락 정착자가 되는 중대한 결정을 내려야만 했다. 우리는 이 결정을 내린 한 민족의 의식 투쟁에 관한 인류학적 기록을 가지고 있다. 그 기록이 구약성서 속에 있다. 문명은 이 결정에 좌우된다고 나는 믿는다. 그러한 결정을 내리지 않은 종족 가운데 살아남은 자는 극히 적다. 아직도 이 목초지에서 저 목초지로 방대한 가축이동 여행을 감행하고 있는 유목 부족이 있는데 페르시아의 바크티아리족(Bakhtiari)을 그 실례로 들 수 있다. 그리고 그들과 함께 여행하고 생활해보면, 그와 같은 이동생활에서는 문명이 결코 성장할 수 없음을 알게 된다.

유목생활의 모든 것은 아득한 옛날부터 지금까지 변함이 없다. 바크티아리족은 언제나 홀로, 거의 눈에 띄지 않게 떠돌아다녔다. 다른 유목민들과 마찬가지로 그들은 자신들이 한 가족, 단일 시조(始祖)의 자손이라고 생각하고 있다(마찬가지로 유대인들은 으레 자신들을 이스라엘이나 야곱의 자손이라 불렀다). 바크티아리족이라는 명칭은 몽고 침략 시대의 전설적인 목자(牧者)인 바크티야르(Bakhtyar)에서 유래했다. 그를 중심으로 펼쳐지는 그들의 기원 설화는 이렇게 시작한다.

> 그리고 우리 종족의 아버지 산사람 바크티야르는 옛날 남쪽 산의 요새에서 나왔다. 그의 씨앗은 산 위의 돌만큼이나 많았고, 그의 자손들은 번창했다.

설화가 전개되면서 성서적 메아리가 자주 울려나온다. 족장 야곱에게는 아내가 둘 있었는데, 족장은 그들 각각을 아내로 얻기 위해 양치기로 7년씩 일했었다.

바크티아리족 족장과 비교해보자.

> 바크티야르의 첫째 아내에게는 일곱 아들이 있었는데, 그 아들들은 우리 종족의 일곱 형제 혈통의 아버지들이었다. 그의 둘째 아내에게는 아들 넷이 있었다. 그리고 아들들은 가축 떼와 천막들이 흩어지지 않도록 아버지의 형제들의 천막에 있는 딸들을 아내로 삼을 것이다.

이스라엘 자손들의 경우와 같이 그들에게 가축 떼는 가장 중요한 재산이었다. 그 재산은 이야기꾼(혹은 혼인 상담자)의 마음속에서 잠시도 떠나지 않는다.

기원전 1만 년 전에 유목민은 항상 야생동물의 천연적인 이동을 따라다녔다. 그러나 양과 염소들은 철 따라 이동하지 않는다. 양과 염소들은 약 1만 년 전에 처음으로 가축화되었고, 오직 개들만이 그들보다 앞서 사람들의 야영지를 따라다녔다. 그리고 인간이 양과 염소를 가축화하게 되자, 자연의 책임을 인간이 대신 맡게 되었다. 유목민들은 갈 바 모르는 짐승 떼를 이끌어주어야 했다.

유목민들 사이에서 여성의 역할은 국한되어 있다. 무엇보다 먼저 여성의 기능은 사내아이를 낳는 것이었다. 딸아이를 너무 많이 낳으면 당장 불행이 닥쳐오고 장기적으로는 재난을 초래한다. 그 밖에 여성의 임무는 음식과 옷가지를 마련하는 것이다. 예컨대 바크티아리족의 여성은 빵을 굽는데, 성서에 나오듯 효모를 넣지 않은 빵을 뜨거운 돌 위

21 **유목 부족들은 이 목초지에서 저 목초지로 방대한 가축이동 여행을 감행한다. 그들에게는 이곳에서 저곳으로 날마다 여행을 하면서 가지고 다닐 수 있는 간단한 휴대 기술이 있을 뿐이다.**
◀양모로 뜨개질을 하고 있는 바크티아리족 여성.
▶봄철 이동을 하고 있는 양 떼와 염소 떼.

에 굽는다. 그런데 나이에 관계없이 여성은 남성이 식사를 마칠 때까지 기다려야 한다. 여성의 생활도 남성과 마찬가지로 가축 떼를 중심으로 전개된다. 그들은 젖을 짜고, 원시적인 나무틀에 걸려 있는 염소가죽 자루에 젖을 담아 휘젓고 응고시켜 요구르트를 만든다. 그들에게는 이곳에서 저곳으로 날마다 여행을 하면서 가지고 다닐 수 있는 간단한 휴대 기술이 있을 뿐이다. 그 단순성은 낭만적인 것이 아니라 생존의 문제다. 모든 것은 운반할 수 있어야 하고, 매일 저녁 차려놓았다가 이튿날 아침이면 다시 챙겨 싣고 갈 만큼 가벼워야 한다. 아낙네들이 단순하고도 오래

된 방법으로 털실을 짠다 하더라도, 여행에 필수적인 수선을 하기 위해 당장 써야 할 것에만 국한되고 그 이상의 일은 하지 않는다.

유목생활에서는 몇 주일 동안은 없어도 되는 물건은 만들 수 없다. 운반해 다닐 수가 없기 때문이다. 더구나 바크티아리족은 그런 일은 할 줄도 모른다. 가령 쇠솥이 필요하다면 그들은 정착민이나 쇠붙이를 전문으로 다루는 집시 장인 계층과 물물 교환을 한다. 못, 말등자, 장난감 또는 아이들의 방울 등이 부족 외부와 거래되는 물건들이다. 바크티아리족의 생활은 폭이 너무 좁아서 전문화할 시간이나 기술이 없다. 아침과 저녁 사이에 이동하고 한평생 왔다 갔다 하므로 새로운 장치나 새로운 사상(심지어 새로운 선율마저도)을 개발할 시간이 없고, 구태의연한 습관들만 반복될 뿐이다. 아들에게 존재하는 유일한 야망은 아버지와 같게 되는 것이다.

그것은 특색이 없는 삶이다. 밤이란 언제나 그 전날 밤과 같이 하루의 끝이요, 아침은 으레 그 전날과 마찬가지로 여정의 시작이다. 동이 트면 모든 사람은 한 가지 문제만을 생각한다. 다음에 닥쳐올 높은 고개를 가축 떼가 넘을 수 있을까? 여정의 어느 날엔가는 모든 고개 중에서 가장 높은 곳을 넘어야 한다. 그것은 자그로스(Zagros) 산맥의 고도 3,600m인 자데쿠(Zadeku) 고개이며, 어떻게 하든 가축 떼들은 이 고개를 타고 넘거나 산허리를 돌아가야 한다. 이러한 고산지대에서는 단 하루면 풀이 바닥이 나므로 부족은 계속 이동을 해야 하며, 목자들은 날마다 새로운 풀밭을 찾아야 한다.

매년 바크티아리족은 여섯 개의 산맥을 넘어가는 여행을 한다(그리고 다시 넘어 돌아온다). 그들은 눈을 헤치고 전진하며, 봄철의 홍수를 건너야 한다. 1만 년 전의 생활보다 진보한 면모는 단 한 가지밖에 없다. 그들의 선조가 등에 짐을 지고 걸어서 여행을 한 데 비해, 그들은 말, 당나귀, 노새 따위의 사역동물을 가축화했다는 것이다. 그 외에 그들의 생활 중에 새것은 하나도 없다. 그리고 아무것도 기억되지 않는다. 유목민들은 아무런 기념비도 만들지 않으며 죽은 자에 대한 위령비조차 없다(바크티야르는 어디 있으며, 야곱은 어디에 묻혀 있는가?). 그들이 만든 무더기라고는 지나기에 불안하기는 하나 높은 고개보다는 짐승들이 지나가기 쉬운 '아낙네 고개' 같은 곳에다 길을 표시해둔 것뿐이다.

바크티아리족의 봄철 이동은 영웅적인 모험이라 하겠으나, 바크티아리족은 영웅적이라기보다는 차라리 금욕적이다. 모험의 성과가 없으므로 그들은 체념적이다. 여름 목초지만 하더라도 일시적인 정거장에 지나지 않는다. 이스라엘 자손들과는 달리 그들에게는 약속된 땅이 없다. 야곱과 마찬가지로 가족의 장(長)은 50마리의 양과 염소를 마련하느라고 7년 동안 일을 했다. 일이 잘되어가더라도, 이동 중에 그중 10마리는 잃어버릴 계산을 해야 한다. 일이 잘못되면 50마리 가운데 20마리를 잃을 수도 있다. 유목생활은 해마다 그러한 위험을 지니고 있다. 그리고 여행의 끝에 결국 남는 것은 끊임없이 되풀이되는 체념밖에 없다.

어느 해엔가 늙은이들이 고개를 다 넘고 난 뒤에 바주프트(Bazuft) 강을 건너야 하는 마지막 시험을 통과할 수 있을지 누가 알겠는가? 눈 녹은 물이 3개월 동안 강물의 수위를 올릴 대로 올려놓았다. 부족의 남자, 여자, 사역동물들과 가축 떼는 모두 지쳤다. 가축들을 강 건너로 보내는 데 하루가 걸릴 것이다. 오늘 드디어 시험의 날이 온 것이다. 가축과 가족의 생존이 젊은이들의 힘에 달려 있기 때문에 오늘은 그들이 어른이 되는 날이다. 바주프트 강의 도하는 요르단 강을 건너는 것과 같다. 그것은 성년이 되는 세례다. 젊은이들의 생명은 이제 한순간 활기를 띤다. 그러나 늙은이들은 죽는다.

늙은이들이 마지막 강을 건너지 못할 때는 어떻게 되는가? 아무 일도 없다. 그

들은 뒤처져 남아 죽는 것이다. 오직 개만이 내버려진 사람을 보고 의아해한다. 늙은이는 유목민의 관습을 받아들인다. 그는 여행의 종말에 온 것이요, 결국 갈 곳이 없게 된 것이다.

인간 등정에 있어서 거대한 일보는 유목에서 촌락농업으로의 전환이었다. 무엇이 그 같은 변화를 가능케 했는가? 확실히 인간 의지의 행위였다. 하지만 그와 더불어 자연의 기이하고도 은밀한 행위가 있었다. 빙하기가 끝날 즈음 새로운 식물들이 무성해지면서 중동(中東) 지역에 잡종 밀이 나타났다. 많은 곳에 밀이 나타났는데, 그 전형적인 장소가 고대 예리코(Jericho)의 오아시스다.

예리코의 역사는 농경의 역사보다 오래되었다. 이곳에 와서 이 황량한 땅의 샘물 곁에 정착한 최초의 종족은 밀을 수확했으나, 밀을 경작하는 방법은 모르는 사람들이었다. 그들은 야생식물의 수확에 필요한 도구를 만들었기 때문에 우리가 이 사실을 알고 있으며, 그 업적에는 비범한 선견지명이 들어 있다. 그들은 부싯돌로 낫을 만들었는데, 그것은 지금도 남아 있다. 1930년대에 존 가스탱(John Garstang)이 이곳을 발굴하다가 연장들을 발견했다. 그 원시적인 낫의 손잡이는 영양의 뿔이나

22 **예리코에 처음 들어와 살았던 사람들은 밀을 거두어들였으나 재배하는 방법은 몰랐다. 그들은 야생밀을 수확할 연장을 만들었다.**

기원전 3000년대 이스라엘에서 쓰던 휘어진 낫. 돌로 만든 낫의 날에 역청을 발라 뿔손잡이에 꽂았다.

뼈로 만들었으리라 짐작된다.

최초의 이곳 주민들이 거두어들였던 것과 같은 종류의 야생밀은 이제 구릉이나 지층, 비탈에서 전혀 찾아볼 수 없다. 그러나 아직도 이곳에 있는 풀은, 최초의 주민들이 발견하여 처음으로 한 줌씩 거둬들였던 그 밀과 흡사하며, 그들은 그 뒤 1만 년 동안 줄곧 사용해온 낫으로 톱질하듯 밀을 잘랐을 것으로 생각된다. 그것이 나투프의 농업 전 단계 문화(Natufian pre-agricultural civilisation:팔레스타인의 중석기시대 문화. 많은 동굴 유적이 있으며, 최후의 수렵, 어로 생활 종족에 의해 이루어졌다. 대체로 기원전 8000~6000년에 해당된다—옮긴이)였다. 물론 그 문화는 장기간 지속될 수 없었다. 농업문명의 어귀에 있었던 까닭에서였다. 그리고 예리코 거주 층의 다음 단계에서 농업문명이 등장했다.

구세계에서 농업이 확산되게 된 전환점은 크고도 알찬 이삭들이 달린 두 가지 형태의 밀이 등장한 시기와 거의 일치한다. 기원전 8000년까지는 밀이 오늘날처럼 번성한 식물이 아니었다. 단순히 중동 전역에 퍼져 있던 숱한 야생초 가운데 하나에 지나지 않았다. 어떤 유전적 돌연변이로 인해서 야생밀은 야생염소풀(goat grass)과 교잡하여 다수확성 잡종을 이루게 되었다. 그와 같은 돌연변이는 마지막 빙하기가 지난 뒤 땅에서 솟아난 식물 사이에 여러 번 일어났을 것이다. 성장을 지시하는 유전자의 기능이라는 측면에서 본다면, 야생밀의 염색체 14개와 야생염소풀의 염색체 14개가 결합하여 염색체 28개의 엠머밀(Emmer wheat)을 만

23 기원전 8000년까지는 밀이 오늘날처럼 번성한 식물이 아니었다.
야생밀(*Triticum monococcum*).

들어냈다. 이런 까닭에 엠머밀은 알이 훨씬 토실토실하다. 이 잡종 밀은 낟알이 바람에 잘 날리게 껍질에 붙어 있기 때문에 자연적으로 쉽게 퍼질 수 있었다.

그와 같은 잡종이 번식력이 강하기란 아주 드문 일이기는 하지만, 식물 가운데서 특이한 경우는 아니다. 이제 빙하기 후에 등장한 풍요로운 식물 이야기는 훨씬 경이로워진다. 두 번째 유전적 돌연변이가 일어나는데, 이 시기에는 벌써 엠머밀이 재배되고 있었기 때문에 그와 같은 현상이 일어나지 않았나 생각된다. 엠머밀이 또 다른 야생염소풀과 교잡하여 염색체 42개의 훨씬 더 큰 잡종이 생겨났는데, 그 품종이 바로 빵 제조가 가능한 빵밀(bread wheat)이었다. 이 같은 변화는 그 자체만으로는 도저히 불가능하며, 또한 알다시피 빵밀은, 한 염색체 속에서 특정한 유전인자의 돌연변이가 일어나지 않았더라면 제대로 번식할 수 없었을 것이다.

그렇지만 그보다 훨씬 이상한 일이 있다. 지금 여기에 아름다운 밀 이삭 하나가 있는데, 이삭이 너무 단단하여 벌어지지 않는 까닭에 낟알이 바람에 날리지 않는다. 사람이 일부러 이삭을 벌리면 껍질이 날아가버리고 낟알은 모조리 바로 그 자리에 떨어진다. 그것은 야생밀이나 최초의 원시적인 엠머밀과는 아주 다르다. 이들 원시 품종의 경우에는 이삭이 크게 벌어져 있어 이삭을 꺾으면 낟알들이 바람에 날아가버렸다. 빵밀은 그러한 능력을 잃어버렸다. 돌연 인간과

24 **구세계에서 농업이 확산되는 전환점은 확실히 밀의 두 가지 잡종이 나타나면서부터이다.**
◀껍질이 제거된 빵밀 낟알과 껍질이 붙어 있는 엠머밀.
▶▲밀에서 껍질이 제거되고 있다.
▶익은 밀 이삭.

밀의 공생(共生) 관계가 이루어졌다. 인간은 더불어 살아갈 밀을 갖게 되었고, 한편 밀은 자신을 증식시켜줄 매개물로서 인간을 갖게 되었다. 빵밀은 도움을 받지 않고는 증식할 길이 없다. 사람이 이삭을 거둬들여 그 씨앗을 사방으로 흩어야 한다. 인간과 밀은 각기 서로 의존하며 삶을 이어가는 것이다. 그것은 진정 유전학의 동화(童話)다. 수도원장 그레고르 멘델(Gregor Mendel)의 영혼이 사전에 문명의 도래를 축복했다고나 할까.

자연과 인간 사이의 이런 행복한 결합을 통하여 농경이 창출되었다. 구세계에서는 약 1만 년 전에 이 일이 일어났고, 중동의 비옥한 구릉지대에서도 발생했다. 그러나 이 일이 한 번 이상 발생한 것은 분명하다. 농경은 신세계에서 다시 독자적으로 발명된 것이 분명하다. 옥수수 역시 밀과 마찬가지로 인간을 필요로 했다는 현재의 증거로 볼 때 그렇다. 중동의 경우 농경이 구릉지대의 비탈 여기저기로 퍼져나갔고, 그중에 사해에서 예리고의 후배지인 유다로 올라가는 경사지도 기껏해야 독특한 농경지대의 한 곳일 뿐이다. 실제로 비옥한 구릉지대에 농업의 발상지가 여러 군데 있었을 것이며, 예리코보다 앞서 농경에 착수한 지역도 몇 군데 있었다.

그럼에도 예리코는 역사적으로 독특하면서도 독자적인 상징적 지위를 차지할 만한 몇 가지 특성이 있다. 예리코는 잊혀진 다른 촌락들과는 달리 성서보다 역사가 길고, 역사의 지층이 겹겹이 쌓여 있는 기념비적인 도시다. 담수가 확보된 고대의 예리코 시는 사막 가장자리에 있는 오아시스였고, 그 샘물은 선사시대 때부터 오늘날의 현대 도시에 이르기까지 꾸준히 솟아나고 있다. 여기서 밀과 물이 하나가 되었고, 그런 의미에서 여기서 바로 인간의 문명 활동이 시작되었다. 또한 여기서 베두인족(Bedouin)이 새까만 얼굴에 두건을 쓰고 사막을 나와 예리코의 새로운 생

25 예리코는 성서보다 역사가 길고, 역사의 지층이 겹겹이 쌓여 있는 기념비적인 도시다.

예리코 주거층에서 나온 탑. 그 석조물은 부싯돌 같은 여문 돌로 만들어졌고 기원전 7000년 이전에 세워졌다. 탑 안의 수혈(竪穴)에다 최근에 쇠격자를 덮어놓았다.

활양식을 시기의 눈초리로 바라보았다. 여호수아가 약속된 땅으로 가는 도중 이스라엘 부족들을 이곳에 데려온 이유가 바로 그것이었다—밀과 물은 문명을 만들고, 그에 힘입어 약속된 땅을 젖과 꿀이 흐르는 땅으로 만든다. 밀과 물은 그 메마른 비탈을 이 세계에서 가장 오래된 도시로 바꾸어놓았다.

예리코는 그때 갑자기 모습을 바꾸었다. 사람들이 몰려들었고, 오래지 않아 이웃 부족들의 선망의 표적이 되었으므로 예리코에 살던 사람들은 예리코를 강화하여 성벽도시로 전환시켜, 9,000년 전에 거대한 탑을 세워야만 했다. 그 탑은 밑동이 지름 9m였고, 그에 상응하게 깊이도 거의 9m에 달했다. 그리고 그 옆을 따라 올라가노라면 발굴된 과거의 문명이 층층으로 쌓여져 있는 것을 볼 수 있다. 초기 전도기인시대(early pre-pottery men), 그다음의 전도기인시대(pre-pottery men), 7,000년 전의 도기시대(pottery) 그리고 초기 동기시대(early copper), 초기 청동시대(early bronze), 중기 청동시대(middle bronze) 등이 있다. 이 문명들 하나하나가 예리코에 들어와 정복하고, 그 위에 새로운 도시를 세웠다. 그래서 탑은 14m의 흙이 아니라 차라리 14m의 지나간 문명 아래 묻혀 있다고 하겠다.

예리코는 역사의 축도(縮圖)다. 장차 다른 유적들(이미 몇몇 새로운 중요한 장소가 나왔다)이 발굴되어 문명의 시초에 대한 우리의 생각을 바꿔놓을 것이다. 그러나 이

자리에 서서 현대인이 도래하기까지의 과거를 투시해볼 때, 우리는 깊은 생각에 잠기며 감동을 느끼게 된다. 한때 우리는 인간은 물리적으로 환경을 지배함으로써 주인이 되었다고 생각했다. 이제 우리는 살아 있는 환경을 이해하고 조작함으로써 진정한 주인 노릇을 한다는 것을 배웠다. 그러한 이치에 따라 인간은 비옥한 초승달(Fertile Crescent) 지대에서 식물과 동물에 손을 뻗기 시작했고, 그들과 함께 살아가는 방법을 배워 세계를 자기들의 필요에 따라 변화시킴으로써 문명을 형성하기 시작했다. 1950년대에 캐슬린 케년(Kathleen Kenyon)은 그 고대의 탑을 재발견했을 당시, 안이 텅 비어 있음을 알게 되었다. 나에게 있어서 이 계단은 문명의 곧은 뿌리이며, 동시에 문명의 기반을 들여다보는 구멍이다. 그리고 그 문명의 기반은 물리적 세계가 아니라 살아 있는 것들이다.

기원전 6000년에 이르러, 예리코는 거대한 농경 취락이 되었다. 캐슬린 케년은 거기에서 3,000명의 인구가 살았고, 성 안의 면적은 약 3만 5,000m²라고 추정하고 있다. 아낙네들은 무거운 석기(石器)로 밀을 갈았는데, 그것은 정착 공동체의 특성이다. 남자들은 진흙을 이기고 빚어 벽돌을 만들었는데, 그것은 우리가 아는 벽돌 중에 가장 오래된 것이다. 벽돌 제조공들의 엄지손가락 지문이 아직도 남아 있다. 빵밀과 마찬가지로 인간도 이제 자기 자리에 정착하게 된다. 한편 취락 공동체에서는 사자(死者)와의 관계도 전과 달라진다. 예리코 주민들은 두개골에 정교한 장식을 하여 보전하기도 했다. 일종의 경의 표시가 아니었다면, 그 이유가 무엇인지 알 수 없다.

나와 같이 구약(舊約)의 정신 속에서 자란 사람들은 누구나 예리코를 떠나면서 두 가지 질문을 던지게 된다. 여호수아가 결국 이 도시를 파괴했는가? 그리고 그 성벽이 정말로 무너져 내려앉았는가? 첫째 질문에 대해서는 쉽게 '그렇다'는 대답을

예리코의 유적에서 나온 유물들.
◀◀석영암으로 조각한 연인.
◀말린 진흙 벽돌.
▶별보배조개 껍질을 박고 석회로 꾸민 두개골.

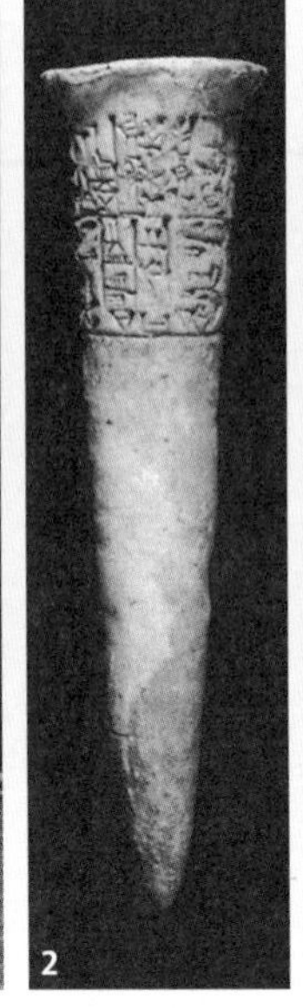

할 수 있다. 이스라엘 부족들은 지중해 연안에서 시작하여 아나톨리아 산맥을 거쳐 티그리스와 유프라테스 강으로 내려가는 비옥한 초승달 지대로 들어가기 위해서 전투를 했었다. 그리고 유다 산맥을 타고 올라 지중해 연안의 비옥한 지역으로 진군하는 그들의 앞길을 가로막는 관문이 이곳 예리코에 있었다. 그들은 이 도시를 정복해야 했고, 기원전 1400년경, 그러니까 3,300년에서 3,400년 전에 그들은 실제로 이 도시를 정복했다. 성서의 설화는 아마도 기원전 700년이 되어서야, 다시 말하면 약 2,600년 전에 문서화되었다.

그러나 과연 성벽이 무너져 내렸는지는 알 수 없다. 어느 화창한 날 일련의 성벽들이 실제로 완전히 무너져 내렸음을 시사할 고고학적 증거는 이 유적에 없다. 그러나 여러 시대에 걸쳐 많은 성벽들이 실제로 무너졌다. 청동기시대의 한 기간

26 작고 미묘한 공예물들은 인류의 진화 과정에서 핵물리학의 어느 장비 못지않게 중요하다.

1 톱으로 나무토막을 손질하고 있는 목수.

2 진흙으로 빚은 맹약(盟約)의 못, 그리스, 기원전 6세기.

3 빵을 굽는 화덕 점토 모형, 수메르, 기원전 2400년.

에는 이곳의 층위(層位)에 최소한 16회나 성벽을 재건한 흔적이 있다. 이 지역이 지진대이기 때문이다. 요즘도 이곳에는 거의 날마다 미진(微震)이 일어나며, 한 세기에 네 차례의 대지진이 발생한다. 1972년에 와서야 비로소 이 계곡을 따라 지진이 일어나는 원인을 알게 되었다. 홍해와 사해는 동아프리카 지구대의 연장선상에 누워 있다. 여기서 상대적으로 밀도가 높은 맨틀(mantle:지표 밑 30km에서 2,900km에 이르는 부분이며, 지각과 핵 사이에 있어 지구 전 용적의 83%를 차지한다—옮긴이) 위를 떠다니며, 대륙을 실어 나르는 2개의 대륙판이 나란히 움직이고 있다. 이 지구대를 따라 그들이 부딪치며 지나갈 때, 밑에서 용솟음치는 충격으로 지표가 울린다. 그 결과 사해가 누워 있는 축을 따라 지진이 일어난다. 그리고 내 견해로는, 성서 속에 그렇게 많은 자연의 기적들, 가령 고대의 홍수, 홍해의 갈라짐, 요르단 강의 갈수(渴水),

4 절구에 올리브를 짓이기는 그리스의 장난감 원숭이, 그리스 제도, 기원전 7세기.
5 포도주 틀을 다루는 노인, 테라코타 모형, 로마시대.

그리고 예리코 성벽의 붕괴와 같은 일들이 가득 차 있는 이유가 바로 여기 있을 것이다.

성서는 기이한 역사여서 일부는 전설이고 일부는 기록이다. 물론 역사는 승자들에 의해 씌어지는 것이고, 이스라엘 민족이 이곳을 돌파해 들어왔을 때 역사의 담당자가 되었다. 성서는 그들의 설화다. 즉 성서는 유목과 목축을 주업으로 하다가 농경 부족으로 전환하지 않으면 안 되었던 한 민족의 역사다.

농경은 단순한 일인 것처럼 보이지만, 나투프의 낫(Natufian sickle)은 그 당시 농경이 정체해 있지 않았음을 알리는 신호다. 식물과 동물을 순화시키는 각 단계마다 발명이 요구되며, 그 발명들은 기술적 고안으로부터 시작되어 거기서 과학적 원리들이 도출된다. 이 세상의 어느 곳에나 손이 빠른 사람들이 고안해낸 발명품들이 주목받지 못한 채 널려 있다. 작고 섬세한 갖가지 세공품을 만드는 데도 핵물리학의 어떤 장비에 못지않은 발명의 재능이 필요하고, 보다 깊은 의미에서 '인간의 등정'에 중요한 역할을 한다. 이를테면 바늘, 송곳, 단지, 화로, 삽, 못, 나사, 풀무, 끈, 매듭, 베틀, 마구, 갈고리, 단추, 신발 등 단숨에 그 실례를 수백 가지라도 들 수 있다. 이 풍요로움은 발명의 상호작용에서 온다. 문화는 아이디어를 번식시키며, 그 안에서 새로운 고안품은 제각기 다른 고안품의 효력을 가속화시키고 확대한다.

정착농업은 기술을 창조하며, 그 기술로부터 모든 물리학과 모든 과학이 생겨난다. 그 실례를 우리는 낫의 변화를 통해서 볼 수 있다. 1만 년 전의 채집경제인의 낫과, 밀을 재배하던 9,000년 전의 낫은 첫눈에는 아주 흡사해 보인다. 그러나 좀 더 자세히 보라. 재배된 밀은 톱날 같은 낫으로 베어졌다. 밀 포기를 후려치면 밀알이 모두 떨어지지만, 조용히 톱질을 하면 낟알이 이삭 안에 그대로 남아 있기 때문

27 **"나에게 지렛대를 다오, 그러면 온 세상을 먹여 살리겠다."**
멍에를 지운 소로 밭을 갈고 있다. 이집트에서 나온 작품.

이다. 낫은 그 이후로 톱날처럼 만들어져 제1차 세계대전이 일어났던 나의 소년 시절까지 내려왔다. 그때만 하더라도 밀을 베는 낫은 톱날 같고 휘어져 있었다. 그와 같은 기술, 그와 같은 물리학 지식은 농업 활동의 모든 분야에서 너무나 자연스럽게 생겨나기 때문에 인간이 그런 아이디어를 발견하지 않고, 오히려 그 아이디어가 인간을 발견한 듯한 느낌마저 준다.

모든 농업권에서 가장 강력한 발명품은 말할 필요도 없이 쟁기다. 우리는 쟁기를 흙을 가르는 쐐기라고 생각한다. 그리고 쐐기는 초기의 중요한 기계 발명이었다. 한데 쟁기에는 보다 더 근본적인 원리가 있다. 그것은 흙을 들어 올리는 지렛대로서 지렛대 원리를 최초로 응용한 것이란 점이다. 그런 지 오래 뒤에 아르키메데스가 지렛대 이론을 그리스인들에게 설명하면서, 지렛대 받침만 있다면 지구도 움직일 수 있노라고 말했다. 하지만 그보다 수천 년 앞서 중동의 쟁기꾼들은 "나에게 지렛대를 다오. 그러면 온 세상을 '먹여' 살리겠다"고 했던 것이다.

농경이 그보다 훨씬 뒤에, 다시 한 번 아메리카 대륙에서 발명되었다는 사실을 지적한 바 있다. 그러나 쟁기와 바퀴는 발명되지 못했는데, 말이나 소 따위의 사역동물이 있어야 바퀴와 쟁기가 필요했기 때문이었다. 중동에서 단순농업의 단계를

넘어서게 된 것은 사역동물의 가축화 덕분이었다. 그와 같은 생물학적인 진보를 이룩하지 못했기 때문에 신세계는 막대기로 땅을 파고 등짐을 져 나르는 수준에 머물러 있게 되었다. 그들은 도공(陶工)의 물레조차 만들어내지 못했다.

바퀴는 기원전 3000년 이전에 처음으로 지금의 남부 러시아에서 발견된다. 초기의 것들은 단단한 나무로 된 바퀴로서, 짐을 끌기 위해 사용해오던 뗏목이나 썰매에 달아서 그것들을 수레로 바꾸는 구실을 했다. 그 이후 바퀴와 굴대는 발명이 싹트는 두 줄기 뿌리가 되었다. 예컨대 그것을 이용하여 밀을 빻는 도구를 만들었는데 처음에는 동물의 힘을, 나중에는 바람과 물이라는 자연의 힘을 이용하여 그 일을 해냈다. 바퀴는 모든 회전 운동의 모델이 되었으며, 과학이나 예술의 분야에서 다 같이 설명의 기준이 되고 인간의 힘을 초월하는 하늘의 상징이 되기도 한다. 바빌로니아인들과 그리스인들이 천체의 운행도(運行圖)를 작성하기 시작한 이래로 태양은 바퀴 달린 수레요, 하늘 그 자체도 바퀴였다. 현대 과학의 시각에서는 자연 운동(외부의 간섭이 없는)은 직선으로 나아간다. 그러나 그리스 과학에서, 자연적(자연에 내재된)이며 실제로 완전한 운동은 원운동(圓運動)이었다.

여호수아가 예리코로 돌진해 왔던 기원전 1400년경에 수메르와 아시리아의 기계 기술자들은 바퀴를 전환하여 물을 긷는 도르래를 만들었다. 그와 같은 시기에 그들은 대규모의 관개(灌漑)시설을 설계했다. 페르시아의 이곳저곳에는 아직도 보수용(保水用) 수직 갱들이 구두점처럼 남아 있다. 그것들은 땅속 90m를 내려가 관개시설을 이루고 있는 지하 수로와 만나는데, 그 수준에서는 천연수가 증발하지 않고 안전하게 보전된다. 그것들이 만들어진 지 3,000년 뒤인 지금도 후지스탄(Khuzistan) 마을 아낙네들은 고대 사회의 일상생활을 뒷받침해주었던 지하 수로에서 물을 긷고 있다.

28 **바퀴와 굴대는 인간의 발명이 싹트는 두 줄기 뿌리다.**
◀▲전차(戰車)의 구리 모형, 메소포타미아, 기원전 2800년경.
◀딱딱한 바퀴를 단 수레, 로마시대의 모자이크.

지하 수로는 도시문명의 최근 건축으로서, 그때 이미 물 사용권과 토지 경작권과 기타 사회관계를 규정하는 법률이 있었음을 암시하고 있다. 농경사회(이를테면 수메르의 대규모 소작농)에서의 법률 규정은 염소나 양을 훔쳐가는 절도 행위를 규제하는 유목민의 법률과는 성격을 달리한다. 이제부터 사회구조는 전체 공동체에 영향을 주는 문제의 규제와 밀접한 관계를 갖는다. 토지 이용권, 물 사용권의 보호 및 통제, 계절의 수확을 좌우할 귀중한 설치물들의 윤번제(輪番制) 사용권 등이 그 실례다.

이제 마을 장인(匠人)은 독자적인 발명가가 되었다. 그는 기초적인 기계 원리를 결합하여 정밀한 도구를 만들었는데, 그것이 실상 초기의 기계이다. 그것은 중동의 오랜 전통으로 내려온다. 이를테면 활선반(bow-lathe)이 있는데, 직선 운동을 회전 운동으로 바꿔놓는 고전적 장치의 하나다. 이 장치는 원통 둘레에 실을 감고, 그 실 끝을 바이올린 활처럼 생긴 막대 양쪽 끝에 묶어서 솜씨 있게 만든다. 작업해야 할 나무토막을 그 원통에 고정시킨다. 그 활을 앞뒤로 움직이면 실이 나무토막을 물고 있는 원통을 회전시키게 되고, 돌아가는 나무토막을 끌로 다듬게 된다. 이 복합적인 장치는 몇천 년 전에 만들어졌지만, 나는 1945년 영국의 어느 숲 속에서 집시들이 그 장치를 사용하여 의자 다리를 만드는 광경을 목격한 적이 있다.

기계란 자연의 힘을 이용하는 장치다. 바크티아리족의 아낙네들이 가지고 다

니는 제일 간단한 물레에서부터 역사적인 원자로 제1호를 시작으로 그다음 연속해서 발명된 것들에 이르기까지 모든 것에 이 말은 똑같이 적용된다. 그런데 기계가 보다 큰 힘의 원천을 이용함에 따라, 점차 이 자연적인 용법을 크게 앞지르게 되었다. 현대의 기계가 오늘날 우리들에게 위협으로 생각되는 까닭은 무엇인가?

우리들에게 던져진 이 질문은 기계가 개발할 수 있는 힘의 규모에 달려 있다. 그 질문을 다음과 같이 바꿔놓을 수도 있을 것이다. 그 힘이 기계가 작동하도록 설계한 범위 안에 있는가, 그렇지 않으면 사용자를 지배하고 그 용도를 왜곡할 만큼 균형을 상실했는가? 따라서 그 질문은 먼 옛날까지 거슬러 올라간다. 인간이 자신보다 큰 힘, 짐승의 힘을 처음으로 이용하게 되었을 때, 그 의문은 시작된다. 모든 기계(원자로까지도)는 일종의 사역동물이다. 기계는 농업이 시작된 이래로 인간이 자연으로부터 얻어내는 잉여(剩餘)를 증가시키고 있다. 그러므로 기계는 한결같이 원초적인 딜레마를 재현하고 있다. 그것은 명시된 용도의 수요에 맞추어 에너지를 공급하는가? 그렇지 않으면 건설적인 용법의 한계를 넘는 고삐 풀린 에너지원인가? 힘의 규모를 둘러싼 갈등은 인류사의 형성기로까지 거슬러 올라간다.

농경이 생물학적 혁명의 한 부분이었다면, 짐승을 길들이고 그 힘을 이용하는 것은 또 다른 부분이다. 가축화 작업의 순서에는 질서가 있었다. 맨 처음 개가 등장한 것은 기원전 1만 년경이라 짐작된다. 그 뒤에 염소와 양을 필두로 한 식용동물들이 나온다. 다시 그 뒤를 이어 야생당나귀 같은 사역동물이 나타난다. 동물들은 그들이 소비하는 것보다 훨씬 큰 잉여를 보태어준다. 그러나 이 말은 동물들이 농업용 시종(侍從)으로서 얌전히 제 일을 하는 경우에만 들어맞는다.

가축이 취락 공동체가 생존하는 데 필요한 잉여 곡식의 위협이 되리라고는 전

29 활선반은 직선 운동을 회전 운동으로 바꿔놓는 고전적 장치의 하나다.
19세기 중반, 중앙 인도에서 활선반으로 일하고 있는 목수들.

혀 예상하지 못했다. 황소나 당나귀와 같은 사역동물은 이와 같은 잉여의 창출에 도움이 되었으므로 더욱더 그 점을 예상할 수 없었다(구약은 그들을 잘 대접하라고 조심스레 강조하고 있다. 예를 들어 소와 당나귀를 한 쟁기에 함께 매우지 못하도록 하고 있다. 그들은 일하는 방법이 서로 다르기 때문이다). 한데 대략 5,000년 전에 새로운 사역동물, 즉 말이 등장한다. 이 짐승은 그 이전의 어떤 동물과도 비교가 안 될 만큼 빠르고 힘이 세고 압도적이다. 그때부터 말은 농촌의 잉여에 위협을 주게 된다.

말도 소와 마찬가지로 바퀴 달린 짐수레를 끌면서 일을 시작했으나, 상대적으로 위풍당당했으며, 왕들의 행렬에서는 전차(戰車)를 끌었다. 그러다가 기원전 2000년경에 사람은 승마법을 발견하게 되었다. 말을 탄다는 생각은, 나는 기계를 발명한 것만큼이나 그 당시에는 깜짝 놀랄 일이었음에 틀림없다. 승마에는 우선, 더 크고 힘도 더 센 말이 필요했다—말은 원래 그다지 크지 않은 동물이었고 남아메리카의 라마들처럼 장시간 사람을 태우고 다닐 수 없었다. 그러므로 말을 본격적으로 승마에 사용하기 시작한 사람들은 말을 사육했던 유목 부족들이었다. 그들은 중앙아시아, 페르시아, 아프가니스탄과 그 일대에 살고 있던 부족들이었다. 서양에서는 그들을 간단히 스키타이족(Scythian)이라 불렀는데, 이 말은 하나의 자연 현상으로 나타난 새롭고도 가공할 만한 존재를 가리키는 집합명사였다.

말 탄 사람은 인간 이상의 것으로 보인다. 그는 다른 사람보다 머리 위로 우뚝 솟아 있고 상대방을 당황하게 할 힘을 가지고 휘돌아다니기 때문에 살아 있는 세계를 제압한다. 사람이 마을의 동식물을 이용하고자 길들이고 있을 시기에, 말을 탄다는 것은 인간 이상의 행위였고, 모든 피조물 위에 군림하는 상징적 행위였다. 스페인 기마병들이 1532년 (일찍이 말을 본 적이 없었던) 페루 군사들을 압도했을 때, 역사적으로 다시 한번 경이와 공포를 자아낸 사실로 보아 충분히 짐작할 수 있다. 그

30 **그리스인들은 스키타이 기병대를 보자 말과 기수가 한 덩어리라고 믿었다.**
그리하여 머리는 사람이고 몸통은 말인 켄타우로스의 전설을 지어냈다.
켄타우로스와 무장을 하고 있는 군사를 그린 기원전 560년경의 그리스 꽃병.

래서 일찍이 스키타이족은 승마술을 모르던 여러 나라를 휩쓴 공포의 대상이었다. 스키타이 기마병들을 본 그리스인들은 말과 기수(騎手)가 하나라고 믿었다. 그리하여 그들은 반인반마(半人半馬)의 괴물 켄타우로스(Centauros)의 전설을 만들어내었다. 그리스인들의 상상력이 낳은 또 다른 반인(半人) 혼혈, 사티로스(Satyros)는 원래 그 일부가 염소가 아닌 말이었다. 동방에서 치달아오던 존재가 불러일으킨 불안이 그처럼 심각했던 것이다.

사람을 태운 말이 처음으로 중동과 동부 유럽에 나타나서 자아냈던 공포 분위기를 오늘날 되살리기란 불가능하다. 1939년 폴란드 전역을 휩쓸며 달려오던 나치

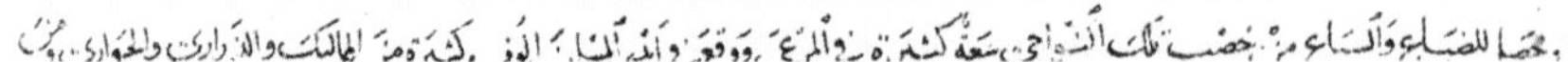

의 탱크 부대에나 비길 수 있는 엄청난 규모의 차이 때문이다. 유럽 역사에 있어서 말이 차지하는 중요성은 언제나 과소평가되어왔다. 어떤 의미에서 보면, 말은 유목민 활동의 하나로서 전쟁을 창출했다고 할 수 있다. 전쟁을 일으킨 것은 흉노족(Hun)이었고 프리지아인(Phrygian)이었으며, 마침내 몽고족으로서 훨씬 뒤의 칭기즈칸의 통치하에서 절정에 달했다. 특히 기병대는 전투 편제에 일대 전환을 가져왔다. 그들은 전혀 다른 전략을 구상했는데, 그것은 전쟁 경기 같은 전략이었다. 전쟁을 하는 사람들은 이 경기를 굉장히 즐겼다!

기병대의 전략은 기동 작전, 신속한 통신, 일련의 상이한 기습을 조합할 수 있는 숙달된 전술적 이동에 의해 좌우된다. 아시아에서 유래했고 지금도 행해지고 있는 전쟁 경기의 잔재로는 체스와 폴로가 있다. 승자들은 전략을 일종의 경기로 간주한다. 그리고 오늘날까지 아프가니스탄에서는 몽고족의 유산으로 경마에 근원을 두고 있는 부즈카시(Buz Kashi)라는 경기가 벌어지고 있다.

부즈카시 경기에 참가하는 사람들은 직업 선수들이다. 다시 말하면 그들은 기술 보유자로서 말과 함께 오로지 승리의 영광을 위하여 훈련과 보호를 받는다. 큰 행사가 있을 때는 각 부족에서 300명의 선수들이 나와 겨룬다. 그러나 우리가 이 경기를 다시 조직하기 전까지는 최근 20~30년 사이에 그런 큰 행사가 없었다.

부즈카시 경기에는 선수들이 팀을 구성하지 않는다. 경기의 목표는 한 집단이 다른 집단보다 우수함을 입증하려는 데 있지 않고 한 사람의 우승자를 가리는 데 있기 때문이다. 과거에 이름난 우승자들은 돈과 명예의 보상을 얻는다. 이 경기를 주관하는 회장은 이제 경기는 하지 않으나 과거에 우승한 경력이 있는 사람이다. 회장은 전령관(傳令官)을 통하여 명령을 내리며, 그 전령관은 회장보다는 명성이 뒤

31 기병대는 전투 편제를 바꾸어놓았다.
올제이투 칸의 대신이요 사관이었던 라시드 아딘(Rashid al-Din)이 1306년에 완성한
『세계 정복자의 역사』에 그려진 몽고 기병대. 몽고군이 인도 침공 중에 냇물을 건너고 있다.

지나 그 역시 이 경기의 연금수령자일 것이다. 공이 있어야 할 자리에는 머리 없는 송아지가 대신 나온다(농부의 생계 수단으로 스포츠를 하는 듯한 기수들의 괴기한 놀이도구가 이 경기의 성격을 어느 정도 대변하고 있다). 시체는 약 23kg의 무게가 나가며 목표는 그것을 낚아채 모든 도전자들을 뿌리치고 두 단계를 거쳐 들고 가는 것이다. 경기의 제1단계는 시체를 들고 말을 달려 정해진 경계선의 깃발을 한 바퀴 도는 것이다. 그다음 중대한 제2단계는 되돌아가는 것이다. 그는 끊임없는 도전을 받으며 깃발을 휘익 돌고 나서, 난투장의 중심에 원으로 표시되어 있는 결승점을 향해 달려간다.

이 경기는 단 한 골로 승리를 결정하는 까닭에 서로 무차별 공격을 가한다. 이것은 스포츠 행사가 아니다. 거기에는 공정한 경기 규칙이 없다. 그것은 순수한 몽고 전술이며, 충격의 전술이다. 몽고족에 대응했던 적들을 참패시켰던 놀라운 전술

32 오늘날까지 아프가니스탄에서는 몽고족의 유산으로 경마에 근원을 두고 있는 '부즈카시'라는 경기가 벌어지고 있다.

이 이 경기에 들어 있다. 광란의 난투극처럼 보이는 경기에는 실상 많은 작전술이 담겨 있으며, 승자가 무리를 벗어나 득점을 하게 되면 갑자기 그 소용돌이는 사라진다.

선수들보다는 관중이 더 흥분하고 더 정열적으로 참여하는 듯한 느낌을 준다. 그와 대조적으로 선수들은 경기에 몰두하지만 냉정한 인상을 준다. 그들의 격렬한 동작은 눈부시고도 무자비하지만, 그들은 경기가 아니라 승부에 몰입한다. 경기가 끝난 뒤에야 비로소 승자는 흥분에 휩싸인다. 그는 회장에게 득점을 공식적으로 인정받아야 하며, 폭발하는 아우성 속에 이와 같은 예의 절차를 빠뜨리면 득점이 무효가 될 수 있다. 골이 인정을 받아야만 안도의 숨을 쉰다.

부즈카시는 전쟁놀이다. 이 경기가 짜릿한 전율을 일으키는 것은 전쟁 행위로서 승마를 하는 카우보이 윤리 때문이다. 그것은 약탈자가 회오리바람을 타고 있기 때문에 영웅 노릇을 하는 정복의 외곬문화를 표현한다. 그러나 회오리바람은 텅 비어 있다. 말이든 탱크든, 칭기즈칸이나 히틀러 또는 스탈린이든, 그것은 다른 사람들의 노동으로 살찐다. 전쟁 도발자로서 최후의 역사적 역할을 한 유목민은 여전히 시대착오적이며, 지난 1만 2,000년 동안의 문명이 정착민에 의해 구축되었다는 것을 발견한 이 세상에서는 더더욱 시대착오적이다.

이 장에는 유목과 정착 생활양식 간의 갈등이 일관되게 흐르고 있다. 그러므로 칭기즈칸의 몽고 왕조가 유목생활을 지고의 경지로 올려 세우려던 마지막 시도에 종지부를 찍은 페르시아, 술타니예(Sultaniyeh)의 바람 불고 황량한 고원에 가보는 것은 그들의 비문을 보는 것과 같다. 1만 2,000년 전 농업이 발명되었다고 해서 저절로 정착 생활이 뿌리를 내리거나 굳어지지는 않았다는 점을 지적해두고자 한다.

그와는 반대로 농업과 더불어 찾아온 동물의 가축화는 유목경제에 새로운 활력을 불어넣어 주었다. 양과 염소의 가축화, 그다음에는 무엇보다도 말의 가축화를 예로 들 수 있다. 칭기즈칸의 몽고 대군이 중국과 이슬람 국가들을 정복하고 드디어 중부 유럽의 문턱까지 진출하게 한 힘과 조직력의 기본 요소는 말이었다.

칭기즈칸은 유목민이요, 강력한 전쟁기계의 발명가였다—이러한 결합은 인류사에서 전쟁의 기원에 관한 중요한 것을 시사한다. 물론 역사에 눈을 감고, 그 대신 그럴듯한 동물 본능에서 전쟁의 뿌리를 추리하는 편이 매력적이다. 이를테면 호랑이처럼 우리도 살기 위해서 죽여야 했고, 붉은가슴울새(redbreast robin)처럼 둥지를 지키기 위해 죽여야 한다는 식의 논리이다. 하지만 전쟁, 조직적인 전쟁은 인간의 본능이 아니라 고도의 계획과 협동을 요구하는 강탈 행위이다. 이와 같은 강탈 형태는 밀 수확자들이 잉여 산물을 축적했던 1만 년 전에 시작되었다. 유목 부족들이 사막에서 일어나 스스로 마련할 수 없었던 것을 그들에게서 강제로 빼앗아갔다. 그에 대한 증거를 예리코의 성곽 도시와 그 선사시대의 탑 안에서 보았다. 그것이 전쟁의 기원(起源)이다.

칭기즈칸과 그의 몽고 왕조는 우리 인류의 지난 1,000년사(史)에 강탈의 생활방식을 도입했다. 1200년에서 1300년까지 그들은 아무것도 생산하지 않으면서 (도망갈 곳이 없는) 농민들로부터 잉여 농산물을 무책임하게 빼앗아가는 약탈 행위를 최상의 가치로 끌어올리려는 거의 마지막 시도를 했다.

그렇지만 이 시도는 실패했다. 끝에 가서 몽고족은 그들이 정복한 생활양식에 적응하는 길 외에는 다른 방도가 없었기 때문이다. 이슬람교도들을 정복하면 그들 자신이 이슬람교도가 되었다. 강탈 행위와 전쟁은 영구적으로 지속될 수 있는 상태가 아니므로 그들은 정착민이 되고 말았다. 칭기즈칸은 죽은 뒤에도 자기 뼈를 싸움터에 나가는 군사들이 수호신으로 지니고 다니게 했다. 그러나 그의 손자 쿠빌라이(Khubilai)는 벌써 건축가로 변신하여 중국에 왕조를 세웠다. 콜리지(S. T. Coleridge)의 다음과 같은 시가 떠오른다.

> 쿠빌라이는 칙령을 내렸다네
>
> 상도(上都)에 웅장한 환락의 궁전을 지으라고

칭기즈칸 이후 제5대 왕위 상속자는 올제이투 칸(Oljeitu khan)이었고, 그는 위대한 새 수도 술타니예를 건설하기 위해 페르시아의 험난한 고원을 찾아왔다. 현재 남아 있는 그의 능묘는, 많은 이슬람 건축물의 모델이 되었다. 개방적인 군주 올

제이투는 세계의 여러 곳에서 사람들을 데려왔다. 그는 스스로 기독교도가 되었고, 다음에는 불교도가 되었다가 최종적으로 이슬람교도가 되었으며, 자신의 궁정이 실제로 세계의 궁정이 되도록 시도했었다. 그것이 몽고족이 문명에 이바지한 유일한 공적이었다. 그는 세계 사방의 문화를 모아들여 혼합하고 다시 확산시켜 이 지구를 기름지게 했다.

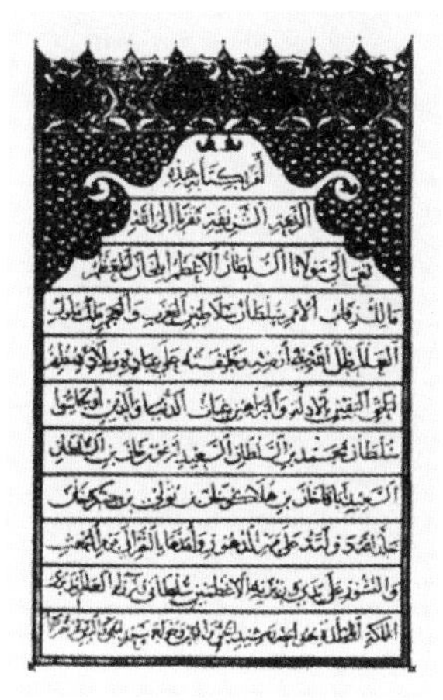

그가 이곳에서 숨을 거두자, 건설왕 올제이투로 알려졌다는 것은 몽고 유목민이 겨냥했던 권력 체제의 종말로는 실로 아이러니가 아닐 수 없다. 사실 농업과 정착 생활이 인간의 등정에 새로운 단계를 확립하였고, 먼 미래에 열매 맺게 될 조화로운 인간 삶의 새로운 차원을 열어젖혔다. 그것이 바로 도시의 조직화이다.

33 유목 생활을 지고의 경지로 올려 세우려던 마지막 시도에 종지부를 찍은 페르시아, 술타니예의 바람 불고 황량한 고원. 칭기즈칸 이후 제5대 왕위 상속자는 올제이투 칸이었고, 그는 위대한 새 수도 술타니예를 건설하기 위해 페르시아의 험난한 고원을 찾아왔다.

◀올제이투 칸의 무덤.

▲1310년 코란의 초고 중 올제이투 칸에게 헌사된 페이지.

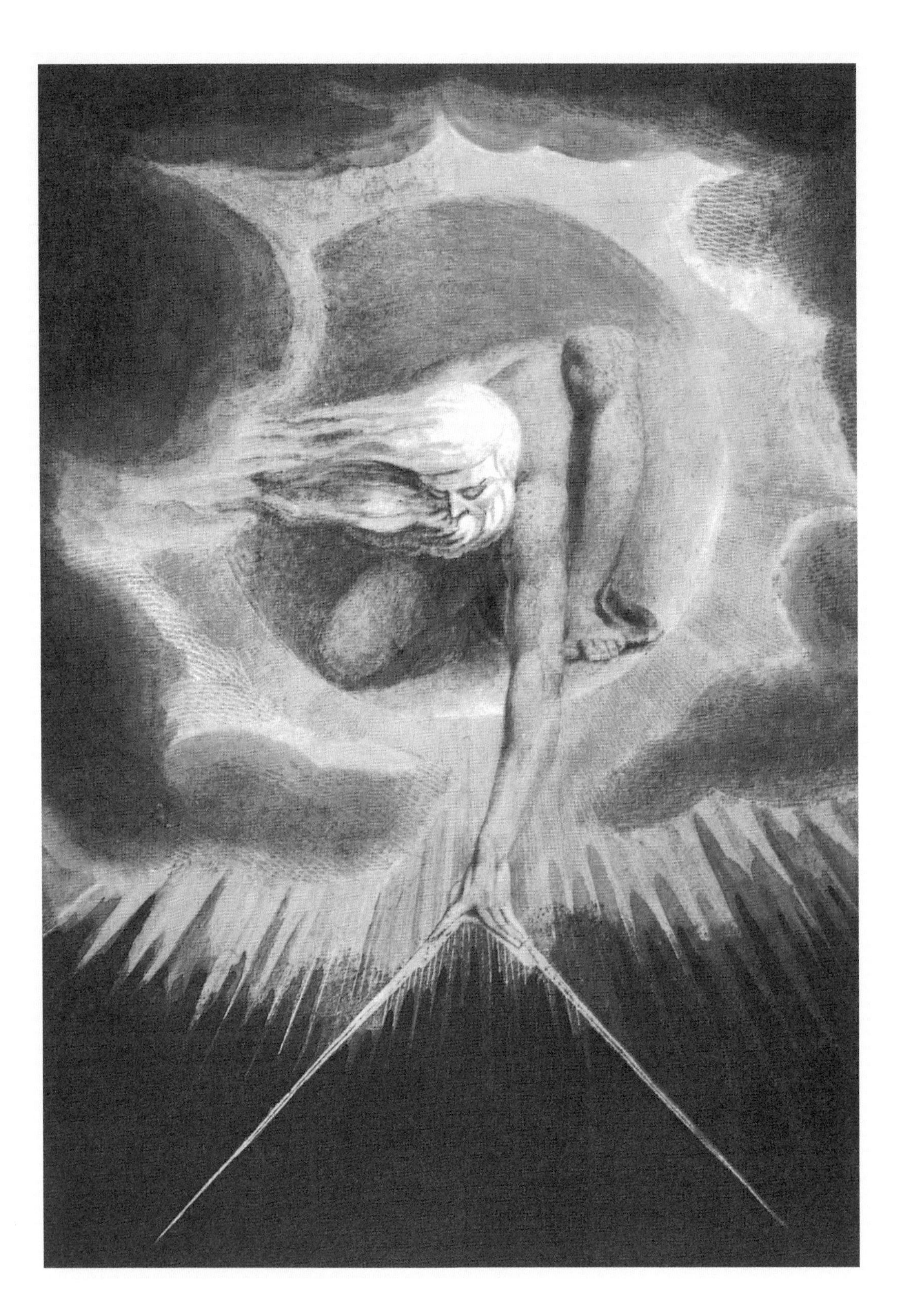

돌의 결

손에는

하나님의 영원한 가게에서 마련한

황금의 컴퍼스를 들고서, 그는

이 세계와 모든 피조물의 경계를 그었다

한쪽 다리를 중심으로, 다른 쪽 다리를 돌려

광막한 어스름의 깊음을 가르며 그는 말했다,

여기까지 뻗어 있다. 여기까지가 너의 경계니라

오 세계여! 이것이 너의 올바른 둘레니라

—밀턴, 『실낙원』, 제7권

하나님이 컴퍼스를 단 한 번 휘익 돌려 지구를 형성한 장면을 존 밀턴(John Milton)은 문장으로, 그리고 윌리엄 블레이크(William Blake)는 그림으로 묘사했다. 그러나 그것은 자연 작용을 지나치게 정태적(靜態的)으로 그린 것이다. 지구의 나이는 이미 40억 년을 넘었다. 이 전 기간에 걸쳐서 두 종류의 활동이 지구를 형성하고 변화시켜왔다. 지구 속에 숨어 있는 힘들이 지층을 휘게 하고, 땅덩어리를 들어 올리고 그 위치를 바꾸었다. 그리고 지표에서는 눈과 비와 폭풍, 하천과 대양, 태양과 바람의 침식 작용이 자연을 조형했다.

한편 인간은 자기 환경의 건축사가 되었으나, 자연만큼 강력한 힘을 구사하지

34 **하나님이 컴퍼스를 단 한 번 휘익 돌려 지구를 형성한 장면을 존 밀턴은 글로, 그리고 윌리엄 블레이크는 그림으로 묘사했다.**
윌리엄 블레이크가 『유럽, 하나의 예언』의 책머리 그림으로 그린 수채화, 1794년.

는 못한다. 인간의 방법은 선별적이고 탐색적이다. 즉 이해된 바에 따라 행동하는 지적인 접근 방법이다. 나는 유럽과 아시아보다는 젊은 신세계의 문화에서 그 역사를 추적하게 되었다. 이 책의 첫 장은 적도 아프리카를 중심으로 하였다. 그곳이 인류의 발상지이기 때문이다. 그리고 둘째 장에서는 근동(近東)을 주제로 하였는데 그곳이 문명의 발상지인 까닭에서다. 이제 인간은 오랜 시일에 걸쳐 지구를 걸어 다니다가 다른 대륙에도 퍼져나갔다는 사실을 기억할 때가 왔다.

미국 애리조나 주 그랜드캐니언의 첼리 협곡은 숨 막히게 아름답고 비밀스러운 골짜기로서, 그리스도 탄생 때부터 인디언 부족들이 거의 끊이지 않고 번갈아 살아왔다. 북아메리카 대륙의 다른 어느 곳보다 오랜 인디언의 역사가 남아 있는 장소다. 토머스 브라운(Thomas Browne) 경은 "수렵 부족이 '아메리카'에 나타났다. 그들은 '페르시아'에서 이미 첫 번째 수면기를 넘겼다"라고 훌륭하게 표현했다. 그리스도가 태어날 즈음에 이 수렵 부족은 첼리 협곡에 정착하면서 농경에 착수했고, 중동의 비옥한 초승달 지대에서 처음으로 인간의 등정이 시작되면서 통과한 것과 같은 발전 단계를 오르게 되었다.

구세계보다 신세계에서 문명이 늦게 발생한 원인은 무엇인가? 인간이 신세계에는 상대적으로 늦게 도달했다는 사실에서 그 명백한 원인을 찾을 수 있다. 아메리카 대륙의 주민들은 배가 발명되기 이전에 이곳으로 왔고, 그로 볼 때 마지막 빙하기 동안에 드넓은 육교(land-bridge) 역할을 한 베링 해협의 땅을 밟고 왔다는 것을 알 수 있다. 빙하학(氷河學)이 밝혀낸 증거에 따르면 시베리아 동북쪽 끝, 구세계의 돌출부를 떠나 신세계의 알래스카 서부 바위투성이 황무지로 유랑해 왔음 직한 두 번의 시기가 있었다. 하나는 기원전 2만 8000년과 2만 3000년 사이이고, 다른 하나는 기원전 1만 4000년과 1만 년 사이이다. 그 뒤로 제3빙하기 말기에 얼음

35 애리조나 주의 첼리 협곡은 숨 막히게 아름다운 비밀의 골짜기다.
오설리번(T. H. O'Sullivan)이 1873년에 찍은 푸에블로 인디언의 유적 사진. '백악관'이라는 별명이 붙어 있다.

이 녹으면서 거대한 수량(水量)이 또다시 해면을 수십 미터 솟아오르게 했고, 그에 따라 신세계 주민들이 구세계로 돌아갈 수 있는 대문은 영영 잠기고 말았다.

그러므로 하한을 1만 년 전, 그리고 상한을 3만 년 전으로 하는 기간에 인간은 아시아로부터 아메리카로 이동했으나 반드시 한꺼번에 왔다고는 보이지 않는다. 2개의 독립된 문화의 흐름이 아메리카로 왔다는 고고학적 발견에 따른 증거(초기의 유적과 도구들)가 있다. 그런데 내가 가장 확신하는, 미세하지만 설득력 있는 생물학적 증거가 있는데, 그것으로 보아도 그들이 2개의 소집단으로 잇달아 이주해 온 것으로 해석된다.

남북 아메리카의 인디언 부족들에게서는 다른 지역에 사는 사람들이 갖고 있는 혈액형 중 일부를 찾아볼 수 없다. 예상치 못했던 이 생물학적 기현상이 그들의 조상을 어렴풋이나마 감지할 수 있는 매혹적인 길을 열어놓았다. 혈액형은 전체 인구의 유전 기록을 추적할 수 있는 형태로 유전되고 있다. 한 인구 집단에 A형 혈액 소유자가 전혀 없다면, 그 조상에 A형 소유자가 하나도 없었다는 사실을 확실하게 알려주고 B형의 경우에도 마찬가지다. 그리고 이런 현상이 아메리카 대륙에 실제로 나타나고 있다. 중남부 아메리카(이를테면 아마존 지역, 안데스 산맥과 티에라 델 푸에고 등)의 부족들은 전적으로 O형 집단에 속해 있다. 다른 부족들〔수(Sioux), 치피와(Chippewa) 및 푸에블로 인디언(Pueblo Indian)〕은 O형에다 10~15%의 A형이 섞여 있는 혈액형 집단을 이루고 있다.

간단히 말하자면, 세계의 대다수 지역들과는 달리, 아메리카 대륙에는 어딜 가나 B형 혈액형이 없다. 중남부 아메리카에서는 순수 인디언들은 모두 O형의 혈통을 가지고 있다. 한편 북아메리카 대륙에는 O형과 A형 집단이 있다. 이 사실을 상식적인 수준에서 해석해본다면 첫 번째의 소규모 근친 집단(혈액형이 모두 O형인)이 아메리카로 건너와 인구가 늘어나면서 남쪽까지 확산되었다고 믿을 수밖에 없다. 그 뒤 역시 소집단이지만 이번에는 A형만이거나 A형과 O형으로 구성된 이주민들이 북아메리카 대륙까지만 따라왔다. 그래서 북부 아메리카의 인디언들은 분명히 이 후기 이주민들의 일부를 포함하고 있고, 상대적으로 늦게 온 사람들이다.

첼리 협곡의 농경법은 이러한 후기 이민을 반영한다. 중남부 아메리카에서는 이미 오래전부터 옥수수가 재배되어왔음에도 불구하고 북부에서는 기원 전후에야 겨우 등장한다. 주민들은 아주 소박하고, 집도 없이 동굴에서 살고 있다. 500년경에 토기가 들어온다. 동굴 속에 구덩이를 파고 진흙이나 어도비(adobe)를 이겨서 주형(moulding)한 지붕을 얹어 집을 짓는다. 그리고 이 단계에 이르러 첼리 협곡은 사실상 정착되었으며, 1000년경에 와서야 석조 건축술을 가진 위대한 푸에블로 문명이 출현한다.

나는 흙을 이겨서 짓는 주형식 건축과 부품 조립식 건축을 근본적으로 구분하고 있다. 얼핏 보기에는 흙집과 석조건물이라는 무척 단순한 구분인 것 같다. 하지만 사실 그것은 단순히 기술적인 차이가 아니라 기본적인 지적 차이를 나타내는 것이다. 인간이 언제 어디서 그렇게 했건 간에 그것은 인간이 거쳐온 가장 중요한 단계 중의 하나라고 나는 믿고 있다. 손의 주형 동작과 손의 분할 또는 분석 동작의 차이 말이다.

진흙을 이겨서 공, 작은 토우(土偶), 잔, 움집을 만드는 행위는 이 세상에서 가장 자연스러운 일처럼 보

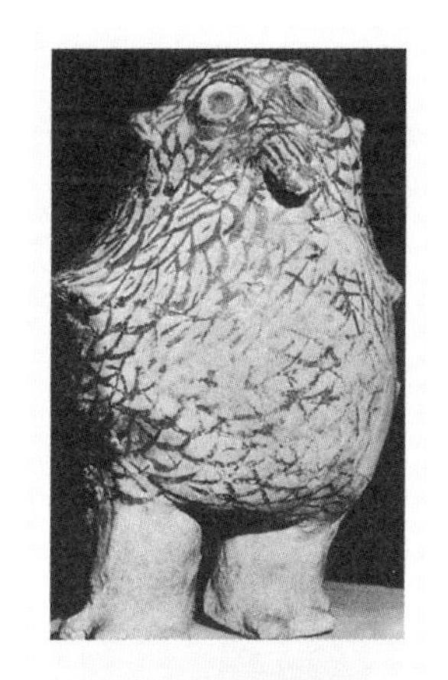

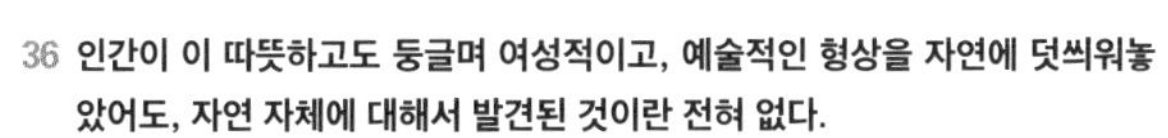

36 인간이 이 따뜻하고도 둥글며 여성적이고, 예술적인 형상을 자연에 덧씌워놓았어도, 자연 자체에 대해서 발견된 것이란 전혀 없다.

▶▲올빼미 모양의 푸에블로 인디언 항아리.

▶8세기 광주리만들기시대(Basketmaker period)의 푸에블로 항아리.

인다. 처음에는 자연의 형상이 우리에게 주어진 것처럼 느껴질 정도이다. 그러나 물론 그렇지는 않다. 이것은 인간이 만든 형상이다. 항아리는 오므린 손을, 구덩이 집은 인간의 형상화 행위를 반영한다. 인간이 이 따뜻하고도 둥글며, 여성적이고 예술적인 형상을 자연에 덧씌워놓았어도, 자연 자체에 대해서 발견된 것이란 전혀 없다. 인간은 자신의 손의 형태를 반영하고 있을 뿐이다.

그러나 이와는 반대되는 인간의 또 다른 손동작이 있다. 나무나 돌을 쪼개는 행위다. 그 동작을 통해서 손(도구로 무장된)은 표면 아래를 파고들어 탐색하며, 그래서 발견의 수단이 된다. 사람이 나무토막이나 돌 조각을 쪼개어 자연이 이전에 각인(刻印)해놓은 것을 드러냄으로써 지성적인 거보를 내디딘 것이다. 푸에블로 인디언들은 애리조나에 있는 그들의 취락지 위쪽으로 300m나 솟아 있는 붉은 사암(砂岩) 절벽에서 그 거보를 발견했다. 판상(板狀) 지층들이 잘라내기 알맞게 그 자리에 누워 있었고, 암괴(岩塊)들이 첼리 협곡에서의 층상(層狀)과 같은 방향으로 놓여 있었다.

일찍부터 인간은 돌을 다듬어 연장을 만들었다. 때로는 돌이 천연적인 결을 가지고 있었고, 때로는 연장을 만드는 사람이 돌을 치는 방법을 배워 벽개면을 만들어냈다. 이러한 아이디어는 맨 처음 나무를 쪼개는 데서 왔을 듯하다. 나무는 결을 따라서는 쉽게 갈라지지만, 결을 가로질러 자르기는 어려운 구조가 눈에 보이는 재료다. 그처럼 단순한 출발점에서 시작하여 인간은 사물의 본성을 열어젖히고 그 구조가 지시하고 드러내는 법칙들을 발견한다. 이제 손은 사물의 형태를 건드리지 않는다. 그 대신 손은 발견과 즐거움의 수단이 되며, 그로 인해 도구는 눈앞의 용도를 초월하고, 물질 안에 숨겨진 성질과 형상을 파헤쳐 드러내는 것이 된다. 수정(水晶)을 자르는 사람처럼 우리들은 그 형상 안에서 자연의 숨겨진 법칙들을 발견한다.

물질의 기초를 이루는 질서를 발견한다는 관념은 자연을 탐구하는 인간의 기초 개념이다. 사물의 건축술은 표면 아래 있는 구조를 드러내는 것이며, 그 구조란 숨겨진 결로서 그것이 드러났을 때는 자연의 형태를 분해하여 새로운 배열 방식으로 재조립할 수 있는 것이다. 내 생각으로는 이것이 이론과학이 시작되는 인간 등정의 단계다. 그리고 그것은 인간이 자연을 이해하는 방법인 것과 마찬가지로, 인간이 자신의 사회를 이해하는 본연의 방법이다.

우리 인류는 한데 모여 가족을 이루고, 가족이 모여 친족 집단을 이루며, 친족 집단이 씨족을, 씨족이 부족을, 그리고 부족이 민족을 이룬다. 그리고 그와 같은 의미의 위계조직(位階組織), 겹겹이 쌓아 올라가는 피라미드 구조가 우리들이 보는 자연 속에도 모조리 담겨 있다. 소립자들이 핵을 이루고, 그 핵이 원자 안에 들어오고, 원자들이 합쳐 분자가 되며, 분자들이 합쳐 염기를 이룬다. 염기들은 아미노산의 조립 작용을 지시하며, 아미노산들이 합쳐져 단백질을 이룬다. 우리는 사회관계가 인간을 결합하는 방식과 똑같이 들어맞는 것을 다시 한번 자연 속에서 발견하는 것이다.

첼리 협곡은 문화의 축도라 할 수 있는데, 1000년 직후 푸에블로 인디언들이 거대한 구조물을 건설했을 때 그 절정에 달했다. 그들은 석조물 속에서 자연에 대한 이해뿐만 아니라 인간관계를 이해하는 길을 트고 있다. 푸에블로 인디언들은 여기서만이 아니라 다른 곳에서도 일종의 축소형 도시를 만들었기 때문이다. 절벽 주거들은 이따금 5~6층의 계단식 구조를 하고 있으며, 위층이 아래층보다 뒤로 들어가 있었다. 주거 집단의 전면은 절벽과 같은 수직선상에 있으나 후면은 활처럼 휘어져 절벽 안으로 들어갔다. 경우에 따라서는 이 거대한 건축 단지의 평면적이 약 1만m^2에 달하고, 400개 또는 그 이상의 방으로 구성된다.

돌은 벽을 이루고 벽은 집을 구성하며, 집들은 거리를 이루고 거리가 모여 도시를 구성한다. 도시는 돌이고, 도시는 사람이다. 하지만 그것은 돌무더기가 아니고 단순히 법석대는 사람들이 아니다. 촌락에서 도시로 이행하는 단계에서 분업과 명령 계통을 바탕으로 하는 새로운 공동체 조직이 건설된다. 그러한 사회 구조를 다시 찾아보려면, 이미 사라진 문화 속에서 우리들이 일찍이 보지 못한 어느 도시의 거리를 거닐어보아야 한다.

마추픽추는 남아메리카의 안데스 산맥 속 고도 2,500m에 자리잡고 있다. 그 도시는 1500년경 또는 그 이전(콜럼버스가 서인도 제도에 상륙한 시기와 거의 일치한다) 잉카 제국의 절정기에 건설되었으며, 당시 도시계획은 잉카 제국 최대의 업적이었다. 1532년 스페인 사람들이 페루를 정복하고 약탈했을 때, 어떻게 된 영문인지 마추픽추와 그 이웃 도시들을 그냥 지나쳤다. 그 뒤 400년 동안 잊혀져 있다가 1911년 어느 겨울 예일 대학교의 젊은 고고학자 하이람 빙엄(Hiram Bingham)이 우연히 그곳에 도착했다. 그때까지 수세기에 걸쳐 이 도시는 방치되어 뼈만 남은 몰골이었다. 그런데 한 도시의 잔해 속에, 세계 도처에서 모든 시대에 걸쳐 존재했던 온갖 도시 문명의 구조가 잠자고 있었다.

도시는 풍부한 잉여 농산물이 있는 지반 혹은 후배지에 의지하여 존속해야 한다. 눈에 띄는 잉카 문명의 지반은 계단식 농경지의 경작이었다. 물론 지금 그 텅 빈 계단식 농토에는 잡초가 자랄 뿐이지만, 한때 이곳에는 감자를 재배했고(페루가 감자의 원산지다), 옥수수는 원래 북아메리카 대륙에서 넘어왔으나, 그즈음에는 벌써 토착화된 지 오래였다. 그리고 이곳은 일종의 의식용(儀式用) 도시였으므로, 잉카(Inca : 국왕이라는 뜻으로, 신의 화신이고 태양의 아들이었다—옮긴이)가 방문했을 때에는 틀림없이 그를 위해 코카(coca)와 같이 그 풍토에 맞는 열대성 마취식물이 재배되고

37 이미 사라진 문화 속에서 우리들이 일찍이 보지 못한 어느 도시의 거리를 거닐어보아야 한다.
페루의 안데스 산맥 동쪽 우루밤바 계곡의 마추픽추.
(다음 페이지) 그 뒤에 불쑥 솟아오른 산봉우리 후아이나픽추(Huayna Picchu)는 4,500m에 이른다.

있었다. 코카는 환각성 식물로 잉카 제국의 귀족계급만이 씹을 수 있었고, 오늘날에는 거기서 코카인을 추출하고 있다.

계단식 농경문화의 심장부에는 관개시설이 있다. 이것은 잉카 이전의 제국들과 잉카 제국이 만들어놓은 것이다. 그 시설은 계단식 농토를 지나, 운하와 수로를 거치고 거대한 계곡을 통과하여 태평양 연안의 사막으로 흘러 내려가 그곳에서 꽃을 피운다. 비옥한 초승달 지대에서와 똑같이 문제는 물 관리이며, 페루의 잉카 문명도 관개시설의 통제력 위에서 건설되었다.

하나의 제국 전역에 뻗어 있는 관개시설을 관리하기 위해서는 강력한 중앙의 권위, 즉 중앙집권체제가 요구된다. 메소포타미아에서도 사정은 마찬가지였다. 이

집트에서도 그러했고 잉카 제국에서도 다를 바가 없었다. 그 말은 이 도시와 일대의 모든 도시들은 보이지 않는 통신 수단의 기반 위에 서 있었고, 그것을 통해 중앙에서 명령을 전달하고 정보를 중앙으로 수렴하면서 정치적 권위는 모든 곳에 존재하고 힘을 발휘했다는 것이다. 도로, 다리(이와 같이 험준한 나라에서)와 통신이라는 세 가지 발명이 그 권위의 통신망을 지탱하고 있었다. 잉카가 이곳에 있을 때는 그것들이 이곳을 중심으로 몰려들었고, 잉카로부터 그 셋은 확산되어나갔다. 그들은 도시와 도시를 하나로 묶어주는 3개의 고리이며, 이 도시에서 그 셋은 다른 지역에서와는 다르다는 사실을 우리는 문득 깨닫게 된다.

위대한 제국에 있는 도로, 다리와 통신은 예외 없이 진보적 발명이다. 그것이 절단되면 권위가 고립되고 붕괴된다. 현대에는 전형적으로 혁명의 제1차 목표가 되는 것이 바로 그 셋이다. 잉카는 대단한 정성을 들여 그것들을 보살폈다. 그럼에도 불구하고 도로에는 바퀴 달린 수레가 없었고, 다리 아래에는 아치(arch)가 없었으며, 통신은 문자로 씌어지지 않았다. 잉카 문명은 1500년까지도 이러한 발명을 해내지 못했다. 아메리카 대륙의 문명이 몇천 년 늦게 출발한 데다, 구세계가 이룬 온갖 발명들을 만들어내기 전에 정복당한 데 그 원인이 있다.

굴림대로 커다란 건축용 석재를 운반하여 건축을 하던 사회에서 바퀴를 이용하는 방법을 발견하지 못했다는 사실은 몹시 기이하게 느껴진다. 바퀴의 기본적 요소는 고정된 굴대라는 점을 우리는 잊고 있다. 현수교를 만들었으나 아치를 놓쳤다는 사실 역시 매우 이상하게 생각된다. 그런데 가장 기이한 사실은 수적 정보 기록을 세심하게 보전하던 문명이 그러한 것들을 문서화하지 않은 점이라 하겠다. 군주인 잉카는 제일 가난한 시민, 또는 그를 뒤엎은 스페인의 폭력배들과 마찬가지로 문맹(文盲)이었다.

숫자로 나타낸 자료의 전언 통신은 '퀴프(quipu)'라 불리는 끈 토막에 실려 잉카에 전달되었다. 퀴프에는 숫자들(10진법과 비슷한 방식으로 매듭을 지은)만이 기록되어 있는데, 수학자인 나로서는 숫자가 낱말에 못지않게 정보전달적이고 인간적인 상징 기능이 있다고 말하고 싶으나, 사실은 그렇지 않다. 페루에 있는 한 인간의 생활을 묘사하는 숫자들은 일종의 뒤집어놓은 펀치카드, 즉 매듭이 있는 끈으로 펴놓은 점자용 컴퓨터 카드에 모여 있었다. 사람이 결혼하면, 그 끈 한 토막은 친족 다발의 다른 위치로 옮겨졌다. 잉카의 군대, 곡식 창고와 다른 창고들에 갈무리되어 있는 모든 것들은 이 퀴프에 기록되어 있었다. 사실 페루는 이미 가공할 미래의 대도시였고, 하나의 제국이 모든 시민의 행동을 기록하고, 그를 부양하며, 그에게 노동을 배당하고 모든 사항을 비인간적인 숫자로써 기록하는 기억 창고였다.

그것은 경탄하리만큼 엄격한 사회 구조였다. 모든 사람은 각기의 임무가 있었고, 누구나 식량을 공급받으며, 모든 사람—농민, 장인, 병사—이 오직 최고의 잉카 한 사람을 위해 일했다. 그는 국가 원수였고, 동시에 종교적으로는 하나님의 화신이었다. 장인들은 사랑을 담아 돌을 조각하여 태양과 신과 왕의 연계의 상징을 표현했고, 잉카를 위해 일했다.

그러므로 이 나라는 이례적으로 깨어지기 쉬운 제국이었다. 1438년 이후 미처 100년이 되지 않아 잉카는 해안선 4,800km를 정복하여 안데스 산맥과 태평양 사이에 있는 거의 전 지역을 차지했다. 그런데 1532년 거의 문맹이었던 스페인 모험가 프란시스코 피사로(Francisco Pizarro)가 불과 62마리의 무

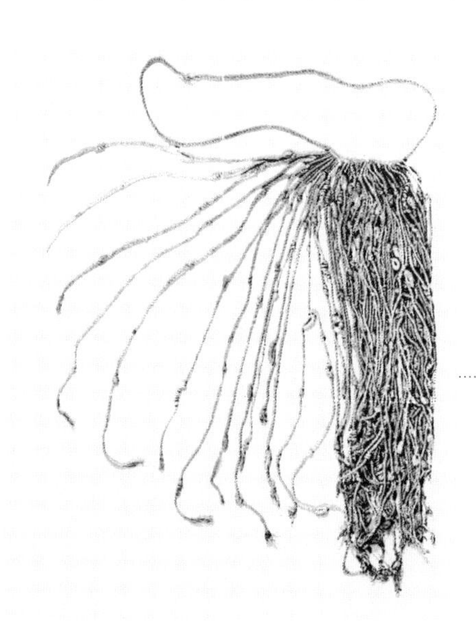

38 잉카에서는 숫자의 형식으로 뜻을 전했다.
매듭의 개수로 기록을 대신했던 끈 '퀴프'.

서운 말과 106명의 보병을 거느리고 페루에 진입하여 하룻밤 사이에 그 위대한 제국을 정복했다. 어떻게 그토록 허망하게 쓰러졌는가? 피라미드의 정상을 잘라버렸기 때문에, 즉 잉카를 사로잡았기 때문이다. 그 순간부터 잉카 제국은 폭삭 내려앉아버렸고 그 도시들, 그 아름다운 도시들은 황금 약탈자와 탐욕가들 앞에 무방비 상태가 되고 말았다.

그러나 도시는 중앙집권적 권위 이상의 존재임은 말할 필요조차 없다. 도시란 무엇인가? 도시는 사람들이다. 도시는 살아 있다. 그것은 농업을 기반으로 살아가는 공통체이며, 촌락과는 비교할 수 없으리만큼 부유하기 때문에 모든 유형의 장인들을 부양하고 그들을 일생의 전문가로 만들어놓을 수 있다.

전문가들은 사라져버렸고, 그들의 업적은 파괴되었다. 마추픽추를 만들어낸 사람들—금 세공자, 구리 세공자, 직조공, 도공—은 사라졌고, 작품들은 강탈당하고 말았다. 직물은 삭아버렸고 청동기는 부식되었으며 금 세공품들은 도둑질당했다. 그래서 남아 있는 것이라고는 오직 석공의 작품, 도시를 만든 사람들—도시를 만든 사람들은 잉카가 아니라 장인들이기 때문이다—의 아름다운 기예(技藝)뿐이다. 그러나 당연한 일이지만 우리가 한 사람의 잉카를 위해 일한다면(또는 어떤 한 사람을 위하여 일한다면), 그의 취향에 지배되며 발명의 재능을 발휘할 수 없게 된다. 이들은 제국의 종말 때까지 변함없이 들보만을 이용하여 작업했다. 그들은 끝내 아치를 발명하지 못했다. 여기에 신세계와 구세계 사이의 시차(時差)를 측정할 하나의 기준이 있다. 바로 그리스인들은 잉카 제국보다 2,000년 빨리 이 단계에 도달했고, 그들 역시 그 단계에서 전진을 중단했다.

남부 이탈리아의 파에스툼(Paestum)은 그리스의 식민지였으며, 그곳의 신전들은 파르테논보다 역사가 길어 기원전 500년경에 축조된 사원들이다. 파에스툼 강은 개흙으로 막혀 지금은 단조로운 소금 벌판이 바다와 이 강을 갈라놓고 있다. 그러나 이 도시의 영광된 유적들은 아직도 찬연하다. 비록 9세기에 사라센의 해적들에게, 11세기에는 십자군에게 약탈을 당했으나, 폐허의 파에스툼은 그리스 건축의 경이로 손꼽힌다.

파에스툼은 그리스 수학의 시발점과 시대를 같이한다. 피타고라스는 이곳에서 멀지 않은 또 다른 그리스 식민지 크로토네(Crotone)에 망명하여 수학을 가르쳤다. 그보다 2,000년 뒤에 발달한 페루의 수학과 마찬가지로, 그리스 신전들은 곧은 모서리와 일정한 사각으로 연결되어 있다. 그리스인들 역시 아치를 발명하지 못했고, 따라서 신전들은 기둥이 빽빽이 들어선 통로를 이루고 있다. 폐허가 된 신전들을 보고 있노라면 탁 트인 것처럼 보이지만 실상은 공간이 없는 거대한 기념물들이다. 신전의 기둥 사이를 하나의 들보로 받칠 수밖에 없었고, 납작한 들보가 지탱하는 경간(徑間)은 들보의 힘에 의해서 한정되었기 때문이다.

두 기둥에 걸려 있는 하나의 들보가 있을 경우, 컴퓨터로 분석해보면, 기둥의 간격을 넓힘에 따라 들보의 응력은 증가한다. 들보가 길면 길수록 그 무게가 위쪽에 만들어내는 압축이 커지고, 밑바닥에 일어나는 장력(張力) 역시 비례하여 늘어난다. 그리고 돌은 장력이 약하다. 기둥은 압축되는 까닭에 부러지지 않으나 들보는 장력이 너무 커지기 때문에 부러진다. 기둥이 바싹 다가서서 받쳐주지 않는 한 들보는 밑바닥에서부터 부러지게 된다.

그리스인들은 이층 기둥을 사용하여 구조물을 가볍게 하는 발명의 재능을 발휘했다. 그러나 그러한 수법은 임시방편에 지나지 않았다. 근본적인 시각에서 돌의 물리적 한계는 새로운 발명을 통하지 않고는 극복될 수 없었다. 그리스인들이 기하

39 **그리스 신전들은 곧은 모서리와 일정한 사각으로 연결되어 있다.**
남부 이탈리아 파에스툼에 있는 포세이돈 신전. 기둥을 이층으로 한 것은 구조를 가볍게 하기 위한 장치였다.

학에 대단한 매력을 느끼고 있었다는 점으로 미루어, 아치를 구상하지 못했다는 사실은 수수께끼가 아닐 수 없다. 그런데 사실 아치는 공학적 발명의 일종이고, 그리스나 페루보다 훨씬 실용적이고 평민적인 문화에 의해 발견된 것은 지극히 당연한 귀결이었다.

스페인의 세고비아(Segovia)에 있는 수로(水路)는 100년경 트라야누스(Trajanus) 황제의 재위 기간에 로마인들이 건설했다. 이 수로는 16km 떨어진 시에라의 높은 산에서 흘러내리는 리오 프리오(Rio Frio)의 물을 실어 보낸다. 이 수로는 약 1km의 골짜기를 가로질러 건너가고 있으며, 거칠게 다듬은 화강암 석재를 석회나 시멘트를 바르지 않은 채 만든 100여 개의 이층의 반원형(半圓形) 아치로 이루어졌다. 그 뒤 미신이 한층 성행하던 시대에 살았던 스페인과 무어계 시민들은 이 수로의 거대한 규모에 위압되어 엘 푸엔테 델 디아블로(El Puente del Diablo) 즉 '악마의 다리'라고 이름 짓게 되었다.

그 구조물은 물을 흘려보낸다는 기능에 걸맞지 않게 어머어마하고 화려하다는 느낌을 준다. 하지만 그것은 간단히 수도꼭지를 돌려 물을 받는 우리들이 도시문명의 공통 문제들을 가볍게 잊어버리기 때문이다. 숙련된 사람들을 도시로 집중시키는 선진 문화는 예외 없이 세고비아의 로마 수로가 표현하고 있는 발명과 조직에 의존하고 있다.

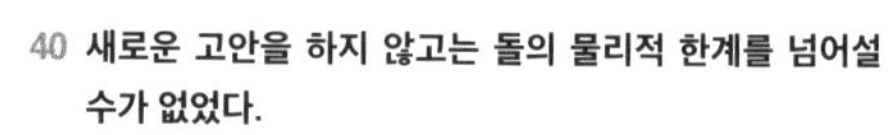

40 새로운 고안을 하지 않고는 돌의 물리적 한계를 넘어설 수가 없었다.

들보-기둥 형태 및 아치형에 똑같은 변형력을 가했을 때의 편광탄성 모형(photoelastic model)이다. 들보-기둥 형태에서는 들보의 밑바닥에 장력이 급격히 늘어난다. 둥그런 아치는 그 응력을 훨씬 고르게 나누어준다.

로마인들은 당초에 석조 아치가 아니라 일종의 콘크리트로 만들어진 주형식 건축물로서 아치를 창안해냈다. 구조적으로 보아 아치는 하중을 중앙만이 아니라 다른 부분에 나누어 싣는 경간 구성 방식이다. 그 응력은 모든 부분으로 균일하게 흘러내린다. 이러한 원리로 인해 아치는 부품들로, 즉 하나하나가 하중의 압력을 받는 분리된 돌덩어리로 짜맞추어 만들 수 있다. 이와 같은 의미에서 아치는 자연을 분해하여 새롭고도 한층 강력한 조합으로 토막들을 조립하는 지성적 방법의 승리라고 할 수 있다.

로마인들은 아치를 언제나 반원형으로 만들었다. 그들에게는 훌륭한 기능을 하는 수학적 이론이 있었으나 그 이상의 실험을 할 의향은 없었다. 원형은 아랍 제국에서 대량 생산될 때까지도 여전히 아치의 바탕으로 남아 있었다. 이 점은 무어인들이 사용했던 회랑(廻廊)이 있는 종교 건축에서 명백히 드러난다. 이를테면 785년 아랍이 이곳을 정복한 뒤에 건설된 스페인 코르도바(Cordoba)의 거대한 이슬람 사원을 보면 알 수 있다. 그것은 파에스툼에 있는 그리스 신전보다 훨씬 널찍한 건축물이지만 후자와 비슷한 난관에 부딪혔던 것으로 보인다. 즉 여기에도 석조물이 빽빽이 들어차 있으며, 새로운 발명이 없는 한 그 문제를 해결할 수 없었다.

근본적인 변혁을 가져오는 이론상의 발견들은 으레 충격적이고 독창적이라는 것을 당장 알 수 있다. 그러나 실용적인 발견들은 설사 뒷날 그 성과가 광범위하더라도 전자보다는 평범한 인상을 주어 기억에 오래 남지 않는 사례가 많다. 로마식 아치의 한계를 돌파하는 구조적 기술 혁신은 아마도 유럽 외부로부터 들여왔고, 처음에는 몰래 들여왔다고 해야 할 것이다. 그것은 원형이 아니라 타원형을 기반으로 하는 새로운 아치 양식의 발명이다. 이것은 위대한 변화라는 인상을 주지는 않지만 건물의 명쾌함이 주는 효과는 실로 어마어마하다. 물론 뾰족 아치가 한층 더 높고, 따라서 보다 넓은 공간을 개방하여 더 많은 빛을 받아들인다. 그런데 보다 근본적인 것은 뾰족한 고딕식 아치는 랭스(Rheims) 성당에서 보는 바와 같이 새로운 방식으로 공간을 지탱할 수 있다. 벽에 하중이 걸리지 않으므로 벽을 뚫어 유리를 끼울 수 있으며, 건물이 마치 둥지처럼 아치형 지붕에 매달려 있는 듯한 전체적인 효과를 가져온다. 하중을 지탱하는 골격이 외부에 있기 때문에 건물 내부는 개방된다.

존 러스킨(John Ruskin)은 고딕 아치의 효과를 다음과 같이 훌륭하게 묘사하고 있다.

> 이집트와 그리스 건물들은 대체로 돌 하나가 수동적으로 다른 돌 위에 얹혀 있어, 자체의 무게와 질량에 의해 서 있다. 하지만 고딕식 궁륭(穹窿)과 창문에는 사지(四肢)의 뼈, 또는 나무의 섬유질과 같은 뻣뻣함이 있다. 또 부분 간에 이어지는 탄력 있는 장력과 힘의 전달이 있으며, 그것은 건물에 보이는 모든 선을 타고 정밀하게 표현되어 있다.

인간의 오만함을 증언하는 온갖 기념물 가운데서 1200년 이전에 북부 유럽

---

41 **아치는 실용적인 평민 문화의 산물이었다.**
◀세고비아에 있는 수로 '악마의 다리'.

42 **원형은 아랍 제국에서 대량 생산될 때까지도 여전히 아치의 바탕으로 남아 있었다.**
▶코르도바의 이슬람교 사원.

의 햇빛 속에 높이 솟은 이들 격자와 유리로 된 탑들에 견줄 만한 것은 찾기 힘들다. 그와 같이 건설된 이 우람하고 도발적인 괴물들은 인간의 선견력의 놀라운 업적이다. 아니 수학자들이 건물 내의 역학을 계산할 방법을 알기 이전이었던 까닭에, 차라리 인간의 통찰력의 성과이다. 물론 숱한 실수와 실패 없이 이루어진 것은 아니었다. 그러나 고딕식 대성당들에 관해서 수학자들이 가장 감명을 받는 것은 그

안에 담긴 인간의 통찰력이 그토록 올바른 것이며, 한 구조물에서 얻은 경험이 다음 구조물로 그토록 원활하고도 합리적으로 전이(轉移)되었다는 사실이다.

성당 건물은 도시 주민들의 공통적인 합의에 의하여, 그리고 그들을 위하여 평범한 석공들에 의해 건설되었다. 성당은 당대의 일상적이고 유용한 건축과는 거의 관계가 없으나, 그 안에서 즉흥적인 발상이 일어나는 순간마다 하나의 발명으로 승화되었다. 역학의 문제를 고려하여, 그 설계는 로마의 반원형 아치를 높고 뾰족한 고딕식 아치로 전환했고, 그 결과 응력은 아치를 통하여 건물 외부로 흐르게 된다. 그러다가 12세기에 또다시 돌발적이고 혁명적인 전환이 있어 아치는 반아치 즉 아치 버팀벽으로 바뀌었다. 내가 손을 들어 마치 지탱하듯이 건물을 떠밀 때 응력이 내 팔에 작용하는 바와 마찬가지로 그 응력은 버팀벽을 타고 흐른다—응력이 없는 곳에 석조 건축은 존재하지 않는다. 강철과 강화 콘크리트가 발명될 때까지는 그러한 사실주의에 어떠한 건축의 기본 원리도 추가되지 않았다.

이 높다란 건물들을 구상했던 사람들은 그들이 새로 발견한, 돌을 휘두르는 힘에 도취되어 있었던 것 같다. 그렇지 않았다면 응력을 전혀 계산할 수 없었던 그 시기에 38m와 46m의 궁륭을 만들자는 제안을 할 수 있었겠는가? 그런데 랭스에서 160km가 채 되지 않는 보배(Beauvais)에 있던 46m의 궁륭은 내려앉고 말았다. 조만간에 건축가들이 난관에 부딪히게 되리라는 것만은 의심할 여지가 없다. 대성당이라 할지라도 그 규모에는 물리적 한계가 있다. 그리고 완성된 지 몇 년 뒤인 1284년에 보배 대성당의 지붕이 내려앉자, 까마득히 솟아오르던 고딕식 건축의 모험에 제동이 걸렸다. 그 뒤로는 두 번 다시 이처럼 높은 구조물을 시도하지 않았다(그렇긴 하지만 경험에 의한 그 설계는 건실했다고 할 수 있다. 짐작건대 보배의 지반이 단단하지 않아 건물 밑에서 지반 변동이 있었을 뿐이었다). 그와는 달리, 랭스의 38m 궁륭은 아무 이상

43 성당 건물은 도시 주민들의 공통적인 합의에 의하여, 그리고 그들을 위하여 평범한 석공들에 의해 건설되었다.
랭스 성당의 중앙부와 측면 복도.

이 없었다. 그리하여 1250년 이래로 랭스는 유럽 예술의 중심이 되었다.

아치, 버팀벽, 돔(일종의 회전형 아치)이 인간이 자연의 결을 깨뜨려 자신들의 목적에 이용한 최후의 단계는 아니다. 그런데 그 너머에 있는 것은 한층 더 섬세한 결을 갖고 있을 것이다. 지금 우리들은 물질 자체의 한계를 찾지 않으면 안 된다. 물리학이 하는 것과 때를 같이하여 건축도 초점을 물질의 미시적 수준으로 바꾸고 있는 듯하다. 실제로도 현대의 문제는 이제 재료를 놓고 구조를 설계하는 것이 아니라, 구조를 위하여 재료를 선정하는 데 있다.

석공들이 머릿속에 넣고 다닌 것은 양식(樣式)이 아니라 한 건축 현장에서 다른 곳으로 옮겨 다니며 경험에 의해 늘어가는 아이디어의 재고였다. 또한 그들은 가벼운 도구 상자를 가지고 다녔다. 그들은 컴퍼스를 가지고 궁륭의 난원형과 장미창의 원을 표시했다. 그들은 측경기(測經器, callipers)로 교선(交線)들을 그었고, 그것들을 배열하여 반복적인 무늬로 조립했다. 그리스 수학에서와 마찬가지로(170페이지 참조), 수직과 수평은 직각을 이용하여 T-자(직각자)로 해결했다. 다시 말하면 수직선은 추선(錘線, plumb-line)으로 그었고, 수평선은 기포수준기(氣泡水準器, spirit level)가 아니라 직각으로 연결한 또 다른 추선으로 그었다.

떠돌이 건축가들은 지성의 귀족(그보다 500년 뒤에 등장한 시계 제조공들과 마찬가지로)이었고, 일거리와 환대가 기다리고 있다는 확신을 가지고 유럽 전역을 돌아다닐 수 있었다. 그들은 일찍이 17세기부터 스스로 '숙련 석공'이란 뜻의 프리메이슨(freemason)이라 불렀다. 그들의 손과 머리에 담아 다니던 기량은 다른 사람들에게는 신비로운 비법, 대학교에서 가르치는 교단 학습

44 **그들은 가벼운 도구 상자를 가지고 다녔으며, 수직선은 추선으로 긋고, 수평선은 기포수준기가 아니라 직각으로 연결한 또 다른 추선으로 그었다.** 일하고 있는 13세기의 석공들.

의 무미건조한 형식주의에 속박되지 않은 은밀한 지식의 축적으로 보였다. 17세기에 이르러 프리메이슨들의 활동이 점차 시들어가자 그들은 자신들의 범주를 더 넓게 잡기 시작했고, 자신들의 기예(技藝)가 피라미드의 축조에까지 소급된다고 믿고 싶어 했다. 피라미드는 대성당보다 훨씬 원시적인 기하학을 바탕으로 건설된 것인 만큼 그와 같은 주장이 반드시 작위적인 전설이라고만은 할 수 없었다.

어쨌든 기하학적 시야에는 보편적인 무엇이 있다. 아름다운 건축 현장—예를 들어 랭스 성당—에 대한 나의 집착을 설명하기로 하자. 건축이 과학과 무슨 관계가 있을까? 특히 과학이 온통 숫자투성이—금속의 팽창 계수, 진동자의 주기 등—였던 20세기 초에 우리가 이해한 과학과 건축 사이에 무슨 관계가 있는가?

20세기 말을 향해 가고 있는 지금, 우리의 과학 개념은 근본적으로 변화했다는 사실에서 그 문제의 실상을 찾게 된다. 지금 과학은 자연의 기본 구조를 묘사하고 설명하는 행위로 이해되고 있다. 그리고 구조, 형태, 계획, 배치, 건축 등의 낱말이 모든 사상(事象)을 묘사하는 작업 과정에 끊임없이 등장한다. 나는 우연히도 한평생 이와 같은 일을 하며 살아왔고, 거기서 특별한 기쁨을 맛보고 있다. 내가 어린 시절 이후로 손을 대고 있는 수학은 기하학적 성격을 지니고 있다. 그러나 이제 그것은 과학을 설명하는 일상어가 되었기 때문에 더 이상 개인적이거나 직업적인 취향의 문제가 아니다. 우리는 결정(結晶)들을 결합하는 방식, 원자 구성 부분들의 조합 방법을 이야기하고, 무엇보다 살아 있는 분자들이 무엇으로 어떻게 만들어져 있는가를 화제로 삼는다. DNA의 나선형 구조는 과거 몇 년간 가장 생생한 과학의 이미지로 떠올랐다. 그리고 그 이미지가 이와 같은 아치들에도 살아 있다.

이 건물 또는 이와 비슷한 다른 건물들을 건축한 사람들은 무슨 일을 했던가? 그들은 대성당이 아니라 죽은 돌더미를 가지고, 그 돌이 지닌 천연적 지층의 결을

따라 중력이라는 이름의 자연력을 활용하고, 버팀벽과 아치 등의 눈부신 발명을 통하여 돌더미를 대성당으로 바꾸어놓았다. 그리하여 그들은 자연의 분석으로부터 우러나온 어떤 구조를 최상의 종합으로 승화시켰다. 오늘날 자연의 건축에 관심을 갖고 있는 사람의 유형은 거의 800년 전 이 건축물을 만든 사람들과 그 성격이 같다. 인간을 모든 동물들 가운데서 독특한 지위로 올려주는 온갖 자질 중에서도 가장 뛰어난 한 가지 자질이 있으며 그것이 여기 도처에서 드러나고 있다. 바로 자신의 기량을 갈고 다듬어 앞으로 밀고 나아가면서 무한한 기쁨을 맛보는 자질이다.

철학에서 많이 쓰는 상투적인 말로는, 과학은 무지개를 조각조각 분리하는 것과 같은 순수한 분석 또는 환원법이고, 예술은 무지개를 맞추어놓는 순수 종합이라고 한다. 그러나 사실은 그렇지 않다. 모든 상상은 자연의 분석에서 출발한다. 미켈란젤로는 자기의 조각 작품들(특히 미완성 작품들) 속에서 암시적으로 그 점을 생생하게 증언했고, 창작 행위를 소재로 한 소네트에서는 명시적으로 말했다.

우리 내부의 거룩한 그 무엇이 얼굴의 형상을 빚으려 할 때,
뇌와 손이 다 같이 힘을 합쳐
연약하고 보잘것없는 모형을 바꾸고,
예술의 자유로운 힘으로 그 돌에 생명을 주노라

'뇌와 손이 힘을 합친다'는 것은 재료가 인간의 손을 통하여 스스로의 실체를 확인함으로써 뇌에게 작품 형태를 예시한다는 것이다. 석공과 마찬가지로 조각가는 자연의 내부에 있는 형태를 더듬어 찾으며, 그 조각가에게 있어 형태는 그 안에

45 **벽에 하중이 걸리지 않으므로 건물이 마치 둥지처럼 아치형 지붕에 매달려 있는 것 같다.**
랭스 성당의 버팀벽.

이미 존재한다. 그 원리는 변함이 없다.

가장 뛰어난 예술가는 드러내려고 하지 않노라,

불필요한 겹겹질로 싸여있는 거친 돌이 품고 있지 않은 생각을.

대리석의 마력을 풀어헤치는 것,

그것이 뇌에 봉사하는 손이 할 수 있는 일의 전부니라

미켈란젤로가 브루투스의 두상을 조각하고 있을 때에는, 다른 사람들이 그를 대신하여 대리석을 채취했다. 그러나 원래 카라라(Carrara)의 채석공으로 출발했던 미켈란젤로는 그들의 손과 자신의 손에 들려 있는 망치가 이미 그 돌 안에 들어 있는 형상을 더듬어 찾고 있음을 느끼고 있었다.

지금 카라라의 채석공들은 이곳을 찾아오는 현대의 조각가들—마리노 마리니(Marino Marini), 자크 립시츠(Jacques Lipchitz)와 헨리 무어(Henry Moore)—을 위해 일하고 있다. 그들의 작품 표현 양식은 미켈란젤로의 것만큼 시적이지는 않지만, 그 감정만은 동일하다. 카라라의 첫 번째 천재를 되돌아보는 헨리 무어의 성찰이 이 대목에 유난히 적합하다.

46 돔은 일종의 회전하는 아치이다.
로마의 팔라체토 델로 스포르트(Palazzetto dello Sport)를 위한 피에르 루이기 네르비(Pier Luigi Nervi)의 설계도.

먼저, 나는 청년 조각가 시절에 값비싼 돌을 사들일 능력이 없었으므로, 채석장을 돌아다니며 그들이 말하는 '함부로 생겨먹은 돌덩이'를 찾아 내가 쓸 재료를 구했다. 그다음에 나는 미켈란젤로가 했음 직한 방법으로 생각하면서 돌의 형상과 그 돌덩이 내부에 들어 있는 아이디어에 적합한 구상(構想)이 떠오를 때까지 기다려야 했다.

물론, 조각가가 상상하여 조각하는 대상이 이미 그 돌덩이 안에 숨겨져 있다는 말을 문자 그대로 받아들일 수는 없다. 그렇지만 이 은유는 인간과 자연 사이에 존재하는 발견의 관계에 대한 진리를 말해준다. 과학 철학자들(특히 라이프니츠)이 '대리석의 결에 의해 자극받는 마음' 같은 은유를 사용한 것도 그러한 특색에서 오는 것이다. 어떤 의미에서는 우리가 발견하는 모든 것은 이미 거기 있었던 것이다. 조각된 형상이나 인간이 발견한 자연법칙은 다 같이 그 재료 속에 내재해 있다. 그리고 다른 의미로는, 한 인간이 발견한 것은 '그에 의해서' 발견된 것이다. 말을 바꾸어, 다른 사람의 손에 맡겨졌다면 똑같은 형태로 나타나지는 않을 것이다—조각된 형상 또는 자연법칙의 어느 쪽도 두 개의 서로 다른 시대에 두 개의 서로 다른 인간 정신에 의해 만들어질 경우 동일한 모양으로 나오지 않을 것이다. 발견은 분석과 종합의 이중적 관계이다. 분석으로서는 거기 있는 것을 탐색하지만 그다음은 종합으로서, 자연이 제시하는 한계나 골격을 초월하는 창조적 정신으로 부분들을 결합하여 한 형태를 만든다.

조각은 감각적인 예술이다(에스키모족이 작은 조각품을 만드는 것은 감상하기 위해서가 아니라 만지기 위해서이다). 따라서 내가 통상 추상적이고 냉철한 일이라고 생각되는 과학의 모범으로서 조각과 건축이라는 따뜻하고 육체적인 활동을 선택한 것은 이상하게 보일 것이다. 그렇지만 그렇지 않다. 우리는 이 세계가 명상이 아니라 행

위에 의해서만 비로소 파악될 수 있음을 이해해야 한다. 손은 눈보다 더 중요하다. 우리의 문명은 극동이나 중세의 체념적이고 명상적인 문명의 한 형태가 아니다. 그들의 문명에서 세계는 오로지 관찰과 사유의 대상이어야 한다고 믿었고, 우리의 특징을 이루는 형태로 과학을 실행하지 않았다. 우리는 행동적이다. 그리고 뒤이은 뇌의 진화에 추진력의 역할을 담당한 것은 손이었다는 사실이 인간 진화에 있어서 상징적인 사건 이상의 의미가 있다는 것을 우리는 알고 있다(465~466페이지 참조). 오늘날 우리는 인간이 인간이 되기 이전에 만든 도구들을 찾아내고 있다. 벤저민 프랭클린(Benjamin Franklin)은 1778년에 인간을 '도구를 만드는 동물'이라고 불렀는데, 그 말은 옳다.

나는 발명의 수단으로 도구를 사용할 때의 손을 묘사한 바 있다. 그것이 이 장의 주제이다. 우리는 어린아이가 손과 도구를 함께 사용하는 법—신발 끈을 매고, 바늘에 실을 꿰며, 연을 날리거나 값싼 호루라기를 부는 것—을 배울 때마다 이런 현상을 보게 된다. 실천적인 행동과 함께 또 한 가지가 따른다. 다시 말하면, 행동 그 자체에서—인간이 완성하고 그로 인한 기쁨으로 완전하게 하는 기술에서—쾌락을 찾는 것이다. 밑바닥에 깔린 이것이 모든 예술 작업과 과학의 동기가 되는 것이다. 인간은 자신이 할 수 있기 때문에 하는 행위에서 시적(詩的)인 기쁨을 발견한다. 시적 효용은 결국에 가서는 진실로 심대한 결실을 맺는다는 점에서 대단한 것이다. 선사시대에도 이미 인간은 필요 이상으로 날카로운 날을 가진 도구들을 만들어냈다. 그처럼 예리한 날은 다시 그 도구의 용도를 한층 정밀화했고, 실용적인 정교화를 가져와 애초에 그 도구로 의도되지 않았던 공정으로까지 확대되기에 이르렀다.

헨리 무어는 조각에 '칼날'이라는 제목을 붙였다. 손은 정신의 칼날이다. 문명은 완성된 공예품들의 집합이 아니고, 공정(工程)의 정교화인 것이다. 결국 인간의

47 **"대리석의 마력을 풀어헤치는 것, 그것이 뇌에 봉사하는 손이 할 수 있는 일의 전부니라."**
미켈란젤로가 조각한 브루투스 두상, 바르젤로 박물관, 피렌체.

진보는 실행하는 손의 세련됨으로 드러난다.

인간의 등정에 있어 가장 힘찬 추진력은 자신의 기량에 대한 인간의 쾌감이다. 인간은 자신이 잘하는 일을 하고 싶어 하며, 그 일을 잘한 다음에는 더 잘하려고 한다. 우리는 인간의 과학에서 그것을 본다. 인간이 조각하고 건설하는 재능, 사랑을 쏟아붓는 보살핌, 경쾌함, 오만함에서 그것을 보게 된다. 인류의 기념비들은 군왕(君王)들과 종교, 영웅들과 신조(信條)를 찬양하기 위하여 세워졌다고 생각되어왔으나, 궁극적으로 찬미되는 것은 그것을 건설한 사람이다.

그러므로 모든 문명의 위대한 신전 건축은 개인이 곧 인류와 하나가 됨을 표현한다. 그것을 중국에서와 같은 조상 숭배라고 한다면, 너무 좁게 본 것이다. 요컨대 기념물은 죽은 사람을 대신하여 산 사람에게 말을 하고 있으며, 그리하여 인간 특

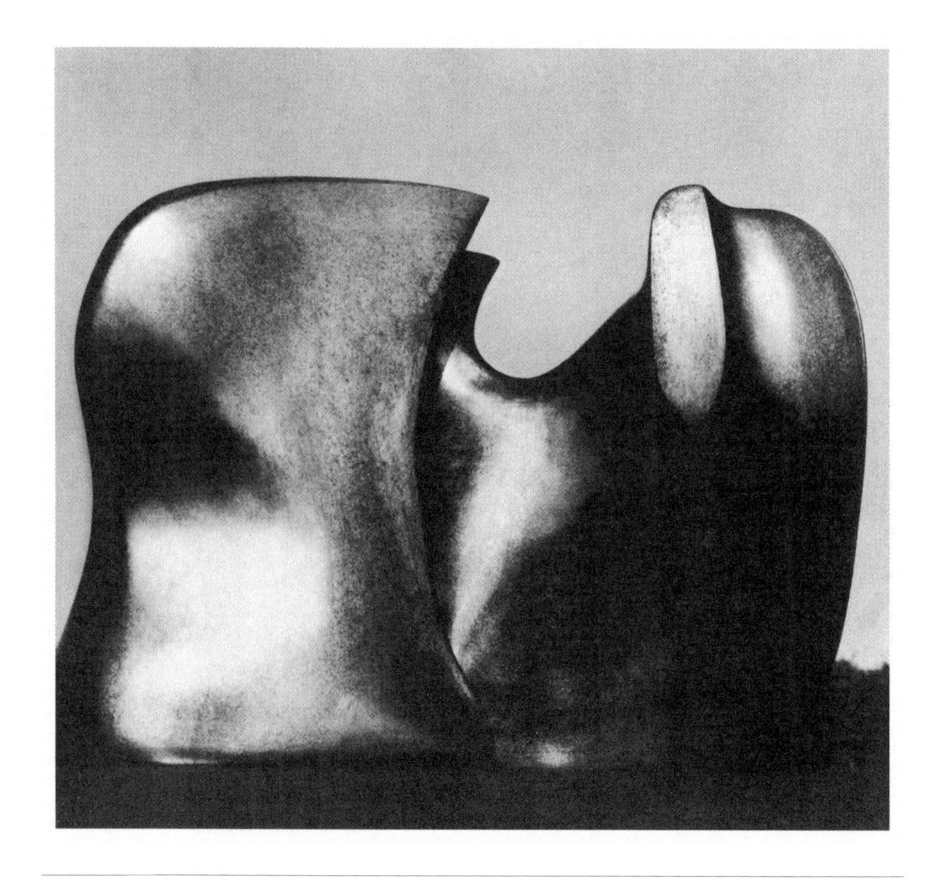

유의 견해인 영속성, 즉 인간의 생명은 개인을 초월하여 흐르는 계속성을 형성한다는 개념을 확립해준다. 말에 탄 채 매장되었던 사람이나 서턴 후(Sutton Hoo : 영국 남부 서퍼크 주의 한 지명이며 우드브리지 부근에 있다. 1936년 이곳에서 7세기 중반에 활약한 초기 색슨계의 한 왕의 능이 발견되었다. 무덤에는 스웨덴이 원산지로 추정되는 배 한 척이 있었고, 보석과 그릇들이 가득 차 있었다—옮긴이)의 배에서 숭배되었던 사람은 뒷날의 석조기념물로 남아, 우리들 하나하나가 그 대표가 되기도 하는 인류라는 하나의 실체—살아 있거나 죽었거나—가 있다는 그들의 믿음을 대변한다.

나는 이 장을 끝맺기에 앞서 내가 좋아하는 고딕건축의 석공들이나 마찬가지로 과학적인 장비도 없는 한 인물이 세운 기념물을 언급하지 않을 수 없다. 그것은 로스앤젤레스에 있는 와츠 타워스(Watts Towers)로 시몬 로디아(Simon Rodia)라는 이탈리아 사람이 세운 것이다. 그는 열두 살에 이탈리아를 떠나 미국에 왔다. 타일공과 수리공으로 일하다가, 마흔두 살에 갑자기 자기 집 뒤 정원에 이 구조물을 세우기로 결심했다. 재료는 닭장용 철사 그물, 철도 침목 토막, 깨진 유리 조각 그리고 타일 등, 그가 찾을 수 있고 이웃에 사는 어린이들이 가지고 올 수 있는 것은 무엇이든 이용했다. 그는 33년이 걸려 이 탑들을 쌓아 올렸다. 다른 사람의 도움을 전혀 받지 않았는데, 그 이유를 이렇게 밝혔다. "나 자신도 어떻게 일을 진행시켜야 할지 모르면서 보낸 시간이 대부분이었다오." 그는 1954년에 탑을 완성했는데, 그때 나이는 일흔다섯 살이었다. 그는 그 집과 정원과 탑들을 이웃 사람에게 물려주고 어디론가 훌쩍 떠나버렸다.

"나는 뭔가 큼직한 일을 하기로 마음먹고 있었소. 그리고 해낸 겁니다. 남들의 기억에 남으려면, 좋으면 아주 좋고 나쁘면 아주 나쁜 사람이 되어야 한다오"라고 로디아는 말했다. 그는 일을 실천하는 과정에서, 그리고 거기서 얻는 쾌감을 맛보

48 손은 정신의 칼날이다.
헨리 무어, <칼날 두 `조각Knife-edge-Two-piece>, 1962년.

면서 공학적 기술을 익혔다. 말할 필요도 없이, 시청 건설과 담당자들은 탑이 안전하지 못하다는 결론을 내리고 1959년에 안전 검사를 실시했다. 그들은 이 탑들을 철거하려 했던 것이다. 그들이 끝내 실패했다는 말을 하는 내 마음은 자못 흐뭇하다. 결국 와츠 타워스는 시몬 로디아가 손으로 만들어놓은 작품으로서 지금도 살아 있고, 공학 법칙에 대한 인간의 모든 지식이 우러나온 단순하고 행복하며, 기본적인 기술의 경지로 우리를 안내하는 20세기의 기념비가 되고 있다.

인간의 손을 확대시키는 도구는 시각(視覺)의 수단이 되기도 한다. 그것은 사물의 구조를 드러내고, 그것을 새롭고 창의적인 짜임새로 결합할 수 있는 길을 열어준다. 그러나 가시적인 것이 우리 세계의 유일한 구조가 아님은 말할 나위도 없다. 그 밑에는 보다 섬세한 구조가 있다. 그리고 인간 등정의 다음 단계는 물질의 보이지 않는 구조를 열어젖히는 도구를 발견하는 것이다.

49 고딕건축의 석공들과 마찬가지로 과학적인 장비도 없이 한 인물이 세운 기념물.
로스앤젤레스의 와츠 타워스. 도구들의 흔적을 드러낸 모자이크의 세부와 탑의 전경.

숨겨진 구조

대장장이들은 불로써 쇠를 다스려
아름다운 형상, 생각 속의 영상을 만드나니,
불이 없다면 어떠한 장인도
황금을 그 가장 순수한 색깔로 만들지 못하리라.
그렇다, 겨룰 자 없는 불사조도
불타지 않으면 다시 살아날 수 없느니라.
—미켈란젤로, 소네트 59

불로써 이루어지는 것은 용광로에서거나 부엌에서거나 연금술이다.
—파라셀수스

인간과 불의 관계에는 특별한 신비와 매력이 있다. 불은 그리스의 4대 원소 가운데 어떤 동물(샐러맨더마저)도 살지 않는 유일한 것이다. 현대 물리학은 물질의 보이지 않는 섬세한 구조에 많은 관심을 기울이고 있는데, 그 구조는 불이라는 예리한 도구에 의해 맨 먼저 열렸던 것이다. 그와 같은 분석 방식은 몇천 년 전의 실용적인 공정들(예컨대 소금과 금속의 추출)에서 시작되었지만, 그 공정은 분명 불로부터 끓어오르는 마법의 공기에 의해 진행되었으며, 물질의 본질을 예측할 수 없는 방향으로 바꿀 수 있다는 점에서 연금술적인 느낌을 주었다. 이처럼 신령스러운 불의 성질

50 생명의 원천처럼 보이게 하는 신령스러운 불의 성질.
조르주 드 라투르(Georges de la Tour)의 <램프를 부는 사람>.

은 불을 생명의 원천으로, 우리를 물질세계 속에 숨겨진 저 세상으로 데려가는 살아 있는 그 무엇으로 보이게 한다. 수많은 고대의 처방들이 그것을 말해주고 있다.

> 진사(辰砂, 수은의 원광)라는 것은 열을 가하면 가할수록 그 승화작용이 절묘해진다. 진사는 수은으로 바뀌게 되고, 그 밖의 일련의 승화작용을 통하여 또다시 진사로 바뀐다. 그리하여 인간이 영원한 삶을 누릴 수 있게 해준다.

이것이 중세의 연금술사들이 중국에서 스페인에 이르기까지 모든 관객들의 경외감을 불러일으킨 고전적 실험이다. 그들은 수은 황화물의 하나인 빨간색의 진사를 골라 열을 가했다. 열은 황을 몰아내고, 신비로운 은빛 액체 금속인 수은이라는 절묘한 진주를 남겨 실험의 후원자에게 경탄과 경외감을 일으킨다. 수은을 공기 중에서 가열하면 산화되어, 다시 진사가 되지 않고(처방을 작성한 사람들의 생각과는 달리) 역시 빨간색이기는 하되 일종의 수은 산화물을 만들어낸다. 그렇지만 그 처방이 완전히 빗나가지는 않았다. 산화물은 다시 수은으로 전환될 수 있고, 빛깔은 빨간색에서 은색으로 바뀌며, 수은은 다시 산화물로 전환하여 은색에서 빨간색으로 되돌아가는데, 이 모두가 열의 작용이다.

1500년 이전에 살았던 연금술사는 황과 수은을 우주 구성의 2대 원소로 생각하기도 했으나, 위에서 예를 든 실험은 그 자체만으로는 그다지 중요하지 않다. 그러나 그것은 한 가지 중요한 점을 시사한다. 언제나 불을 파괴의 요소가 아니라 변형의 요소로 보아왔다는 것이다. 그것이 불의 마력이었다.

어느 날 저녁 올더스 헉슬리(Aldous Huxley)가 오랜 시간 동안 나와 대화를 나누다가 자신의 하얀 손을 불 앞에 대면서 이렇게 말한 것을 기억한다. "이것이 변형을

시키는 것입니다. 전설이 그것을 말해줍니다. 무엇보다 불 속에서 다시 태어나 세대를 이어가며 되풀이해서 살아가는 불사조의 전설이 그것을 말해줍니다." 불은 젊음과 피의 이미지이고, 루비와 진사, 그리고 제의(祭儀)에 참가하는 사람들이 제 몸에 바르던 황토와 적철광석의 상징적인 색깔이다. 그리스 신화의 프로메테우스는 인간에게 불을 가져다 주면서 생명을 주었고 동시에 인간을 반신(半神)의 위치로 끌어올렸다—신들이 프로메테우스를 처벌한 이유가 바로 거기에 있다.

실제적인 면에서 보면, 불은 일찍이 40만 년 전에 이미 인간에게 알려졌다고 생각된다. 따라서 불은 호모 에렉투스에 의해 발견되었다고 짐작된다. 앞서 강조했듯이 불의 사용은 북경원인(北京原人)의 동굴에서도 확실히 발견된다. 그 이후의 모든 문화는 불을 사용해왔으나, 그들이 모두 불을 만드는 방법을 알고 있었는지는 분명하지 않다. 역사시대에 와서도 한 부족(미얀마 남쪽 안다만 제도의 열대우림에 사는 피그미족)이 불을 만드는 기술을 몰라 자연발생적으로 생긴 불씨를 정성스레 갈무리하고 있었던 흔적이 발견되었다.

일반적으로 볼 때 여러 문화권은 동일한 목적으로 불을 사용해왔다. 몸을 덥히고, 맹수를 물리치며, 삼림을 제거하고, 일상생활의 단순한 변형들—음식을 익히고, 나무를 말리고 굳히며, 돌에 열을 가하여 쪼개는—을 일으키는 데 불이 쓰였다. 그러나 우리의 문명을 형성하는 데 도움을 준 위대한 변형은 그보다 훨씬 심오한 것이었다. 불을 사용하여 전혀 새로운 재료인 금속을 발견한 것이다. 이것은 인간 등정의 발걸음이 내디딘 광대한 기술적 거보로서 돌연장의 위대한 발명에 버금가는 것이었다. 그것은 불 속에서 물질을 분할하는 한층 더 교묘한 도구를 발견함으로써 이루어졌기 때문이다. 물리학이 자연의 결을 쪼개는 칼이라면, 불은 돌 속에 숨어 있는 구조를 쪼개어내는 화염의 칼인 셈이다.

거의 1만 년 전에, 정착농업 공동체들이 출현하고 오래지 않아 중동의 주민들은 구리를 사용하기 시작했다. 그러나 금속의 사용이 일반화된 것은 체계적인 제련 공정이 발견되고 나서였다. 그것이 광석에서 금속을 추출하는 작업이며, 기원전 5000년경에 페르시아와 아프가니스탄에서 시작되었다. 당시에 사람들이 초록빛 공작석(孔雀石)을 세찬 불에 넣자, 거기서 빨간색 금속인 구리가 흘러나왔다—다행히 구리는 그다지 높지 않은 온도에서도 분리된다. 때로는 천연 동괴(銅塊)가 지표에서 발견되므로 천연 구리 덩어리를 망치질하여 제품을 만들어온 2,000년의 경험을 이미 축적하고 있었기 때문에 그들은 구리를 금방 알아보았다.

신세계 역시 구리 제품을 만들었고, 기원 초에 이르러 구리를 제련하게 되었으나 그 이상의 발전은 없었다. 구세계만이 금속을 문명 생활의 척추로 삼았다. 인간의 통제 영역이 돌연 무한히 확대된다. 인간은 모양을 다듬고 늘이며 망치질하고 주물을 부을 수 있는 재료, 도구와 장식품과 그릇을 만들 수 있는 재료, 그리고 다시 불에 넣어 모양을 바꿀 수 있는 재료를 손에 넣게 된다. 구리에는 한 가지 결점이 있는데, 그것은 무른 성질이다. 예를 들어 철사처럼 늘여진 구리가 응력을 받게 되면 끊어지는 것을 볼 수 있다. 모든 금속이 그렇듯이 순수한 구리도 결정층(結晶層)으로 이루어진 데 그 원인이 있다. 결정층 하나하나가 마치 박판(薄板)처럼 생겼고, 그 안에 금속의 원자들이 규칙적인 격자(格子) 양식으로 배치되어 있으므로, 이들은 서로 미끄러져나가 마침내 갈라지고 만다. 구리선이 잘록해지기 시작하면(즉 약해지면),

장력 때문이 아니라 내부의 결정층의 미끄러짐 현상으로 인해서 끊어진다.

물론 6,000년 전의 구리 공장(工匠)들이 그러한 이치를 알 리가 없었다. 그들은 구리에 날을 세울 수 없다는 힘겨운 문제를 안게 되었다. 인간의 등정은 날이 잘 선 단단한 금속을 만들어내는 다음 단계 앞에서 잠깐 동안 제자리에 머물러 있었다. 기술적인 진보를 너무 과찬한 것처럼 보일지 모르겠지만 그것은 후술할 다음 단계의 발견이 그리도 역설적이면서도 아름답기 때문이다.

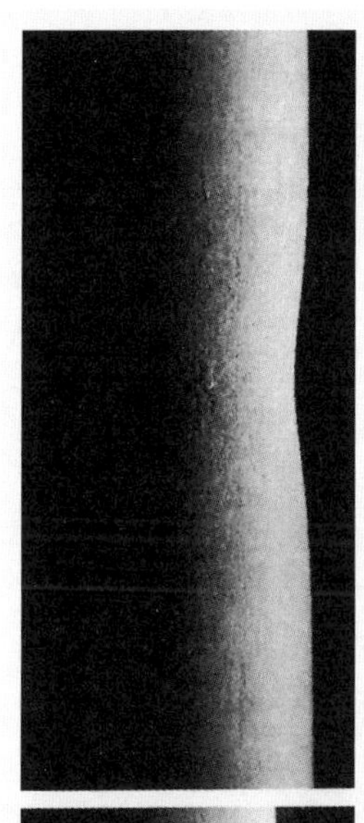

다음 단계를 현대적인 시각에서 그려본다면, 무엇이 필요했던가를 뚜렷이 알 수 있다. 앞에서, 순수한 구리는 그 결정들이 매끈한 평행면으로 쌓여 있으므로 쉽게 미끄러져나가는 까닭에 무르다고 지적했다(망치질을 하면 커다란 결정들이 부러져 들쭉날쭉해지므로 어느 정도 견고해질 수 있다). 여기서 결정에 모래알 같은 것을 넣을 수 있다면, 결정의 평판들이 미끄러지지 않아 그 금속이 단단해지리라는 추론이 가능하다. 물론 내가 지금 묘사하고 있는 미세 구조의 차원에서 보면, 모래알 같은 것이란 결정 안에 있는 구리 원자들의 일부를 대신하여 다른 종류의 원자들을 박아 넣는다는 뜻이다. 그 안에 있는 원자들을 균일하지 않게 하여 금속의 결정이 좀 더 단단해지는 합금을 만들어야 한다.

이상은 현대적인 해석이다. 합금의 특수한 성질이 그들의 원자 구조에서 연유한다는 사실을 이해하게 된 것은 겨우 지난 50년의 일이었다. 그러나 행운인지 실

51 철사처럼 늘여진 구리가 응력을 받게 되면 끊어지는 것을 볼 수 있다.
구리선이 잘록해지기 시작하면(즉 약해지면), 장력 때문이 아니라 내부의 결정층의 미끄러짐 현상으로 인해서 끊어진다.

험을 통해서인지 고대의 제련공들은 바로 이 해답을 알아냈다. 즉 구리에다 그보다 한결 연한 주석을 합해서 어느 한쪽보다 더 단단하고 지구력이 있는 합금, 즉 청동을 만들게 된다. 한 가닥 행운이 작용했다고 한다면, 구세계의 주석 광석들이 구리 광석들과 같은 곳에서 발견되었다는 사실에서 찾아야 할 것이다. 요컨대 거의 모든 순수 금속은 연하고 여러 가지 불순물을 섞을 때 그 재료는 훨씬 강해진다. 여기서 주석은 독특하다기보다는 일반적인 기능을 하고 있을 따름이다. 즉 순수한 재료에 일종의 원자 모래알, 결정격자들에 달라붙어 미끄러지지 않게 막아주는, 서로 거칠기가 다른 입자들을 첨가한 것이다.

청동은 경이로운 발견이다. 그 때문에 나는 과학적 용어로 힘들여 청동의 성질을 그려보았다. 청동의 발견은 새로운 공법이 지니고 있는 가능성과 그것을 다루는 사람들에게 불러일으킬 잠재력의 제시로서도 위대한 것이다. 청동 공예는 중국에서 가장 훌륭하게 발달했다. 기원전 3800년경에 청동을 발견한 중동으로부터 중국에 청동이 전래된 것이 거의 확실하다. 중국에서 청동기의 전성시대는 우리가 중국 문명의 발상기라고 생각하는 시기—기원전 1500년 이전의 상(商) 왕조—이다.

상 왕조는 황하 계곡에 있는 일단의 봉건 영지를 지배하고 있었으며, 중국 대륙에 처음으로 일종의 통일 국가와 문화를 건설하게 되었다. 어느 모로 보나 그때는 형성기로서, 요업이 발달하고 문자가 뿌리를 내린다(도자기와 청동기에 씌어진 붓글씨는 놀라운 것이다). 전성기의 청동기들은 세부를 주의 깊게 처리하는 동양적인 수법으로 제작되었고, 그 기법만으로도 매혹적이다.

중국인들은 토기(土器)로 만든 심을 중심으로 띠를 둘러 청동 주물 거푸집을 만들었다. 그리고 이 띠는 아직도 발견되고 있으므로, 그 공정이 어떠했는지를 알 수

52 술잔과 식기는 놀이와 제의의 뜻을 함께 담고 있다.
기원전 800년에 중국에서 만든 올빼미 모양의 술단지.

있다. 우리는 기본 심의 준비 과정, 무늬 새기기, 특히 중심부 위에 둘러지는 띠 위에 새겨진 글자들(금석문)을 추적할 수 있다. 그러므로 이 띠를 둘러 만든 거푸집은 뜨거운 금속을 받아들일 만큼 견고하게 구운 토기 거푸집의 바깥 짝을 이루게 된다. 우리는 전통적인 청동기의 준비 과정도 살펴볼 수 있다. 중국인들이 사용했던 구리와 주석의 합성 비율은 상당히 정확하다. 구리에 대하여 5~20% 사이의 어떤 비율로든 주석을 가하면 청동을 만들 수 있다. 그러나 상 왕조의 가장 우수한 청동기는 주석 비율 15% 수준으로서, 주물의 예리함은 거의 완벽하다. 그 비율로 합성된 청동은 구리보다 거의 3배나 단단하다.

상 왕조의 청동기들은 제의용(祭儀用)의 신성한 물건들이다. 중국에서 그것은 기념비적인 신앙을 표현하고 있는데, 그와 같은 시기에 유럽에서는 같은 목적으로 스톤헨지(Stonehenge)(영국에 있는 거대한 고인돌―옮긴이)를 건조하고 있었다. 이때부터 청동은 온갖 목적에 사용되는 재료, 그 시대의 플라스틱이 된다. 유럽과 아시아를 비롯하여 어느 곳에서 발견되건 그것은 이와 같은 보편적인 성질을 지니고 있다.

그러나 중국 공예술의 극치에서 청동은 더 큰 의미를 드러낸다. 이들 중국 청동 작품들의 술잔과 식기(놀이의 의미가 담겨 있으면서 동시에 거룩하기도 한)는 그 자체의 기술에서 자연발생적으로 자라나 예술을 이룬다는 점에서 우리에게 기쁨을 준다. 제작자는 재료의 지배를 받는다. 모양과 표면에 대한 그의 설계는 제작 과정에서 저절로 흘러나온다. 그가 창조하는 아름다움, 그가 전달하는 원숙한 기량은 공

53 청동기 제작술은 중국에서 절정에 달했다.
▲청동 종의 주형, 기원전 800년.
▶청동 종에 새겨진 붓글씨의 세부.

예 작업에 대한 그의 헌신에서 우러나오는 것이다.

이들 고전적 기술에 담긴 과학적 내용은 명쾌하다. 불이 금속을 녹일 수 있다는 발견과 함께, 때마침 불이 금속을 융합하여 새로운 성질을 가진 합금을 만들 수 있다는 보다 미묘한 사실을 발견하게 된다. 이 말은 구리와 마찬가지로 철(iron)에도 적용된다. 실상 금속들은 모든 발전 단계에서 평행선을 이룬다. 철 역시 처음에는 자연 그대로의 형태로 사용되었다. 원철(原鐵)은 먼저 운석(隕石)의 형태로 지구 표면에 나타난다. 그런 까닭에 수메르인들은 '하늘에서 온 금속'이라고 불렀다. 그 뒤 철광을 제련하게 되었을 때에는 이 금속이 벌써 사용되고 있었으므로 쉽게 알아보

았다. 북아메리카 대륙의 인디언들은 운철(隕鐵)을 사용하기는 했으나, 철광을 전혀 제련할 수 없었다.

철은 원광에서 추출하기가 구리보다 어려웠기 때문에 제철은 그보다 훨씬 뒤에 발견된 기법임은 말할 나위도 없다. 철을 실제로 사용했다는 첫 증거는 피라미드에 끼여 있던 연장의 한 조각이 아닌가 생각된다. 시기는 기원전 2500년 이전이라 추측된다. 하지만 실질적으로 철을 널리 사용하기 시작한 사람들은 히타이트(Hittite) 민족이었고 기원전 1500년경 흑해 부근에서였다—이 시기는 중국 청동기의 전성기 그리고 스톤헨지의 시대와 거의 일치한다.

구리가 '합금'으로 성년기를 맞이하듯, 철은 강철(steel)이라는 합금으로 성년기를 맞이한다. 500년이 채 안 된 기원전 1000년에 이르면 인도에서 강철이 만들어지게 되고, 각종 강철의 절묘한 성질들이 알려지게 된다. 그럼에도 최근에 이르도록 강철은 특별하고, 어떤 면에서는 희귀한 재료가 되어 그 용도가 한정되었다. 200

년 전까지만 하더라도 셰필드(Sheffield)의 강철 공업은 여전히 규모가 작고 후진적이었다. 그 시기 정밀한 시계 용수철을 만들려고 하던 퀘이커교도 벤저민 헌츠먼(Benjamin Huntsman)은 스스로 야금가(冶金家)가 되어 제 손으로 강철 만드는 법을 발견했다.

청동기의 완성 과정을 추적하면서 극동아시아를 살펴본 바 있으므로 강철의 특수한 성질을 만들어내는 기술에 관해서도 동양의 실례를 하나 들어보자. 내가 보기에는 기원후 800년 이후 꾸준히 발달해온 일본도(日本刀) 제조 과정에서 그 기술은 절정에 이른다. 옛 야금술과 마찬가지로 도검(刀劍) 제조에는 제의(祭儀)가 많은데 그럴 만한 뚜렷한 이유가 있다. 문자도 없고 화학적 처방이라고 할 만한 것도 없을 때에는 연속적인 작업 공정을 고정시키는 정확한 의식이 있어서 치밀하게 기억할 수 있게 해야만 하는 것이다.

그러므로 사도승계(使徒承繼)의 표상으로서 일종의 안수(按手)가 있으며, 이를 통하여 한 세대가 축복을 내리면서 다음 세대에게 재료를 넘겨주고 불을 축복하며 도검장(刀劍匠)을 축복한다. 이 장검을 만드는 인물은 일본 정부가 전통 기예(技藝)의 대표적인 거장들에게 정식으로 수여하는 '인간국보'라는 칭호를 가지고 있으며, 그의 명칭은 게츠(Getsu)이다. 그리고 형식상 그는 13세기에 몽고인들을 물리치기 위하여 그 공정을 완성시킨 도검장 마사무네(Masamune)의 기예를 이어받은 직계 후손으로 여겨진다. 또는 그렇게 전해 내려오고 있다. 당시 몽고군은 칭기즈칸의 손자로서 이름을 떨친 쿠빌라이의 지휘하에 여러 차례 중국 대륙에서부터 일본 침략을 시도했다.

철은 구리보다 후기에 발견되는데 그럴 수밖에 없는 것이, 철은 제련하고 제조하는 모든 단계에서 구리보다 높은 열을 필요로 하기 때문이다. 당연히 합금인 강

54 옛 야금술과 마찬가지로 도검 제조에는 제의가 많다.
일본의 나라에 있는 사원 작업장에서 도검 장인 게츠가 칼날을 연마하고 있다.

철을 가공하는 데도 구리 합금을 가공하는 것보다 훨씬 더 높은 열이 필요하다(철의 녹는점은 섭씨 1,500도 정도인데, 이는 구리보다 거의 500도나 높은 것이다). 열처리와 첨가된 원소에 대한 반응성이라는 두 측면에서 강철은 청동에 비길 수 없을 만큼 민감한 재료이다. 철은 대체로 1% 이하인 소량의 탄소와 합성되고 그 성분의 변화가 강철의 기본 성질을 좌우한다.

도검의 제조 공정은 강철 제품을 기능에 꼭 맞도록 만드는, 탄소와 열처리의 세밀한 조절 방법을 반영한다. 하나의 장검을 만들려면 서로 다르고 맞지 않는 두 가지 성질의 재료를 조합해야 하기 때문에 강철 강편(billet)도 간단치 않다. 그것은 유연하면서도 단단해야 한다. 만약 켜를 이루는 재료가 아니라면 두 가지를 합쳐 하나의 금속으로 만들어내기 어렵다. 그 목적을 달성하고자 강철 강편을 잘라 접고 또 접어 켜를 이루게 만든다. 게츠가 만드는 장검은 쇠막대기를 15회나 접게 된다. 이렇게 하면 강철 켜의 수는 2^{15}이 되고 따라서 그 켜는 3만 개가 넘는다. 이 켜 하나하나는 성질이 다른 다음 켜와 묶여야 한다. 이 작업은 고무의 유연성을 유리의 단단함과 결합시키려는 것과 같다. 그러므로 본질적으로 장검은 이 두 가지 성질이 무한히 겹쳐진 샌드위치다.

55 완성된 칼에서 두 가지 성질이 마침내 하나로 어우러진다.
19세기에 일본 천황 메이지(明治)를 위해 노부히데(Nobuhide)가 만들어 바친 칼에 명문(銘文)이 보인다.

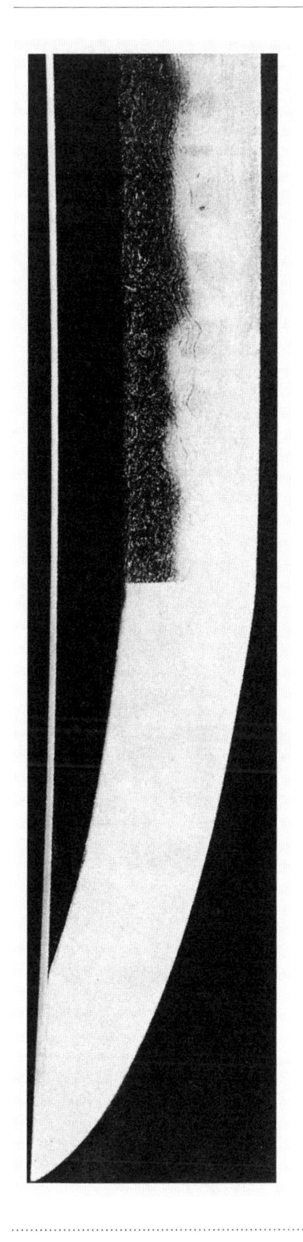

최종 단계에 들어가면, 가열한 뒤 다시 물속에 넣을 때 냉각 비율이 달라지도록 칼에는 여러 두께로 진흙이 씌워진다. 이 마지막 순간에 강철의 온도를 정확하게 판단해야 하고, 계기(計器)에 의해서 작업을 하지 않는 문명에서는 "칼이 아침 해의 빛깔로 이글거릴 때까지 지켜보는 것을 관습으로 한다". 그 도검장에게 공평하려면 그러한 색깔 신호가 유럽의 전통적인 방법이기도 했다는 사실도 지적해야겠다. 18세기까지도 강철을 담금질하는 적절한 단계는 의도하는 용법의 차이에 따라, 황색, 자주 또는 파랑 등으로 서로 달랐다.

화학에서처럼 극적인 것은 아니지만 그 절정은 냉각시키는 일이다. 이 과정에서 칼은 단단해지고 칼 안의 서로 다른 성질은 고정되게 된다. 냉각 비율에 따라 결정의 형태와 크기가 달라진다. 장검의 유연한 핵심부에는 크고도 매끈한 결정들이 있고, 칼날에는 작고 톱날 같은 결정들이 있다. 고무와 유리의 성질이 드디어 완성된 칼 안에서 융합된다. 이러한 것은 칼의 겉모양(명주실 같은 광택이 나는)에 드러나며, 일본인들은 그 광택을 높이 평가한다. 그러나 그 칼에 대한 평가, 기술적인 관행(慣行)의 평가, 과학 이론의 평가는 '제구실을 하는가'에 있다. 과연 그 칼이 제의(祭儀)가 규정한 대로 격식을 갖추어 사람의 몸을 자를 수 있는가? 전통적인 신체 절단법이 요리책의 쇠고기 자르기 도표와 마찬가지로 상세하게 그려져 있다. 요즘은 짚으로 만든 허수아비로 인체를 대신하고 있지만 과거에는 죄수를 처형할 때 새 칼을 문자 그대로 '시험'해보았다.

일본도는 사무라이의 무기다. 그들은 이 칼을 사용하여 12세기 이래로 일본을 갈라놓은 끝없는 내전을 치르며 살아왔다. 그들 주위에 있는 모든 것이 훌륭한 철제품이다. 강철 조각으로 만든 유연한 갑옷, 말의 장신구와 등자가 그 실례이다. 그렇지만 사무라이들은 제 손으로 이런 물건을 만드는 방법을 몰랐다. 다른 문화권의 기마족(騎馬族)들처럼 그들도 폭력에 의존해 살았고, 심지어 무기마저 그들이 때로는 보호하고 때로는 강탈을 일삼았던 마을 사람들의 기술에 의존했다. 이 같은 생활이 장기화하면서 사무라이들은 황금을 받고 자신들의 용역(用役)을 파는 일단의 용병(傭兵)이 되고 말았다.

원소들이 어떻게 결합되어 물질세계가 만들어졌는가를 우리는 두 가지 면에서 이해하고 있다. 내가 지금까지 추적해온 것은 유용한 금속을 만들고 합금하는 기술의 발달이다. 다른 하나는 연금술인데 이것은 성격이 다르다. 후자는 규모가 작고 일상생활에 직접적으로 사용되지 않으며 상당 부분 사변적인 이론을 내포하고 있다. 연금술이 거의 실용성이 없는 또 하나의 금속인 황금에 큰 관심을 쏟은 데에는 애매하긴 하나 결코 우연이라고 할 수 없는 이유들이 있다. 황금은 오늘날까지 강력한 매력으로 인간사회를 사로잡아왔다. 따라서 황금에 상징적 힘을 부여했던 성질을 따로 설명하지 않고 지나쳐버린다면 나는 편파적이라고 비난받을 것이다.

금은 어느 나라, 어느 문화권, 어느 시대를 막론하고 보편적인 상품(賞品)이다.

56 모든 나라, 모든 문화권, 모든 시대에 황금은 보편적인 귀중품이었다.
1 미케아의 수혈식 무덤에서 나온 아카이아 왕의 가면, 그리스, 기원전 16세기.
2 머리 둘인 뱀의 형상이 찍혀 있는 모치카 퓨마, 페루.
3 크로이소스 왕의 금화, 페르시아, 7세기.
4 코코아 열매 무늬가 있는 추장의 흉패 치장못, 아프리카 가나의 작품, 19세기.
5 영국 에든버러에서 만들어낸 복합적인 콩코드 휴대용 계산기의 중앙 입력 수신 장치, 20세기.

1

2

3

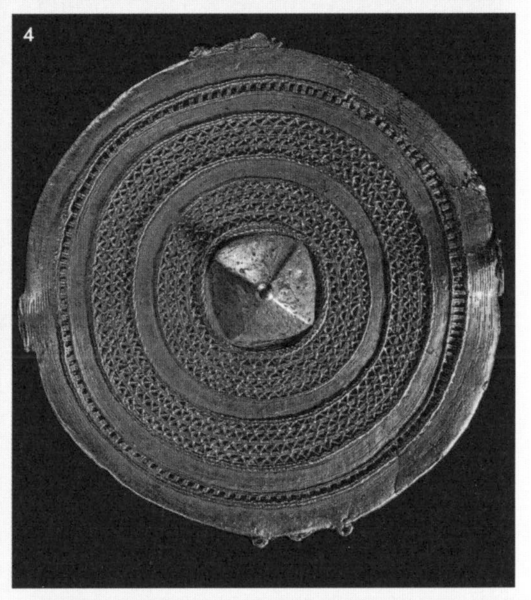
4

5

대표적인 금 공예품의 수집 목록을 보면 문명의 연대기와도 같다. 16세기 영국의 법랑을 입힌 황금 묵주, 기원전 400년 그리스의 황금 뱀 브로치, 17세기 아비시니아 왕 아부나의 3중 황금관, 고대 로마의 백금 팔찌, 기원전 6세기 아케메네스조 페르시아의 황금 제기(祭器), 기원전 8세기 페르시아 말리크의 황금 술잔들, 금제 황소 머리, 9세기 잉카 전기에 속하는 페루의 치무(Chimu)의 의식용 황금 장도(粧刀)…….

16세기의 인물 벤베누토 첼리니(Benvenuto Cellini)는 프랑스 왕 프랑수아 1세를 위해 황금 소금 그릇을 조각했다. 첼리니는 자신을 후원하던 왕이 그 작품을 보고 한 말을 다음과 같이 회고하고 있다.

> 내가 왕 앞에 이 작품을 내놓자, 그는 놀라 숨을 멈추고 거기서 눈을 뗄 줄 몰랐다. 그는 경탄의 소리를 질렀다. "이건 내가 생각했던 것보다 백배나 더 절묘하오! 이 얼마나 놀라운 솜씨요!"

스페인 사람들은 잉카의 귀족들이 미다스(Midas:손에 닿는 것은 모두 황금으로 변

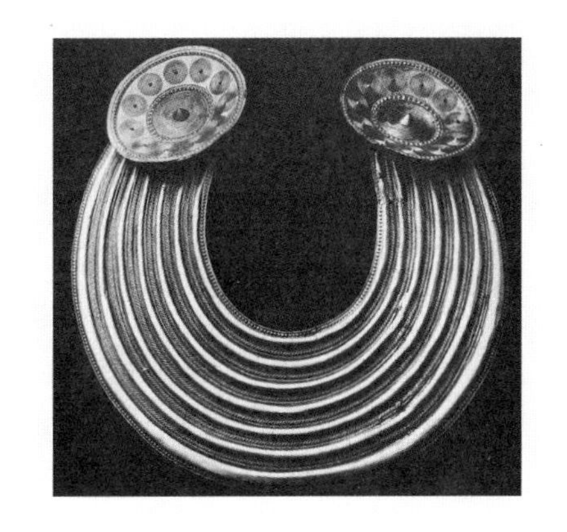

하게 했다는 프리지아의 왕—옮긴이)의 솜씨로 우표를 모으듯 수집해놓은 황금을 페루에서 약탈해 갔다. 탐욕의 황금, 위광(威光)의 황금, 장식용 황금, 존경을 표시하는 황금, 권력의 황금, 제사용 황금, 생명을 주는 황금, 애정의 황금, 야만의 황금, 관능적인 황금을…….

중국인들도 뿌리칠 수 없는 황금의 매력을 지적했다. 고홍[葛洪:?283~?343. 중국 동진(東晋) 초기의 도가 및 유가학자이며 연금술과 의학자로도 이름을 떨쳤다. 호는 파오푸츠(抱朴子), 장수 사람이며 신선술을 좋아하고 평생을 수련에 바쳤으며, 『파오푸츠』, 『신선전』 등의 명저가 있다—옮긴이]은 이렇게 말했다. "황금은 백 번을 녹여도 상하지 아니하노라." 이 말에서 우리는 황금의 특이한 물리적 성질을 알게 된다. 즉 금은 시금(試金)되며 이론적으로 성질을 규명할 수 있다는 것이다.

금 공예품을 만든 사람은 단순한 기능공이 아니라 예술가임을 쉽게 알아볼 수 있다. 그러나 금을 시금하던 사람 역시 기능공 이상의 존재였다는 사실은 그에 못지않게 중요한데, 그 점을 인정하기란 쉬운 일이 아니다. 그에게 있어 금은 과학의 한 원소였다. 어떤 기술을 익히는 것은 쓸모가 있지만 모든 기술이 그렇듯이 그 기술이 생명을 부여받게 되는 것은 자연의 일반적인 도식, 즉 이론으로 자리잡을 때이다.

황금을 시험하고 정련(精鍊)한 사람들은 자연의 이론을 가시화했다. 그 이론에서는 황금이 독특한 존재이지만 다른 원소들로부터 만들어낼 수도 있다고 보았다.

57 ◀벤베누토 첼리니가 프랑스 왕 프랑수아 1세에게 바친 황금과 법랑으로 조각된 소금 그릇으로, 넵튠과 비너스가 새겨져 있다, 르네상스 시대, 1543년.
▲금으로 된 갑옷의 목 장식, 아일랜드, 9세기.

고대인이 순금의 시험 방법을 고안하느라 그처럼 많은 시간을 들여 발명에 정열을 쏟은 이유가 바로 거기 있다. 프랜시스 베이컨(Francis Bacon)은 17세기가 시작될 때 그 문제를 정면으로 다루었다.

> 금은 다음과 같은 성질, 즉 비중이 크고, 부분 간의 밀착성, 응고성, 유연성, 녹슬지 않는 성질, 노란색 등을 갖는다. 사람이 이러한 성질들을 모두 갖춘 금속을 만들어낸다면, 그것이 금인지 아닌지에 대해서 논쟁을 벌이도록 하라.

몇 가지 고전적인 시금법 가운데서 유독 한 가지가 황금을 진단하는 데 도움이 되는 성질을 눈으로 확연히 볼 수 있게 해준다. 이것이 회취법(灰吹法, cupellation)이라는 정확한 시험 방식이다. 골회 그릇 혹은 회분 접시(cupel)를 용광로에 넣고 가열하여 순금의 녹는점 이상으로 열을 올린다. 그리고 불순물 또는 쇠똥이 들어 있는 금을 그릇에 담아 녹인다(금의 녹는점은 다소 낮아 구리와 같은 수준인 1,000도를 약간 넘는다). 금 덩어리가 녹으면서 순금은 남고 쇠똥이나 찌꺼기는 그릇 벽에 흡수된다. 그리하여, 말하자면 이 세상의 찌꺼기와 숨겨져 있던 황금의 순수함이 불길 속에서 서로 갈라지는 광경을 확연히 볼 수 있다. 금을 합성하려는 연금술사들의 꿈은 마지막에 시금을 통과하는 금 알갱이를 만들어내는 시험을 거쳐야 한다.

이른바 부식(현대 과학 용어를 빌린다면 화학 침식)을 막아내는 황금의 능력은 매우 뛰어나며, 그로 인해 금은 가치 있고 진단에 도움을 준다. 부식하지 않는다는 그 능력에는 강력한 상징성이 있어, 가장 오래된 처방에도 그 점이 분명히 나타나 있다. 연금술에 관해서 우리들이 보유하고 있는 최초의 문서는 2,000여 년 전의 것으로, 중국에서 온 것이다. 그 기록에는 금을 만드는 방법과 금을 장수를 위해 사용하는 방법이 담겨 있다. 현대인의 눈으로 보면 그것은 매우 이상한 결합이다. 우리에게는 금이 희소하기 때문에 귀중하지만 세계의 연금술사들에게는 금이 부식하지 않는 것이기 때문에 귀중했다. 당시에 알려졌던 어떤 산(酸)이나 알칼리도 금을 침식시키지 못했다. 그래서 황제의 금 세공장이가 금을 시금한 방식, 혹은 그들의 말대로 금을 분리한 방식은 회취법보다 힘이 덜 드는 산(酸) 처리법이었다.

삶이란 외롭고 가난하며 구역질나고 잔인하면서도 짧다고 생각되었던(대다수의 인간에게는 그랬던) 때에, 연금술사들은 황금이야말로 인간의 육체 속에서 영원한 활기를 표현한다고 믿었다. 그들이 황금을 만들기 위해 탐구한 것이나 불로장생의 묘약을 찾으려 했던 시도는 똑같은 하나의 노력이었다. 황금은 불멸의 상징이다—하지만 여기서 상징이라는 말은 적합지 않다. 연금술사들의 생각으로는 금은 물리계에서만이 아니라 생명의 세계에서도 불멸의 표현이고 그 화신이었다.

그러므로 연금술사들이 열등한 금속을 황금으로 전환시키려고 노력하면서 불속에서 추구했던 것은, 부식하는 것으로부터 불멸의 것으로의 변화였다. 그들은 일상으로부터 영원성을 추출하려고 노력했다. 그것은 영원한 젊음을 찾고자 하는 노력과 다름없었다. 늙지 않기 위한 모든 약에는 금이 기본 성분으로 들어 있었고, 연금술사들은 고객들에게 장수를 누리려면 황금 잔을 사용하라고 권했다.

연금술은 일련의 기계적인 속임수나 교감적 마술(sympathetic magic)에 대한 막연한 믿음 이상의 인간 행위다. 출발점에서부터 그것은 세계와 인간 생활을 관계 짓는 이론이다. 물질과 과정, 원소와 작용 간의 구분이 명백하지 않았던 시대에 연금술적인 원소들은 인성(人性)의 측면들이기도 했다—그리스의 원소들이 인간의 기질을 결합하는 4개의 체액(體液)이었던 것과 마찬가지였다. 따라서 그들의 활동에는 심오한 이론이 깔려 있다. 물론 그 이론은 흙, 불, 공기, 물이라는 그리스 사상에서 처음 유래했으나 중세에 이르러 새롭고도 매우 중요한 형태를 갖추게 되었다.

당시 연금술사들의 관점에서 본다면 인체라는 소우주와 자연이라는 대우주 사이에는 일종의 교감이 있었다. 대규모의 화산은 일종의 부스럼과 같고 폭풍우는 왈칵 울어대는 동작과 같았다. 이처럼 피상적인 비유 밑에는 우주와 인체는 동일한 물질, 원소 또는 요소로 만들어졌다는 보다 심오한 관념이 깔려 있었다. 연금술사들에게는 이러한 원소가 두 가지 있었다. 그중 하나는 수은인데, 수은은 밀도가 높고 영구적인 모든 것을 대표한다. 또 다른 하나는 황으로, 가연성이 있고 비영속적인 모든 것을 표상한다. 인체를 비롯한 모든 물체들은 이들 두 원리로 만들어졌고, 그 둘을 합쳐서 다시 만들 수 있었다. 이를테면 연금술사들은 알 속의 배(胚) 안에서 뼈가 자라듯 모든 금속들은 지구 안의 수은과 황이 합성되어 자라난다고 믿었다. 그들은 그와 같은 유추를 진지한 것으로 여겼다. 그것은 현대 의학의 상징적 용례에 그대로 남아 있다. 우리는 지금도 여성의 기호로 연금술사들의 구리 표시, 즉 부드럽다는 뜻으로 비너스(Venus)를 사용하고 있다. 그리고 남성에 대해서는 연금술사들의 철 기호, 즉 단단하다는 뜻으로 마르스(Mars)를 사용한다.

오늘날 연금술은 몹시 유치한 이론으로 보이며 우화와

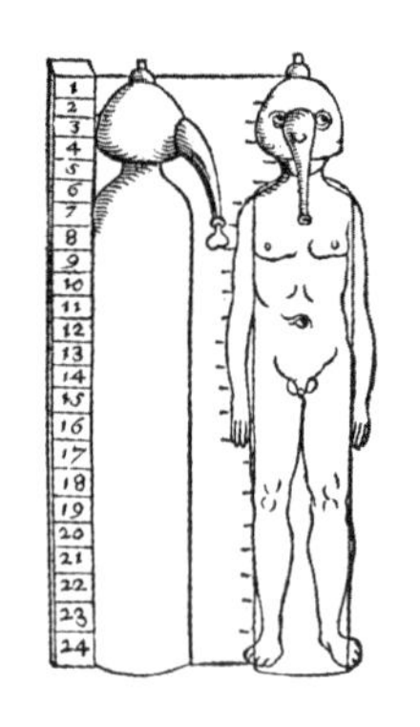

58 우주와 인체는 동일한 물질, 원소 또는 요소로 이루어져 있다.

▲▲파라셀수스의 인체 형상의 용광로. (질병을 진단하는 데 필요한) 오줌 연구를 위한 눈금자와 함께 있다, 바젤, 1577년.

▲파라셀수스의 3가지 원소(흙, 공기, 불)의 형상.

그릇된 비유의 잡탕으로 보인다. 한데 현대의 화학도 지금으로부터 500년 뒤에는 어린애 장난 같아 보일 것이다. 모든 이론은 어떤 형태의 유추에 바탕을 두고 있으므로 유추가 거짓임이 드러나면 그 이론은 무너진다. 그 시대의 이론은 그 시대의 문제 해결에 도움을 준다. 모든 치료법은 식물이 아니면 동물에서 나와야 한다고 믿는 선조들의 신념이 지배하던 1500년경까지는 의학 문제들이 해결을 보지 못하고 좌초해 있었다. 그들의 신념은 일종의 물활론(物活論)으로서, 그들은 신체의 화학물질도 다른 화학물질과 같다는 사상을 받아들이지 않았고 따라서 의약품은 대체로 약초에 의존했다.

그런데 연금술사들은 거리낌 없이 의학에 광물질을 도입했다. 예를 들어 소금은 이 방향 전환의 선회축으로, 연금술의 새로운 이론가는 소금을 연금술의 제3원소로 받아들였다. 또한 1500년경에 유럽 전역에 창궐했으나 그 이전에는 알려지지 않았던 새로운 천역(天疫) 매독(梅毒)에 대해서 대단히 독창적인 치료법을 개발했다. 매독이 어디서 왔는지 오늘날까지도 알지 못한다. 콜럼버스가 이끌고 갔던 선박의 선원들이 옮아 왔을 가능성도 있다. 몽고의 대군과 함께 동방에서부터 퍼져 왔을 수도 있고, 혹은 단순히 그 이전까지 독립된 질병으로 인식하지 못했던 것일 수도 있다. 그 치료법은 연금술의 가장 강력한 금속인 수은을 바탕으로 한다는 사실이 밝혀졌다. 이 치료법을 실행에 옮긴 주인공은 낡은 연금술에서 새 연금술로의 변화 과정, 다시 말하면 치료화학, 생화학, 생명화학이라는 현대 화학을 향해 가는 길목의 획기적인 이정표를 이루었다. 그는 16세기 유럽에서 활약했다. 장소는 스위스 바젤이며, 시기는 1527년이었다.

인간이 비밀스러운 익명의 음지(陰地) 지식에서 나와 개방적이고 개인적인 새로운 발견의 체계로 들어가는 순간, 인간 등정의 계기가 마련된다. 그것을 상징하려고 내가 선택한 인물은 세례명이 아우레올루스 필립푸스 테오프라스투스 봄바스투스 폰 호엔하임(Aureolus Philippus Theophrastus Bombastus von Hohenheim)이다. 그가 스스로 파라셀수스(Paracelsus)라는 훨씬 간결한 이름을 사용한 것은 다행한 일이다. 그가 이름을 바꾼 것은 죽은 지 1,000년이 지난 켈수스(Celsus)와 여러 저자들

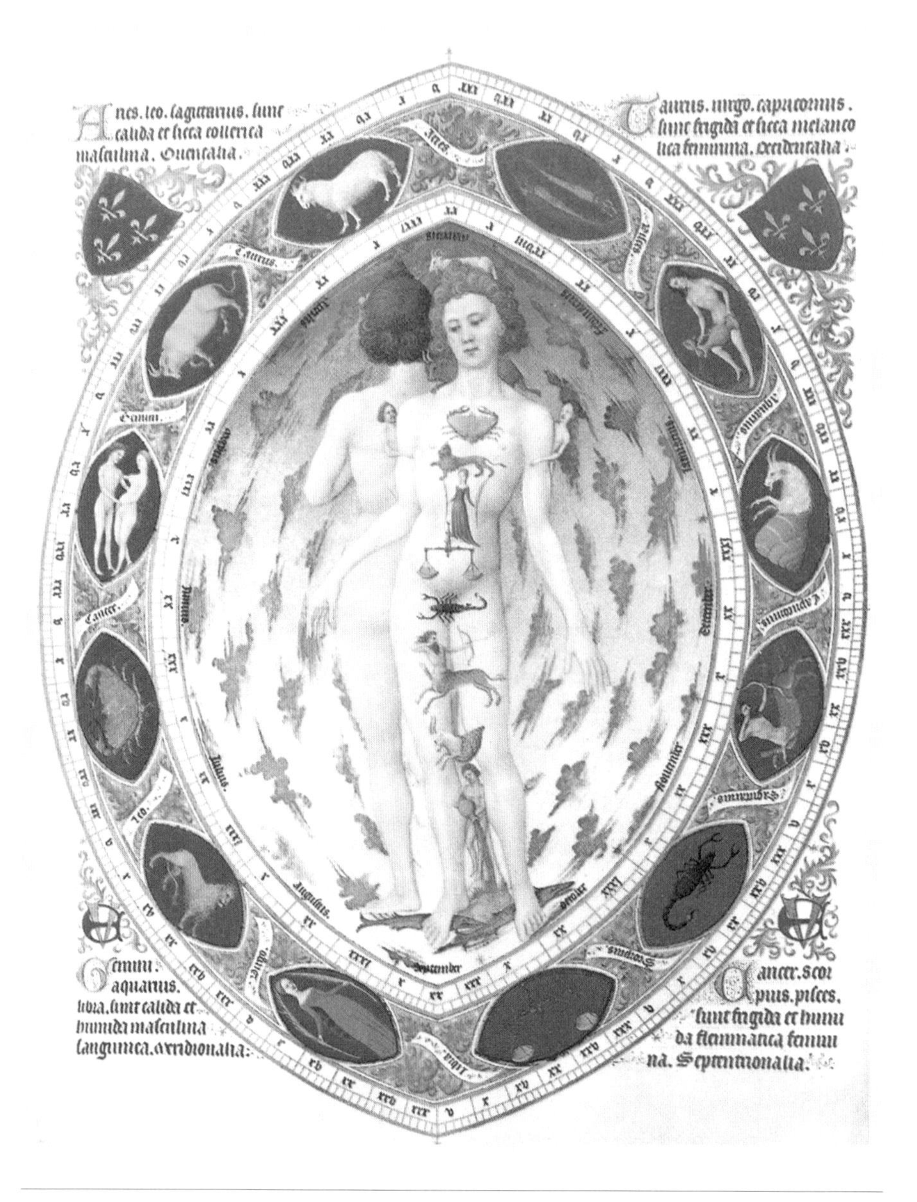

의 의학 교과서가 중세 사회에 여전히 활개를 치고 있는 것에 대해 경멸을 공표하기 위해서였다. 1500년까지만 하더라도 고전적 저자들의 저술들은 예술만이 아니라 의학과 과학에 대해서도 황금시대에 영감을 받은 지혜를 담고 있으리라 생각되었던 것이다.

파라셀수스는 1493년 취리히 부근에서 태어났고, 1541년 마흔여덟이라는 이른 나이에 잘츠부르크에서 세상을 떠났다. 그는 쉬지 않고 도전하는 학구파였다. 예컨대 그는 산업병을 인정한 최초의 인물이었다. 파라셀수스가 당대의 가장 오랜 전통이었던 의학계와 일생 동안 굽힐 줄 모르고 전개한 투쟁에 관해서는 괴이하면서도 정다운 일화들이 있다. 그의 머리는 끊임없는 이론의 샘이었다. 그중 상당 부분은 모순되고 대부분은 터무니없었다. 그는 야비하고 익살맞았으며, 괴팍하고 야성적인 성격이었고, 학생들과 술을 마시고 여자들의 꽁무니를 쫓아다녔으며, 구세계 전역을 두루 여행했고, 얼마 전까지만 하더라도 과학사에 돌팔이로 기록되었다. 하지만 그는 돌팔이가 아니었다. 그는 분열증적인 조짐이 있었으나 심오한 천재였다.

요컨대 파라셀수스는 독특한 개성을 가진 인물이었다. 그를 통해서 아마도 우리는 처음으로 과학적 발견이 개성에서 흘러나오며, 한 인간이 발견을 이루어가는 과정을 지켜볼 때 그 발견이 생생해진다는 명료한 느낌을 받게 될 것이다. 파라셀수스는 환자의 치료는 진단(그는 탁월한 진단가였다)과 의사 자신이 그 진단을 응용하는 데 달려 있다는 것을 이해한 실용적인 사람이었다. 당시에 의사는 아주 오래된 책을 읽어주는 유식한 학자이며 의사가 시키는 대로 조수가 불쌍한 환자를 치료하는 것이 전통이었는데 그는 이 전통을 버렸다. "내과의가 될 수 없는 외과의는 있을 수 없다. 외과의가 될 수 없는 내과의는 그려놓은 원숭이에 지나지 않는다"고 파라셀수스는 자신의 저서에서 밝히고 있다.

◀연금술적인 자연론에서 보여지는 해부학적 형태와 천문학적 형태의 일치.

FAMOSO·DOCTOR PARESELS

이 같은 경구로 말미암아 파라셀수스는 반대 세력에게는 호감을 사지 못했으나 종교개혁 시대의 독립적인 지식인들의 인기를 모았다. 그런 이유로 그는 바젤로 초청되어, 불운했던 그의 세속적인 일생에서 오직 한 해 동안 당당한 승리를 구가했다. 1527년 바젤의 위대한 프로테스탄트이며 인문주의자였던 인쇄업자 요한 프로베니우스(Johann Frobenius)가 다리에 생긴 염증으로 중태에 빠져 다리를 절단해야 할 참이었다. 그는 절망한 나머지 새로운 운동에 참여하고 있는 친구들에게 호소했고 친구들은 그에게 파라셀수스를 보냈다. 파라셀수스는 환자의 방에서 학자들 무리를 쫓아낸 후 환자의 다리를 고쳤으며, 그 치료법은 유럽 전역에 메아리쳤다. 에라스무스는 그에게 다음과 같은 글을 보냈다. "귀하는 내 생애의 반쪽인 프로베니우스를 저승으로부터 다시 데려왔습니다."

의약 및 화학 요법의 새롭고도 우상파괴주의적인 사상들이 1517년에 시작된 루터의 종교개혁과 때와 장소를 같이하여 일어난 것은 결코 우연이 아니었다. 그 역사적 시간의 초점은 바젤이었다. 종교개혁 이전에도 그곳에는 이미 인본주의가 융성했다. 그곳에는 민주적 전통을 가진 대학교가 있었으므로, 의학계 인사들이 의혹의 눈길을 보내기도 했지만 시의회는 파라셀수스에게 교수직을 허용했다. 프로베니우스 일가는 계속 책을 출판하고 있었으며, 그중에는 에라스무스의 저서도 몇 권 들어 있었다. 그의 저서는 모든 곳에서, 모든 분야에서 새로운 전망을 확산시켰다.

거대한 변화가 유럽에서 소용돌이치고 있었으며, 그것은 마틴 루터가 시작한 종교와 정치의 격변보다 더 위대했다. 1543년, 운명을 결정하는 상징적인 해가 눈앞에 다가왔다. 그해에 유럽의 정신을 변화시킨 세 권의 책이 발간되었다. 안드레아스 베살리우스(Andreas Vesalius)의 해부도, 아르키메데스의 그리스 수학 및 물리학의 첫 번역본, 그리고 태양을 하늘의 중심에 둠으로써 오늘날 우리들이 말

59 파라셀수스는 야비하고 익살맞았으며, 괴팍하고 야성적이었다.
캉탱 메치(Quentin Metsys)가 그렸다고 전해지는 파라셀수스의 초상.

하는 과학혁명을 창시한 니콜라우스 코페르니쿠스의 『천구의 회전에 관하여De Revolutionibus Orbium Coelestium』가 그것이다.

과거와 미래 사이의 모든 투쟁이 1527년 바젤의 대성당 바깥에서 일어난 단 한 가지 행동에 의해 예언적으로 요약되었다. 파라셀수스가 아리스토텔레스의 추종자였던 아랍인 아비센나(Avicenna:980~1037, 아라비아의 철학자 및 의학자이며, 『의학전범』 등 의학 교과서를 지었다—옮긴이)의 유서 깊은 의학 교과서를 사람들이 보는 앞에서 모닥불에 던져 넣어버렸던 것이다.

내가 지금 되살리려고 하는 그 한여름 밤의 모닥불에는 상징적인 무엇이 있다. 불은 인간이 물질의 구조를 깊숙이 자르고 들어갈 수 있게 하는 연금술사들의 요소다. 그렇다면 불은 물질의 한 형태인가. 그렇다고 믿는다면, 불에 전혀 불가능한 온갖 성질들—가령 불은 어떤 물질보다도 가볍지 않다—을 부여하지 않으면 안 된다. 파라셀수스가 떠난 지 200년 뒤, 1730년에 이르러서야 화학자들은 물질적인 불의 마지막 구현체로서 '플로지스톤(산소를 발견하기 전까지 가연물 속에 존재한다고 믿었던

것—옮긴이)' 이론을 내세워 불의 물질 이론을 뒷받침하려 했다. 그러나 물활(物活)의 원리가 없는 바와 마찬가지로 플로지스톤이라는 물질은 없다. 생명이 물질이 아니듯이 불도 물질이 아니다. 불은 변형과 변화의 과정이며, 그를 통하여 물질 원소들이 새로운 결합을 이루게 된다. 불이 하나의 과정 또는 작용임이 이해되었을 때에야 비로소 화학작용의 본질도 이해되었다.

파라셀수스가 자신의 행동을 통하여 말하고자 한 것은 "과학은 과거를 되돌아보아서는 안 된다. 과학에는 결코 황금시대가 없었다"는 것이다. 파라셀수스 이후 다시 250년이 걸려서야 새로운 원소인 산소를 발견하게 되었다. 이 산소가 마침내 불의 본질을 설명하고 화학을 중세에서 끌어내어 앞으로 밀고 나갔다. 그 발견을 이룩한 인물 조지프 프리스틀리(Joseph Priestley)는 특이하게도 불의 본질을 연구하지 않고 그리스의 또 다른 원소의 하나이며, 보이지는 않으나 어디에나 있는 공기를 연구의 대상으로 삼았다.

조지프 프리스틀리 실험실의 유품은 대부분 미국 워싱턴 시에 있는 스미소니언 연구소에 있다. 그런데 그 유물들이 거기 있어야 할 이유는 전혀 없다. 이 기구는 산업혁명의 중심지이며 프리스틀리가 가장 왕성하게 활동했던 영국의 버밍엄에 있어야 마땅하다. 한데 왜 워싱턴에 있는가? 1791년 일단의 폭도들이 프리스틀리를 버밍엄에서 쫓아냈기 때문이다.

프리스틀리의 이야기는 창의성과 전통 간의 갈등을 말해주는 실례다. 1761년 스물여덟 살에 그는 어느 대학에 초빙되어 현대어를 가르치게 되었다. 그 학교는 영국 국교회의 신자가 아닌 비국교 신자〔그는 '유니테리언(Unitarian)' 교도였다〕들의 학교였다. 그 뒤 한 해가 지나기도 전에 프리스틀리는 어느 동료 교수의 과학 강좌에 고무되어 전기(電氣)에 관한 책을 쓰기 시작했다. 거기서 그는 다시 화학 실험

60 의사는 아주 오래된 책을 읽어주는 유식한 학자이며 의사가 시키는 대로 조수가 불쌍한 환자를 치료했다.
환자의 다리가 절단되는 동안 회의를 하고 있는 세 의사. 목판화, 프랑크푸르트, 1465년.

으로 전향했다. 한편 그는 미국혁명(그는 벤저민 프랭클린에 고무되어 있었다)과 그 뒤에 일어난 프랑스혁명에 열광했다. 그러자 바스티유 습격 2주년 기념일에 왕의 편에 선 시민들이 프리스틀리가 세계에서 가장 설비가 잘되어 있다고 묘사했던 실험실을 불태워버렸다. 그는 미국으로 갔으나 환영을 받지 못했다. 오직 그와 동등한 지성인들만이 그를 이해했다. 토머스 제퍼슨은 대통령이 되고 나서 조지프 프리스틀리에게 이렇게 말했다. "당신은 인류에게 소중한 극소수의 인물 중 한 분입니다."

버밍엄에 있던 프리스틀리의 집을 파괴한 폭도들이 아름답고 사랑스러우며, 매력적인 한 남자의 꿈을 산산조각 냈다고 내가 말할 수 있다면 차라리 좋겠다. 유감스럽게도 그건 사실이 아니다. 프리스틀리는 파라셀수스와 마찬가지로 그다지 매력적인 사람이 아니었다고 생각된다. 그는 다소 까다롭고, 냉정하고, 심술궂고, 정확하고, 깐깐하고, 청교도적이었던 것 같다. 그러나 인간의 등정은 매력적인 사람들에 의해 이루어지지 않는다. 그것은 무한한 성실성과 약간의 천재성이라는 두 가지 성격을 지닌 사람들에 의해서 가능해진다. 프리스틀리는 그 두 가지를 갖추고 있었다.

그는 공기가 기본 물질이 아니라는 사실, 즉 공기는 몇 가지 기체로 구성되어 있으며, 그 가운데 산소—그는 '탈(脫)플로지스톤 공기'라고 불렀다—는 동물의 생명에 기본적인 필요 요소 중의 하나라는 것을 발견했다. 프리스틀리는 훌륭한 실험가였으며, 몇 단계를 거쳐 조심스럽게 전진했다. 1774년 8월 1일 그는 약간의 산소를 만들어냈는데, 놀랍게도 그 안에서 촛불이 너무나 눈부시게 타오르는 것을 보았다. 그해 10월에 그는 파리로 갔고, 거기서 라부아지에(A. L. Lavoisier)와 다른 학자들에게 자신이 발견한 새 소식을 전했다. 그러나 영국으로 돌아와 1775년 3월 8일 생쥐 한 마리를 산소 속에 넣어보고 나서야 동물이 산소 안에서 얼마나 편하게 숨

61 프리스틀리는 까다롭고, 냉정하고, 심술궂고, 정확하고, 깐깐하고, 청교도적인 인물이었다.
당시 그는 폭도들의 습격으로 버밍엄에 있는 집과 실험실을 잃고 미국에서 살고 있었다.
1794년 엘런 샤플즈 여사가 그린 조지프 프리스틀리.

을 쉴 수 있는가를 깨닫게 되었다. 하루 이틀 뒤에 그는 프랭클린에게 기쁨에 찬 편지를 보냈다. "지금까지는 오직 두 마리의 생쥐와 저만이 그것을 호흡하는 특권을 누렸습니다."

또한 프리스틀리는 녹색식물이 햇빛 속에서 산소를 뿜어내어 동물들이 숨 쉴 수 있는 환경을 만들어준다는 것을 발견했다. 그 뒤 200년 동안에 이 현상의 중대성이 입증되기에 이른다. 식물이 먼저 산소를 만들어내지 않았다면 동물은 전혀 진화하지 못했을 것이다. 그런데 1770년대에는 누구도 그 점에 대해서 생각해보지 않았다.

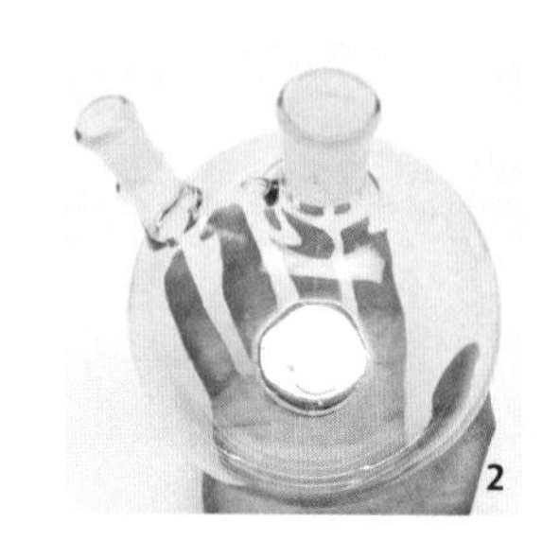

산소의 발견에 의미를 부여한 것은 라부아지에(그는 프랑스혁명 중에 죽었다)의 명석하고 혁명적인 정신이었다. 라부아지에는 프리스틀리의 실험을 반복했다. 그 실험이란 이 장의 서두(129페이지)에서 묘사한 연금술의 고전적 실험을 희화적으로 모방한 것이나 다름없었다. 두 사람은 볼록렌즈(바로 그즈음 볼록렌즈가 크게 유행했다)를 이용하여 용기에 들어 있는 빨간색 산화수은을 가열하여 용기 안에서 생성되는 기체를 관찰하고 수집할 수 있었다. 그 기체는 산소였다. 그것은 정성(定性) 실험이었다. 하지만 라부아지에는 즉각 그 실험

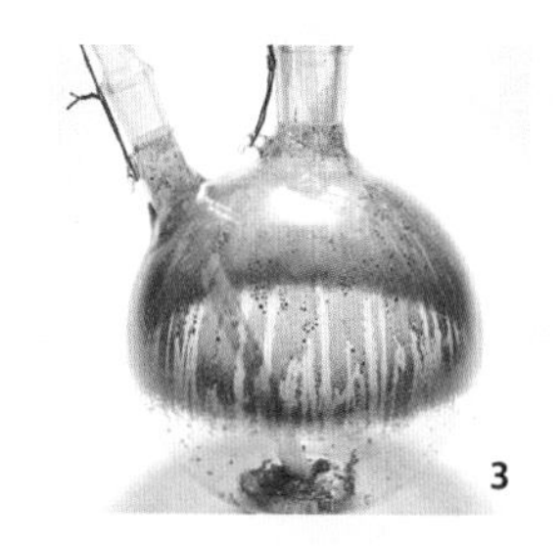

62 **라부아지에가 프리스틀리의 실험을 반복했다. 그 실험이란 연금술의 고전적 실험을 희화적으로 모방한 것이나 다름없었다.**
1 연금술사의 도가니에는 진사에서 승화시켜 만든 순수한 수은 방울들이 들어 있었다.
라부아지에의 실험을 현대적인 장비로 재현했다. 실험의 전 단계로서 산소가 있는 곳에서 수은을 가열한다.
2 플라스크에 담긴 수은.
3 가열된 수은이 산소와 결합한다.
4 흡수된 산소량을 용액의 감소로 측정할 수 있다.
5 완전한 장비:산화수은을 가열하여 환원 실험을 할 수도 있다.

에서 화학적 분해물을 계량화할 수 있다는 아이디어를 얻어냈다.

그 발상은 단순하면서도 근본적인 것이었다. 연금술적인 실험을 두 방향으로 진행하여 교환된 양을 정확하게 측정한 것이다. 우선 수은을 태운다(그러면 수은은 산소를 흡수한다). 그다음, 연소의 시작과 마지막 사이에 폐쇄된 용기에서 줄어든 산소의 양을 측정한다. 그다음에는 이 과정을 거꾸로 진행시킨다. 이미 만들어진 산화수은을 센 불로 가열하여 산소를 빼낸다. 수은이 남고, 산소는 용기 속으로 흘러들어간다. 여기서 핵심적인 의문은 '산소의 양이 얼마냐'에 있다. 그 양은 앞서 흡수된 양과 똑같았다. 홀연히 그 과정은 일정량의 두 가지 원소를 결합하거나 분해함으로써 한 물질의 본체를 드러내게 한 것이다. 본질, 요소, 플로지스톤 같은 것은 사라졌다. 두 가지 구체적인 원소들, 수은과 산소가 결합했다가 분해되었음이 실제로 명백하게 입증되었다.

최초의 구리 공장(工匠)의 원시적 공정과 연금술사들의 마술적인 추리에서 시작하여 현대 과학의 가장 강력한 개념, 즉 원자론으로 전진해간다는 것은 터무니없는 희망처럼 보일 것이다. 그렇지만 그 길, 인간이 불 속을 걸어가는 길은 직선이

다. 라부아지에가 계량화한 화학 원소론을 넘어 한 걸음만 나아가면 컴벌랜드에서 수동식 직기를 다루던 직공의 아들 존 돌턴(John Dalton)의 원자론에 도달하게 된다.

불과 황과 불타는 수은이 등장한 뒤에 이야기가 싸늘하고 음습한 맨체스터에서 클라이맥스에 이른 것은 당연했다. 1803년에서 1808년 사이에 이곳에서, 존 돌턴이라는 퀘이커교도 교사가 라부아지에가 눈부시게 조명한 '화학 결합'이라는 막연한 지식을 갑자기 '원자론'이라는 정확한 현대적 개념으로 바꾸어놓았던 것이다. 바야흐로 화학계의 경이적인 발견이 이룩되는 시기에 접어들었다—그 5년 동안에 10개의 새로운 원소가 발견되었다. 그렇지만 돌턴은 그 어느 하나에도 관심이 없었다. 사실 그는 색을 잘 구분하지 못했다[그는 분명 색맹이었고, 그 자신에게 있다고 기술한 빨간색과 초록색을 혼동하는 유전적 결함은 오랫동안 '돌턴 현상(Daltonism: 선천적 색맹, 특히 적록 색맹—옮긴이)'이라 불렸다].

---

63 당시에는 볼록렌즈가 유행했다.

▲1777년 라부아지에가 파리 교외의 왕립과학원에 설치한 거대한 볼록렌즈의 판화.

64 "인간이 원자를 깨뜨릴 수 없음을 그대는 알고 있으리라."

▶존 돌턴의 초상.

돌턴은 규칙적인 습관을 가진 사람이어서 매주 목요일 오후에는 도보로 교외에 나가 공놀이를 했다. 그의 관심을 끄는 대상들은 시골의 사물들, 즉 지금도 맨체스터 풍경의 특징을 이루고 있는 물, 늪지대의 메탄가스, 이산화탄소 등이었다. 돌턴은 스스로에게 그들이 어떤 질량으로 결합하는가에 관한 구체적인 질문을 했다. 물이 산소와 수소의 결합에 의해서 생길 때, 주어진 양의 물을 만들려면 항상 정확히 똑같은 양이 결합해야 하는 이유는 무엇인가? 이산화탄소가 만들어지거나 메탄가스가 만들어지거나 어째서 그 무게가 일정한가?

1803년 여름 내내 돌턴은 이 문제와 씨름했다. 그는 이렇게 썼다. "소립자들의

상대 중량에 관한 탐구는 내가 아는 한 전혀 새로운 과제이다. 요즘 이 문제를 연구하면서 나는 놀라운 성공을 거두고 있다." 그리하여 그는 낡아빠진 그리스의 원자론이 분명 진실이어야 한다는 점을 깨닫게 되었다. 그러나 그 원자는 그냥 하나의 추상이 아니다. 물리적인 의미에서 그것은 이 원소 또는 저 원소의 특성을 규정짓는 무게를 갖고 있다. 한 원소의 원자들—돌턴은 그것을 '소립자(ultimate or elementary particles)'라고 불렀다—은 모두 동일하고, 다른 원소의 원자들은 그와 다르다. 그리고 그들의 차이점을 제시하는 한 가지 방법은 물리적으로 그 무게의 차이를 입증하는 길이다. "나는 당연히 소립자라고 부를 수 있는 상당수의 입자들이 있음을 알고 있으며, 그 입자들은 절대로 다른 입자로 변형시킬 수 없다."

1805년 돌턴은 원자론에 관한 그의 개념을 최초로 공표했고, 그 내용은 대략 다음과 같다. 탄소의 최소량인 원자 하나가 결합해서 이산화탄소가 만들어질 경우, 변함없이 정해된 양의 산소—2개의 산소 원자—와 결합한다.

그리고 2개의 산소 원자로 물을 만든다면, 그 하나하나가 일정한 양의 수소와 결합한다. 산소 원자 1개가 물 분자 1개를 이루고, 다른 산소 원자 역시 물 분자 1개를 이루게 된다.

그 무게는 정확하다. 이산화탄소 1단위를 만들어내는 무게의 산소는 물 2단위

를 만들게 된다. 그렇다면 그 안에 산소가 들어 있지 않은 화합물, 즉 탄소가 바로 수소와 결합하는 메탄에도 정확한가? 그렇다. 가령 이산화탄소 1분자와 2개의 물 분자에서 각기 산소 2개씩을 제거하면 그 물질의 잔량은 정확하다. 즉, 메탄을 만들기에 적합한 양의 수소와 탄소가 남게 된다.

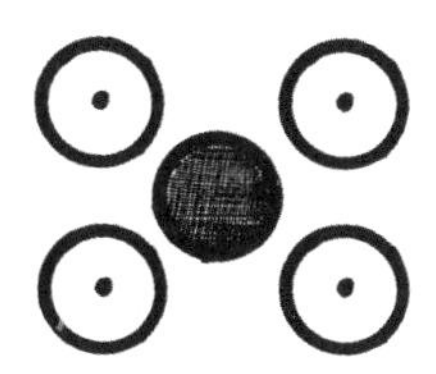

서로 결합하는 상이한 원소들의 측정량은 항상 일정하며, 원자 결합의 기본 도식을 말해준다.

원자에 대한 정확한 계산으로 인해서 화학 이론은 현대 원자론의 기초가 된다. 그것은 금과 구리와 연금술을 둘러싸고 잡다하게 일어난 온갖 추론에서 도출된 최초의 심오한 교훈이며 돌턴에 이르러 그 절정에 도달한다.

또 다른 교훈을 통하여 과학적 방법에 관한 한 가지 요령을 터득하게 된다. 돌턴은 규칙적인 습성을 지닌 사람이었다. 57년 동안 그는 날마다 걸어서 맨체스터를 빠져나가 강수량, 기온을 측정했는데, 이 일은 이곳의 기후로 미루어 유달리 단조로운 일이었을 것이다. 그 방대한 자료에서 신통한 것이라곤 하나도 나오지 않았다. 그러나 한 가지 탐구 작업에 매달려, 단지 분자들을 구성하는 데 필요한 입자들의 무게에 대한 거의 어린애 같은 의문으로부터 현대의 원자 이론이 도출되었다. 그것이 과학의 본질이다. 즉 관계없는 의문을 제기하고도 적절한 해답을 향해 나아가는 것이다.

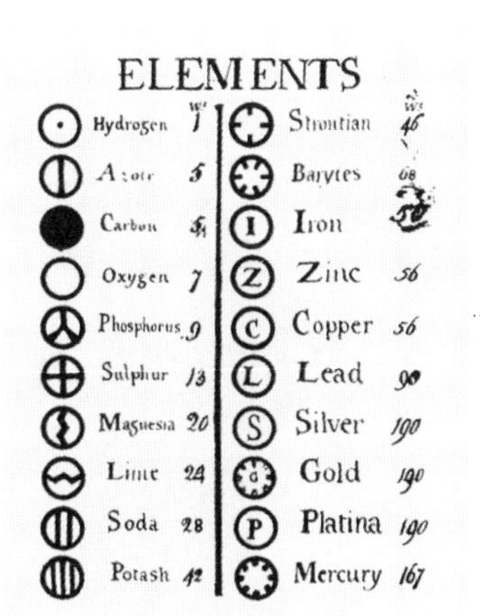

65 돌턴의 원자들의 상징.

천구의 음악

수학은 여러 모로 가장 세련되고 복잡한 과학이다—적어도 수학자인 나에게는 그렇다. 그래서 나는 수학의 진보 과정을 기술할 때 특별한 기쁨을 맛보면서도 어떤 제약에 부딪히게 된다. 그것은 숱한 인간 추론의 일부로서 인류의 지적 향상에 공헌한 합리적이면서도 신비로운 사상의 사닥다리였기 때문이다. 그러나 어느 각도에서 수학을 기술하든 반드시 포함시켜야 할 개념들이 있다. 증명이라는 논리적 관념, 자연(특히 공간)의 정확한 법칙이라는 경험적 관념, 연산(演算) 개념의 출현, 그리고 자연의 정태적(靜態的) 기술에서 동태적(動態的) 기술로 이행하는 수학의 추세가 그 기본 요소들이다. 이것들이 이 장의 주제이다.

지극히 원시적인 종족이라 하더라도 수 개념 체계를 가지고 있다. 그들은 4개 이상을 헤아리지 못할 경우도 있으나, 어떤 물건 2개에 동일한 물건을 2개 더 보태면, 이따금이 아니라 언제나 4개가 된다는 것을 알고 있다. 수많은 문화권들이 그 기초 단계로부터 으레 비슷한 약정(約定)을 지닌 문자로서의 수체계를 독자적으로 만들어냈다. 예를 들어 바빌로니아인, 마야인과 인도인들은 시·공간적으로 멀리 떨어져 살았음에도 불구하고, 우리들이 현재 쓰고 있는 일련의 자릿수 개념과 본질적으로 동일한 큰수 표기 방법을 고안해냈다.

그러므로 내가 '산수는 지금 여기서 시작했노라'고 말할 수 있는 역사 속의 특정한 장소와 시간은 없다. 어느 문화권에서나 사람들은 말을 하듯 셈을 해왔다. 언어와 마찬가지로 산수는 전설에서 시작된다. 하지만 우리가 알고 있는 의미의 수

---

66 **피타고라스는 음악의 화음과 수학 간의 기본적인 관계를 발견했다.**
바탕음을 내고 있는 한 가닥의 현이 진동하고 있다.
이때 힘점을 그 현의 절반 되는 위치에 갖다 놓으면 소리는 한 옥타브 높아진다.
다시 힘점을 3분의 1 되는 자리에 놓으면 그보다 5분의 1이 높아진다.
4분의 1에 갖다 놓으면, 4도가 되어 한 옥타브가 높아진다.
5분의 1이면 장 3도가 높아진다.

학, 수 개념에 의한 논증은 그와는 성질을 달리하는 문제다. 내가 배를 타고 사모스(Samos) 섬으로 갔던 이유는 전설과 역사의 이음새에서 수학의 기원을 찾으려는 데 있었다.

신화시대에 사모스는 제우스의 합법적(그러나 질투심이 많은) 아내였던 하늘의 여왕 헤라(Hera)를 둘러싼 그리스 신앙의 중심지였다. 그녀의 신전 헤라이온 유적의 건축 시기는 기원전 1세기로까지 거슬러 올라간다. 그 시기에 해당하는 기원전 580년경에 그리스 수학의 최고의 천재요 창시자인 피타고라스가 사모스 섬에서 태어났다. 그가 살았던 때에 그 섬은 폭군 폴리크라테스의 지배하에 들어간다. 피타고라스가 섬을 탈출하기 전에 산속에 있는 작고 하얀 동굴에서 얼마 동안 숨어 가르쳤다는 전설이 있는데, 지금도 그것을 믿는 사람들은 이 동굴을 관람하고 있다.

사모스는 마술의 섬이다. 그 분위기는 바다와 나무와 음악으로 가득 차 있다. 다른 그리스 섬들도 『폭풍우The Tempest』(셰익스피어의 희극—옮긴이)의 무대로 알맞겠지만, 내 눈에는 이곳이야말로 학자로서 마술사로서 변신했던 프로스페로(Prospero:『폭풍우』의 주인공—옮긴이)의 섬이다. 피타고라스는 추종자들에게 자연은 수에 의해 지배된다고 가르쳤으므로 그들에게는 피타고라스가 마술사로 보였을지도 모른다. 자연에는 조화가 있고, 자연의 다양성에는 통일성이 있으며, 자연은 언어를 지니고 있고, 수는 자연의 언어라고 그는 말했다.

장님 하프 연주자, 이집트, 기원전 1400년경.

피타고라스는 음악의 화음과 수학 간의 기본적인 관계를 발견했다. 그 발견 설화는 민담과 마찬가지로 부분적으로만 남아 있다. 그렇지만 그가 발견한 내용은 정확했다. 팽팽하게 쳐놓은 하나의 현 전체가 진동할 때에 기음(基音)이 난다. 그 기음과 조화되는 음을 내려면 현을 등분해야 한다. 다시 말하면 정확히 2등분, 3등분, 4등분 등등으로 나눠나가야 한다는 뜻이다. 만일 현의 정지점(靜止點) 즉, 마디가 등분점에 정확하게 놓이지 않으면 그 소리는 불협화음이 된다.

현을 따라 마디를 옮기다가 예정된 지점에 오면 화음이 난다는 것을 알게 된다. 현 전체 중 하나의 단위로 시작해보자. 이것이 기음이다. 마디를 중간점에 이동시키면, 소리는 한 옥타브 높아진다. 그 마디를 3분의 1 위치로 옮기면 5도 높은 음이 나온다. 다시 그 마디를 현을 따라 4분의 1 지점으로 이동시키면 여기서 4도가 추가되어 다시 한 옥타브가 올라간다. 그리고 그 마디를 다시 5분의 1의 위치로 밀고 나가면 이 음(피타고라스는 도달하지 못한)은 앞의 것보다 장 3도가 더 높다.

피타고라스는 귀, 서양인들의 귀에 즐거운 소리를 내는 화음은 정수로 현을 정확히 등분한 소리와 일치한다는 사실을 밝혀냈다. 피타고라스 신봉자들에게 있어서 그 발견은 신비로운 힘을 지니고 있었다. 자연과 수 사이의 일치론은 너무나 명백하게 수긍이 가는 것이어서 피타고라스의 추종자들은 자연의 음만이 아니라 자연의 모든 특성적 차원도 조화를 나타내는 단순한 수에 지나지 않는다고 믿게 되었다. 이를테면, 피타고라스나 그의 신봉자들은 음악적 간격에 연관시켜서 천체의 궤도(그리스인들은 천체들이 수정 구체 위에서 지구를 돌고 있다고 상상했다)를 계산할 수 있으리라 믿었다. 그들은 모든 자연의 규칙성은 음악적이라고 느꼈다. 그들에게는 천체의 운동은 천구의 음악이었다.

이러한 사상은 피타고라스를 철학적 통찰력을 가진 사람, 종교적 지도자라고 할 지위에 올려놓았으며, 그의 추

하프 연주자의 손 파편, 키프로스, 기원전 5세기.

종자들은 혁명적인 비밀 종파를 형성했다. 피타고라스의 후기 추종자들 가운데 많은 사람들이 노예였을 가능성이 높다. 그들은 영혼의 윤회를 믿었으며, 이는 죽은 뒤에 보다 행복한 삶을 바라는 그들 나름의 소망을 담고 있다.

나는 지금까지 산수와 관계되는 수 언어에 관해서 이야기를 해왔으나, 마지막으로 제시한 실례는 천상의 공간이었고, 그것은 기하학적 형상들이다. 이러한 전이(轉移)는 결코 우연이 아니다. 자연은 우리들에게 파도, 결정, 인체 같은 형상을 제시하고 있으며, 우리는 그 안에 있는 수적 관계를 감지하고 찾아내야 한다. 피타고라스는 기하학과 수를 연결지은 개척자였는데, 그것은 수학 중에서도 나의 전공 분야이기도 하기 때문에 그가 한 일을 살펴보는 것이 좋겠다.

피타고라스는 음의 세계는 정확한 수에 의해 지배된다는 점을 입증했다. 나아가서 그는 시각(視覺)의 세계에서도 그 논리는 참되다는 사실을 증명했다. 그것은 비범한 업적이다. 나는 내 주위를 둘러본다. 나는 여기 그리스의 경이롭고 영롱한 풍경, 거친 자연의 형상들, 오르페우스의 골짜기, 바다를 보고 있다. 이 아름다운 혼돈 속 어디에 단순하고 수를 나타내는 구조가 담겨 있을까?

이 질문으로 인해 우리는 자연법칙을 지각할 때 가장 근본적인 상수로 돌아서게 된다. 원만한 해답을 내리기 위해서 우리는 보편적인 경험에서 출발해야 한다. 인간의 시각세계의 바탕이 되는 두 가지 경험이 있다. 그것은 중력은 수직이고, 수평선은 그와 직각을 이룬다는 것이다. 직각의 본질을 고정시키는 것은 그 두 선의 교차, 시계(視界)의 십자 그물이다. 가령 내가 이 직각의 경험을 네 번 회전('밑' 방향과 '옆' 방향으로)시킨다면 나는 중력과 수평선의 십자로 되돌아온다. 직각은 이러한 4회의 조작에 의해 정의가 내려지고 다른 인위적 각도와 구분된다.

시각의 세계, 다시 말하면 인간의 눈을 통하여 제시되는 수직 도면상에서 직각은 4회의 회전으로 원위치에 돌아가는 성질에 의해 정의된다. 그와 같은 정의는 실제로 우리가 움직이고 있는 경험의 수평세계에서도 마찬가지로 적용된다. 그 세계, 평면적인 지구의 세계와 지도와 나침반의 바늘을 생각해보기로 하자. 여기 나는 사모스에서 해협을 건너 남쪽에 있는 소아시아를 바라보고 있다. 나는 삼각 타일 하나를 지침으로 삼아, 그쪽, 즉 남쪽을 가리키도록 놓는다(나는 이 지침을 직각삼각형으로 준비했다. 네 번을 회전시키면 서로 변을 맞댈 수 있게 하기 위해서였다). 만약 내가 그 삼각 타일을 1직각 돌리면 서쪽을 가리키게 된다. 다음으로 다시 1직각만큼 돌리면 이번에는 북쪽을 가리킨다. 그리고 세 번째 1직각만큼 돌리면 동쪽을 가리키게 된다. 드디어 네 번째 마지막 회전을 시키면, 또다시 남쪽을 향하고, 출발할 때의 방향이었던 소아시아를 가리키게 된다.

우리가 경험하는 자연의 세계만이 아니라, 우리가 구축하는 세계도 그와 같은 관계 위에 세워진다. 바빌로니아인들이 '가공원(hanging garden : 낭떠러지 위에 공중에 걸려 있는 것처럼 만든 정원—옮긴이)'을 건설한 이후, 아니 그보다 앞서, 이집트인들이 피라미드를 쌓아 올린 이후로 그 원리에는 변함이 없었다. 이 문화권들은 실생활을 통하여, 수적 관계로 직각을 규정하고 만들어내는 건축가의 삼각자가 있다는 사실을 이미 알고 있었다. 바빌로니아인들은 기원전 2000년까지는 아마도 수백 가지의 이런 방식들을 알고 있었다. 인디언들과 이집트인들도 몇 가지는 알고 있었다. 이집트인들은 삼각형의 세 변의 비율이 3 : 4 : 5인 삼각자를 언제나 사용했던 것 같다. 기원전 550년 또는 그 언저리에 와서야 피타고라스는 이 지식을 경험적 사실의 세계에서 지금 우리가 '증명(證明)'이라 부르는 세계로 끌어올렸다. 즉 그는 다음과 같은 질문을 던졌다. "이 건축가의 삼각자를 구성하는 그 같은 수치들이 어떻게 해서 네 번 돌려서 동일한 방향을 가리키는 것이 직각이라는 사실에서 흘러나오는가?"

그의 증명법은 대략 다음과 같았으리라 생각된다(이것은 학교 교과서에 실리는 증명법이 아니다). 나침반의 십자를 형성하는 삼각형들의 대표적인 4방위들이 사각형의 네 모서리를 이룬다. 4개의 직각삼각형을 가지고 가장 긴 변이 밖으로 향하게 해서 서로 이웃하는 삼각형의 끝을 맞춘다. 그러면 직각삼각형의 가장 긴 변, 즉 빗변으로 이루어진 정사각형이 만들어진다. 타일에 싸인 부분과 싸이지 않은 부분을 구분하기 위해 지금까지 타일로 덮이지 않았던 부분의 작은 정사각형에 타일을 추가하여 덮는다(내가 타일을 사용하는 데에는 그럴 만한 이유가 있다. 로마와 동양에서 사용되는 숱한 타일은 이때부터 수학적 관계와 자연에 관한 사상을 결합하는 이 같은 현상으로부터 그 무늬를 도출하게 된다).

이제 삼각형의 빗변을 한 변으로 하는 정사각형이 생겼고, 계산을 통하여 그 정사각형과 짧은 두 변 위에 세운 정사각형과의 관계를 규명할 수 있다. 그런데 이럴 경우, 그 도형의 자연적 구조와 본성을 놓칠 우려가 있다. 여기서는 계산이 필요하지 않다. 어린이와 수학자들이 즐길 간단한 게임으로도 계산보다 더 많은 것을 밝힐 수 있다. 이제 두 삼각형을 새로운 위치에 옮기기로 하자. 남쪽을 가리키고 있는 삼각형의 빗변과 북쪽을 가리키는 삼각형의 빗변을 맞붙여놓는다. 그리고 동쪽을 가리키고 있는 삼각형의 빗변이 서쪽을 가리키고 있는 삼각형의 빗변과 맞붙게 이동시킨다.

그러면 면적은 같은(같은 조각을 그대로 옮겨 만들었으니 그럴 수밖에 없다) L자 모양을 만들게 되었다. 그 변들과 직각삼각형의 짧은 변과의 관계를 즉각 알아볼 수 있다. L자 도형의 구성 요소를 눈으로 볼 수 있게 하자. 분할기를 사용하여 L의 서

67 피타고라스는 이 지식을 경험적 사실의 세계에서 증명의 세계로 끌어올렸다.
직각삼각형의 빗변의 제곱은 다른 두 변의 제곱의 합과 같다는 피타고라스의 증명은 본문에서 설명했다.

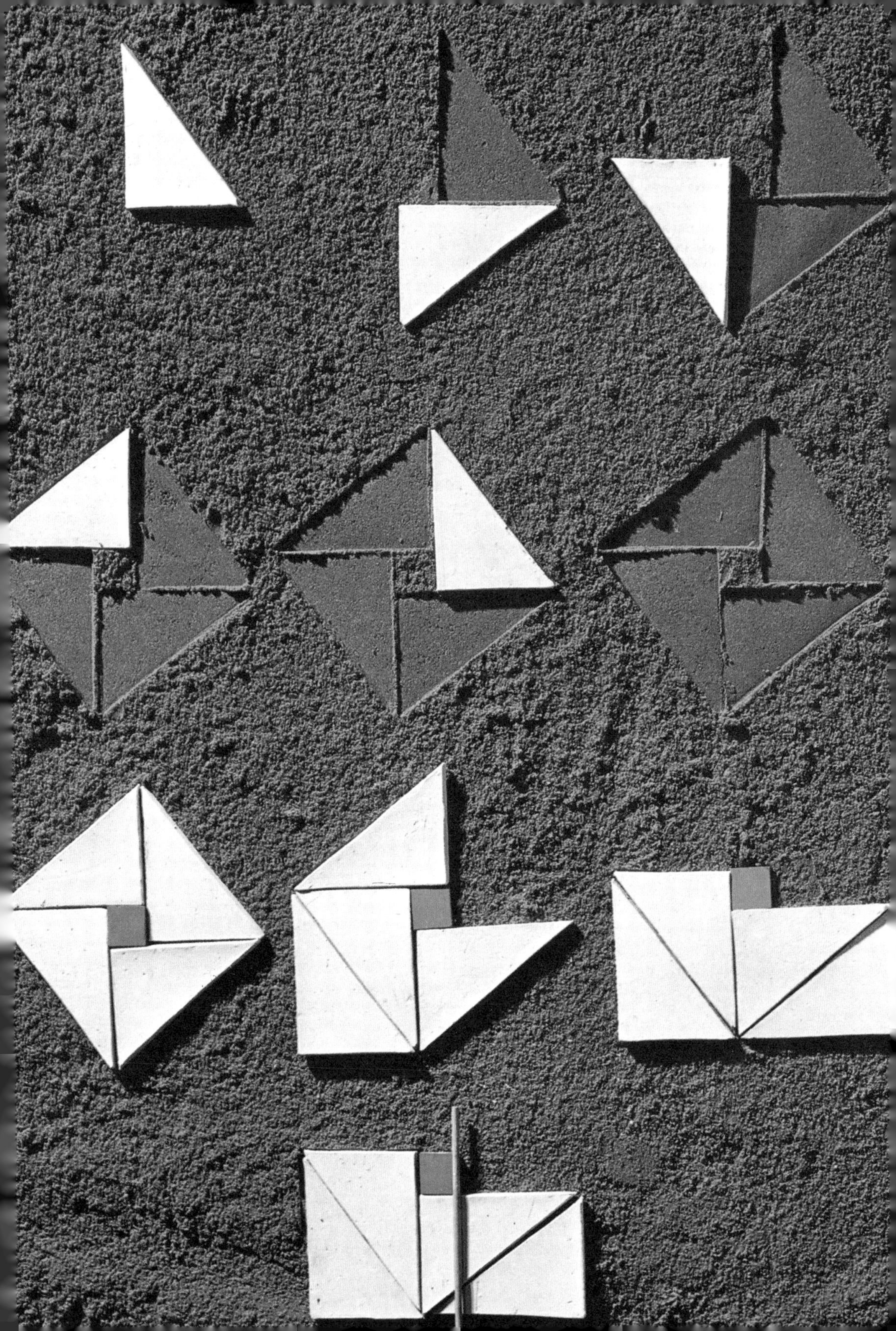

있는 부분과 가로로 누운 부분을 분리한다. 그러면 가로 부분은 삼각형의 짧은 변을 한 변으로 삼는 정사각형이 된다. 그리고 L의 세로로 서 있는 부분은 직각을 끼고 있는 두 변 중에서 상대적으로 긴 변의 정사각형이다.

그리하여 피타고라스는 일반적인 정리(定理)를 증명했다. 이 정리는 이집트의 3 : 4 : 5 삼각형이나 바빌로니아의 삼각형에 그치지 않고, 직각을 가진 어떠한 삼각형에도 적용되는 원리다. 그는 가장 긴 변 또는 빗변의 정사각형은 다른 두 변의 정사각형들의 합과 같음을 증명했으되, 이 경우 그 삼각형은 반드시 직각을 끼고 있어야 한다. 예를 들어 3 : 4 : 5 비율의 변이 있는 삼각형은 직각삼각형인데, 다음의 이유에서이다.

$$5^2 = 5 \times 5 = 25$$

$$= 16 + 9 = 4 \times 4 + 3 \times 3$$

$$= 4^2 + 3^2$$

그리고 이 원리는 바빌로니아인들이 발견한 삼각형들의 변에도 그대로 적용되며, 간단한 8 : 15 : 17이거나 3367 : 3456 : 4825라는 어마어마한 삼각형도 예외는 아니어서 바빌로니아인들의 산수 실력을 유감없이 입증했다.

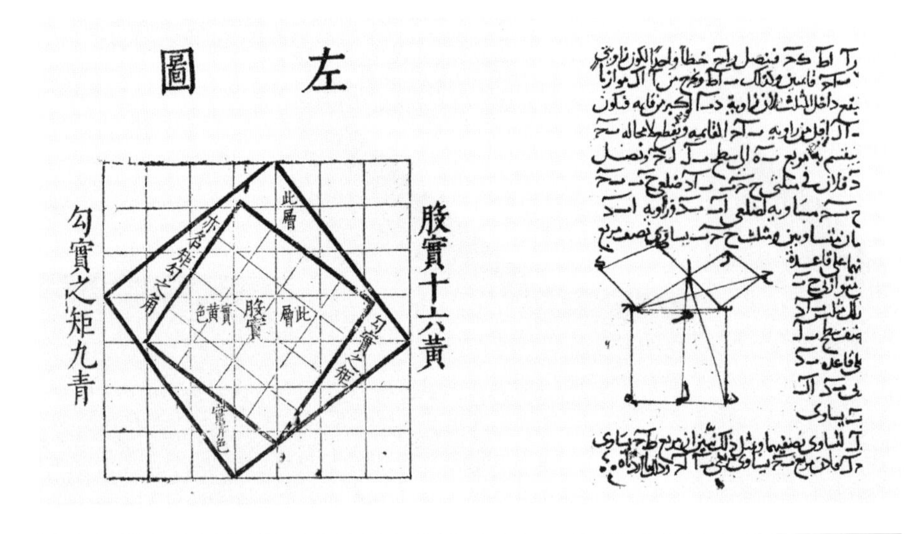

오늘날까지 피타고라스의 정리는 수학 전반에서도 가장 중요한 단일 정리로서의 지위를 고수하고 있다. 이 말은 대담하고 이례적인 것처럼 보일지 모르나 지나친 말이 아니다. 피타고라스는 우리들이 움직이는 공간의 기초적 성격을 확립했고, 인류 역사상 처음으로 그것을 수로 번역했다. 그리고 빈틈없이 들어맞는 수들이 우주를 묶고 있는 정확한 법칙들을 그려준다. 실제로 직각삼각형을 이루는 수치를 다른 항성계(恒星系)의 행성들에 보내어 그쪽에 이성적인 생명체가 있는지를 알아보는 메시지로 삼자는 제의가 나왔었다.

요컨대 내가 앞서 증명한 형태의 피타고라스 정리는 평면 공간의 대칭성을 설명한다. 직각은 평면을 넷으로 나누는 대칭의 요소다. 만약 평면 공간이 다른 유형의 대칭성을 갖고 있다면 그 정리는 성립되지 않을 것이고, 특수 삼각형의 변 사이의 다른 관계가 성립될 것이다. 비록 공간이 눈에 보이지는 않으나(공기와 마찬가지로), 물질에 못지않는 자연의 일부임에 틀림없다. 기하학이 연구의 대상으로 삼는 것이 바로 그 공간이다. 대칭은 단순히 정교한 기술적인 방법에 그치지 않고 피타고라스의 다른 사상과 마찬가지로 자연의 조화로 꿰뚫고 들어간다.

피타고라스는 그 위대한 정리를 증명하고 난 다음 영감을 준 뮤즈신들에게 감사하는 뜻으로 100마리의 황소를 바쳤다. 그것은 긍지인 동시에 겸손의 몸짓이다. 다시 말하면, 수들이 빈틈없이 맞아 들어가서 "이것이 자연 그 자체의 구조의 일부이며, 그 열쇠다"라고 말할 때 오늘날까지 모든 과학자들이 느끼는 그러한 긍지와 겸손을 가리킨다.

피타고라스는 철학자였고 추종자들에게는 종교 지도자이기도 했다. 사실 그리스 문화의 전 기간을 통하여 흐르고 있으며 우리가 흔히 간과하고 있는 아시아적 영향의 일부가 그의 내부에 도사리고 있었다. 서양인들은 그리스를 서양의 일부로

68 **피타고라스는 이집트의 3 : 4 : 5 삼각형이나 바빌로니아의 어느 삼각형만이 아니라, 모든 직각삼각형에 적용되는 일반 정리를 밝혀냈다.**
피타고라스와 동시대의 것인 중국 주비(周髀)의 직각삼각형 정리의 목판본과 1258년에 아랍권에서 나온 그 기록의 한 장.

보려는 경향이 있지만, 고전적 그리스의 가장자리에 있는 사모스는 소아시아의 해안에서 불과 1.6km 지점에 있다. 그리스에 최초로 영감을 준 사상의 상당 부분이 그곳에서부터 흘러나왔다. 그리고 뜻밖에도 그 사상은 몇 세기 뒤, 그리고 서부 유럽에 도달하기 이전에, 아시아로 되흘러갔다.

지식은 엄청난 여행을 하며, 우리에게는 시간의 도약으로 보이는 현상이 한 장소에서 다른 장소로, 이 도시에서 저 도시로 가는 오랜 진행 과정임이 판명되는 경우가 흔히 있다. 아시아와 북아프리카에서 대상(隊商)들은 가는 곳마다 상품과 함께 자신들의 거래 방식(도량형의 단위와 계산 방법)과 기술과 사상을 전파했다. 많은 것 중에서 한 가지 실례를 들자면, 피타고라스의 수학은 서양에 직접 들어오지 않았다. 그것은 그리스인들의 상상력에 불을 당겼으나 그 학문이 정연한 체계를 갖추게 된 장소는 나일 강변의 도시 알렉산드리아였다. 그것의 체계를 만들고 명성을 떨치게 한 인물은 유클리드(Euclid)였으며 그가 기원전 300년경에 그 수학을 알렉산드리아로 가져갔으리라 추측된다.

유클리드는 분명히 피타고라스의 전통에 속해 있었다. 청중의 한 사람이 그에게 피타고라스 정리의 실용적인 가치가 무엇이냐고 묻자 유클리드는 경멸 어린 어조로 자기 노예에게 이렇게 지시했다고 전한다. "저 사람은 학문에서 이득을 얻으려 하는구나. 한 푼을 주어라." 이 질책은 피타고라스 교단의 표어를 응용하지 않았나 생각된다. 그들의 표어를 대충 번역하면 '도식 하나에 한 걸음, 도식 없이는 한 푼을'이라고 했으며, 여기서 '한 걸음'이란 지식 또는 내가 지금까지 말하고 있는 인간 등정의 한 걸음을 말한다.

수학적 논증의 모범으로서 유클리드의 영향은 방대하고도 지속적이었다. 그

69 『기하학 원론』은 현대에 이르기까지 『성서』 다음으로 많이 번역되고 팔린 책이다.
바스의 아델라드가 번역한 유클리드 책의 한 페이지. 12세기에 나온 이 책은 끊이지 않고 판을 거듭하고 있다. 이 사본은 15세기 말에 이탈리아에서 나온 책의 일부다.

의 저서 『기하학 원론Stoicheia』은 현대에 이르기까지 『성서』 다음으로 많이 번역되고 팔린 책이다. 내가 처음 수학을 배운 것도 유클리드가 정해준 순번에 따라 기하학의 정리들을 인용하던 사람에게서였다. 그런 현상은 50년 전만 하더라도 드물지 않은 일이었고, 과거에는 표준적인 인용 방식이었다. 1680년경에 존 오브리(John Aubrey)는 어떻게 해서 토머스 홉스(Thomas Hobbes)가 중년에 가서 갑자기 "기하학

Geometrie Euclidis liber primus incipit.
Punctus est cuius pars non est. Linea est longitudo
sine latitudine cuiusquidem extremitates duo puncta sunt.
Linea recta est ab uno puncto in aliud punctum exten
sio in extremitates suas utrumque eorum recipiens. Superficies est que
longitudinem et latitudinem tantum habet: cuius termini quidem sunt
linee. Superficies plana est ab una linea ad aliam extensio in extre
mitates suas eas recipiens. Angulus planus est duarum linearum alter
nus contactus: quarum expansio supra superficiem applicatioque non directa.
Quando que angulum continent due linee recte fuerint rectilineus an
gulus nominatur. Quando recta linea supra rectam lineam steterit duoque
anguli utrobique fuerint equales: eorum uterque rectus erit. Lineaque linee
superstans ei cui superstat perpendicularis dicitur. Angulus vero qui
recto maior est obtusus dicitur. Angulus minor recto acutus appel
latur. Terminus est quod cuiusque finis est. Figura est que termino
vel terminis continetur. Circulus est figura plana una quidem linea
contenta que circumferentia nominatur in cuius medio punctus est: a quo
omnes linee ad circumferentiam exeuntes sibiinvicem sunt equales. Et hic
quidem punctus centrum circuli dicitur. Diametrus circuli est linea rec
ta que supra centrum eius transiens extremitatesque suas circumferentie appli
cans circulum in duo media dividit. Semicirculus est figura plana di
ametro circuli et medietate circumferentie contenta. Portio circuli est figura
recta linea et parte circumferentie contenta: semicirculo quidem aut maior
aut minor. Rectilinee figure sunt que rectis lineis continentur. Quarum
quedam trilatere tribus rectis lineis, quedam quadrilatere quatuor rec
tis lineis, quedam multilatere pluribus quam quatuor rectis lineis continentur.
Figurarum trilaterarum alia est triangulus habens equalia latera, alia tri
angulus duo habens equalia, alia triangulus trium inequalium laterum.
Earum iterum alia est orthogonium unum scilicet rectum angulum habens, alia
ambligonium aliquem obtusum habens angulum, alia oxigonium in qua tres
anguli sunt acuti. Figurarum autem quadrilaterarum alia est quadratum
equilaterum atque rectangulum, alia est tetragonus longus que est figura
rectangula sed aliud est elmuahym equilaterum sed rectangulum non est.
Aliaque similis elmuahym que opposita latera habet equalia atque oppositos
angulos equales: idem tamen nec rectis angulis nec equis lateribus con
tinetur. Preter has autem omnes figure elmuariffe nominantur. Equi
distantes linee sunt que in eadem superficie collocate atque in alterutram
partem protracte non conveniunt etiam si in infinitum protrahantur.
Petitiones sunt quinque. A quolibet puncto in quodlibet punctum
rectam lineam ducere atque lineam definitam in continuum rectumque
quantumlibet protrahere. Super centrum quodlibet quantumlibet occupando
spacium circulum designare. Omnes rectos angulos sibiinvicem esse equa
les. Si linea recta super duas lineas rectas ceciderit duoque anguli ex
una parte duobus angulis rectis minores fuerint, illas duas lineas
in eandem partem protractas procul dubio coniunctum iri. Item duas lineas
rect. [illegible]

과 사랑에 빠졌으며", 철학과도 그렇게 되어버렸는가를 글로 썼다. 그의 설명을 빌리면, 홉스가 우연히 "어느 신사의 서재에서 유클리드의 『기하학 원론』이 펼쳐져 있는 것을 보았는데, 마침 그것이 제1권 명제 47"이었던 것이다. 유클리드의 『기하학 원론』 제1권 명제 47은 저 유명한 '피타고라스의 정리'이다.

그리스도의 탄생을 전후한 몇 세기 동안에 알렉산드리아에서 성행하던 다른 과학은 천문학이었다. 여기서 또다시 우리는 전설의 역류(逆流) 속에서 역사의 추세를 엿볼 수 있다. 세 사람의 동방박사들이 하나의 별을 따라 베들레헴으로 왔다는 성서의 기록은 박사들이 천문학자들이었던 시대의 메아리를 담고 있다. 고대의 박사들이 찾고 있던 천체의 비밀을 기원후 150년경 알렉산드리아에서 활약하던 그

리스인 클라우디우스 프톨레마이오스(Klaudios Ptolemaeos)가 읽어냈다. 그의 저술은 아랍어 번역본으로 유럽에 상륙했다. 그리스어 원본들은 대부분 잃어버렸고, 그중 일부는 389년 기독교 열성 당원들의 알렉산드리아 대도서관 약탈로 인해서, 그리고 다른 일부는 중세의 전 기간을 통하여 동부 지중해를 휩쓸었던 전쟁과 침략으로 말미암아 사라져버렸다.

프톨레마이오스가 만든 천체 모형은 경이로울 정도로 복잡하지만 간단한 유추에서 시작한다. 달은 지구 둘레를 선회하는 것이 분명하다. 그리고 프톨레마이오스에게는 해와 행성들이 달과 마찬가지로 지구 주위를 선회하는 것이 분명해 보였다(고대인들은 달과 해를 행성으로 생각했다). 그리스인들은 운동의 완전한 형태는 원이라 믿었고, 그에 따라 프톨레마이오스는 행성들이 원운동을 하게 만들고, 원들이 다시 다른 원들 위에서 운동하게 만들어놓았다. 우리의 눈에는 그와 같은 원과 주전원(周轉圓: 그 중심이 다른 큰 원의 둘레를 회전하는 작은 원—옮긴이)들의 도식은 단순한 발상이고 부자연스럽다는 인상을 준다. 그렇지만 실상 그 체계는 아름답고 그 나름대로 제 기능을 할 수 있는 고안이었으며, 중세 말기까지 아랍인들과 기독교도들에게는 하나의 신조였다. 자그마치 1,400년 동안 그 이론은 위세를 떨쳐, 그 이후의 어떠한 과학 이론도 그만큼 근본적인 변화 없이 오래 견딜 수 있으리라 생각되지 않는다.

여기서 천문학이 어찌하여 그토록 일찍부터 정밀하게 연구되었는지, 그리고 사실상 물리학의 원형이 되었는지를 되돌아보아야 하겠다. 그들만을 떼어놓고 보았을 때 별들은 자연물 중에서 인간의 호기심을 자극할 가능성이 가장 적은 대상임이 틀림없다. 별보다는 차라리 인체가 일찍부터 체계적인 관심을 끌 수 있는 후보로 훨씬 적합할 것이다. 그럼에도 의학을 앞질러 천문학이 발달한 이유는 무엇인

70 프톨레마이오스의 체계는 원들로 구성되며, 그 원들을 따라 시간은 한결같이 냉정하게 흘러간다.
14세기 프로방스 지방에서 발견된 원고의 일러스트레이션.
천사들이 지구의 주위를 돌고 있는 천구의 손잡이를 돌리고 있다.

가? 왜 의학이 환자의 생명에 유리한 영향력과 불리한 영향력을 예측하기 위해서, 별들에게서 징조를 구했던가? 점성술에 호소하는 것은 의학이 과학의 자리를 포기하는 것이나 다름없다. 내 견해로는, 주된 이유는 관찰된 별의 운동을 계산할 수 있게 되었고, 따라서 일찍부터(바빌로니아에서는 아마도 기원전 3000년) 수학의 연구 대상이 되었기 때문이다. 천문학은 수학적으로 다룰 수 있는 특이성이 있기 때문에 탁월한 학문이 되었다. 그리고 물리학 또는 보다 최근의 생물학도 다 같이 수학적 모형으로 그 법칙들을 형식화할 수 있었기 때문에 진보한 것이다.

아주 흔한 현상으로, 사상의 전파에는 새로운 추진력이 필요하다. 600년에 등장한 이슬람교는 새롭고도 강력한 추진력이었다. 그것은 국소적인 사건으로 시작되었고 장래가 불확실했다. 그러나 630년에 마호메트가 일단 메카를 정복하자 그것은 곧 남쪽 세계를 휩쓸었다. 100년 동안에 이슬람교는 알렉산드리아를 점령했고, 바그다드에 환상적인 학문의 도시를 건설했으며, 그 변경은 페르시아의 이스파한(Isfahan)을 넘어 동쪽으로 퍼져나갔다. 730년에 이르러 이슬람 제국은 스페인과 남프랑스로부터 중국과 인도의 국경으로까지 확대되었다. 유럽이 암흑시대에 빠져 있을 동안 웅장한 힘과 품위를 갖춘 제국이 탄생했다.

개종을 강요하는 이 막강한 종교 문화권은 피정복 국가들의 과학적 성과를 병적인 도벽의 열정으로 모아들였다. 그와 동시에 그때까지 멸시받았던 단순하고도 국부적인 기술들이 해방되었다. 이를테면 최초의 돔식 이슬람 사원들이 고대 건축가의 삼각자(지금도 쓰이고 있는) 정도의 단순한 기구를 가지고 건설되었다. 마스지드 이 조미(Masjid-i-Jomi, 금요일 사원)라는 이스파한의 대사원은 이슬람교 초기의 장엄한 기념물로 손꼽힌다. 이와 같은 중심지에서 그리스와 동방의 지식은 소중히 여겨졌으며 흡수되고 다양화되었다.

마호메트는 이슬람교가 기적의 종교가 되지 않아야 한다는 점을 단호히 했다. 이슬람교는 지적 내용으로 본다면 명상과 분석의 양식이 되었다. 이슬람교 사상의 저술가들은 신성을 비인격화하고 형식화했다. 이슬람교의 신비는 피와 포도주, 살과 빵이 아니라, 비현세적인 황홀경이었다.

> 알라(Allah)는 하늘과 땅의 빛이다. 그의 빛은 빛 위에 다시 빛을 비추며, 별같이 찬란한 수정 안에 들어 있는 등불을 모시고 있는 벽감(niche)에 비길 수 있다. 알라의 이름을 추념(追念)하기 위해 알라가 축복한 신전에서 사람들이 아침저녁으로 그를 찬양하며, 장사도 이득도 알라를 추모하는 그들을 돌리지 못한다.

이슬람교 세계가 공들여 가다듬고 널리 퍼뜨린 것이 그리스 발명품의 하나인 아스트롤라베(astrolabe, 천문관측의)였다. 관측기구로서는 원시적이어서 겨우 태양과 별의 고도를 조잡한 방식으로 측정했다. 하지만 그 단일 관측을 하나 이상의 성도(星圖)와 결합하여, 아스트롤라베는 위도, 해돋이, 해넘이, 기도 시간과 메카 순례자들의 방향 지시를 가능케 하는 정교한 계산 방식을 제공해주었다. 그리고 성도 위에는, 물론 신비적인 위안을 위한 것이지만, 점성술과 종교적인 내용의 상세한 도해(圖解)로 장식되어 있었다.

오랫동안 아스트롤라베는 세계의 회중시계와 계산자 노릇을 했다. 시인 초서(G. Chaucer)는 1391년 아스트롤라베 사용법을 자기 아들에게 가르치려고 입문서를 쓰면서 8세기 아랍 천문학자의 저서 내용을 베껴 썼다.

1 2

계산은 무어계 학자들에게 무한한 기쁨을 주었다. 그들은 문제를 무척 좋아했고, 창의적인 문제 해법 발견을 즐겼으며, 때로는 그 방법을 기계 장치로 전환시키기도 했다. 아스트롤라베보다 더 정밀한 계산표가 13세기 바그다드의 칼리프 공국에서 만들어진 점성술 또는 천문학을 위한 계산기로서, 일종의 자동 달력이다. 그 계산법은 깊이가 있는 것은 아니고 문자판들을 배열하여 예측을 하는 것이지만, 700년 전 그것을 만든 사람들의 기계를 다루는 기술과 숫자 놀이를 즐기려 했던 정열을 입증하고 있다.

열의 있고 탐구적이며 관대한 아랍 학자들이 멀리서 가져다준 가장 중요한 단일 발명은 숫자 표기법이었다. 당시만 하더라도 유럽의 숫자 표기는 어색한 로마식이었는데, 그것은 단순히 낱낱을 추가하여 숫자를 조합하는 방식이었다. 이를테면 1825는 MDCCCXXV라 쓰고 있다. 그 내용을 풀이한다면 M=1000, D=500, C+C+C=100+100+100, XX=10+10, V=5가 된다. 이슬람권에서는 그 표기

71 오랫동안 아스트롤라베는 세계의 회중시계와 계산자 노릇을 했다.
1 이슬람교의 아스트롤라베의 앞면, 톨레도, 9세기.
2 고딕 아스트롤라베의 뒷면. 초서가 그의 입문서에서 묘사한 것과 같은 종류이다, 1390년.
▶구리로 된 점성술 계산기, 바그다드, 1241년.

صنعة محمد
بن ختلخ الموصلي
في سنة ٦٣٩

법을 우리가 지금도 '아라비아 숫자'라고 부르는 현대적인 십진법으로 대체했다. 어느 아랍 원고의 주석(아래 사진)의 윗줄에 적힌 숫자들은 18과 25이다. 1과 2는 우리가 사용하고 있는 숫자와 같다는 것을 당장 알아볼 수 있다(다만 2가 옆으로 서 있기는 하지만). 1825를 쓰기 위해서는 4개의 기호를 하나의 숫자로 하여 순서대로 써 내려가면 그만이다. 각 기호가 서 있는 위치는 천, 백, 십, 일 등의 자릿수를 알려주기 때문이다.

그러나 자릿수로 크기를 기술하는 수체계는 빈 자리가 있을 가능성을 대비하지 않으면 안 된다. 아랍 표기법은 그래서 영(零)을 고안할 필요가 있었다. '영'이라는 기호가 이 페이지에 두 번 나오고 다음 페이지에도 몇 번 나오는데, 우리가 사용하는 것과 똑같다. 영어로 영을 의미하는 제로(zero)와 사이퍼(cipher)는 아랍어이며, 대수학(algebra), 달력(almanac), 천장(zenith)과 그 밖에 10여 개의 수학과 천문학 용어 역시 아랍어다. 아랍인들은 십진법을 750년경에 인도에서 도입했으나 그것은 그 뒤에도 500년 동안이나 유럽에는 여전히 뿌리를 내리지 못했다.

무어 제국은 영토의 크기로 인해 지식의 장터가 되었다. 학자들 중에는 동방의 이단적인 네스토리우스파 기독교 신도들(Nestorian Christian)이 있는가 하면, 서방의 이교 유대인들이 있었다. 비록 세력권 내의 주민들을 이슬람교로 개종하려고는 했으나 그들의 지식을 얕보지 않았다는 점은 종교로서의 이슬람교가 지닌 훌륭한 특성일 것이다. 동쪽으로는 페르시아의 도시 이스파한이 이슬람교의 기념비다. 서쪽으로는 그에 못지않게 탁월한 전초 기지였던 스페인 남부의 알람브라(Alhambra)가 남아 있다.

외부에서 보면 알람브라는 아랍의 고유 양식과 전혀 무관한 네모나고 볼썽사

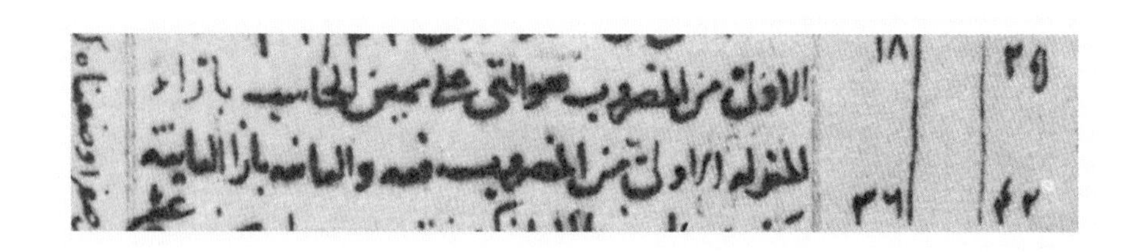

나온 요새다. 그러나 안으로 들어가면 요새가 아니라 궁전이며, 하늘의 지복(至福)을 예시하려고 의도적으로 설계된 궁전이다. 알람브라는 후기 건축물이다. 그곳에는 전성기를 지나 모험을 피하고 안전을 고려하는 제국의 무기력이 서려 있다. 명상의 종교는 관능과 자기만족을 추구하게 되었다. 그곳에는 물의 음악이 울리고 그 굽이굽이에는, 비록 피타고라스 음계의 규칙적이고 정교한 음계에 바탕을 두고 있으나, 모든 아랍의 멜로디가 흐르고 있다. 각각의 궁은 하나하나가 꿈의 메아리요 추억이며, 그 꿈을 통해 이슬람교 군주 술탄(Sultan)은 둥둥 떠다녔다(그는 걸어 다니지 않고 실려 다녔으니까). 알람브라는 코란에 그려진 낙원에 가장 가깝다.

> 참을성 있게 일하고 알라에게 믿음을 바치는 사람들에게는 그 보상으로 축복이 내린다. 참다운 믿음을 품고 착한 일을 하는 사람들은 영원히 낙원의 대저택에 머물게 되리라. 그곳에는 냇물이 발아래 흐르고…… 열락(悅樂)의 정원에서 침상에 얼굴을 맞대는 영광을 얻으리라. 맑고 감미로운 샘에서 떠온 물 한 잔이 그들 주위를 맴돌며 돌아다닐 것이다…… 배우자들은 보드라운 초록빛 방석과 아름다운 융단 위에 몸을 기대고 있으리라.

알람브라는 유럽에 있는 아랍 문명의 마지막이자 가장 아름다운 기념물이다. 스페인 여왕 이사벨라(Isabella)가 이미 콜럼버스의 모험을 후원하고 있던 1492년까지 무어족 최후의 왕이 이곳을 다스렸다. 그곳에는 궁과 방들이 벌집처럼 펴져 있는데, 살라 데 라스 카마스(Sala de las Camas)는 이 궁전 안에서도 가장 은밀한 장소이다. 여기에 후궁에서 나온 여인들이 목욕을 하고 나체로 비스듬히 누워 있었다. 장님 음악가들이 회랑에서 연주를 하고 환관들이 돌아다녔다. 술탄은 위에서 지켜보다가 사과 하나를 내려 보내 그날 밤을 함께 보낼 여인을 선택했다.

아랍의 초기 원고, 1부터 9까지의 숫자가 나온다. 오른쪽에서 왼쪽으로 읽힌다.

서양 문화권에서라면, 이 방에는 경탄할 만한 여체의 그림들, 성애(性愛)의 회화들로 가득 차 있을 것이다. 그러나 여기서는 그렇지 않다. 인체의 묘사는 이슬람 교도들에게 금기였다. 심지어 해부학 연구마저 완전히 금지되었고, 그것이 이슬람권의 과학 연구에 커다란 장애가 되었다. 그런 까닭에 여기서는 채색은 되어 있으나 지극히 단순한 기하학적 도안이 발견된다. 아랍 문명권에서는 예술가와 수학자는 하나였다. 나는 이 말을 문자 그대로 사용하고 있다. 이 문양들은 공간 자체의 미묘한 성격과 대칭성을 아랍적 시각에서 탐색한 것으로, 최고의 절정을 보여준다. 그것은 우리가 유클리드 평면이라 부르는, 피타고라스가 최초로 성격을 규정했던 평평하고 이차원적인 공간을 말한다.

이 풍성한 문양들 가운데서 나는 매우 직선적인 것을 하나 골라 출발점으로 삼고자 한다. 그것은 수평과 수직으로 된 짙은 색과 옅은 색의 두 개의 잎사귀 무늬가

72 **외부에서 보면 알람브라는 네모나고 볼썽사나운 요새다.**
▲시에라 네바다와 그라나다 알람브라 궁전의 전경.
73 **알람브라 궁전은 아랍 문명이 유럽에 남긴 마지막이요, 가장 절묘한 기념비적 건축물이다.**
▶후궁들의 음악실과 욕실.

반복된 것이다. 뚜렷한 대칭들은 전이(다시 말하면 문양의 평행 이동)와 수평 또는 수직 방향의 반사로 이루어져 있다. 그런데 또 다른 미묘한 점에 주목해서 보면, 아랍인들은 짙고 옅은 문양 단위가 일치되는 도안을 좋아했다. 그러므로 잠시 색깔을 무시하고 짙은 잎사귀를 1직각 회전시키면 바로 옆에 있는 잎사귀의 위치로 이동할 수 있음을 알게 된다. 그렇다면 항상 동일한 접합점을 중심으로 회전시키면 그 문양을 다음 위치로 차례대로 이동시킬 수가 있고, 마침내는 제자리로 돌아온다. 그리고 그 회전으로 무늬 전체가 정확하게 회전한다. 회전 중심에서 아무리 멀리 떨어져 있더라도 무늬 안에 있는 모든 잎사귀가 다른 잎의 위치에 오게 된다.

수평 방향의 반사는 색깔 있는 무늬의 이중 대칭이고, 수직 방향의 반사 역시 마찬가지이다. 그러나 여기서 색깔을 무시한다면, 4중의 대칭성이 있음을 알게 된다. 그것은 직각으로 4번 반복하는 회전 조작으로 만들어지며, 앞에서 내가 피타고라스의 정리를 증명할 때 이 방법을 사용한 적이 있다. 그리고 색채 없는 문양은 그 대칭성에 있어 피타고라스의 정사각형과 성격을 같이한다.

이제 한층 더 미묘한 무늬를 다루어보자. 바람에 휘날리는 4색의 삼각형들은 오직 한 가지, 대단히 직선적인 대칭을 두 방향으로 보여주고 있다. 이 문양을 수평적으로 이동시키거나 수직적으로 이동시켜 일치가 되는 새로운 위치로 갖다 놓을 수 있다. 바람에 날린다는 사실이 그와 무관하지 않다. 반사되지 않는 대칭계를 발견하는 것은 매우 드문 일이다. 그러나 이 바람에 날리는 삼각형들은 모두가 오른쪽으로 움직이기 때문에

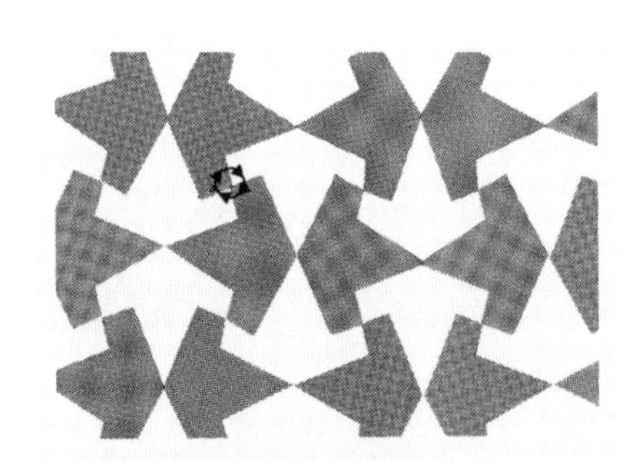

74 우리들이 살고 있는 공간의 본질에 의해 만들어진 대칭성.
▶자줏빛 형석의 천연 결정, 빙주석의 마름모꼴, 그리고 황철광의 입방체들.

반사되지 않는다. 왼쪽으로 움직이게 하지 않으면 반사시킬 수 없다.

이제 흰색, 옅은 회색, 짙은 회색, 검정색의 차이를 무시하고 짙은 삼각형과 옅은 삼각형의 구분만을 생각하기로 하자. 그러면 여기서도 역시 대칭 회전이 일어난다. 다시 접합점에 관심을 집중시키기로 하자. 6개의 삼각형이 만나고 있으며, 짙고 옅은 삼각형의 위치로 옮길 수 있고, 다시 다음 자리로, 그리고 마지막으로 원위치로 돌아온다—모든 문양이 회전하는 3중 대칭을 이룬다.

그런데 실제로 대칭의 가능성이 거기서 멈추어야 할 필요가 없다. 색채를 완전히 무시한다면, 상대적으로 작은 회전을 통하여 짙은 삼각형을 옅은 삼각형의 공간에 이동시킬 수 있다. 모양은 모두 똑같기 때문이다. 이렇게 회전 운동이 진행되면 짙고 옅고를 반복하여 드디어 원래의 짙은 삼각형으로 되돌아가서 문양 전체를 회전시키는 6중 공간 대칭을 이루게 된다. 거기에다 실상 이 6중 대칭은 눈(雪)의 결정 대칭과 동일하므로 우리 모두가 가장 잘 아는 대칭형이기도 하다.

이 단계에 이르면, 수학자가 아닌 사람들은 이렇게 반문할 만하다. "그래서 어쨌다는 거요? 그런 짓이나 하는 게 수학인가요? 아랍의 교수들, 현대의 수학자들이

그 고상한 게임이나 하면서 시간을 보냈다는 말인가요?" 그 질문에 대한 예상하지 못한 대답은, 글쎄, 그건 게임이 아니라는 것이다. 그것을 계기로 우리는 뇌리에 새기기 힘든 것과 대면하게 되는데, 그것은 우리가 특수한 공간, 3차원적이고 평평한 공간에 살고 있으며, 그 공간의 성질을 깨뜨릴 수 없다는 것이다. 어떤 조작을 하여 무늬를 원위치로 돌리느냐를 검증하는 과정에서 우리는 공간을 지배하는 보이지 않는 법칙들을 발견하게 된다. 우리 공간이 지탱할 수 있는 대칭의 종류에는 한계가 있고, 이 원리는 인간이 만든 형태만이 아니라 자연이 그 자체의 기본적인, 원자적인 구조에 스스로 부과하고 있는 규칙성에도 그대로 적용된다.

공간의 자연적인 문양을 담고 있는 구조들이 말하자면 결정이다. 인간의 손이 닿지 않은 결정—가령 빙주석(氷洲石)—을 보고 표면이 규칙적인 이유가 자명하지 않다는 것을 깨닫고 놀라지 않을 수 없다. 심지어 표면이 평면이어야 할 까닭도 자명하지 않다. 그냥 결정은 그렇게 되어 있다. 그래서 우리는 결정이 규칙적이고 대칭적인 데 익숙해 있다. 그러나 왜 그럴까? 결정은 사람이 아니라 자연에 의해 그런 모양으로 만들어졌다. 평평한 표면은 원자들이 모이는 방식이다—이것도, 그리고 저것도 마찬가지다. 평면성과 규칙성은 공간이 물질에 강요한 것이며, 그것은 앞서 내가 분석한 무어인들의 문양에도 똑같이 적용될 수 있다. 즉 무어인들의 대칭성 역시 공간이 물질에 강요한 것이다.

황철광의 아름다운 입방체를 보기로 하자. 혹은 내가 가장 절묘하다고 생각하는 결정체인 형석(螢石)의 8면체를 예로 들 수도 있다(그것은 다이아몬드 결정의 자연적인 형태이기도 하다). 형석의 대칭성은 우리가 살고 있는 공간의 본질—우리가 살고 있는 3차원, 평면성—에 의해 강제로 부과된다. 그리고 어떤 원자의 결합도 핵심적인 자연법칙을 벗어날 수 없다. 무늬를 구성하는 단위들과 마찬가지로 하나의 결정은 사방으로 무한히 연장되고 반복되는 형태를 갖추어야 한다. 결정의 표면이 오직 일정한 형태만을 갖추게 된 이유가 바로 거기 있다. 대칭적인 형태 이외의 다른 것은 있을 수 없다. 예를 들어 한 바퀴를 완전히 도는 데는 2번이나 4번 또는 3번이나 6번의 회전만이 가능하다. 그 이상은 없다. 그리고 5번도 없다. 원자를 조립하여 한꺼번에 5개가 합쳐져서 정상적으로 공간을 이루는 삼각형을 만들 수는 없다.

이와 같은 형태의 무늬를 생각하고, 실제로 공간(적어도 2차원)의 대칭 가능성을 철저히 검증했다는 사실이 아랍 수학의 위대한 업적이었다. 그것도 1,000년 전에 궁극적인 단계에 도달했으니 경탄할 수밖에 없다. 왕과 나체의 여인들, 환관들 그리고 눈먼 음악가들은 존재에 대한 탐구를 통해 놀라운 형식의 문양을 완벽하게 만들었으나 애석하게도 어떠한 변화도 추구하지 않았다. 인간의 생각에 새로운 것이 없었으므로 수학에도 새것이 없었으며, 인간의 등정은 다른 원동력으로 전진하게 되었다.

1000년경에 기독교는 무어족이 정복한 적이 없는 해안 지대의 산티야(Santillana) 마을과 같은 근거지를 떠나 북부 스페인으로 되돌아가기 시작했다. 기독교는 마을의 소박한 형상들—황소, 당나귀, 하나님의 어린 양—로 표현된 그 땅, 그곳의 종교다. 이슬람 신앙권에서라면 짐승의 형상들은 생각할 수조차 없을 것이다. 그리고 동물의 형상이 허용되는 것에 그치지 않고 하나님의 아들은 아기이고, 그의 어머니는 여인이며 개인적인 신앙의 대상이다. 성모 마리아를 메고 가는 행렬이 지나갈 때, 우리는 또 다른 시각의 세계에 있게 된다. 그것은 추상적인 문양들이 아니라, 풍부하고 억누를 수 없는 생명의 세계다.

기독교가 스페인을 탈환하러 돌아왔을 때, 그 전선에는 투쟁의 흥분이 들끓고 있었다. 여기서 무어인들과 기독교도들, 그리고 유대인들마저 뒤섞여 서로 다른 믿음들이 어우러진 비범한 문화를 창조하였다. 1085년에 이 혼합문화의 중심은 얼마 동안 톨레도(Toledo) 시에 고정되어 있었다. 톨레도는 아랍인들이 그리스, 중동 그리고 아시아로부터 모아 온 온갖 고전들을 기독교 지배하의 유럽으로 끌어들인 지성의 수입항이었다.

우리는 이탈리아를 르네상스의 발상지라 생각하고 있다. 그러나 르네상스는 12세기 스페인에서 잉태되었고, 톨레도의 유명한 번역 학교를 통해 상징화되고 표현되었다. 그곳에서 고대의 문헌들이 그리스어(유럽인들이 벌써 잊어버렸던)에서 아랍어와 히브리어로, 다시 라틴어로 번역되었다. 톨레도에서는 여러 가지 지적 발전이 이루어졌는데, 일찍부터 별의 위치를 기록한 백과사전 역할을 하게 된 천문학 도표가 작성되었다. 도표는 기독교적 성격을 띠고 있으나 숫자는 아라비아식이며, 지금의 기준으로 보더라도 눈에 띌 만큼 현대적이라는 점이 그 도시와 그 시대의 특징을 말해준다.

번역가들 가운데에서도 가장 유명하고 재능이 뛰어난 인물이 크레모나의 제라드(Gerard of Cremona)였는데, 그는 오로지 프톨레마이오스의 천문학 서적『알마게스트Almagest』한 권을 찾으려고 이탈리아에서 이곳으로 왔다가 톨레도에 머물면서 아르키메데스, 히포크라테스, 갈레노스, 유클리드 즉 그리스 과학의 고전들을

번역하게 되었다.

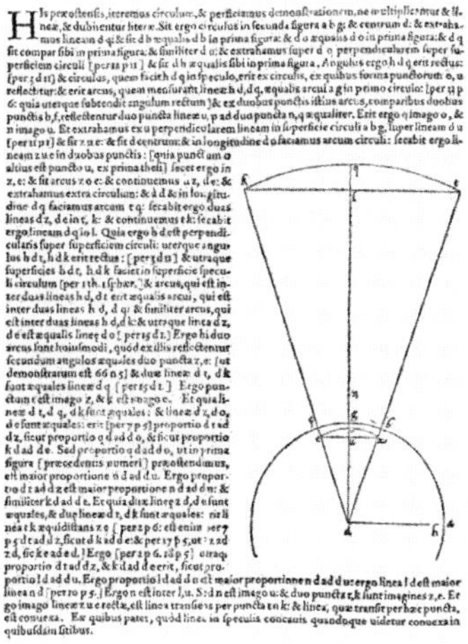

그런데 내 개인적인 생각으로는, 번역된 저서들 중에서 가장 탁월하고, 장기적으로 보아 가장 영향력이 있었던 책의 저자는 그리스인이 아니었다. 왜냐하면 나는 공간 속의 물체 지각에 관심을 갖고 있는데, 이에 대해 그리스인들은 전적으로 오류를 범했기 때문이다. 그것을 처음으로 이해한 사람은 알하젠(Alhazen:?965~?1039, 이집트에서 활동한 이슬람 최대의 물리학자로 의학·수학·천문·철학 등에 관한 많은 저서를 남겼다—옮긴이)이라는 괴팍한 수학자였으며, 그 시기는 서기 1000년경이었다. 그는 아랍 문화권에서 태어난 진실로 독창적인 과학정신의 소유자였다. 그리스인들은 빛이 눈에서 나와 물체로 간다고 생각했다. 알하젠은 물체의 각 점들이 빛을 반사하여 눈으로 보내기 때문에 볼 수 있다는 사실을 처음으로 알아냈다. 그리스인들의 견해로는 어떤 물체, 가령 내 손이 움직일 때 크기가 변하는 것 같은 인상을 주는 원인을 설명할 수 없었다. 알하젠의 설명을 빌리면 내 손의 윤곽과 형상에서 나오는 광선의 원뿔이 보는 사람의 눈에서 멀어짐에 따라 점차 작아진다. 손을 관찰자 쪽으로 가까이 옮김에 따라, 눈으로 들어가는 광선의 원뿔이 차차 커지고 보다 큰 각도의 대변(對邊)을 이루게 된다. 그러므로 오직 그의 이론만이 크기의 차이를 설명한다. 이 같은 관점은 너무나 단순하므로 과학자들이 600년 동안 거의 주의를 기울이지 않았다[로저 베이컨(Roger Bacon)은 예외다]는 점에 놀라지 않을 수 없다. 그러나 예술가들은 훨씬 오래전부터 관심을 기울였

75 톨레도의 유명한 번역학교.
◀현자가 학자들에게 구술하고 있는 장면.

76 ▲알하젠은 물체의 각 점들이 빛을 반사하여 눈으로 보내기 때문에 볼 수 있다는 사실을 처음으로 알아냈다. 물체에서 나오는 광선의 원뿔이 눈으로 들어간다는 개념이 원근법의 기초를 이룬다.

고 그들의 시각은 실용적이었다. 물체에서 눈으로 전달되는 원뿔 광선은 원근법의 기초가 되는 것이며, 원근법은 이제 수학에 다시 생기를 불어넣고 있는 새로운 관념이다.

원근법이 자아낸 흥분이 15세기 북부 이탈리아, 피렌체와 베네치아의 미술로 옮겨갔다. 로마의 바티칸 도서관에 있는 알하젠의 『광학대전Optics』 번역 원고에는 로렌초 기베르티(Lorenzo Ghiberti)의 주석이 달려 있는데, 그는 피렌체의 세례장 문에 저 유명한 청동제 원근상을 제작했다. 그가 최초의 원근법 개척자는 아니었고 〔필리포 브루넬레스키(Fillippo Brunelleschi)가 최초였을는지 모른다〕, 당시에는 원근법학파를 형성할 만큼 많은 사람들이 원근법에 관심을 가지고 있었다. 원근법의 목적은 단지 형상을 실물같이 부각시키는 데 그치지 않고, 공간 속에서 대상이 움직이는 감각을 창출하려는 것이었기 때문에 그들은 한 사상의 학파를 이룰 만했다.

원근법의 작품과 그 이전의 작품을 대조하면 움직임이 명백해진다. 희미한 베네치아의 항구를 떠나는 성녀 우르슬라를 그린 카르파초(Vittorio Carpaccio)의 회화는 1495년에 제작되었다. 그 기법은 명백히 시각적 공간에 3차원의 효과를 실현한

것으로, 이는 당시 서양인들이 유럽 음악의 새로운 화음에서 새로운 깊이와 차원을 들을 수 있게 된 것과 비슷하다. 그러나 궁극적인 효과는 깊이가 아니라 움직임이다. 새로운 음악과 마찬가지로 그 작품과 그 안의 사람들은 움직이고 있다. 무엇보다도 화가의 눈이 움직이고 있음을 우리는 느끼게 된다.

그보다 100년 앞서 1350년경에 그려진 피렌체의 프레스코 벽화 한 점과 비교해보자. 그것은 성벽 밖에서 시내를 조망하는 구도인데, 화가의 고지식한 눈은 성벽과 집 꼭대기들이 층을 이루어 배열되어 있는 것처럼 바라보고 있다. 하지만 이러한 구도는 기법상의 문제가 아니라 의도의 문제다. 화가는 자신의 눈에 보이는 대로가 아니라, 대상의 본질을 기록한다고 생각하는 까닭에 원근법을 시도하지 않는다. 그는 하나님의 관점, 영원한 진리의 지도를 그리고 있는 것이다.

원근법의 화가는 다른 의도를 가지고 있다. 그는 일부러 어떤 절대적이고 추상

77 **원근법 화가는 다른 의도를 가지고 있다. 그림과 그 안의 사람들은 움직이고 있다.**
◀비토리오 카르파초의 <성녀 우르슬라 이야기>, 베네치아의 아카데미아, 1495년.

78 **화가는 대상을 눈에 보이는 대로가 아니라 있는 그대로를 그렸으므로 원근법을 쓰지 않았다.**
▲1350년경 피렌체에서 그려진 프레스코화.

적인 관념으로부터도 한 걸음 물러선다. 장소보다는 오히려 한순간을 우리 앞에 고정시킨다. 그것은 화살같이 지나가는 한순간, 공간적이라기보다는 시간적인 한 관점이다. 이 모두가 치밀하고 수학적인 수단으로 이루어졌다. 그 기구는 독일 미술가 알브레히트 뒤러(Albrecht Dürer)에 의해 정성스레 기록되었다. 그는 '원근법의 비법'을 배우고자 1506년 이탈리아로 갔다. 말할 나위도 없이 뒤러 자신도 시간의 한순간을 고정시켰다. 그리고 그가 그렸던 장면을 재생해보면, 그 예술가가 극적인 순간을 선택했음을 알 수 있다. 그는 모델을 둘러보는 걸음을 일찍 멈출 수도 있었다. 혹은 그 이상 움직이다가 좀 더 늦은 어느 순간의 시상을 고정시킬 수도 있었다. 그러나 그는 마치 카메라 셔터처럼 모델의 얼굴을 완전히 볼 수 있는 가장 강력한 순간으로 판단되는 시점에서 눈을 열기로 결정했다. 원근법은 하나의 관점이 아니다. 화가에게 있어 그것은 활동적이고 계속적인 작업이다.

초기 원근법 화가들은 시각의 한순간을 포착하기 위하여 가늠자와 모눈을 사용하는 것이 관례였다. 가늠 장치는 천문학에서 나왔고, 작품을 그린 모눈종이는 지금 수학의 한 수단이 되고 있다. 뒤러가 즐거이 그려나간 자연의 온갖 세부들은 황소와 당나귀, 동정녀의 뺨에 떠오르는 젊음의 홍조와 같은 시간 역학의 표현이다. 그 작품은 〈동방 박사의 경배〉다. 동방에서 온 세 사람의 박사들은 별을 발견했

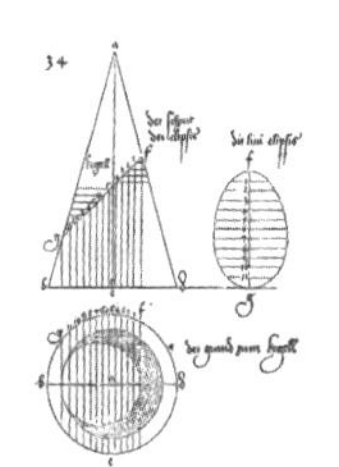

79 뒤러는 시간의 흐름 속의 어느 시점에 자신을 고정시켜놓았다.
▲"먼저 화가와 그가 그리는 나체 모델 사이에 그물로 된 틀을 설치한다.
그리고 그 그물을 화폭에 그대로 옮겨 모눈종이를 그린다. 그 그물눈 하나를 고정된 점으로 정한다."
이것은 레오나르도 다빈치가 모눈의 용법을 기술한 내용이다.
◀타원 구성에 대한 뒤러의 도식(圖式).

80 소와 당나귀, 성모의 뺨에 있는 젊음의 홍조.
▶뒤러의 <동방 박사의 경배>, 피렌체의 우피치미술관 소장(세부화).

고 그 별이 선포한 것은 시간의 탄생이다.

뒤러의 작품 한복판에 있는 성배는 원근법 교육의 시험 자료였다. 예를 들어, 성배의 시각적 효과를 둘러싼 우첼로(Paolo Uccello)의 분석이 있다. 원근법 화가가 했던 그대로 대상을 컴퓨터에서 회전시켜볼 수 있다. 화가의 눈은 회전대처럼 작용하면서 성배의 변화하는 형태와 둥근 모양이 늘어나 타원으로 변하는 것을 따라가며 탐색했고, 시간의 한순간을 공간의 한 흔적으로 잡아내었다.

내가 컴퓨터에서 하듯이 물체의 변화하는 운동을 분석하는 작업은 그리스와 이슬람의 정신세계에서는 몹시 이질적이었다. 그들은 항상 변화하지 않는 정태적인 대상, 완전한 질서 위에 선 무시간적인 세계를 추구했다. 그들에게 가장 완전한 형태는 원이었다. 운동은 당연히 원형으로 매끈하고도 등속적으로 진행되어야 한

다. 그것이 천체들의 조화였다.

그래서 프톨레마이오스 체계는 원으로 구성되었으며 그 원들을 따라 시간은 등속으로 방해를 받지 않고 흘렀다. 하지만 실세계에서 운동은 등속적이 아니다. 운동은 순간마다 방향과 속도를 전환하므로 시간이 변수로 등장하는 수학이 창출될 때까지는 운동은 분석될 수 없었다. 그것은 천상에서는 이론적인 문제지만, 지상에서는 실제적이고 즉각적인 문제이다—발사체의 비행 과정, 식물의 돌발적인 성장, 액체 한 방울이 한 번 튀어 오르면서 그 형태와 방향이 급변하는 것에서 그 문제는 발생한다. 르네상스는 그림의 구도를 순간적으로 정지시킬 수 있는 기술 장비는 없었다. 그러나 르네상스는 화가의 내적인 눈과 수학자의 논리라는 지성적인 장비를 가지고 있었다.

이런 식으로 요하네스 케플러(Johannes Kepler)는 1600년 이후 행성의 운동은 원형이 아니며 등속도로 진행되지도 않는다는 확신을 갖게 되었다. 그것은 일종의 타

81 발사체의 비행 과정, 식물의 돌발적인 성장, 액체 한 방울이 한 번 튀어 오르면서 그 형태와 방향이 급변하는 것에서 문제는 발생한다.

▲▲공간의 흔적으로 잡아낸 시간의 한순간, 우첼로의 <홍수>.

▲성배에 대한 우첼로의 원근법적 분석.

▶▲중력 때문에 작은 물방울들이 생겼다가 터진다.

▶레오나르도 다빈치가 그린 공격 중인 박격포탄의 비행.

원이고, 그를 따라 행성은 다양한 속도로 움직이고 있다. 그러니 정태적 패턴의 낡은 수학이나 등속도 운동의 수학으로는 충분하지 않다는 뜻이다. 순간운동을 규정하고 다루려면 새로운 수학이 필요하다.

순간운동의 수학은 17세기 말을 장식한 최고의 두 지성, 아이작 뉴턴(Isaac Newton)과 고트프리트 빌헬름 라이프니츠(Gottfried Wilhelm Leibniz)에 의해 고안되었다. 자연을 기술하면서 시간을 자연의 요소로 생각하는 자세는 이제 우리에게 너무나 익숙해 있지만 과거에도 언제나 그랬던 것은 아니다. 탄젠트(tangent), 가속도, 사면(斜面), 무한소(無限小), 미분(微分) 개념을 도입한 사람은 바로 그 두 학자였다. 오랫동안 잊혀져왔으나 사실 뉴턴이 셔터와 마찬가지로 정지시켰던 시간의 흐름을 기술한 가장 적절한 명칭이 있었다. 지금은 으레(라이프니츠 이후) 미분학이라 불리는 수학의 한 분야를 뉴턴은 유율법(fluxions)이라 불렀다. 그것을 단순히 한층 진보된 기술로만

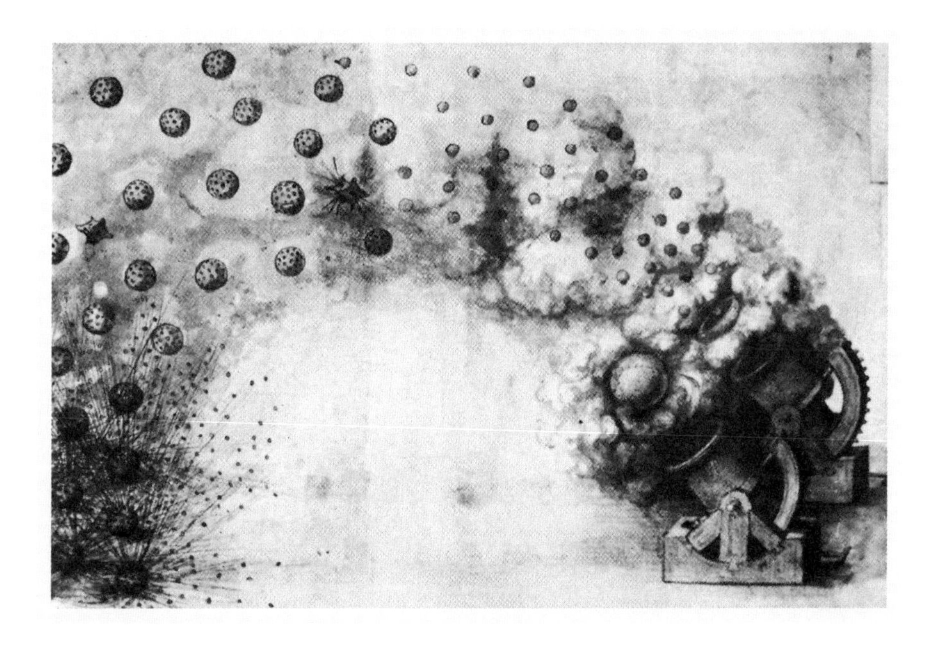

생각한다면 그 진실한 내용을 놓치게 되는 결과를 빚는다. 그 안에서 수학은 역동적인 사유양식으로 전환되고 인간 등정에 있어 중대한 정신적인 한 걸음이 되었다. 기묘하게도 그 한 걸음을 가능케 한 기술적인 개념은 무한소적인 한 걸음의 개념이며, 이 무한소적인 한 걸음에 엄밀한 의미를 부여함으로써 비로소 지성적인 돌파구가 열렸다. 하지만 그 기술적인 개념은 전문가들에게 맡기기로 하고, 여기서는 그것을 '변화의 수학'이라 부르는 것으로 만족하자.

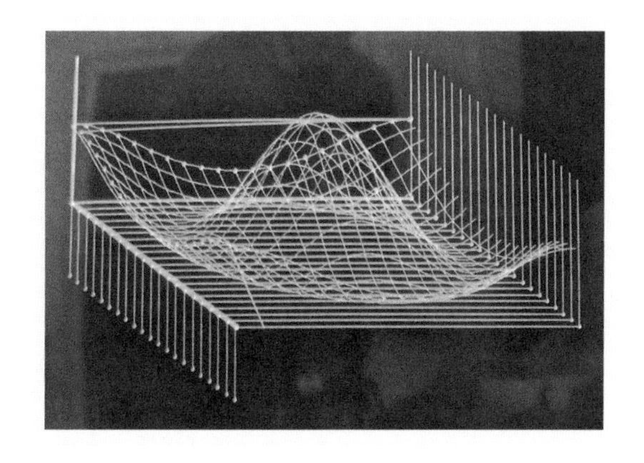

피타고라스가 수는 자연의 언어라고 선언한 이후 자연법칙들은 예외 없이 수로 구성되어왔다. 그러나 이제 자연의 언어에 시간을 기술하는 수를 포함시켜야 할 때가 왔다. 자연법칙은 운동의 법칙이 되었고, 자연 그 자체가 일련의 정태적인 테두리가 아니라 움직이는 과정으로 전환되기 시작한 것이다.

82 **식물의 성장.**
◀솔방울, 장미 꽃잎의 표면, 조개, 데이지 꽃.

83 **수학은 역동적인 사유양식으로 전환되고, 인간 등정에 있어 중대한 정신적인 한 걸음이 되었다.**
▲아원자 입자의 운동을 컴퓨터그래픽으로 재현한 이미지.

별의 사자(使者)

지중해 문화권에서 성장한 현대적 의미의 첫 번째 과학은 천문학이었다. 수학이 바로 천문학과 이어진 것은 당연하다. 결국 천문학은 정확한 수로 바뀔 수 있다는 바로 그 이유로 인해서 제일 먼저 발전되었고, 다른 모든 과학의 모형이 되었다. 내가 유별난 사람이기 때문에 이런 말을 하는 것이 아니다. 구태여 유별난 점을 찾자면 내가 최초의 지중해 과학의 드라마를 다루면서 신세계를 첫 무대로 선택한 점일 것이다.

천문학의 기초는 어느 문화에나 존재했으며 세계 각지의 고대 종족들의 중요한 관심사였음이 분명하다. 그 한 가지 이유는 뚜렷하다. 천문학은 계절의 주기를 따라—예를 들어, 눈에 보이는 태양의 운동에 의해서—우리를 이끌어주는 지식이다. 이 같은 방법으로 사람들이 심고 거두고 가축 떼를 이동시키는 시기 등을 정하게 된다. 그러므로 모든 정착문화에는 그들의 계획을 인도하는 역법(曆法)이 있게 마련이고, 신세계에서도 그것은 바빌로니아와 이집트의 강기슭에서와 마찬가지였다.

하나의 실례가 대서양과 태평양 사이에 있는 아메리카 지협에서 1,000년 이전에 번성했던 마야 문명이다. 그것은 문자와 공학 기술과 독창적인 예술을 보유한 아메리카 문화의 최고봉이라고 해도 지나치지 않다. 마야의 신전단지(神殿團地)에는 가파른 피라미드들이 있었고, 몇 명의 천문학자들이 상주하고 있었으며, 지금도 남아 있는 커다란 제단석(祭壇石)에는 천문학자들의 초상들이 새겨져 있다. 그 제단은 776년에 열렸던 고대의 천문학회의를 기념하고 있다. 16명의 수학자들이 마야

84 **마야 문화권의 의식은 시간의 경과 즉 절후와 깊은 관계가 있었으며, 그것이 천문학의 중심 과제였다.**
코판(Copan)에서 나온 제단의 한 조각 'Q'에는 그들이 사용하던 두 가지 역법(曆法) 사이의 격차를 바로잡기 위하여 모여든 천문학자들이 그려져 있다.
위에는 초승달이 뜨는 날짜를 나타낸 상형문자가, 돌의 옆면에는 천문학자들의 머리 사이에 모임의 날짜가 나타나 있다, 8세기.

과학의 이름난 중심지이며, 중앙아메리카의 성도(聖都)인 이곳 코판(Copan)으로 모여들었다.

마야인들은 유럽보다 훨씬 앞선 수체계를 가지고 있었다. 이를테면 그들에게는 '영(零)'의 기호가 있었다. 그들은 훌륭한 수학자들이었다. 그럼에도 그들은 지극히 간단한 것을 제외하고는 별의 운동을 작성한 적이 없었다. 대신 그들의 제의는 시간의 경과에 집착하고 있었으며, 이러한 공식적인 관심이 천문학뿐만 아니라 시와 전설을 지배했다.

그 위대한 회의가 코판에서 열렸을 때, 마야의 사제인 천문학자들은 난관에 봉착해 있었다. 수많은 문화 중심지로부터 학자 대표들을 소집할 정도의 중대한 난관이라면 관측상의 실제 문제와 관계가 있었을 것이라고 쉽게 가정할 수 있다. 하지만 그런 가정을 했다면 잘못이다. 실은 마야의 역법 관리자들을 끊임없이 괴롭혔던 계산상의 산수 문제를 해결하고자 회의가 소집되었던 것이다. 그들은 성스러운 것과 세속적인 것의 두 가지 역법을 사용했으나, 이 둘은 오래 지나면 보조가 맞지 않았다. 그래서 이 두 역법이 서로 사이가 벌어지지 않도록 하는 일에 재능을 쏟아부었다. 마야의 천문학자들은 하늘의 행성 운동에 관해서 단순한 규칙을 활용하는 데 그쳤을 뿐, 행성이 어떻게 운동하는가에 대한 개념이 전혀 없었다. 그들의 천문학 사상은 순전히 형식적이었고, 단순히 역법을 제대로 관리하는 문제에 머물고 있었다. 천문학 대표들이 776년에 한 일이라고는 초상화를 위해 당당히 포즈를 취했던 것뿐이었다.

85 천체는 축을 중심으로 돌고 그 축은 둥근 지구였다.
◀이 도표는 지구에서 보이는 행성의 운동 경로를 보여준다.
프톨레마이오스의 이론은 이것을 설명하고자 했다.
▶뮌헨의 플라네타리움에서 장기 노출로 수성·금성·화성·목성·토성의 운동을 찍은 것이다.

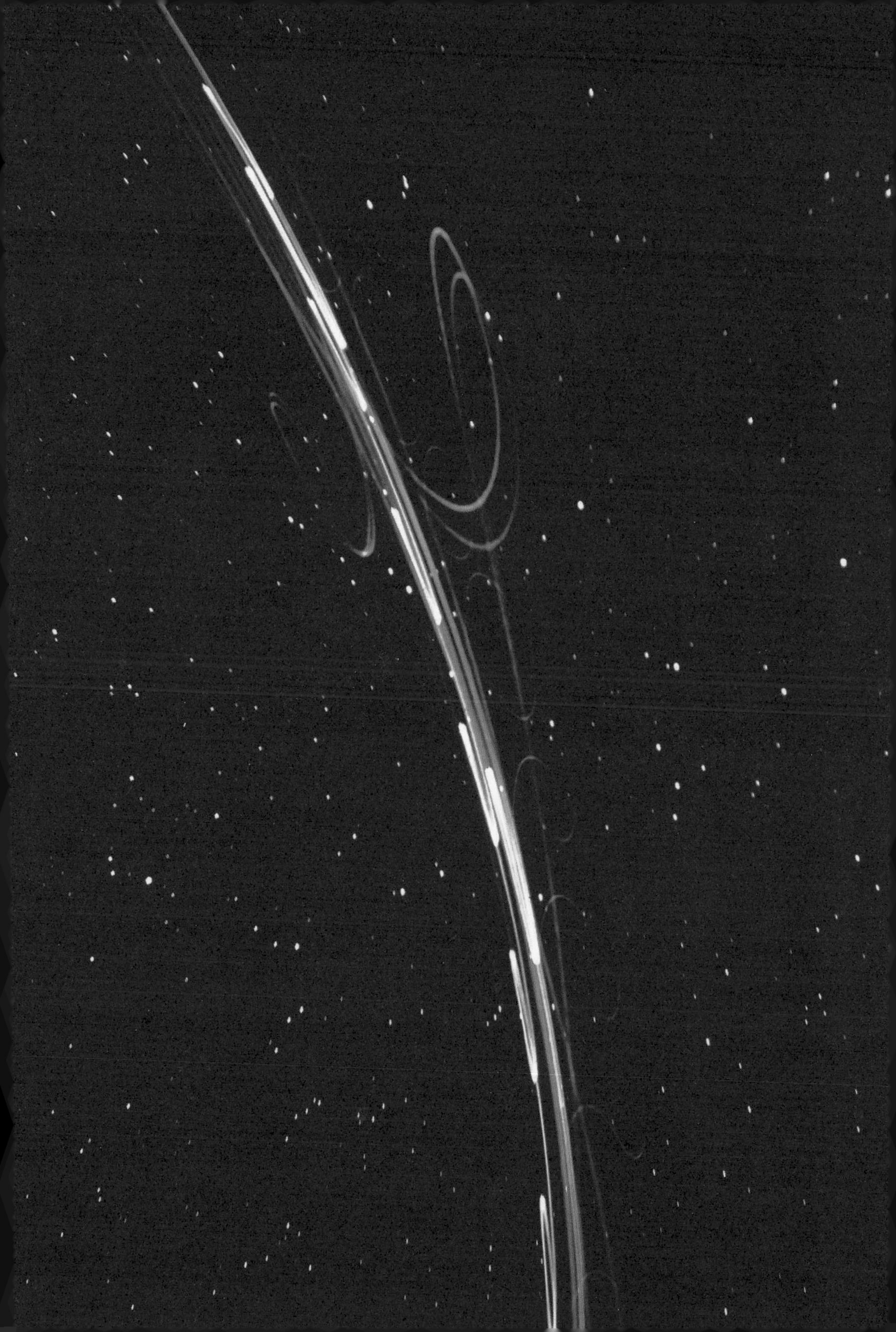

요컨대 천문학은 역법에서 그치지 않는다. 옛날 사람들 사이에서는 보편적이지 않았지만 또 다른 용도가 있었다. 밤하늘에 움직이는 별들은 여행자에게, 특히 다른 지표들이 전혀 없는 해상 여행자들에게는 훌륭한 길잡이가 되었다. 구세계의 지중해 항해자에게 천문학은 바로 그런 역할을 했다. 그와는 달리, 우리가 판단할 수 있는 범위 안에서 볼 때, 신세계의 주민들은 천문학을 육상과 해상 여행의 과학적인 안내자로 이용하지 않았다. 그런데 천문학 지식 없이는 먼 거리의 길을 찾거나, 나아가서는 지구와 그 위에 있는 땅과 바다의 형상에 관한 이론을 정립하기란 사실상 불가능하다. 콜럼버스는 세계의 저편으로 항해를 떠날 당시 구식의, 우리가 보기에는 미숙한 천문학 지식으로 계획을 추진했다. 예를 들어 그는 지구가 실제보다 훨씬 작다고 생각했다. 그렇지만 콜럼버스는 신세계를 발견했다. 신세계에서는 지구가 둥글다고는 절대로 생각하지 않았고 구세계를 찾아 나서려는 생각도 한 적이 없었던 것이 우연일 수 없다. 돛을 올려 지구를 돌아 신세계를 찾아 나선 쪽은 구세계였다.

천문학이 과학이나 발명의 정점은 아니다. 하지만 그것은 문화의 밑바닥에 깔려 있는 기질과 정신 유형을 시험한다. 그리스 시대 이후 지중해의 항해자들은 특이한 탐구심을 가지고, 모험과 논리, 즉 경험과 이성을 조합하여 단일한 탐구 방식을 정립했다. 신세계에서는 그러지 못했다.

그러면 신세계는 아무것도 발명하지 않았던가? 물론 그렇지 않다. 이스터 섬과 같이 원시적인 문화라 하더라도 '거대하고 획일적인 조상(彫像)'이라는 굉장한 창안을 했다. 이 세계에 그와 비길 만한 조각들은 없으며, 흔히 사람들은 그 작품들을 둘러싸고 지엽적이고 아무런 상관이 없는 온갖 질문들을 던지고 있다. 그들은 왜 이러한 것들을 만들었는가? 어떻게 운반했을까? 지금 서 있는 장소에 어떻게

86 **공허한 반복만으로 지상의 낙원이 만들어지지는 않는다.**
이스터 섬 모아이스 해변에 줄지어 서 있는 석상.

오게 되었을까? 그런데 이런 것들은 중요한 문제가 아니다. 그보다 훨씬 앞서 등장한 석기문명의 소산인 스톤헨지를 건설하기는 그보다 훨씬 어려웠다. 에이브베리(Avebury)와 그 밖의 수많은 문화적 기념물들도 마찬가지였다. 그렇다. 원시문화들은 이러한 방대한 공동 사업을 통해서 아주 조금 전진할 뿐이다.

이 조상(彫像)들에 관해서 해야 할 중대한 질문은 왜 그 모든 조각들을 똑같은 모양으로 만들었을까? 하는 것이다. 그들은 통 속에 있는 디오게네스처럼 그 자리에 서서 텅 빈 눈망울로 하늘을 바라보며, 이해하려는 노력은 없이, 머리 위를 지나가는 해와 별들을 지켜보고 있다. 1722년 부활절 일요일에 네덜란드인들이 이 섬을 발견했을 때 그들은 지상 낙원의 흔적들을 보았노라고 말했다. 그러나 사실은 그렇지 않았다. 땅 위의 낙원은 우리 속의 짐승이 그 안에서 빙빙 맴돌면서 언제나 똑같은 일을 하는 것 같은 공허한 행위를 되풀이하는 것만으로는 만들어지지 않는다. 이 얼어붙은 얼굴들, 닳아서 희미해져가고 있는 화면 속의 이 얼어붙은 구조물들은 이성적인 지식으로 향하는 첫걸음을 떼지 못한 문명의 표상이다. 그것이 자신의 상

징적인 빙하시대 속에서 죽어가는 신세계 문화의 실패이다.

이스터 섬은 사람이 사는 가장 가까운 섬인 핏케언(Pitcairn) 섬으로부터 서쪽으로 1,600km 이상 떨어져 있다. 또한 동쪽에 있는 다음 섬인 후앙 페르난데스(Juan Fernandez)에서는 2,400km 이상 떨어져 있는데 로빈슨 크루소의 모델인 알렉산더 셀커크(Alexander Selkirk)가 1704년에 그곳에 좌초한 바 있다. 이런 거리는 항로를 가늠할 천구와 별자리 모형이 없이는 항해하기 힘들다. 사람들은 이스터 섬을 둘러싸고 "이곳에 어떻게 사람들이 왔을까?"라는 질문을 곧잘 던진다. 그들은 우연히 이곳에 왔다. 그러나 문제는 그것이 아니다. 문제는 오히려 그들이 왜 이곳을 빠져나가지 못했는가에 있다. 그들은 길을 찾을 수 있는 별의 운동을 전혀 지각하지 못했기 때문에 떠날 수 없었던 것이다.

왜 못했을까? 한 가지 분명한 이유는 남반구의 하늘에는 북극성이 없다는 데 있다. 우리는 북극성의 존재가 중요하다는 것을 알고 있다. 북극성은 이동하는 새들의 중요한 길잡이가 되는 까닭에서다. 아마도 그런 이유로 대부분의 새들의 이동은 북반구에만 있고 남반구에는 없는 것이다.

북극성이 없다는 사실은 남반구에서는 중요한 의미가 될 수 있지만, 신세계 전체에서는 큰 의미를 가진다고 할 수 없다. 중앙아메리카, 멕시코 등 적도 북방에 있으면서도 천문학이 없었던 지역이 있기 때문이다.

거기서는 무엇이 잘못되었던가? 아무도 단언할 수는 없다. 그들에게는 구세계를 그토록 힘차게 움직였던 위대한 상상력, 예컨대 바퀴(wheel) 같은 것이 없었기 때문이라고 나는 생각한다. 바퀴는 신세계에서 장난감에 지나지 않았다. 그러나 구세계에서 바퀴는 시와 과학의 가장 위대한 심상(心像)이었고, 모든 것은 그 위에 바탕을 두고 있었다. 천체가 축을 중심으로 돈다는 생각은 1492년 크리스토퍼 콜럼버스가 출항할 때 그에게 영감을 주었고, 그 축은 둥근 지구였다. 그는 그러한 사상을 그리스인들로부터 받아들였고, 그리스인들은 회전하면서 음악을 울리는 구체 위에 별들이 고정되어 있다고 믿었다. 바퀴 안에 있는 바퀴들, 그것이 1,000여 년 동안 작용한 프톨레마이오스 체계였다.

콜럼버스가 출항하기 100여 년 전, 구세계는 별이 반짝이는 하늘을 시계처럼 돌아가는 정밀한 모형으로 그려낼 수 있었다. 그 모형은 1350년경 파도바에 살던 조반니 데 돈디(Giovanni de Dondi)의 손으로 만들어졌다. 그 일을 하는 데 16년이 걸렸는데 안타깝게도 원본이 남아 있지 않다. 다행히 그의 설계도를 따라 복원할 수가 있었고, 워싱턴에 있는 스미소니언 연구소에 조반니 데 돈디가 설계했던 고전적인 천문학의 경이로운 모형이 있다.

그러나 기계적인 장치가 주는 경이로움보다 더 값진 것은 아리스토텔레스와 프톨레마이오스, 그리고 그리스인들로부터 전해온 지적인 착상이다. 돈디의 시계는 지구에서 본 그들의 행성관이다. 지구에서 보면 일곱 개의 행성이 있다—고대인들은 그렇다고 생각했는데, 태양도 역시 지구의 행성으로 계산했기 때문이었다. 따라서 시계는 일곱 개의 면 또는 다이얼이 있고, 그 하나하나마다 한 개의 행성이 달리고 있다. 이 다이얼 위에 있는 행성 궤도는 우리들이 지구에서 본 궤도와 (대체로) 같다—그 시계는 실제 관찰 결과와 거의 맞아떨어진다. 지구에서 봤을 때 궤도가 원형인 것은 다이얼 위에서도 원형이다. 그건 어렵지 않았다. 그런데 어떤 행성의 궤도가 지구에서 볼 때 뒤쪽으로 고리를 짓는 경우 돈디는 프톨레마이오스가 묘사했던 대로 주전원(즉 원 위에서 회전하는 원—옮긴이)을 모방한 바퀴들의 기계적인 조합으로 만들었다.

우선 첫째로, 태양은 당시에 보았던 대로 원형 궤도이다. 그다음 다이얼에는 화성이 나타나는데 그 운동은 바퀴 안에 있는 시계 장치의 바퀴 위에서 전개된다는 점을 주목하기 바란다. 뒤이어 목성은 바퀴 안에 있는 바퀴들이 훨씬 복잡하다. 그 뒤에 토성이 등장하고, 바퀴들 안에 바퀴들이 있다. 그러고 나서 달에 이른다—돈디가 그린 달은 재미있지 않은가? 달의 다이얼은 간단한데 실제로 지구의 위성이기 때문이며 궤도는 원형으로 그려져 있다. 끝으로 지구와 태양 사이에 있는 두 개의 행성들, 즉 수성과 금성에 이르게 된다. 그리고 다시 똑같은 그림이 나온다. 금성을 운반하는 바퀴는 그보다 큰 가설적인 바퀴 안을 돌고 있다.

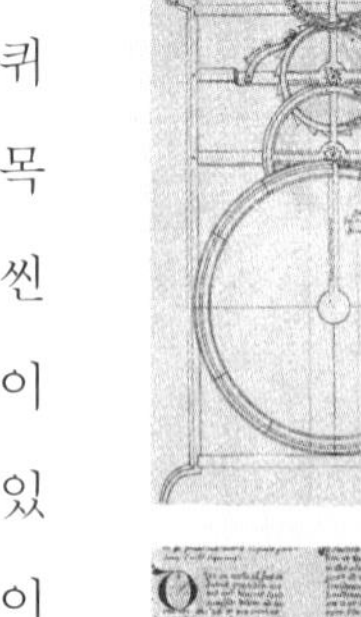

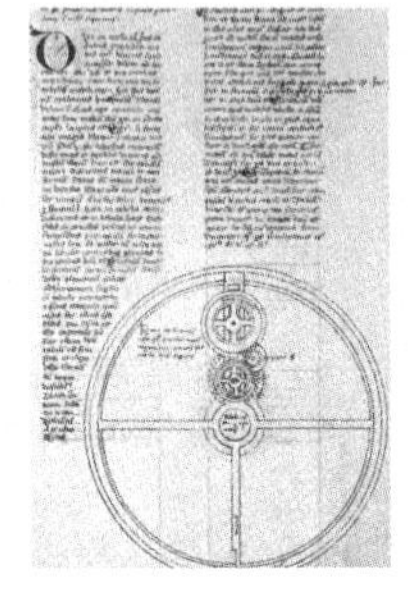

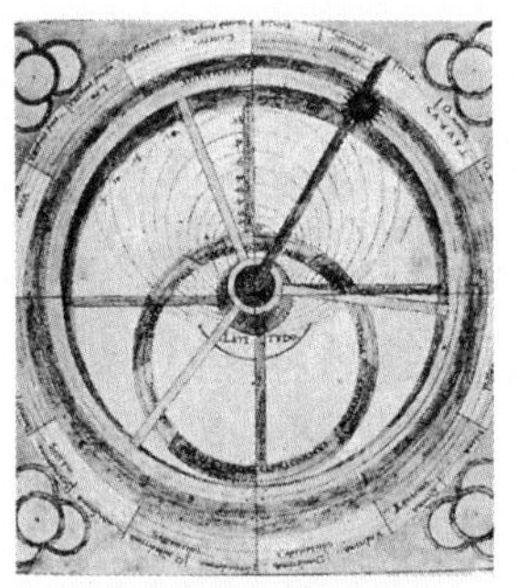

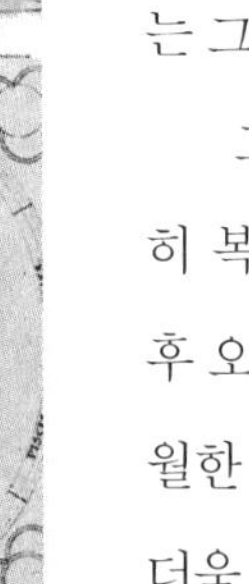

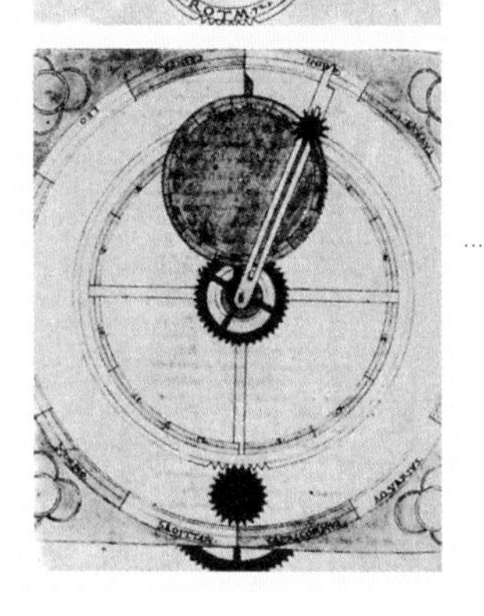

그것은 실로 경탄할 만한 지적 착상이다. 지극히 복잡하다. 그러나 그렇기 때문에 그리스도 탄생 후 오래지 않은 150년에 그리스인들이 이와 같이 탁월한 구조를 구상하고 수학으로 풀 수 있었다니 더더욱 놀라울 따름이다. 그럼 무엇이 잘못되었나? 오직 한 가지, 천체에 일곱 개의 다이얼이 있다는 사실이다. 하늘에는 일곱 개가 아니라 오직 한 개의 기계장치가 있어야 한다. 그러나 그 기계장치는 코

87 **지극히 뛰어난 천체 시계.**
◀이탈리아 파두아의 조반니 데 돈디가 만든 천문 시계의 복제품.
▲그 시계의 기계 작용을 설명한 돈디의 15세기 원고 두 페이지를 이용하여 제작했다.
▶태양·화성·금성의 운행을 보여주고 있는 돈디의 시계 장치.

페르니쿠스가 하늘의 중심에 태양을 갖다 놓은 1543년까지는 발견되지 않았다.

니콜라우스 코페르니쿠스는 훌륭한 신자였고 1473년 폴란드에서 태어난 인문주의적 지성인이었다. 그는 이탈리아에서 법학과 의학을 공부했고, 정부에 통화 개

NICOLAI COPERNICI

net, in quo terram cum orbe lunari tanquam epicyclo contineri diximus. Quinto loco Venus nono mense reducitur. Sextum denique locum Mercurius tenet, octuaginta dierum spacio circū currens. In medio uero omnium residet Sol. Quis enim in hoc pulcherrimo templo lampadem hanc in alio uel meliori loco poneret, quàm unde totum simul possit illuminare? Siquidem non inepte quidam lucernam mundi, alij mentem, alij rectorem uocant. Trimegistus uisibilem Deum, Sophoclis Electra intuentē omnia. Ita profecto tanquam in solio regali Sol residens circum agentem gubernat Astrorum familiam. Tellus quoque minime fraudatur lunari ministerio, sed ut Aristoteles de animalibus ait, maximā Luna cū terra cognationē habet. Concipit interea à Sole terra, & impregnatur annuo partu. Inuenimus igitur sub hac

REVOLVTIONVM LIB. I. 10

ordinatione admirandam mundi symmetriam, ac certū harmoniæ nexum motus & magnitudinis orbium: qualis alio modo reperiri non potest. Hic enim licet animaduertere, nō segniter contemplanti, cur maior in Ioue progressus & regressus appareat, quàm in Saturno, & minor quàm in Marte: ac rursus maior in Venere quàm in Mercurio. Quodque frequentior appareat in Saturno talis reciprocatio, quàm in Ioue: rarior adhuc in Marte, & in Venere, quàm in Mercurio. Præterea quòd Saturnus, Iupiter, & Mars acronycti propinquiores sint terræ, quàm circa eorū occultationem & apparitionem. Maxime uero Mars pernox factus magnitudine Iouem æquare uidetur, colore duntaxat rutilo discretus: illic autem uix inter secundæ magnitudinis stellas inuenitur, sedula obseruatione sectantibus cognitus. Quæ omnia ex eadem causa procedunt, quæ in telluris est motu. Quòd autem nihil eorum apparet in fixis, immensam illorū arguit celsitudinem, quæ faciat etiam annui motus orbem siue eius imaginem ab oculis euanescere. Quoniā omne uisibile longitudinem distantiæ habet aliquam, ultra quam non amplius spectatur, ut demonstratur in Opticis. Quòd enim à supremo errantium Saturno ad fixarum sphæram adhuc plurimum intersit, scintillantia illorum lumina demōstrant. Quo indicio maxime discernuntur à planetis, quodque inter mota & non mota, maximam oportebat esse differentiam. Tanta nimirum est diuina hæc Opt. Max. fabrica.

De triplici motu telluris demonstratio. Cap. XI.

CVm igitur mobilitati terrenæ tot tantaque errantium syderum consentiant testimonia, iam ipsum motum in summa exponemus, quatenus apparentia per ipsum tanquā hypothesim demonstrentur, quē triplicē omnino oportet admittere. Primum quem diximus νυχθήμερον à Græcis uocari, diei noctisque circuitum proprium, circa axem telluris, ab occasu in ortum uergentem, prout in diuersum mundus ferri putatur, æquinoctialem circulum describendo, quem nonnulli æquidialem dicunt, imitantes significationem Græco-

c ij rum,

혁을 권고했으며, 교황은 달력 개혁에 그의 도움을 청했다. 줄잡아 20년 동안 그는 마땅히 자연은 단순해야 한다는 현대적 명제를 입증하고자 헌신했다. 행성들의 궤도가 어째서 그렇게 복잡해야 하는가? 그는 우리가 우연히 서 있게 된 장소, 즉 지구에서 그들을 보고 있기 때문이라고 결론지었다. 원근법의 선구자들처럼 코페르니쿠스는 다른 장소에서 보지 말아야 할 이유가 무엇이냐고 물었다. 그가 그 다른 장소로 황금빛 태양을 선택한 데에는 훌륭한 르네상스적 이유, 지성적이라기보다 차라리 감정적인 이유가 있었던 것이다.

> 모든 천체들의 한복판에 태양은 왕좌를 차지하고 앉아 있다. 가장 아름다운 이 신전 안에서, 이 빛나는 발광체를 전체를 동시에 비출 수 있는 이보다 더 좋은 장소에 둘 수 있을까? 그는 우주의 등잔이고 정신이며, 지배자라는 이름에 걸맞다. 헤르메스 트리스메기스토스(Hermes Trismegistus)는 그를 '가시적 신(神)'이라 이름 지었고, 소포클레스의 엘렉트라는 그를 '만물을 보는 자'라 불렀다. 그러므로 태양은 마치 용상에 앉은 것처럼 자기 둘레를 돌아가는 행성들을 제 자식같이 다스린다.

88 **1543년 코페르니쿠스는 천체의 중심에 태양을 가져다 놓았다.**
▲코페르니쿠스의 저서『천구의 회전에 관하여』의 본문.
▶폴란드 토룬에서 젊은 시절의 코페르니쿠스.

코페르니쿠스는 태양을 행성계의 중심에 두려는 생각을 이미 오래전부터 하고 있었다. 그는 마흔 살이 되기 전에 벌써 가설적이며 비수학적인 태양계의 도식을 그려봤을지도 모른다. 그러나 그것은 종교의 대변란기에 가볍게 공개할 구상이 아니었다. 일흔 살에 가까운 1543년에 와서야 코페르니쿠스는 드디어 용기를 긁어모아 한 권의 책을 발간하기로 했다. 그의 저서 『천구의 회전에 관하여De Revolutionibus Orbium Coelestium』는 천체를 태양 주위를 움직이는 하나의 단일 체계로서 수학적으로 기술하고 있다(책 제목에 나오는 'Revolutionibus'에는 '회전'이라는 의미 외에 '혁명'이라는 뜻이 담겨 있다. 지금 여기서는 천문학적이 아닌 부가적 의미를 지니고 있으며, 그건 우연이 아니다. 서양에서는 이때 이 문제를 둘러싸고 혁명이라는 사회 현상에 관한 개념이 싹트기 시작했다). 코페르니쿠스는 그해에 세상을 떠났다. 임종을 앞둔 침상에서 그 책을 손에 쥐어 주자 그는 딱 한 번 그 책을 보았다고 전해지고 있다.

종교, 미술, 문학, 음악, 그리고 수리 과학의 분야에서 하나의 급류처럼 밀어닥친 르네상스는 전반적인 중세 체제와 정면으로 충돌하게 되었다. 지금 우리의 시각으로 보면, 중세 체제 안에서의 아리스토텔레스의 역학과 프톨레마이오스의 천문학은 대단한 것이 아니다. 그러나 코페르니쿠스와 동시대인들에게는, 그것이 세계의 자연적이고 가시적인 질서를 대표했다. 완벽한 운동의 그리스적인 이상을 상징하는 바퀴는 마야의 역법이나 이스터 섬에 서 있는 조각들과 마찬가지로 딱딱하게 굳은 화석화된 신이었다.

코페르니쿠스 체계 안에서도 행성들은 여전히 원형 궤도를 운행하고 있음에도 불구하고 그의 이론 체계는 당대인들에게 부자연스러웠다(행성 궤도가 사실은 타원형임을 입증한 사람은 그보다 후배로 나중에 프라하에서 활동했던 요하네스 케플러였다). 일반 시민이나 강단에 서는 사람이나 그 이론에 괘념하지 않았다. 그들은 천체들의 바퀴를 굳게 믿고 있었다. 하늘의 군대인 별들은 지구를 돌아서 행진하지 않으면 안 된다. 로마 교회는 프톨레마이오스 체계가 레반토(소아시아와 고대 시리아 지방의 지중해 연안 지방—옮긴이)의 한 그리스인이 아니라 전능한 절대자가 스스로 발명해냈다고 결심이라도 한 듯, 그것은 하나의 신조가 되었다. 분명히 그 문제는 교리가 아니라 권위의 문제였다. 그 문제는 70년 뒤 베네치아에서 곪아 터지게 되었다.

1564년에 두 명의 위인이 태어났다. 한 사람은 영국의 윌리엄 셰익스피어(William Shakespeare)였고, 다른 한 사람은 이탈리아의 갈릴레오 갈릴레이(Galileo Galilei)였다. 셰익스피어는 당대의 권력 드라마를 쓸 때 두 차례나 무대를 베네치아 공화국으로 가져갔다. 한 번은 『베니스의 상인』에서, 그리고 다른 한 번은 『오셀로』에서였다. 1600년대에는 지중해가 여전히 세계의 중심이었고, 베네치아는 지중해의 중심이었기 때문이었다. 그리고 야심가들이 아무런 제약을 받지 않고 자유로이 활동하고자 이곳으로 모여들었다. 지금도 그렇듯 상인과 모험가들, 지성인들, 예술가들과 장인의 무리가 거리에 득실거렸다.

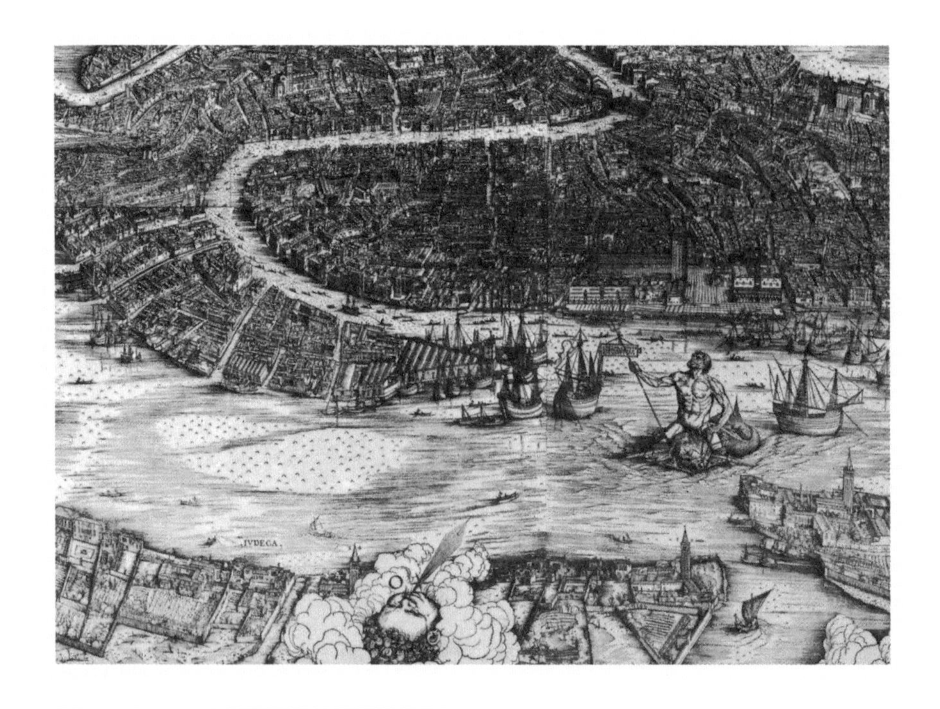

베네치아인들은 음흉하다는 평판을 받고 있었다. 베네치아는 지금으로 말하면 자유항이었고, 리스본과 탕헤르(Tangier) 같은 중립적인 도시에 퍼져 있는 음모의 분위기가 실려 왔다. 어느 가짜 후원자가 1592년 조르다노 브루노(Giordano Bruno)를 함정에 빠뜨려 이단 심문소에 넘겨준 곳이 바로 베네치아였고, 이단 심문소는 8년 뒤에 브루노를 로마에서 화형시켰다.

확실히 베네치아인들은 실용적이었다. 갈릴레이는 피사에서 기초 과학을 깊이 있게 연구한 적이 있었다. 하지만 베네치아인들이 그를 파두아의 수학 교수로 임용하게 된 원인은, 그가 실용적인 발명에 재능이 있었기 때문이 아닌가 생각된다. 그의 발명품 중 일부는 피렌체에 있는 실험아카데미(Accademia Cimento)의 역사적 소장품 가운데 일부로 남아 있는데, 그 구상과 수법이 절묘함을 알 수 있다. 액체의 팽창계수를 측정하는 소용돌이 모양의 유리 기구가 있는데, 온도계와 아주 비슷하다. 그리고 아르키메데스의 원리를 바탕으로 해서 귀금속의 비중을 검사하는 정밀 수압측정기가 있다. 또한 상업에 비상한 수완이 있던 갈릴레이가 '군사용 나침반'이라 불렀던 장치가 있는데, 실은 현대의 계산자(slide-rule)와 크게 다를 바 없는 기구다. 갈릴레이는 그 기구를 자기 공작소에서 만들어 직접 팔았다. 그는 '군사용 나침반'의 안내서를 집필하여 자기 집에서 출판했다. 그것은 갈릴레이가 출판한 초기

89 1600년대에는 지중해가 여전히 세계의 중심이었고, 베네치아는 지중해의 중심이었다.
◀베네치아의 목판화 세부, 자코포 데 바르바리(Jacopo de' Barbari), 1500년.

90 갈릴레이는 빨간 머리에 키가 작고 몸집은 딱 벌어진 데다 매우 활동적인 사람이었다.
▲그가 종교재판을 받기 8년 전 옥타비오 레오니(Octavio Leoni)가 그린 갈릴레오 갈릴레이의 초상화.

저술 중 하나로 손꼽힌다. 이 책은 베네치아인들이 바라던 건전하고 상업적인 과학책이었다.

그러므로 1608년 말에 플랑드르의 안경 제조업자가 원시적인 형태의 쌍안경을 만들어 베네치아 공화국에 팔려고 했던 것도 결코 놀라운 일이 아니었다. 하지만 말할 나위도 없이, 공화국에는 북부 유럽의 그 누구와도 비길 수 없이 강력한 과학자요 수학자인 갈릴레이가 이미 활동하고 있었다—게다가 그는 한층 뛰어난 선전가여서 망원경을 만들자 야단법석을 떨며 베네치아 원로원 의원들을 종루 꼭대기로 데리고 올라가 그걸 자랑했다.

갈릴레이는 빨간 머리에 작은 키, 딱 벌어진 몸매에 활동적인 인물이었고, 결혼하지 않은 상태에서 1남 2녀를 두었다. 플랑드르인의 발명에 관한 소식을 들었을 때 그의 나이가 마흔다섯 살이었다. 그는 짜릿한 충격을 받았다. 그는 하룻밤을 새워 자기 힘으로 그 장치를 궁리해냈고, 그에 못지않은 성능, 그래 봐야 확대율이 3배인 오페라용 쌍안경 정도의 기구를 만들었다. 그러나 베네치아의 종루에 올라갈 즈음에는 확대율을 8~10배로 향상시켜 본격적인 망원경을 만들어냈다. 그는 그

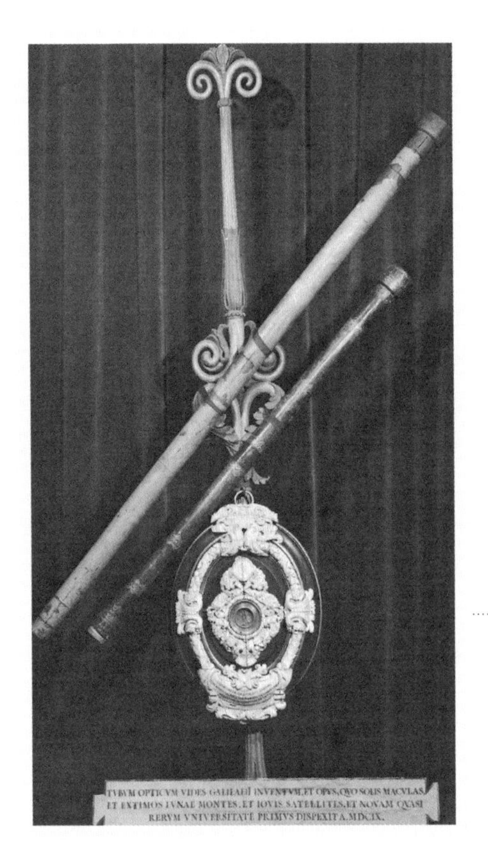

……

걸 가지고 종루 꼭대기로 올라갔다. 그곳에서 전망할 수 있는 수평선까지의 거리는 약 30km이지만, 망원경으로 보면 바다에 떠 있는 배를 볼 수 있을 뿐만 아니라, 두 시간 또는 그 이상 항해해야 하는 먼 곳의 선박까지 확인할 수 있었다. 당시 리알토(Rialto)의 중개상들에게는 그것만으로도 많은 돈을 쏟아부을 값어치가 있었다.

갈릴레이는 1609년 8월 29일자로 피렌체에 있는 매제에게 편지를 보내어 그 사건의 내용을 묘사했다.

> 그러니 이걸 알아줘야겠네. 플랑드르에서 모리스 백작에게 쌍안경이 바쳐졌는데, 그 기구가 아주 먼 곳에 있는 물건을 가까이 보이게 하고 3km 떨어져 있는 사람의 모습을 똑똑히 볼 수 있게 만들었다는 소식이 널리 퍼진 지 거의 두 달이 되었네. 그것은 너무나 놀라운 효과라서 나도 생각을 해보았다네. 그것이 원근법에 바탕을 두고 있는 것 같기에 그 기구를 고안하는 일에 착수했다네. 마침내 방법을 발견했는데, 아주 완벽해서 내가 만든 것이 플랑드르 사람의 것보다 평판이 훨씬 좋았다네. 내가 망원경 하나를 만들었다는 소문이 베네치아에 전해져서 엿새 전에 전하의 부름을 받았다네. 그분과 자리를 같이하여 전체 원로원이 다 모여 있는 그 자리에서 내가 망원경을 보여주자 모든 사람들이 크게 놀랐다네. 게다가 지금까지 많은 신사와 원로원 의원들이 고령을 무릅쓰고 베네치아의 제일 높은 종루의 계단을 여러 차례 올라갔다네. 그들은 거기서, 내 쌍안경 없이도 볼 수 있는 지점까지 오려면 항구를 향하여 전속력으로 들어오더라도 두 시간 또는 그 이상이 걸리는 먼 바다 위의 돛과 배들을 볼 수 있었다네. 실상 이 기구의 성능은 80km 떨어진 물체를 마치 8km 거리에 있는 것처럼 크고 가깝게 보이게 하는 것이라네.

갈릴레이는 현대 과학의 방법을 창시한 인물이다. 그리고 그는 베네치아의 종

91 **갈릴레이는 배율을 8~10배로 올렸고, 뒤이어 본격적인 망원경을 만들어냈다.**
◀◀갈릴레이가 1609년 영주에게 보여주었을 것으로 추정되는 망원경.
◀갈릴레이가 만든 기구의 하나. 아르키메데스의 원리에 따라 귀금속의 비중을 측정하는 유체정력학(流體靜力學)적이고 정밀한 저울.

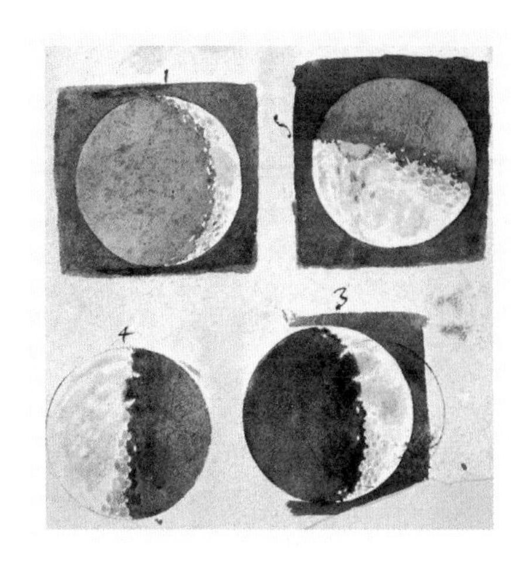

루에서 승리를 거둔 뒤 6개월 만에 그 업적을 완성했다. 다른 사람들 같았으면 종루에서의 승리로 만족했을 것이다. 당시 그는 플랑드르인의 장난감을 향해 기기로 전환하는 것만으로는 성이 차지 않았다. 그것을 연구 조사하는 도구로 바꿔놓을 수도 있다고 생각했는데, 이 같은 발상은 그 시대에는 전혀 새로운 사고방식이었다. 그는 망원경의 확대율을 30배로 올리고 별을 관찰했다. 이렇게 함으로써 그는 최초로 우리가 생각하는 응용과학을 실천에 옮겼다. 다시 말하면, 기구를 만들고 실험을 하여 그 결과를 발표했다. 그리고 이 시기가 1609년 9월과 1610년 3월 사이였고, 이때 그는 베네치아에서 그의 유명한 저서 『별의 사자Sidereus Nuncius』를 발간했는데, 새로운 천문관측법을 삽화를 넣어 설명한 책이었다. 그 한 대목을 인용해보기로 하자.

> 이전에 전혀 보지 못했고, 이미 알려진 옛 별들보다 10여 배나 많은 무수한 별들(을 나는 보았다).
>
> 그러나 다른 것과는 비길 수 없으리만큼 커다란 놀라움을 주고, 특별히 내가 모든 천문학자와 철학자들의 주의를 환기시키지 않을 수 없게 한 현상은, 이전에 어떠한 천문학자도 알거나 관찰하지 못한 4개의 행성들을 발견했다는 사실이다.

그것은 목성의 위성들이었다. 한편 『별의 사자』는 그가 망원경으로 달을 관찰

92 **"달 표면은 가장 아름답고 즐거운 광경 중 하나다."**
▲갈릴레이는 1610년에 발명한 자기의 망원경으로 들여다본 달의 형상을 수채화로 직접 그렸다.

93 **갈릴레이는 플랑드르인의 장난감을 연구 조사를 위한 도구로 전환시킬 수 있었다.**
▶갈릴레이가 참여한 로마의 린시언 소사이어티(Lincean Society)의 회원 중 한 사람의 집에 그려진 벽화. 갈릴레이의 증명이 막 준비되고 있는 장면으로 당시 망원경의 유행을 보여준다.

OBSERVAT. SIDEREAE

Ori. * *○ * Occ.

Stella occidentalior maior, ambæ tamen valdè conſpicuæ, ac ſplendidæ: vtra quæ diſtabat à Ioue ſcrupulis primis duobus; tertia quoque Stellula apparere cępit hora tertia prius minimè conſpecta, quæ ex parte orientali Iouem ferè tangebat, eratque admodum exigua. Omnes fuerunt in eadem recta, & ſecundum Eclypticæ longitudinem coordinatæ.

Die decimatertia primum à me quatuor conſpectæ fuerunt Stellulæ in hac ad Iouem conſtitutione. Erant tres occidentales, & vna orientalis; lineam proximè

Ori. * ○*** Occ.

rectam conſtituebant; media enim occidẽtalium paululum à recta Septentrionem verſus deflectebat. Aberat orientalior à Ioue minuta duo: reliquarum, & Iouis intercapedines erant ſingulæ vnius tantum minuti. Stellæ omnes eandem præ ſe ferebant magnitudinem; ac licet exiguam, lucidiſſimæ tamen erant, ac fixis eiuſdem magnitudinis longe ſplendidiores.

Die decimaquarta nubiloſa fuit tempeſtas.

Die decimaquinta, hora noctis tertia in proximè depicta fuerunt habitudine quatuor Stellæ ad Iouem;

Ori. ○ * * * Occ.

occidentales omnes: ac in eadem proxim recta linea diſpoſitæ; quæ enim tertia à Ioue numerabatur paululum

했던 이야기도 하고 있다. 갈릴레이는 달의 지도를 발간한 최초의 인물이었다. 우리는 그의 수채화 원본을 가지고 있다.

달 표면은 가장 아름답고 즐거운 광경 중의 하나다…… (그것은) 분명히 매끈하게 잘 다듬어진 것이 아니라, 표면이 거칠고 울퉁불퉁하며, 지구의 표면과 마찬가지로 어디에나 광대한 돌출부, 깊은 계곡과 만곡부가 가득하다.

도제(Doge: 베네치아 공화국의 총독 또는 대통령의 칭호이며, 1697년에서 1797년까지 이 나라의 지도 체제를 형성하고 있었다—옮긴이) 체제하의 베네치아 공화국 주재 영국 대사 헨리 워턴(Henry Wotton) 경은 『별의 사자』가 출간되던 날 그의 상급자들에게 다음과 같은 보고서를 발송했다.

파두아 대학교의 수학 교수가…… 목성의 천체 주변을 회전하고 있는 4개의 새로운 행성들을 발견했으며, 그 밖에도 지금까지 알려지지 않았던 수많은 항성을 찾아냈습니다. 그뿐만 아니라…… 달은 매끈한 공이 아니라 다수의 돌출부가 있음을 알아냈습니다…… 저자는 엄청난 명성을 얻거나 엄청난 웃음거리가 될 운명을 맞게 되었습니다. 다음 배편으로 소인은 전하께 이 사람이 개량한 그 (광학) 기구 하나를 보내드리겠습니다.

94 "파두아 대학교 수학 교수가 목성 주위를 돌고 있는 4개의 새로운 천체를 발견했다."

▲목성의 위성들이 그리는 궤도를 보여주는 『별의 사자』의 한 페이지.

▶갈릴레이가 1606년에서 1630년 사이에 베네치아, 파두아, 피렌체와 로마에서 발간한 과학 저서들의 표지. 이 중 맨 오른쪽 'Il Saggiatore(황금계량자)'라는 제목이 붙은 책은 새 교황, 우르바누스 8세에게 헌정되었다.

이 소식은 선풍을 일으켰다. 그로 인해서 갈릴레이는 상업계에서 거둔 승리보다 더 큰 명성을 떨치게 되었다. 그러나 갈릴레이가 하늘에서 관찰하여 기꺼이 보고자 하는 모든 사람들에게 공개한 것은 프톨레마이오스의 천체계가 제 기능을 할 수 없음을 입증한 것이었으므로 전적으로 환영받을 만한 것은 아니었다. 코페르니쿠스의 강력한 추측이 옳았고, 이제 그 정당성이 공개적으로 입증된 것이었다. 그리고 이후의 과학적 성과에서 그렇듯이, 그 사실은 당대의 기존 체제가 지니고 있던 편견의 구미에 맞는 것이 전혀 아니었다.

갈릴레이는 자신이 한 일이란 코페르니쿠스가 옳았음을 증명하는 것이었으며, 모든 사람들이 이에 귀를 기울일 것이라고 생각했다. 그것이 그의 첫 번째 실수였다. 그것은 사람들의 의도에 대해서 단편적으로 생각하는 과학자들이 늘상 저지르는 실수였다. 또한 그는 자신의 명성이 이제는 높아졌으므로, 자신에게 부담스러워진 따분한 파두아 대학교의 교수직을 버리고 본질적으로 반교회적이며 안전한 이 베네치아 공화국을 떠나 고향 피렌체로 돌아가도 괜찮을 것이라고 생각했다. 그것이야말로 그의 두 번째이자 결과적으로 치명적인 실수였다.

16세기에 프로테스탄트의 종교개혁이 성공함으로써 로마 가톨릭 교회는 치열한 반종교개혁 운동을 전개하게 되었다. 루터에 대한 대항이 일제히 일어났다. 유럽에서는 권력을 향한 투쟁이 벌어지고 있었다. 1618년에 '30년전쟁'이 시작되었다. 1622년 로마 교회는 신앙의 포교(propagation)를 위한 새로운 기구를 창설했는데, 포교라는 의미에서 지금의 프로파간다(propaganda, 선전)라는 낱말이 유래한다.

SIDEREVS
NVNCIVS
MAGNA, LONGEQVE ADMIRABILIA
PHILOSOPHIS, atq ASTRONOMIS, quæ à
GALILEO GALILEO
PATRITIO FLORENTINO
PERSPICILLI
QVATVOR PLANETIS
MEDICEA SIDERA
NVNCVPANDOS DECREVIT.
VENETIIS, Apud Thomam Baglionum. M DC X.

DISCORSO
AL SERENISSIMO
DON COSIMO II
GRAN DVCA DI TOSCANA
Intorno alle cose, che Stanno in sù l'acqua, ò che in quella si muouono,
DI GALILEO GALILEI
Filosofo, e Matematico della Medesima
ALTEZZA SERENISSIMA.
IN FIRENZE,
Appresso Cosimo Giunti. MDCXII.
Con licenza de' Superiori.

ISTORIA
E DIMOSTRAZIONI
INTORNO ALLE MACCHIE SOLARI
E LORO ACCIDENTI
COMPRESE IN TRE LETTERE SCRITTE
ALL'ILLVSTRISSIMO SIGNOR
MARCO VELSERI LINCEO
DVVMVIRO D'AVGVSTA
CONSIGLIERO DI SVA MAESTA CESAREA
DAL SIGNOR
GALILEO GALILEI LINCEO
Nobil Fiorentino, Filosofo, e Matematico Primario del Sereniss.
D. COSIMO II. GRAN DVCA DI TOSCANA.
Si aggiungono nel fine le Lettere, e Disquisizioni del finto Apelle.
IN ROMA, Appresso Giacomo Mascardi. MDCXIII.
CON LICENZA DE SVPERIORI.

IL SAGGIATORE
VIRGINIO CESARINI
GALILEO GALILEI

가톨릭교도들과 개신교도들은 우리가 냉전이라고 부르는 것과 같은 싸움을 벌이고 있었는데, 그 싸움에서는 위인과 소인을 가리지 않는다는 것을 갈릴레이는 몰랐던 것이다. 쌍방의 판단은 지극히 단순했다. 누구든 우리 편이 아니면 이단이다. 심지어 지극히 고매한 신앙 해석가 벨라르미네(C. R. Bellarmine) 추기경마저도 조르다노 브루노의 천문학적 추론을 용서할 수 없었으므로 그를 형장에 보냈다. 로마교회는 거대한 현세의 권력이었고, 그 첨예한 대립의 시대에 교회는 목적이 온갖 수단을 정당화하는 경찰국가의 윤리를 따라 정치적 십자군으로서 투쟁하고 있었다.

내가 보기에 갈릴레이는 정치 세계에서는 기이하게도 순진했으며, 자신이 영리하기 때문에 정치권보다 선수를 칠 수 있다고 생각했다는 점에서 정말로 순진했다. 20여 년 동안 그는 필연적으로 그의 파문을 가져올 노선을 따라 행동했다. 그를 뒤집어엎는 데에는 오랜 시일이 걸렸으나 그와 교회 당국자들과의 분열은 확실했으므로 궁극적으로 그가 침묵하게 되리라는 것은 의심할 여지가 없었다. 그들은 신앙이 지배해야 한다고 믿었으며, 갈릴레이는 진리가 설득력을 행사하리라 믿었다.

그와 같은 원칙의 충돌이자 또한 성격의 충돌은 1633년 그의 재판을 통해서 백일하에 드러났다. 그러나 모든 정치 재판에는 막후에서 전개되어온 길고도 숨겨진 역사가 있는 법이다. 그리고 재판정에 제시된 비밀 역사는 바티칸의 비밀문서 보관

95 바티칸의 비밀문서 보관소에는 바티칸 당국이 핵심적인 문서로 간주하는 서류가 보관되어 있는 수수한 금고가 하나 있다.
▲바티칸의 비밀문서 보관소에서 갈릴레이의 재판에 관한 문서를 검토하고 있는 저자.

96 1623년 지적인 추기경이 교황으로 선출되었는데 그가 마페오 바르베리니였다.
▶새 교황의 흉상. 그가 가장 아끼는 조각가이자 건축가, 조반니 로렌초 베르니니의 작품이다.
1626년 당시 베르니니는 성 베드로 성당의 내부 완성 작업을 시작했다.

소, 그 굳게 잠겨진 곳에 숨겨져 있다. 이들 모든 문서들이 쌓여 있는 회랑 가운데 바티칸 당국이 핵심적인 문서로 간주하는 서류가 보관되어 있는 수수한 금고가 하나 있다. 예컨대 이 안에는 헨리 8세의 이혼 청원서가 있다—그것을 기각함으로써

영국에 종교개혁을 몰고 왔고, 로마와 영국의 유대가 단절됐다. 조르다노 브루노의 재판은 많은 문서를 남기지 않았는데 대부분의 문서가 파기되었기 때문이다. 그러나 현존하는 관계 문서는 모두 이곳에 보관되어 있다.

그리고 저 유명한 문서 제1181번 '갈릴레오 갈릴레이에 대한 소송 절차'가 있다. 그 재판은 1633년에 있었다. 그런데 제일 처음 눈에 띄는 사실은 문서가 작성되기 시작한 시점이다. 언제였던가? 1611년 갈릴레이가 베네치아, 피렌체, 그리고 이곳 로마에서 승리를 거두고 있던 그 시각에 이단 심문소에 갈릴레이를 제소하는 비밀 정보가 교황청으로 쌓여 올라오고 있었다. 이 서류철에는 없으나 최초의 문서상의 증거에 따르면 벨라르미네 추기경이 그에 대한 조사를 교사했다. 보고서들은 1613년, 1614년과 1615년에 작성되었는데, 그때에 가서는 갈릴레이 자신도 경계를 해야겠다는 생각을 하게 되었다. 청하지도 않았는데 그는 로마로 가서 코페르니쿠스의 우주 체계를 금지하지 않도록 친분이 있는 추기경들을 설득하려 했다.

그러나 이미 때는 늦었다. 1616년 2월에 작성된 법전 초안의 공식 문구들을 의역하면 다음과 같다.

> 금지될 명제들:
>
> 태양은 하늘의 중심에서 부동(不動)이다.
>
> 지구는 하늘의 중심에 있지 않으며, 부동이 아니라 이중 운동을 하며 움직인다.

갈릴레이는 자기 힘으로 혹독한 견책은 모면한 듯하다. 어쨌든 그는 위대한 벨라르미네 추기경 앞에 불려나갔고, 코페르니쿠스의 우주 체계를 지지하거나 변호해서는 안 된다는 것을 납득했으며, 아울러 그런 내용의 서신을 벨라르미네로부터 받기도 했다—하지만 문서는 거기서 중단된다. 문서상의 기록이 다시 등장하는 것은 불행하게도 사태가 더 진전되고 재판이 결정되는 시점이며, 그때는 이미 만 17년이 지난 뒤였다.

한편 갈릴레이는 피렌체로 돌아가 두 가지 사실을 알게 되었다. 한 가지는 코페르니쿠스를 공개적으로 옹호할 시기가 아직 되지 않았다는 것이었다. 그리고 다른 한 가지는 그럴 때가 오리라는 생각이었다. 첫 번째 가정은 옳았지만 두 번째 가정은 빗나갔다. 그러나 갈릴레이는 때를 기다렸다. 그 때란 지성적인 추기경이 교황으로 선출될 시기였다. 그가 바로 마페오 바르베리니(Maffeo Barberini)였다.

마페오 바르베리니가 교황 우르바누스 8세(Urban VIII)가 된 것은 1623년이었다. 새 교황은 예술 애호가였다. 그는 음악을 사랑하여 작곡가 그레고리오 알레그리(Gregorio Allegri)에게 9성부(聲部) 〈미제레레Miserere〉의 작곡을 위촉했고, 이 작품은 오랫동안 바티칸의 시스티나 성당에서 전용(專用)되었다(알레그리의 곡은 시스티나 성당이 이 곡의 독점권을 유지하기 위해 복사를 금하고 악보를 공개하지 않은 탓에 1770년대까지 이 음악을 들으려면 바티칸까지 가야 했다—옮긴이). 새 교황은 또한 건축을 사랑했다. 그는 성 베드로 성당을 로마의 중심으로 삼고자 했다. 그는 성 베드로 성당의 내부 완성 작업을 조각가이자 건축가인 조반니 로렌초 베르니니(Giovanni Lorenzo Bernini)에게 맡겼고, 베르니니는 대담하리만치 높다란 발다키노(Baldacchino:교황의 보좌 위에 있는 닫집)를 설계하였으며, 그것은 미켈란젤로의 원래의 설계에 추가된 유일하게 값진 것이었다. 젊은 시절에 이 지성적인 교황은 시도 썼는데, 그중 한 편이 갈릴레이의 천문학 저술을 칭찬하는 소네트였다.

교황 우르바누스 8세는 자신을 개혁가라고 생각했다. 그는 자신에 차 있으면서 조급한 심성을 지니고 있었다.

나는 모든 추기경들을 합친 것보다 더 많이 알고 있다. 살아 있는 교황의 선고는 죽은 100명의 교황이 내린 모든 칙령들보다 더 값지다.

그는 이처럼 거만하게 말했다. 사실 교황으로서의 바르베리니는 영락없는 기인이었다. 무절제한 족벌주의자로, 호사스럽고 독단적이며, 끊임없이 계략을 꾸몄고, 다른 사람들의 생각에는 전혀 귀 기울이지 않았다. 그는 방해가 된다며 바티칸의 정원에 있는 새를 죽이게까지 했다.

갈릴레이는 사태를 낙관하고 1624년 로마에 왔고, 그 정원에서 새로 선출된 교황과 여섯 차례에 걸쳐 장시간 대담을 했다. 그는 지성적인 교황이 코페르니쿠스의 세계상(世界像)을 금지한 1616년의 칙령을 취소하거나 최소한 방관하기를 희망했다. 결국 우르바누스 8세는 그럴 생각이 없음이 드러났다. 하지만 갈릴레이는 교황청의 성직자들의 기대와 마찬가지로, 여전히 우르바누스 8세가 새로운 과학 사상이 소리 없이 교회에 흘러들어와 모르는 사이에 낡은 사상을 대체하도록 내버려둘 것이라는 희망을 갖고 있었다. 따져 보면 프톨레마이오스와 아리스토텔레스의 이단적 사상들이 기독교의 교리로 전환된 애초의 과정도 그랬다. 따라서 갈릴레이는 비록 교황이라는 직위로 인한 제한은 있다 하더라도 교황은 자기편이라고 계속 믿고 있었으나, 마침내 그 시험기가 다가왔다. 그때서야 그는 지극히 심각한 착각에 빠져 있었음을 알게 되었다.

그들의 견해는 사실상 처음부터 정신적으로 조화 불가능했다. 갈릴레이는 이론의 궁극적 시험은 자연에서 찾아야 한다고 언제나 굳게 믿고 있었다.

물리적 문제를 논의함에 있어서 우리는 성서 구절의 권위에서가 아니라, 감각 경험과 그에 필요한 증명법에서 출발해야 한다고 나는 생각한다. 하나님은 성서의 거룩한 기록만이 아니라 자연 활동에도 그에 못지않게 훌륭히 계시되고 있다.

우르바누스 8세는 하나님의 설계에 관한 궁극적인 시험이란 있을 수 없다고 반대 의견을 제시하고 갈릴레이가 자신의 저서에 그 점을 밝혀야 한다고 주장했다.

누구든 자신의 특정한 억측의 범위 안에 하나님의 권능과 지혜를 한정하고 구속하는 것은 지나치게 대담한 짓이다.

이러한 단서가 교황에게는 특별히 소중했다. 실은 이로 인해서 갈릴레이는 어떤 결정적 결론(프톨레마이오스가 그릇되었다는 부정적 결론마저)도 내릴 수 없었다. 자연법칙이 아니라 기적에 의해 우주를 경영하는 하나님의 권리를 침해하기 때문이었다.

드디어 갈릴레이가 그의 저서 『프톨레마이오스와 코페르니쿠스의 2대 세계체제에 관한 대화Dialogo Sopra I due Massimi Sistemi del Mondo, Tolemaico e Copernicaon』(이하 『대화』)를 출간한 1632년에 그 시험기는 다가왔다. 우르바누스 8세는 격노했다.

당신네 갈릴레이는 간섭해서는 안 되는 문제들과 현재 발생할 수 있는 가장 중대하고 위험한 당면 과제에 감히 참견했습니다.

그는 그해 9월 4일 위와 같은 공한을 토스카나의 대사에게 보냈다. 같은 달에

운명을 결정할 칙령이 떨어졌다.

> 성하(聖下)께서는 갈릴레이가 10월 중 가능한 한 빠른 시일에 로마 성청(聖廳)의 사목 총장 앞에 출두할 것을 성청의 이름으로 그에게 통보하라는 명령을 피렌체 이단 심문관에게 지시한다.

갈릴레이의 친구 마페오 바르베리니이자 교황 우르바누스 8세는 몸소 그를 성청 이단 심문소에 넘겼고 그 제소 절차는 번복할 수 없었다.

산타 마리아 소프라 미네르바의 도미니쿠스 수도원은 충성심에 문제가 있는 사람들을 대상으로 로마 교회의 이단 심문이 진행되는 장소였다. 이 기구는 1542년 교황 바오로 3세가 창설했으며, 종교개혁의 교리가 확산되는 것을 억제하고, 특히 '기독교권 전역의 이단적 타락 행위를 제재'하는 데 그 목적이 있었다. 1571년 이후 이 기구는 기록 문서를 심판할 권한을 추가했고 금서 목록을 제정했다. 그 절차법은 엄격하고도 치밀했다. 그것은 1588년에 공식화되었고, 말할 나위도 없이 일반 법전의 규칙과는 달랐다. 이단 심문의 대상자는 기소문이나 증거의 사본을 받아볼 수 없었다. 또한 자신을 변호할 변호인을 선임할 수도 없었다.

갈릴레이의 재판에는 판사 10명이 있었는데, 모두 추기경에다 도미니쿠스파였다. 그중 한 사람은 교황의 동생이었고, 교황의 조카도 끼여 있었다. 재판은 이단 심문소 사목 총장이 주재했다. 갈릴레이가 심문을 받았던 그 방은 현재는 로마 우체국의 일부이지만, 1633년에는 어떤 모습이었는지 짐작이 된다. 그곳은 신사 클럽 안에 있는 유령 소굴 같은 위원회실이었다.

97 **사실 교황으로서의 바르베리니는 영락없는 기인이었다. 무절제한 족벌주의자로, 호사스럽고 독단적이며, 끊임없이 계략을 꾸몄고, 다른 사람들의 생각에는 전혀 귀 기울이지 않았다.**
안드레아 사치(Andrea Sacchi)가 1629~33년에 그린 바르베리니 궁의 천장화.
이 그림의 알레고리적 주제는 '솔로몬 왕의 지혜'의 한 구절에서 따온 것이다.
"백성을 다스리는 임금으로서 갖추어야 할 지혜와 지식을 달라고 청하니, 네 뜻이 갸륵하구나."
차분한 지혜의 시녀들은 별자리로 표시된다. 그녀들의 흉패는 태양의 불확실한 형상을 식별할 수 있다.

우리는 갈릴레이가 이 고비까지 이른 과정을 또한 정확하게 알고 있다. 이 사건은 1624년 바티칸의 정원에서 새 교황과 산책을 하면서 시작되었다. 교황이 코페르니쿠스의 이론을 공개적으로 지지하는 것을 허용하지 않을 것은 분명했다. 그러나 다른 방법이 있었으니, 갈릴레이는 이듬해 『대화』를 이탈리아어로 쓰기 시작하면서 한 사람이 이론에 반론을 제기하면 좀 더 영리한 두 사람이 응답을 하는 형식을 취했다.

물론 코페르니쿠스의 이론이 자명하지 않았기 때문이다. 어떻게 지구가 1년에 한 바퀴씩 태양의 주위를 돌거나, 하루에 1번씩 자체의 축을 중심으로 돌면서도 멀리 날아가버리지 않는지 분명하지 않다. 높은 탑에서 물체를 떨어뜨릴 경우, 회전하는 지구에 수직으로 떨어지는 원인이 규명되지 않는다. 이러한 반론에 대하여 갈릴레이는, 말하자면 오래전에 죽은 코페르니쿠스를 대신하여 응답을 한 것이다. 갈릴레이는 진리라고 믿었기 때문에 자신의 이론도 아닌 죽은 사람의 이론을 변호하면서 1616년과 1633년에 경건한 기존 체제에 도전했다는 사실을 우리는 결코 잊어서는 안 된다.

그러나 갈릴레이는 자기 자신을 위해서 그 책에 과학에 대한 확고한 의식을 불어넣었다. 청년 시절 피사에서 처음으로 제 손으로 맥박을 짚어보고 흔들이를 관찰할 때부터, 그의 모든 과학이 우리에게 준 것은 바로 그 과학 의식이었다. 그것은 이 지구 위의 법칙들이 우주로 확산되어 수정의 구체들에도 그대로 작용한다는 의식이었다. 하늘의 힘은 지구 위의 힘과 동일한 종류라고 갈릴레이는 단정했다. 그러므로 지상에서 진행되는 기계적인 실험을 통하여 별에 관한 정보를 얻어낼 수 있다고 믿었다. 그는 자신의 망원경을 달, 목성, 흑점으로 돌려, 천체들은 완벽하고 불변하며 지구만이 변화의 법칙에 지배된다는 고전적 신념에 종지부를 찍었다.

그의 저서는 1630년에 이르러 완성되었으나 출판 허가를 얻기가 쉽지 않았다. 검열관들은 호의적이었지만 머지않아 그 책을 반대하는 강력한 세력이 있을 거라는 사실이 확실해졌다. 그러나 갈릴레이는 마침내 자그마치 4개의 출판사에서 허가를 따냈고, 1632년 초 피렌체에서 책이 발간되었다. 그 책은 이내 성공을 거두었으나 갈릴레이에게는 즉각적인 재난이 되었다. 당장 로마에서 천둥이 몰아닥쳤다. 인쇄를 중지하라는 불호령이 떨어졌다. 팔려나간 책을 모조리 사들이라는 명령이 내려졌으나 그때는 이미 매진된 뒤였다. 갈릴레이는 해명을 하기 위해 로마에 출두해야만 했다. 그리고 그가 무슨 말을 하든 그 명령을 뒤엎을 수가 없었다. 그의 나이(당시 일흔에 가까웠다), 그의 병환(꾀병이 아니었다), 토스카나 대공의 후원 등 그 어느 것도 효과가 없었다. 그는 로마에 출두해야만 했다.

교황이 그 책에 몹시 분개했던 것만은 분명했다. 교황은 그 책에서 사실상 얼간이와 같은 인상을 주는 인물의 입을 통해 자신이 주장했던 한 구절이 말해진다는 것을 알아차렸다. 자신의 재판을 담당한 준비위원회가 딱 잘라 그런 말을 했다. 앞서 내가 교황에게 극히 귀중한 조건이라고 인용한 그 구절이 '바보의 입에(in bocca

98 **갈릴레이의 재판에는 판사 10명이 있었는데, 모두 추기경에다 도미니쿠스파였다. 그중 한 사람은 교황의 동생이었고, 교황의 조카도 끼여 있었다.**

축복을 주는 우르바누스 8세. 동생 안토니오가 촛불을 들고 있다.

세 번째 추기경은 그의 조카였는데 그는 갈릴레이의 재판에서 투표하지 않았다.

di un sciocco)' 올려졌다는 것이었다. 여기서 갈릴레이는 그 전통의 수호자에게 얼간이와 같은 단순한 인물이라는 뜻에서 '심플리치오(Simplicius)'라는 이름을 붙여주었다. 심플리치오가 자신을 희화한 것이라고 느낀 교황이 모욕당했다고 생각했을 것만은 의심할 여지가 없다. 그는 갈릴레이가 눈가림으로 속임수를 쓰고 있으며, 교황청 검열관들이 자기를 배신했다고 믿었다.

그리하여 1633년 4월 12일 갈릴레이는 이 방에 끌려와, 이 탁자에 앉아서 이단 심문관의 질문에 대답했다. 갈릴레이는 이단 심문소를 지배하던 지적인 분위기 속에 정중한 질문을 받았다—라틴어를 사용했고 삼인칭으로 불렀다. 그는 어떻게 하여 로마로 오게 되었는가? 그의 책에는 어떤 내용이 담겨 있는가? 이 모든 질문들을 갈릴레이는 예상하고 있었다. 그는 자기 저서를 변호해야 할 것이라고 예상했다. 그러나 전혀 예측하지 못한 질문 하나가 나왔다.

심문관: 그는 로마에 있었소? 특히 1616년에 있었으며, 그 목적은 무엇이었소?

갈릴레이: 니콜라우스 코페르니쿠스의 견해에 관해서 의문이 제기되고 있다는 말을 듣고 어떠한 견해를 가져야 적합할지를 알고자 1616년 로마에 왔습니다.

심문관: 그가 당시 어떠한 결정을 내렸으며 무엇을 알게 되었는지를 말하시오.

갈릴레이: 1616년 2월 벨라르미네 추기경께서 코페르니쿠스의 견해를 증명된 사실로 받아들이는 행위는 성서와는 상치된다고 저에게 말씀하셨습니다. 따라서 그러한 견해를 지지하거나 옹호해서는 안 되지만 일종의 가설로 받아들여 이용할 수 있다고 했습니다. 이를 확인하기 위하여 저는 1616년 5월 26일 벨라르미네 추기경이 주신 증명서를 가지고 있습니다.

심문관: 당시 그 밖의 다른 사람이 그에게 훈계를 하지 않았소?

갈릴레이: 저는 다른 말을 듣거나 명령을 받은 기억이 없습니다.

심문관: 증인들이 임석한 가운데 전술한 견해를 지지 또는 옹호하거나 어떤 방법으로든 가르쳐서는 안 된다는 지시를 내렸다고 밝힌다면, 그가 기억할 수 있다는 말을 하겠소?

갈릴레이: 그 지시 내용은 제가 전술한 견해를 지지 또는 옹호해서는 안 된다는 것이었다고 기억하고 있습니다. 나머지 두 가지 사항, 다시 말하면, 어떠한 방법으로든 가르치거나 고려해서는 안 된다는 항목은 제가 근거로 하고 있는 증명서에 명시되어 있지 않습니다.

심문관: 앞서 말한 훈계가 있은 뒤에 그는 책을 써도 좋다는 허락을 받았소?

갈릴레이: 저에게 내린 지시를 어긴다고는 생각지 않았기 때문에 이 책의 집필 허가를 받지 않았습니다.

심문관: 그 책의 출판 허가를 신청할 때, 그는 우리들이 말한 성회의(聖會議)의 명령을 공개했소?

갈릴레이: 그 책에는 그 견해를 지지하거나 옹호하는 내용이 없었으므로 저는 출판 허가를 신청하면서 그에 관해서는 말하지 않았습니다.

갈릴레이는 코페르니쿠스의 이론이 이미 증명된 문제인 것처럼 지지하거나 변호하는 행위만을 금지하는 서명된 문서를 가지고 있었다. 그 금지령은 당시의 모든 가톨릭 신자들에게 내려졌던 것이다. 그런데 이단 심문소는 오직 갈릴레이만이 어떠한 방법으로든—즉 토론이나 추리 또는 가설로서도—그 이론을 가르치지 말도록 금지하는 문서가 있다고 주장했다. 이단 심문소는 이 문서를 제시할 필요가 없었다. 그것은 소송 절차의 일부가 아니었다. 그러나 우리에게 그 문서가 있다. 그 문서는 비밀문서 보관소에 남아 있다. 그건 위조문서임이 뚜렷하며, 아주 너그럽게 봐주더라도 성사되지 못했던 회의에서 사용할 초안이다. 거기에는 벨라르미네 추기경의 서명이 없다. 증인들의 서명도 없다. 공증인의 서명도 없다. 자기가 받았다는 증거로 갈릴레이가 서명하지도 않았다.

이단 심문소는 일반 법정에서라면 증거 능력도 없을 서류에 나와 있는 '지지 또는 옹호' 혹은 '어떤 방법으로든 가르치다'라는 법률적인 말놀음에 의지할 만큼 비신사적 행위를 해야 했을까? 그렇다, 실제로 다급한 상황에 놓여 있었다. 그 이외에 방도가 없었다. 책은 이미 발간되었고 몇 명의 검열관들이 그냥 넘겨버린 뒤였다. 교황은 이제 휘하의 검열관들에게 격노할 수도 있었다—그는 갈릴레이에게 도움을 주었다는 이유로 이미 자기 비서를 단죄했다. 그러나 '갈릴레이가 기만했기 때문에' 그 책을 단죄해야 한다는 점(이 책은 200년 동안 금서 목록에 올라 있었다)을 보여주기 위해서는 주목할 만한 공식적인 표시가 필요했다. 이런 까닭으로 그 재판은 갈릴레이의 저서나 코페르니쿠스 이론의 실질적인 문제를 회피하고 오로지 요식 행위와 문서를 조작하는 일에만 몰두했다. 갈릴레이가 검열관들을 의도적으로 기만했고 반항적이었을 뿐만 아니라 부정직한 행동을 했다는 인상을 주기 위해서였다.

이단 심문의 회합은 다시 열리지 않은 채 여기서 재판이 끝났으니 놀라지 않을 수 없다. 다시 말하면, 갈릴레이는 그 뒤 두 차례 이 방에 출두하여 자신을 변호하는 증언을 하도록 허락되었으나 더 이상의 질문은 없었다. 교황이 주재한 성청 회의에서 판결은 내려졌으며, 거기에 대책이 명백하게 규정되어 있었다. 그 반항적인 과학자를 굴복하게 만들고, 교회의 권위는 행동만이 아니라 의도에 있어서도 강력하다는 것을 과시해야 한다는 것이었다. 갈릴레이는 자신의 주장을 철회해야 했다. 또 고문 기구들을 마치 실제로 사용이라도 할 듯이 보여주도록 되어 있었다.

99 **갈릴레이는 사태를 낙관하고 새로 선출된 교황과 정원에서 여섯 차례에 걸쳐 장시간 대담을 했다.**
베르니니가 제작한 트리톤 분수대 옆에서 '성서'에서부터 '회개자 아카데미'까지 인용하고 있는 추기경들.
이 벽화는 로마에 있는 개인 주택에 그려진 것으로 제작년도는 1620~30년 사이로 추정된다.
당시는 갈릴레이의 코페르니쿠스 이론에 대한 옹호의 결과가 아직 결정되지 않았다.

실제로 고문을 당하고 살아남은 동시대인의 증언으로 미루어볼 때, 의사로 인생을 출발한 사람에게 그런 위협이 어떤 의미를 가졌는지를 우리는 충분히 판단할 수 있다. 그 체험을 맛본 사람은 윌리엄 리드고우(William Lithgow)라는 영국인으로서, 1620년 스페인 이단 심문소에서 고문을 당했다.

> 나는 형틀로 끌려가 그 위에 실렸다. 내 두 다리는 널빤지 세 장의 형틀 양쪽에 넣어졌다. 발목은 끈으로 묶였다. 지렛대를 앞으로 젖히자 두 널빤지를 들이받는 내 무릎의 힘으로 인해 오금의 힘줄이 터지고 무릎뼈가 바스러졌다. 내 눈은 공포에 질려 크게 벌어졌고, 입에서는 거품이 일었으며, 내 이빨은 북재비의 두 북채처럼 부딪쳐 딱딱 소리를 냈다. 내 입술은 파들거렸고 내 신음 소리는 격렬했으며, 팔과 끊어진 힘줄과 손과 무릎에서 피가 튀었다. 이러한 극도의 고통에서 풀려나서 나는 손을 묶인 채 바닥에 내려졌다. 그러고는 쉬지 않고 이렇게 다그치는 소리를 들었다. "고백해! 고백해!"

갈릴레이는 고문을 당하지 않았다. 그는 고문을 하겠다는 위협을 두 차례 받았을 뿐이었다. 그는 모든 것을 상상할 수 있었다. 그것이 그 재판의 목적이었다. 즉 그것을 능히 상상할 수 있는 인간에게 그가 돌이킬 수 없는 원시적, 야수적 공포의 절차를 면할 수 없다는 것을 알려주는 것이었다. 하지만 그는 이미 자기 주장을 철회하는 데 동의했었다.

> 고인이 되신 피렌체인 빈첸초 갈릴레이의 아들이며, 당년 일흔 살인 나 갈릴레오 갈릴레이는 이 법정에 직접 소환되어 기독교 공화국 전역의 이단적인 타락 행위를 제소하는 이단 심문관이신 존경하는 추기경 예하(猊下) 앞에 무릎을 꿇고, 거룩한 복음서를 눈

으로 보고 손으로 만지며, 성가톨릭 사도 로마 교회가 지지하고 전도하며 가르치는 모든 것을 항상 믿어왔으며, 지금도 믿고 있으며, 하나님의 도움을 받아 이후에도 믿을 것을 맹세합니다. 한편, 태양이 세계의 중심이고 움직이지 않으며 지구는 세계의 중심이 아니고 움직인다는 거짓 의견을 완전히 버릴 것이며, 전술한 이론을 구두나 서면 등 어떤 형식으로든 지지하고 옹호하거나 또는 가르쳐서는 안 된다는 요지의 명령을 이 성청(聖聽)이 저에게 사려 분별 있게 암시한 뒤에도, 그리고 전술한 교리가 성서에 배치된다고 저에게 통보한 뒤에도, 저는 이미 단죄된 이 교리를 논의하고 어떠한 해답도 제시하지 않은 채 이 교리를 지지하는 매우 강력한 주장을 도출하는 한 권의 책을 써서 출판했습니다. 그리고 이 사실이 원인이 되어 저는 이단, 다시 말하면 태양이 세계의 중심이고 움직이지 않으며 지구는 중심이 아니고 움직인다는 것을 주장하고 믿었다는 강력한 의심을 성청으로부터 받은 바 있습니다.

따라서 저에 대해서 정당하게 제기된 이 강력한 의심을 추기경 예하와 믿음 있는 모든 기독교도들의 마음에서 제거하고자, 성실한 마음과 거짓 없는 믿음으로, 저는 앞서 말한 과오와 이단, 그리고 전술한 교회에 배치되는 다른 모든 과오와 교파 전반을 포기하며 저주하고 혐오합니다. 그리고 저는 그와 비슷한 의혹을 불러일으킬 어떤 것도, 이후에는 절대로, 구두나 서면으로 말하거나 주장하지 않을 것을 맹세합니다. 또한 어떠한 이단자, 혹은 이단의 혐의가 있는 사람을 안다면, 저는 그를 이 성청 또는 제가 있는 지방의 이단 심문관과 종무(宗務) 판사에게 고발할 것을 서약합니다. 나아가서 이 성청이 저에게 부과했고 부과하게 될 모든 고행을 충실히 이행하고 준수할 것을 맹세하고 약속합니다. 그리고 이러한 저의 약속, 확언과 서약의 어느 하나라도 위배할 경우(하나님께서 용서하지 않을지이다!), 저는 그러한 일탈 행위에 대해서 일반적이든 특수한 것이든, 성경과 다른 전범(典範)들에 규정, 공포된 모든 고통과 형벌을 기꺼이 받겠습니다. 그러므로 하나님이시여, 그리고 제 손을 얹고 있는 이 거룩한 복음서여, 저를 도와 주소서.

갈릴레오 갈릴레이는 위와 같이 내 주의를 버릴 것을 선서하고, 맹세하고, 약속했으며, 자신을 거기에다 묶어놓았습니다. 그리고 그 진리를 증인 삼아 저는 제 손으로 위에서 지적된 신념을 포기하겠다는 이 문서를 작성하여 1633년 6월 22일 로마의 미네르바 회의에서 한마디 빠짐없이 낭독하였습니다.

나 갈릴레오 갈릴레이는 위와 같이 자필로 선서했습니다.

갈릴레이는 피렌체에서 얼마 떨어진 아르체트리(Arcetri)의 자기 별장에 엄격하게 연금되어 여생을 보냈다. 교황은 전혀 누그러지지 않았다. 일체의 출판이 금지되었다. 금지된 이론의 토의도 불가능했다. 갈릴레이는 프로테스탄트들에게 말하는 것조차 금지되었다. 그 결과 그때 이후 어디를 가나 가톨릭계 과학자들 사이에는 침묵이 흘렀다. 갈릴레이와 시대를 같이한 가장 위대한 인물 르네 데카르트(René

Descartes)는 프랑스에서 저술 활동을 중단하고 끝내 스웨덴으로 가게 되었다.

갈릴레이는 한 가지 일을 하기로 결심했다. 그는 재판으로 말미암아 중단되었던 책을 쓰기로 했다. 별들이 아니라 이 땅 위의 물질에 관련되며, 그의 의도에 따르면, 물리학이라고 해야 할 '새 과학'을 주제로 한 책이었다. 그는 1636년, 즉 이단 심문을 받은 지 3년 뒤 일흔셋의 노령에 그 원고를 완성했다. 물론 출판할 수는 없었고, 그보다 2년 뒤에야 마침내 네덜란드의 라이덴에 있는 몇 명의 프로테스탄트들이 인쇄하기에 이르렀다. 그때는 이미 갈릴레이가 완전히 장님이 되었을 때였다.

그는 자신에 관해서 이런 글을 남겼다.

> 슬프다…… 갈릴레이, 너의 헌신적인 친구요 하인이 완전히 불치의 장님이 된 지 벌써 한 달이 되었구나. 나를 앞선 모든 시대의 학자들이 보편적으로 받아들였던 한계를 내가 탁월한 관찰과 명석한 논증을 통하여 백배, 아니 천배나 넘게 확대시켜놓은 이 하늘, 이 지구, 이 우주가 이제는 나의 육체적 감각으로 채워지는 좁은 영역 안에 움츠러들고 말았구나.

아르체트리에 있는 갈릴레이를 방문하러 온 사람들 중에는 필생의 대서사시를 준비하려는 계획을 가지고 영국을 떠난 청년 시인 존 밀턴이 있었다. 그 역시 30년 뒤 위대한 시를 집필할 즈음에는 완전히 눈이 멀었고, 자녀들의 힘을 빌려 작품을 완성해야 했으니 아이러니가 아닐 수 없다.

만년에 이르러 밀턴은 자신을 투사 삼손, 블레셋인들 가운데서,

> 눈을 잃고 가자(Gaza)의 연자맷간에 노예와 함께 있는,

100 **재판은 갈릴레이의 저서나 코페르니쿠스 이론의 실질적인 문제를 회피하고, 오로지 요식 행위와 문서를 조작하는 일에만 몰두했다.**
종교 재판소가 갈릴레이에 대한 소송의 근거로 삼은 문서.
1616년 2월 26일 벨라르미네 추기경과 증인들 앞에서 갈릴레이에게 내렸다는 금령을 뒷받침하기 위한 문서였다.
그러나 거기에는 그들의 서명이 없었다. 갈릴레이는 1616년 5월 26일 벨라르미네가 서명하고, 내용이 보다 부드러운 편지를 내놓았다.

삼손과 동일시했는데, 그는 임종의 순간에 블레셋 제국을 파멸시켰다. 그리고 자기 뜻은 아니었지만 갈릴레이가 이룬 것도 그와 같은 일이다. 그 재판과 연금의 영향으로 지중해의 과학 전통은 완전히 종지부를 찍게 되었다. 그때부터 과학혁명은 북유럽으로 이동했다. 갈릴레이는 여전히 자기 집에 연금된 채 1642년에 숨을 거두었다. 같은 해 크리스마스에 영국에서는 아이작 뉴턴이 태어났다.

101 **"이 우주가 이제는 나의 육체적 감각으로 채워지는 좁은 영역 안에 움츠러들고 말았구나."**
달에서 바라본 지구.

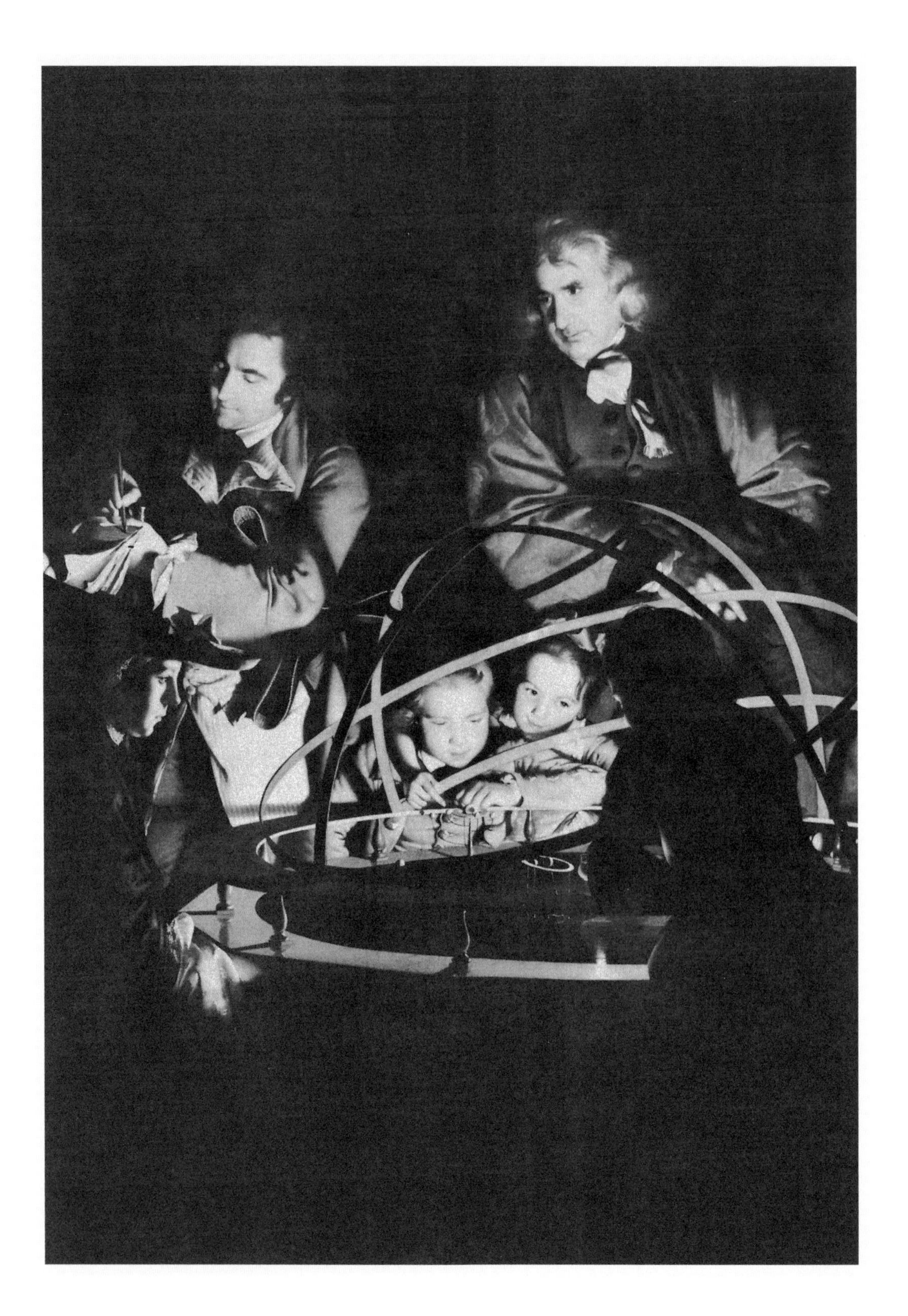

장엄한 시계 장치

1630년경 『대화』의 첫머리를 집필하고 있을 당시 갈릴레이는, 이탈리아의 과학과 무역이 북부의 경쟁자들에 의해 추격당할 위험에 빠져 있다고 두 번이나 지적했다. 그 예언은 너무나 정확했다. 갈릴레이가 가장 염두에 두었던 사람은 천문학자 요하네스 케플러였는데, 그는 1600년 스물여덟 살에 프라하에 와서 가장 생산적인 시절을 보냈다. 그는 코페르니쿠스 체계를 태양과 행성의 일반적인 기술 방식에서 정확하고 수학적인 방정식으로 전환할 세 개의 법칙을 구상했다.

첫째, 케플러는 행성의 궤도가 대략 원형일 뿐, 실제로는 태양이 중심에서 약간 벗어난 넓은 타원임을 입증했다. 둘째, 행성은 불변의 속도로 운동하지 않는다. 그 행성과 태양을 이어주는 직선이 행성 궤도와 태양 사이를 쓸고 지나가는 면적의 비율은 불변이다. 그리고 셋째, 특정한 행성이 1회전—그 행성의 1년—에 소요되는 시간은 태양과의 거리(평균)와 거의 정확하게 비례한다.

1642년 크리스마스에 뉴턴이 태어날 당시의 상황이 그러했다. 케플러는 그보다 12년 전에, 그리고 갈릴레이는 그해에 세상을 떠났다. 그리고 천문학뿐만 아니라 과학 전반이 분수령에 서 있었다. 과거에 소임을 다한 기술 방식으로부터 미래의 역동적이고 인과율적인 설명으로의 중대한 전진을 이룩할 새로운 정신이 등장하고 있었다.

1650년경이 되자 문명 세계의 중심은 이탈리아로부터 북유럽으로 이동하고 말

102 새로운 아이디어와 원리들이 대두하고 있었다.
더비(Derby)의 조지프 라이트(Joseph Wright)의 '태양계의(太陽系儀)'.

았다. 아메리카 대륙의 발견 및 탐험이 있은 이래로 세계의 무역로가 변화한 데 그 명백한 원인이 있었다. 이제 지중해는 더 이상 그 이름이 암시하는 것처럼 세계의 중심이 아니었다. 세계의 중심은 갈릴레이가 경고한 대로 대서양의 가장자리로 옮아갔다. 무역의 성격이 변함에 따라 다른 정치 체제가 대두했지만 이탈리아와 지중해 연안에는 아직도 전제 체제가 성행하고 있었다.

새로운 사상과 새로운 원리들이 이제 북부의 개신교 해양 국가들인 영국과 네덜란드에서 진보, 발전하고 있었다. 영국은 공화제와 청교도 사상을 지향하고 있었다. 네덜란드인들이 북해를 건너 영국의 늪지대의 배수(排水)를 담당했다. 늪지대가 단단한 땅으로 바뀌었다. 링컨셔(Lincolnshire)의 평평한 전망과 안개 속에서 독립 정신이 성장했고, 그곳에서 올리버 크롬웰(Oliver Cromwell)은 휘하에 철기병들을 규합했다. 1650년에 이르러 영국은 군주의 목을 잘라버리고 공화국이 되었다.

뉴턴이 1642년 울스돕(Woolsthorpe)에 있는 외가에서 태어났을 때, 아버지는 그보다 몇 달 전에 세상을 떠난 뒤였다. 얼마 뒤에 어머니는 재혼하고 뉴턴은 할머니 슬하에 남게 되었다. 그를 집 없는 소년이라고 할 수는 없었으나, 그때부터 그는 부모에게서 사랑받은 흔적을 보여주지 않았다. 평생 동안 그는 사랑을 받아보지 못한 사람이라는 인상을 준다. 그는 끝내 결혼하지 않았다. 그는 다른 사람들 사이에서 갈고 다듬은 사상의 자연스러운 결과로 업적을 이루는 그러한 훈훈한 분위기에 젖을 수 없었던 것으로 보인다. 반대로 뉴턴의 성취는 고독했고, 자기 어머니를 훔쳐가듯(아마도 그는 그런 생각을 했을 것이다) 남들이 자기 업적을 훔쳐갈까 봐 언제나 두려워하고 있었다. 그의 학창 시절이나 대학 생활에 대한 이야기는 거의 들을 수 없다.

뉴턴이 케임브리지에서 학업을 마친 다음의 1665년과 1666년 두 해에는 대역

103 **1665년과 1666년 두 해에는 대역병이 돌았고 대학이 문을 닫는 바람에 뉴턴은 집에서 시간을 보냈다.**
울스돕 저택(뉴턴 어머니의 집), 윌리엄 스터클리(Wlilliam Stukely)의 스케치, 18세기 초.

병이 돌았고 대학이 문을 닫는 바람에 그는 집에서 시간을 보냈다. 그의 어머니는 다시 과부가 되어 울스돕에 돌아왔다. 이곳에서 그는 그의 노다지를 캐게 되었는데 그것은 수학이었다. 그의 노트를 읽어보면 뉴턴은 교육을 제대로 받지 못했고 수학은 대부분 독학을 했다는 것을 알 수 있다. 그러다 그는 독창적인 것을 발견하게 된다. 오늘날 우리들이 미적분학이라 부르고 있는 유율법(fluxions)을 창안해낸 것이다. 뉴턴은 유율법을 비밀 도구로 간직했다. 그는 유율법을 이용하여 그의 업적을 이루었으면서도 그것을 재래식 수학으로 서술했다.

여기서 뉴턴은 또한 만유인력의 관념을 구상하였고, 지구를 돌고 있는 달의 운동을 계산하여 즉시 그것을 시험해보았다. 달은 그에게 강력한 상징이었다. 그는 다음과 같이 논리를 전개했다. 지구가 달을 끌어당기는 까닭에 궤도를 따라가고 있다면 달은 무서운 힘으로 내던진 공(또는 사과)과 같다. 달은 지구를 향해 떨어지고 있으나, 얼마나 빨리 가는지 줄곧 지구를 놓치고 만다—그런데 지구가 둥그니까 달은 계속해서 돌고 있다. 이 경우 지구가 끌어당기는 힘이 얼마나 커야 하는가?

> 나는 행성을 궤도에 유지하는 힘은 그들이 선회하는 중심으로부터의 거리의 제곱에 반비례해야 한다는 결론을 내리게 되었으며, 그것으로 달을 궤도에 유지하는 데 소요되는 힘과 지구 표면의 중력을 비교하였고, 그래서 거의 해답에 가까운 답을 찾아내게 되었다.

이처럼 조심스러운 표현은 뉴턴의 특징이다. 그가 처음으로 대략 계산한 달의 주기는 그 참값인 약

27과 1/4일에 아주 가까웠다.

숫자들이 그와 같이 정확하게 나올 때면, 피타고라스가 그랬던 것처럼, 자연의 비밀이 우리의 손바닥 안에 펼쳐지는 것을 알게 된다. 보편적인 법칙이 하늘의 장엄한 시계 장치를 지배하고, 그 시계 장치 안에서 달의 운동은 조화로운 한 사건인 것이다. 그것은 자물쇠에 넣어 돌리면 자연이 자신의 구조를 수로 확인해주는 열쇠다. 그러나 당신이 뉴턴이라면 그것을 공개하지 않는다.

1667년 그는 케임브리지로 돌아가 모교인 트리니티(Trinity) 대학의 특별 연구원으로 임명되었다. 2년 뒤에 지도 교수가 수학 교수직을 사퇴했다. 일반적으로 생각되듯이, 뉴턴에게 꼭 유리하지는 않았을지 모르지만 결과는 마찬가지였다. 뉴턴이 임명되었고, 그때 나이가 스물여섯이었다.

뉴턴은 광학에 관한 최초의 저술을 발표했다. 그의 위대한 다른 모든 사상과 마찬가지로 그것의 구상 시기는, "역병이 휩쓸던 1665년과 1666년의 두 해 동안이었다. 그 시절에 나는 창조적 전성기에 있었기 때문이다". 뉴턴은 역병이 잠시 수그러진 짧은 기간 동안은 집에 있지 않았고 케임브리지의 트리니티 대학에 돌아가 있었다.

물질계를 설명한 탁월한 거장으로 평가받는 한 인물이 빛에 관한 사색을 연구의 출발점으로 삼았다는 것은 좀 이상하다는 생각이 든다. 거기에는 두 가지 이유가 있었다. 첫째, 이곳은 항해가들의 세계였으므로 영국의 우수한 두뇌들은 항해에서 일어나는 일체의 문제들과 씨름하느라 골몰했다. 물론 뉴턴과 같은 사람들은 자신들이 기술적인 연구를 하고 있다고 생각하지 않았다—그것은 그들의 관심에 대한 너무나 소박한 설명이 될 것이다. 으레 그렇듯이 젊은이들은 당시 중요한 지위에 있는 명사들이 논란을 벌이던 화제에 이끌렸다. 당시에 두드러진 문제는 망원경

104 케임브리지의 아이작 뉴턴.
고드프리 넬러(Godfrey Kneller) 작품, 1689년. 가발을 쓰지 않았다.

이었다. 실상 뉴턴은 자기가 직접 만든 망원경의 렌즈를 갈다가 백색광 속의 색의 문제를 처음으로 깨닫게 되었다.

그러나 그보다 더 근본적인 이유가 있음은 말할 나위도 없다. 물리 현상은 언제나 에너지와 물질의 상호작용으로 이루어진다. 우리는 빛에 의해 물체를 보고 물질의 차단으로 빛의 존재를 깨닫게 된다. 그와 같은 생각이 다른 쪽을 모르고는 한쪽을 깊이 알 수 없다는 것을 알고 있는 모든 위대한 물리학자의 세계를 이루고 있는 것이다.

1666년 뉴턴은 렌즈 가장자리에 생기는 광선의 주름(fringe)의 발생 원인에 대해 생각하기 시작했고 프리즘으로 모의실험을 하여 그 결과를 보았다. 모든 렌즈의 가장자리는 작은 프리즘이다. 지금은 프리즘이 색깔 있는 빛을 보여준다는 사실은 줄잡아 아리스토텔레스만큼이나 오래된 상식이다. 그러나 불행하게도 당시에는 질적인 분석을 하지 않았으므로 그 설명은 아리스토텔레스 시대보다 발전된 것이 없었다. 그들은 소박하게 다음과 같이 설명하고 있다. 백색광이 유리를 통해 들어오면 유리의 얇은 끝에서 약간 어두워지며 빨간색이 되고, 좀 더 두꺼운 부분을 통과할 땐 더 어두워져서 청색이 된다. 좋다! 이 추리가 설명해주는 것이라고는 전혀 없으나 아주 그럴듯하게 들린다. 뉴턴이 지적한 바와 마찬가지로, 이러한 논리로 설명할 수 없는 분명한 현상이 작은 구멍으로 들어온 햇빛을 프리즘에 통과시키는 순간 자명해졌다. 그 결과를 설명하면 다음과 같다. 햇살은 원반형으로 들어가지만 타원형으로 나온다. 스펙트럼이 타원형이라는 것을 모르는 사람은 하나도 없었다. 관심 있게 본 사람들에게는 어떤 식으로든 그 사실이 이미 1,000년 동안 알려져 있었다. 그러나 그 명백한 사실을 설명하는 데는 뉴턴과 같이 강력한 정신력의 소유자가 두뇌를 완전 가동해서야 비로소 가능했다. 뉴턴은 빛이 변질된 것이 아니라 물리적으로 분할된 것이 분명하다고 말했다.

그것이 그의 동시대인들이 받아들이기 힘든, 과학적 설명에 있어서 근본적으로 새로운 사상이었다. 로버트 훅(Robert Hooke)이 그와 논란을 벌였고 모든 유파의 물리학자들이 그와 논쟁을 벌였다. 뉴턴은 그 모든 논쟁에 지친 나머지 라이프니츠에게 이런 편지를 보냈다.

> 나는 나의 광선 이론을 발표하여 일어난 논쟁에 얼마나 시달렸던지, 그림자를 쫓는 알찬 축복과 헤어지게 된 나의 경솔한 행위를 원망했습니다.

그 이후로 그는 사실상 어떤 문제로도 토론만은 일절 사절했다—특히 훅과 같은 논객은 절대 사절이었다. 그는 훅이 죽은 다음 해인 1704년까지도 광학에 관한 그의 저서를 출판하지 않으려고 했으며, 사전에 영국 왕립학회(Royal Society) 회장에게 아래와 같은 뜻을 전했다.

> 저는 철학 문제에 대해서는 이제부터 노력을 기울일 의사가 없습니다. 그러므로 그 방면의 활동을 전혀 하지 않는다고 나쁘게 생각지 마시기 바랍니다.

그런데 뉴턴의 말을 직접 인용하여 처음부터 알아보기로 하자. 1666년에,

> 나는 삼각형 유리 프리즘 하나를 구입하여 그것으로 저 유명한 '색채 현상'을 시험하기로 했다. 그러고 나서 내 방을 어둡게 하고 창문 커튼에 작은 구멍을 뚫어 적절한 양의 햇빛이 들어오게 하고는, 거기에 프리즘을 대고 맞은편 벽에 빛이 굴절되게 했다. 그렇

게 해서 생긴 생생하고 또렷한 색깔을 보니 처음에는 매우 즐거운 심심풀이가 되었다. 그러나 얼마 있다가 그 현상을 한층 신중하게 생각해보니, 그 모양이 '기다란' 데 놀라지 않을 수 없었다. 기존의 굴절 법칙에 따르면 당연히 원형이어야 했다.

그리고 그 영상의 한쪽 끝으로 모이는 성향을 가진 빛이 다른 쪽으로 기울어지는 성향이 있는 빛보다 상당히 큰 굴절을 보인다는 사실을…… 알게 되었다. 따라서 영상의 길이에 대한 정확한 원인은 다름 아니라, 빛은 '굴절률'이 다른 광선으로 이루어졌다는 데 있음을 간파하게 되었다. 그와 같이 광선들은 투사각의 차이와는 관계없이 굴절률에 따라 벽면의 각기 다른 부분에 전달되었다.

105 **네빌즈 코트에는 렌의 대도서관 건축 공사가 진행되고 있었다.**
트리니티 대학 도서관, 렌의 드로잉.

이제 스펙트럼이 길쭉해지는 현상은 설명되었다. 그것은 색깔이 분리되어 부채꼴로 전개되어 일어난 것이다. 파랑은 빨강보다 더 굴절되며 그것은 색채의 절대적인 성질이다.

그 뒤 나는 또 하나의 프리즘을 놓아, 빛이 그것마저 통과하여 두 번 굴절되어 벽에 도달하도록 했다. 이렇게 하고 나는 첫 번째 프리즘을 손에 들고 축을 중심으로 이쪽저쪽으로 천천히 돌려 그 영상의 여러 부분들이…… 연속적으로 통과하여…… 두 번째 프리즘이 광선을 벽의 어느 곳에 굴절시키는가를 관찰하기로 했다.

어느 종류의 광선이 다른 종류의 광선과 잘 분리되었을 때에는 그 뒤에 내가 아무리

1

그걸 바꾸려고 노력해도 그 광선은 집요하게 그 색채를 유지했다.

그로써 전통적인 견해는 참패했다. 만약 빛이 유리에 의해 변질된다면, 두 번째 프리즘이 다른 색깔을 만들어냈어야 했고 빨강을 초록이나 청색으로 바꿔놓아야 했다. 뉴턴은 이것을 가리켜 핵심적인 실험이라 했다. 일단 색채가 굴절에 의해 분

106 **1672년 뉴턴의 다섯 가지 광학 실험. "나는 삼각형 유리 프리즘을 하나 샀다."**

1 "나는 광선의 입구에 프리즘을 놓아 그 빛이 맞은편 벽에 굴절되게 했다."

2 "그다음 나는 또 다른 프리즘을 놓아 빛이 그것마저 통과하게 했다. 그러고 난 다음, 첫 번째 프리즘을 손에 들고 돌리며 두 번째 프리즘이 빛을 어디에다 굴절시키는가를 관찰했다."

3 "빛의 한 종류가 다른 종류의 빛들로부터 분리되고 난 뒤에도 집요하게 자기 색채를 유지하고 있었다."

4 "나는 (빛을) 유색 매질을 통과시켜 다양하게 차단했다. 그래도 거기서 새로운 색채를 전혀 만들어낼 수 없었다."

5 "프리즘의 모든 색채를 수렴시켜 혼합하면, 원래처럼 완전히 백색이 만들어지는 것을 보고 나는 번번이 경탄을 금치 못했다."

리되면 그 이상 변화시킬 수가 없음을 그 실험을 통해 입증하게 되었다.

나는 프리즘으로 그것을 굴절시켰고, 그것으로 태양 광선에서 다른 색으로 보이는 물체들을 반사시켰다. 나는 밀착된 두 장의 유리 사이에 있는 착색 공기의 박막(薄膜)으로 막아보았고, 유색 매질(媒質)을 통과시키기도 하고, 다른 종류의 광선으로 조명된 매질을 통과시키기도 했다. 그리고 다양하게 종단(終端) 처리를 해보았다. 그럼에도 불구하고 어느 경우에도 거기서 새로운 색채를 만들어낼 수는 없었다.

그러나 가장 놀랍고 경이로운 것은 백색의 구성이었다. 이 색을 나타낼 수 있는 단일종의 광선이란 존재하지 않는다. 어떠한 상태에서도 그것은 복합적이고, 그 조성에는 앞서 말한 모든 원색들이 적절한 비율로 혼합되어 있다. 프리즘의 모든 색깔을 수렴시키고, 그래서 다시 혼합하면 완벽한 백색이 되는 것을 보고 나는 번번이 감탄을 금치 못했다.

그러므로 백색은 빛의 일상적인 색깔이라는 판단이 나온다. 백색은 발광체들의 다양한 부분에서 나오면서 주어진 온갖 색깔의 광선들이 혼합된 집합체이기 때문이다.

그 편지는 1672년 뉴턴이 특별 회원으로 선출된 직후에 왕립학회로 보내졌다. 그는 자신이 이론을 어떻게 정립하는지, 기존의 대안들을 제쳐놓고 어떻게 결정적인 실험을 해야 하는지를 아는 새로운 유형의 실험가임을 보여주었다. 그는 자기 업적을 자랑스럽게 생각했다.

박물학자는 이러한 색채의 과학이 수학화될 수 있으리라고는 거의 예상하지 못했을 겁니다. 그렇지만 다른 광학 분야에 못지않게 여기에서도 확실성이 있다는 점을 저는 감히 단언하는 바입니다.

뉴턴은 대학교에서만이 아니라 런던에서도 명성을 날리기 시작했다. 스펙트럼이 런던으로 실려 들어오는 상인들의 비단과 향료에 빛을 뿌리기라도 한 듯이 일종의 색채 감각이 대도시 전역에 확산되는 것만 같았다. 화가들의 팔레트는 한층 다양해졌고, 동방에서 들어오는 풍요로운 색깔의 상품들에 대한 기호가 늘어났으며, 수많은 색채 언어를 사용하는 경향이 자연스러워졌다. 이 점은 당시의 시(詩)에도 아주 선명하게 드러난다. 뉴턴이 『광학Opticks』을 발간했을 당시 열여섯 살이었던 알렉산더 포프(Alexander Pope)는 셰익스피어보다는 분명히 감각적인 성향이 적었음에도 불구하고, 셰익스피어보다 색채 언어를 3~4배나 더 많이 사용했고, 10배가량 더 자주 사용했다. 이를테면 템스 강의 물고기를 그린 포프의 시구를 보자.

> 영롱한 눈의 농어는 티리언의 염료(자주색—옮긴이) 같은 지느러미를 달고,
> 은빛 장어는 반짝이는 몸뚱이를 굼틀거리며,
> 노란 잉어는 황금빛으로 물든 비늘에 싸여 있고,
> 날쌘 송어들은 진홍색 반점으로 치장했노라

이 시구는 색채의 훈련 덕분이라고 인정하지 않고서는 달리 설명할 수 없을 것이다.

대도시에서 명성을 얻는다는 것은 필연적으로 새로운 논쟁을 불러들이게 된다는 의미를 지니고 있었다. 뉴턴이 런던 과학자들에게 보내는 편지에서 개요를 설명한 바 있는 연구 성과가 사방으로 퍼져나갔다. 1676년 이후에 미적분학 연구의 선후를 둘러싸고 라이프니츠와 길고도 신랄한 논쟁이 시작된 이유가 바로 거기 있었다. 뉴턴은 라이프니츠가 유능한 수학자이기는 하지만 독자적으로 미적분학을 구상했다고는 결코 믿지 않으려고 했다.

뉴턴은 과학에서 완전히 손을 떼고 트리니티 대학에 있는 은둔처로 은퇴할 생각을 했다. 대학 구내에 있는 그레이트 코트(Great Court)는 널찍해서 학자에게는 편안한 곳이었다. 거기에는 뉴턴 전용의 자그마한 실험실과 정원이 있었다. 네빌즈 코트(Nevill's Court)에는 렌(Wren)의 대도서관 건축 공사가 진행되고 있었다. 뉴턴은 그 건축 자금으로 40파운드를 기부했다. 그는 사적인 연구에만 몰두할 수 있는 학구 생활을 갈망하고 있는 듯이 보였다. 그러나 뉴턴이 런던의 과학자들과 섞여 법석대기를 거절한다 해도 결국은 그들이 케임브리지로 찾아와 논쟁을 벌이려 했을 것이다.

뉴턴은 1666년의 대역병 기간에 만유인력이라는 개념을 발상하게 되었고, 지구 주위를 도는 달의 운동을 기술하는 데 그것을 적용해서 커다란 성공을 거두었다. 그 뒤 거의 20년을 보내면서도 그가 태양을 도는 지구 운동이라는 보다 큰 문제에 관해서 거의 아무것도 발표하려 하지 않았다는 것은 참 이상하게 생각된다. 그 장애물이 무엇이었는지는 확실치 않으나, 그간의 사정은 명백하다. 1684년에 가서야 런던에서는 크리스토퍼 렌 경(Sir Christopher Wren)과 로버트 훅, 젊은 천문학자 에드문트 핼리(Edmund Halley) 사이에 논쟁이 벌어졌고, 그 결과 핼리는 뉴턴을 만나러 케임브리지를 찾았다.

> 그들이 자리를 같이한 지 얼마 뒤에 박사(핼리)가 뉴턴에게 물었다. 태양으로 끌리는 힘이 행성과의 거리의 제곱에 반비례한다는 전제하에서 행성이 그리는 곡선의 모양이 어떻겠느냐는 것이었다. 아이작 경은 즉각 타원형이라고 대답했다. 기쁨과 놀라움에 감동되어 박사는 어떻게 알았느냐고 다시 물었다. "그야 내가 계산을 했지요"라고 뉴턴이 대꾸했다. 그러자 핼리 박사는 당장 그 계산법을 알려달라고 청했다. 아이작 경은 자기

서류를 뒤졌으나 찾지 못하자 다시 작성하여 그에게 보내주마고 약속했다.

뉴턴이 해법을 작성하는 데에는 1684년에서 1687년까지 3년이 걸렸고, 그 내용은 『자연 철학의 수학적 원리Philosophiae Naturalis Principia Mathematica』(이하 『원리』)에 수록되었다. 핼리는 뉴턴이 『원리』를 쓰도록 뒤를 돌보고 어르고 달랬으며 재정 지원까지 해주었다. 그리고 새뮤얼 피프스(Samuel Pepys)가 1687년 왕립학회 회장으로서 그 저서를 받아들였다.

물론 그 저서는 세계의 한 체계로서, 발간되는 순간부터 일대 선풍을 일으켰다. 그것은 단일법칙 체계의 적용을 받는 세계에 대한 경이적인 기술이었다. 무엇보다 그것은 과학적 방법의 새로운 이정표이기도 하다. 우리는 과학 이론의 전개는 유클리드 수학에서 차례로 나오는 것과 같은 일련의 명제들이라 생각한다. 그것은 사실이다. 하지만 뉴턴이 수학을 정적(靜的) 기술 방식으로부터 동적(動的) 접근으로 바꾸어 과학을 물리 체계로 전환시킴으로써 비로소 현대의 과학적 방법은 진정으로 엄밀하게 된 것이다.

그의 저서를 보면, 달의 궤도를 그처럼 훌륭하게 파악하고 난 뒤에도 연구를 계속 밀고 나가지 못하게 한 장애물이 사실상 무엇이었던가를 알 수 있다. 예를 들어, '구체는 어떻게 입자를 끌어당기는가?'라는 제목의 12절에서 그 문제를 풀지 못한 데에 원인이 있다고 확신한다. 울스돕에서 그는 지구와 달을 입자로 다루어 어림셈을 했었다. 그런데 그것들(그리고 태양과 행성들)은 거대한 구체이다. 그들 상호 간의 중력을 중심 간의 인력으로 정확하게 대체할 수 있는가? 그렇다. 다만 거리의 제곱이 되는 인력에 한정된다(고 역설적으로 밝혀졌다). 여기서 그가 출판하기에 앞서 극복해야 했던 방대한 수학적 난제들을 볼 수 있다.

"당신은 중력이 작용하는 원인을 설명하지 않았소." "원거리에 있는 물체 상호 간에 작용이 일어날 수 있는 이유가 무엇인지를 설명하지 않았습니다." 혹은, "선생님은 광선이 왜 그 같은 운동을 하는지 설명하지 않으시는군요"라고 반론을 제기할 때면, 그는 한결같이 이런 식으로 응수했다. "나는 가설을 만들지 않아요." 그 말은, "나는 형이상학적 추리를 하지 않는다. 나는 법칙을 제시하고 거기서 현상을 도출한다"는 뜻이었다. 그것이 바로 그가 자신의 『광학』에서 한 말이며, 동시대인들이 이해하지 못했던 광학의 새로운 시점이었다.

뉴턴이 아주 평범하고 따분하며 사무적인 인간이었다면 그 모두가 쉽사리 설명되었으리라. 한데 그는 그러한 인물이 아니었다는 것을 알아야 한다. 사실 그는 비범하고도 야성적인 성격의 소유자였다. 그는 연금술에 손을 대었다. 또 남몰래 요한계시록을 소재로 한 엄청난 책을 썼다. 제곱의 반비례 법칙은 피타고라스에서 이미 발견할 수 있다고 그는 확신했다. 이렇듯 형이상학적인 신비의 세계에 대한 자신의 내적인 열정을 감추고 겉으로는 태연하게 "나는 가설을 만들지 않는다"고 말하는 행위는 그의 비밀스런 성격을 비상하게 잘 표현하고 있다. 윌리엄 워즈워스

107 **조폐국에서의 뉴턴.**
▲고드프리 넬러가 1702년 런던에서 그를 보았을 때 그는 긴 가발을 쓰고 있었다.

108 **뉴턴이 해법을 작성하는 데에는 1684년에서 1687년까지 3년이 걸렸고, 그 내용 전부가 완전히 『원리』가 되었다. 핼리는 『원리』를 쓰도록 뒤를 돌보고 어르고 달랬으며, 재정 지원까지 해주었다.**
▶로버트 훅의 주장을 인정하느니 차라리 책을 포기하겠다고 엄포를 놓는 뉴턴에게 핼리가 보낸 편지, 1686년 6월 29일에 씌어졌다. "선생, 다시 한 번 강력히 요청하건대, 선생의 세 번째 책을 빼앗아가는 분노를 제발 삭이시길 바라오. 이제 선생이 문자와 종이를 승인했으니, 나는 정력적으로 인쇄를 추진할 것이오."

(William Wordsworth)의 〈서시〉에 있는 생생한 구절,

프리즘을 든 고요한 얼굴의 뉴턴,

은 그를 정확하게 보고 한 말이다.

그러니 그의 공적인 얼굴은 큰 성공을 거두었다. 물론 뉴턴은 영국 국교가 아닌 유니테리언이어서 대학교에서 승진하지는 못했다. 그는 당대의 과학자들의 기질에 맞지 않는 삼위일체설을 받아들이지 않았다. 그러므로 그는 교구 목사가 될 수 없었고 대학의 학장이 될 가망도 없었다. 때문에 1696년 뉴턴은 런던으로 나가 조폐국에 자리를 잡았다. 때가 되어 그는 조폐국장이 되었다. 훅이 사망한 뒤 그는 1703년 왕립학회의 회장직을 받아들였다. 1705년 뉴턴은 앤 여왕의 기사 작위를 받았다. 그리고 1727년 세상을 떠날 때까지 그는 런던의 지적인 풍토를 장악하고 있었다. 시골 소년으로서는 성공한 것이다.

내가 생각하기로는 뉴턴이 자신의 기준이 아니라, 18세기의 기준에 비추어볼 때 성공했을 뿐이라는 것이 슬픈 것이다. 뉴턴이 그 사회의 기준을 받아들이면서, 그 기존 체제의 평의회에서 독재자가 되고 싶어 했으며, 그것을 성공으로 간주했다는 것이 슬프다.

설령 비천한 계층에서 올라온 인물이라 하더라도 지성적인 독재자란 호감을 살 수 있는 대상이 아니다. 그렇지만 사적인 글을 보면, 뉴턴은 그토록 빈번

하고 다양하게 그려진 그의 공적인 얼굴과는 달리 그다지 오만한 인간이 아니었다.

> 자연의 모든 것을 설명하기란, 어느 한 사람 또는 어느 한 시대가 맡기에는 너무나 어려운 과제다. 모든 것을 설명하려고 하기보다는 조금씩 확실하게 처리하고, 나머지는 뒤에 올 사람들에게 맡기는 편이 훨씬 낫다.

그리고 그보다 더 유명한 문장을 통해서 그는 똑같은 말을 정확성은 덜하지만, 일말의 비애를 풍기면서 하고 있다.

> 내가 세상에 어떻게 비치고 있는지는 모르겠다. 그러나 내가 보기에 나는 바닷가에서 놀면서 이따금 보통 것보다 한결 매끈한 돌멩이나 예쁜 조개껍질을 찾으며 놀고 있는 소년에 불과하며, 진리의 대양(大洋)은 전혀 밝혀지지 않은 채 내 앞에 펼쳐져 있다.

뉴턴이 70대에 이르기까지 왕립학회의 실질적인 과학 활동은 거의 없었다. 조지(Georges) 치하의 영국은 돈과[이때가 바로 남해거품사건(South Sea Bubble:19세기 초 영국 남해회사의 주가를 둘러싼 투기사건—옮긴이)이 발생한 시기였다] 정치와 추문으로 들끓고 있었다. 다방에서는 민첩한 사업가들이 회사를 설립하여 허황된 발명을 이용한답시고 법석을 떨고 있었다. 뉴턴이 정부 기구 내에서 거물이었으므로 문필가들은 분풀이 삼아, 또 정치적 동기 때문에 과학자들을 조롱했다.

1713년 겨울, 불만에 찬 일단의 토리당파의 문필가들이 단합하여 문필가협회를 만들었다. 앤 여왕이 이듬해 여름 별세할 때까지 그들은 성 제임스(St. James) 궁전 안에 있는 여왕의 시의(侍醫) 존 아버스넛(John Arbuthnot)의 방에서 자주 모였

109 사적인 글을 보면, 뉴턴은 그토록 빈번하게 그리고 다양하게 그려진 그의 공적인 얼굴과는 달리, 그다지 오만한 인간이 아니었다.
웨스트민스터 사원의 조각상을 모델로 존 리스브랙(John Rysbrack)이 테라코타로 제작한 뉴턴의 흉상.

다. 이 조직을 '스크리블레루스 클럽(Scriblerus Club)'이라 불렀는데, 그들은 당대의 학계를 희롱하는 일에 착수했다. 이 클럽의 회의에서 토론된 결과에 따라 조너던 스위프트는 『걸리버 여행기Gulliver's Travels』 제3권에 과학계를 공격하는 내용을 삽입하게 되었다. 토리당원들로 구성된 이 집단은 뒷날 존 게이(John Gay)가 『거지 오페라The Beggar's Opera』를 통하여 정부를 풍자하도록 후원했으며, 그에 앞서 1717년에도 『결혼 후 3시간Three Hours After Marriage』이라는 희곡을 쓰도록 뒷받침했다. 이 작품에서 풍자의 대상은 거만하고 나이 많은 과학자로 이름은 포슬(Fossile, 화석) 박사이다. 이 희곡에서 그와 모험가 플롯웰(Plotwell: 음모를 잘 꾸미는 사람—옮긴이) 사이에 벌어지는 전형적인 장면을 인용해보자. 플롯웰은 극중에서 여주인과 정을 통하고 있다.

포슬: 내가 롱포트(Longfort) 부인에게 나의 이글스톤(eagle-stone:독수리가 알을 쉽게 낳기 위해 둥지로 가져간다고 전해지는 돌로, 순산과 부부 화합의 부적—옮긴이)을 주겠노라고 약속을 했었지. 그 가엾은 부인이 유산을 할 것 같은데 내가 그걸 잘 생각해냈단 말이야. 어유! 이게 누구야! 저 녀석의 몰골이 마음에 안 든단 말이거든. 허지만 너무 심하게 굴지는 말아야지.

플롯웰: Illustrissme domine, huc adveni—(라틴어로, 고명하신 선생, 이리로 오시오—옮긴이)

포슬: Illustrissime domine-non usus sum loquere Latinam—(라틴어로, 고명하신 선생, 라틴어가 그다지 즐겁지 아니하오—옮긴이) 그쪽에서 영어를 할 줄 모른다면, 언어로 대화는 안 되겠군요.

플롯웰: 영어를 조금 할 수 있소이다. 모든 예술과 과학의 위대한 별, 저명한 포슬 박사

110 **뉴턴이 그의 생애 중에 풍자를 당했다는 것은 우리에게는 부당하게 여겨진다.**
뉴턴의 만유인력을 풍자하는 당대의 카툰.

의 명성은 많이 들었소이다. 교환(귀공은 뭐라고 하는지 모르겠소만)을 하고 싶소. 내가 가진 것과 귀공이 가진 것 중에 얼마간씩 바꾸었으면 하오.

첫 번째 재미있는 화제는 당연히 연금술이다. 대화의 전 편을 통하여 전문 용어는 제법 정확하다.

포슬: 귀공께서는 어느 대학교에 계시오?

플롯웰: 유명한 크라코(Cracow) 대학교…….

포슬: ……헌데 선생은 무슨 비법의 거장이신 거요?

플롯웰: 그야, 저 코담뱃갑이지요.

포슬: 코담뱃갑이라.

플롯웰: 그렇소이다. 코담뱃갑. 저건 순금으로 만든 거외다.

포슬: 그래서 어쨌다는 거요?

플롯웰: 그래서 어쨌다는 거요라니? 내가 손수 저 황금을, 크라코 대성당의 납을 가지고 저 황금을 만들어냈다는 말이외다.

111 **"모든 것을 설명하려고 하기보다는 조금씩 확실하게 처리하고, 나머지는 뒤에 올 사람들에게 맡기는 편이 훨씬 낫다."**
뉴턴의 망원경, 우주, 프리즘, 동전, 시금용 용광로 등으로 실험하고 있는 푸토들(putti).
웨스트민스터 사원의 뉴턴 기념물 중 존 리스브랙(John Rysbrack)의 부조.

포슬: 무슨 방법으로 했다는 말이오?

플롯웰: 하소법(calcination), 반사법(reverberation), 정제법(purification), 승화법(sublimation), 아말감법(amalgumation), 침전법(precipitation), 의지작용법(volitilization).

포슬: 귀공께서는 주장하시는 말씀을 조심하셔야겠소이다. 황금의 의지작용법이라니, 그건 분명히 하나의 공정(工程)이 아니잖소…….

플롯웰: 고명하신 포슬 박사에게 모든 금속은 익지 않은 황금이라는 사실을 알려드릴 필요가 있을까요.

포슬: 철학자 같은 말씀이군요. 그렇다면 어린 나무를 베지 말라는 규정이 있듯이 납 광

산을 캐지 말라는 법률을 의회에서 제정해야겠구먼.

그러다가 과학적인 화제는 재빨리 바다에서 경도(經度)를 알아내는 골치 아픈 문제, 유율, 또는 미분학의 발명으로 옮아간다.

포슬: 지금 이 자리에서 실험을 할 의향은 없소이다.

플롯웰: 선생은 경도를 다루고 계시오?

포슬: 나는 불가능한 것을 다루질 않소이다. 오직 위대한 연금 약을 찾고 있을 따름이오.

플롯웰: 유율이라는 새로운 방법을 어떻게 생각하시오.

포슬: 나는 수은 이외는 전혀 아는 바가 없소.

플롯웰: 하하하, 이쪽에서는 양(量)의 유율을 말씀드렸소이다.

포슬: 이 사람이 지금까지 알고 있는 가장 큰 양은 하루에 3쿼트였소.

플롯웰: 수리학(水理學), 동물학, 광물학, 수력학, 음향학, 기력학(氣力學), 대수학(對數學)에 무슨 비밀이 있소이까? 거기 대해서 설명해주시겠소?

포슬: 그건 모두 내 분야 밖이오.

뉴턴이 그의 생애 중에 풍자를 당하고, 심각한 비판마저 당해야 했다는 것은 우리에게는 부당하게 여겨진다. 그러나 아무리 장엄하더라도 모든 이론은 도전을 받을 수 있는 숨은 가설이 있게 마련이고, 실상 때가 되면 필연적으로 대체된다는 사실을 잊어서는 안 된다. 그리고 비록 자연의 근사치(近似値)로서 아름다운 뉴턴의 이론도 그와 같은 결함을 내포하지 않을 수 없다. 뉴턴도 스스로 그 점을 고백했다. 그가 만든 주된 가정은 그가 처음 말한 바와 같이 이러했다. "나는 공간이 절대적이라 생각한다." 그 말은 공간은 어느 곳에서나 우리 부근에서 보는 바와 마찬가지로 평평하고 무한하다는 뜻이었다. 그런데 라이프니츠는 처음부터 그 명제를 비판했으며 그의 논리는 정당했다. 따지고 보면 우리 자신의 경험에서도 그것은 가능하지 않다. 우리는 국소적으로는 평면 공간에서 생활하는 데 익숙해 있지만, 지구를 크게 바라보게 되면 전체적으로 그런 것이 아니라는 것을 알게 된다.

지구는 구체이다. 따라서 북극에 있는 한 점을, 적도상에 있으나 서로 멀리 떨어진 두 관찰자들이 관찰하면서 동시에 "나는 정북(正北)을 보고 있다"고 말할 수 있다. 평평한 지구에 살고 있는 주민이나 지구가 자기 근처에서와 마찬가지로 전부 평평하다고 믿는 사람은 그러한 상태를 생각할 수 없다. 뉴턴은 마치 우주 전체가 평면 공간인 것처럼 행동했다. 그는 한 손에 자를 들고 다른 한 손에는 회중시계를 들고, 이곳과 마찬가지로 모든 곳이 평면인 것처럼 공간의 지도를 작성하러 나섰다. 하지만 실제로는 꼭 그렇지 않다.

우주 공간은 어디서나 구체여야 하는 것도 아니다. 다시 말하면, 반드시 정(正) 곡률이 있는 것도 아니다. 우주 공간은 곳에 따라 울퉁불퉁하고 파상(波狀)을 이루고 있을 가능성이 크다. 안장점(saddle-point)이 있는 형태의 공간을 상정할 수가 있는데, 거기서는 특정한 방향으로 거대한 물체가 더 쉽게 미끄러진다. 그러나 물론 천체의 운동은 동일해야 한다. 우리가 천체의 운동을 보고 있으며, 우리의 설명이 그에 적합해야 한다—하지만 그 설명들의 종류가 다를 것이다. 달과 행성들을 지배하는 법칙들은 중력이 아닌 기하학적 성질을 갖게 될 것이다.

당시에 그런 논의는 모두 아득한 미래에 실현될 추리에 지나지 않았으며, 설사 그런 말들을 했다고 하더라도 당시의 수학으로는 처리할 능력이 없었다. 그러나 뉴턴이 공간을 절대적인 것으로 고정시킴으로써 사물에 대한 인간의 지각을 비현실

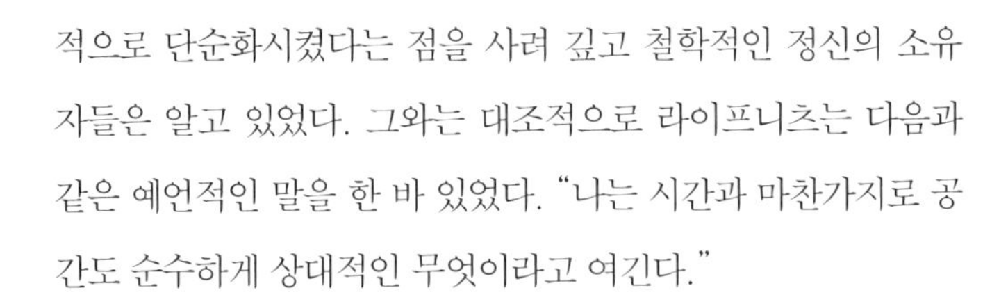

적으로 단순화시켰다는 점을 사려 깊고 철학적인 정신의 소유자들은 알고 있었다. 그와는 대조적으로 라이프니츠는 다음과 같은 예언적인 말을 한 바 있었다. "나는 시간과 마찬가지로 공간도 순수하게 상대적인 무엇이라고 여긴다."

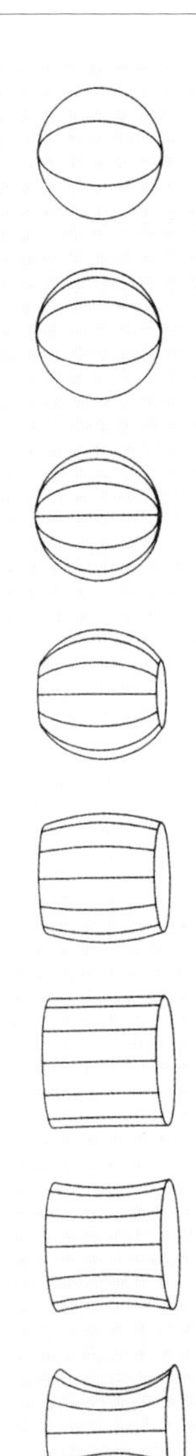

시간은 뉴턴 체계의 또 다른 절대적 요소다. 시간은 천체 지도를 작성하는 결정적인 것이 된다. 우선 첫 번째, 별들이 얼마나 멀리 떨어져 있는지를 우리는 알 수 없고 오직 그들이 우리 시선에 어느 순간 들어오는지를 알고 있을 뿐이다. 그래서 해양계는 완벽한 두 가지 도구, 망원경과 시계를 요구한다.

먼저 망원경의 개선에 관해서 살펴보기로 하자. 당시 그 일은 그리니치에 새로 설치된 왕립천문대를 중심으로 추진되고 있었다. 발이 넓은 훅이 대 화재 뒤의 런던을 재건하기 위해서 렌 경과 공동 작업을 하면서 계획을 세웠다. 그 이후로 해안에서 멀리 떨어져 자기의 좌표—경도와 위도—를 확인하려고 하는 항해자들은 선상에서 관측한 별들의 좌표와 그리니치의 그것을 비교하게 되었다. 그리니치의 자오선은 폭풍우에 떠밀리는 세계 속의 모든 항해자들의 고정된 표지가 되었다. 자오선과 그리니치 표준시가 말이다.

좌표 계산에 기본적인 두 번째 보조 수단은 시계의 개선이다. 시계는 그 시대의 상징이요 중심 문제였다. 뉴턴의 이론들은 선상에서 시간을 정확하게 알릴 수 있는 시계가 있어야만

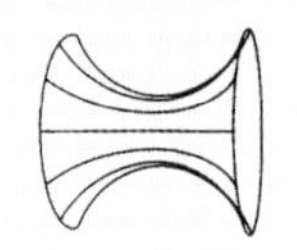

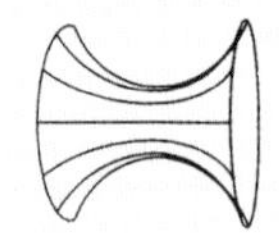

112 **우리는 안장점이 있는 형태의 공간을 상정할 수 있다.**
◀반대의 곡률을 만들어내는 구의 반전을 컴퓨터그래픽으로 재현했다.

113 **해안에서 멀리 떨어져 자기의 좌표-경도와 위도-를 확인하려고 하는 항해자들은 선상에서 관측한 별들의 좌표와 그리니치의 좌표를 비교하게 되었다.**
▶그리피어(R. Griffier)가 1750년에 그린 그리니치의 일반적인 풍경.

해상에서 실용화될 수 있기 때문이었다. 원리는 지극히 단순하다. 해가 지구를 24시간 동안에 도니까 경도 360도의 한 단위는 4분을 차지한다. 그러므로 선상의 정오(해가 가장 높은 위치에 있을 때)를 그리니치 시간을 가리키고 있는 시계와 비교하면 시간상으로 4분의 차이는 그리니치 자오선으로부터 1도씩 멀어진다는 사실을 알려 준다.

영국 정부는 6주일 항해에 0.5도 이하의 오차를 내는 시계를 만드는 사람에게 2만 파운드의 상금을 걸었다. 그러자 런던의 시계 제작자들—이를테면 존 해리슨(John Harrison)—은 차례로 정교한 시계를 만들어냈고, 몇 개의 흔들이를 달아 선박의 요동으로 인한 오차를 수정하도록 설계했다.

이와 같은 기술적 문제들로 말미암아 발명이 폭발적으로 늘어났고, 그 이후 시간관념이 과학과 우리의 일상생활을 지배하게끔 정착되었다. 진정 배는 일종의 별의 모형이다. 별은 어떻게 우주 공간을 달리고 있으며 별이 갖고 있는 시간을 어떻게 알 수 있는가? 배는 상대적 시간을 생각하는 출발점이다.

그 시대의 시계 제작자들은 중세의 대석공들이 그랬듯이 노동자들 중의 귀족들이었다. 우리가 알고 있는 시계, 우리의 생활에 직결되어 그 속도를 조정하며 호주머니 안에서 현대 생활을 독재하고 있는 시계라는 것이 중세 이후에 장인들의 기술을 서서히 불붙여놓았다는 사실을 회상해보는 것도 즐거운 일이다. 그 시절, 초기의 시계 제작자들은 하루의 시간을 알고자 했던 것이 아니라 반짝이는 천체들의

운동을 재현하고자 했던 것이다.

뉴턴의 우주는 거의 200년 동안 순조롭게 잘 작동했다. 1900년 이전의 어느 때에 그의 영혼이 스위스에 왔다면 모든 시계들은 똑같이 종소리를 울리며 할렐루야를 불렀을 것이다. 그렇지만 1900년 직후 베른(Berne) 시내 고색창연한 시계탑에서 200m도 채 되지 않는 곳에 한 젊은이가 살러 와서는 시계들을 뒤틀리게 만들어놓는데, 그의 이름이 알베르트 아인슈타인(Albert Einstein)이었다.

바로 이즈음 시간과 빛은 뒤틀리기 시작했다. 앨버트 마이컬슨(Albert Michelson)이 실험—6년 뒤에 에드워드 몰리(Edward Morley)와 함께 반복한—을 실

114 당시의 시계 제조공들은 노동자 중에서도 귀족이었다.

▲▲존 해리슨이 만든 최초의 해양 시계.

115 ▲당시 해도(海圖)라는 간판이 붙어 있는 올드 브리지의 부둣가에서 살았던 존 조인슨(John Joyson)이 네덜란드의 대형 출판사 블라에우(Blaeu)에서 훔쳐낸 항해 안내서. 항해 중인 네덜란드 항해사들이 선상에 해도를 놓고 작업 중이다.

▶왕실천문관 존 플램스티드(John Flamsteed)가 동료들과 함께 열심히 관측하고 있다. 그리니치의 왕립해군대학 천장화.

Apr: 22.
1715

시한 때가 1881년이었다. 그는 이 실험 중에 빛을 각기 다른 방향으로 발사했으나 기구를 어떻게 움직이든 빛의 속도는 동일하다는 점을 발견하고 크게 놀랐다. 그것은 뉴턴의 법칙과는 보조가 맞지 않았다. 그리고 물리학의 심장에서 일어난 이 작은 속삭임이 1900년경 처음으로 과학자들에게 흥분과 의문을 일으켰다.

청년 아인슈타인이 이 문제를 둘러싼 당시의 상황을 완전히 이해하고 있었는지는 확실하지 않다. 그는 대학 시절에 공부에 열중한 학생이 아니었다. 하지만 그가 베른에 갈 즈음에는 몇 해 전 10대 소년일 때 이미, 빛의 관점에서 우리의 경험을 관찰한다면 어떤 모양일 것인가 하는 의문을 스스로 가져본 이후라는 것은 분명하다.

이 질문에 대한 해답에는 역설적인 요소들이 가득하여 문제를 더욱 어렵게 만든다. 그렇지만 그 모든 역설에도 불구하고 이 문제의 가장 어려운 부분은 해답이 아니라 그 문제를 착상하는 데 있었다. 바로 거기에 뉴턴과 아인슈타인 같은 인물들의 천재성이 있다. 그들은 투명하고도 천진한 질문을 던지지만, 그 질문은 나중에 대 이변을 가져오는 해답을 낳

116 **뉴턴의 우주는 거의 200년 동안 시계 소리를 내며 잘 작동했다. 1900년 이전의 어느 때에 그의 영혼이 스위스에 왔었다면, 모든 시계들은 똑같이 종소리를 울리며 할렐루야를 불렀을 것이다. 바로 이즈음 시간과 빛은 뒤틀리기 시작했다.**

▲▲존 해리슨이 상을 받은 시계, 'Time`-Keeper no. 4'.

▲베른의 시계탑.

117 ▶베른의 특허국에 다닐 때의 아인슈타인, 1905년.

는다. 시인 윌리엄 쿠퍼(William Cowper)는 그러한 성품을 지닌 뉴턴을 '어린애 같은 현자'라 불렀고 그 표현은 세상을 보고 놀라는 아인슈타인의 얼굴 표정에 완전히 들어맞는다. 광선을 타고 간다든지 공간에서의 낙하에 대해 말할 때, 아인슈타인은 언제나 그와 같은 원리들을 아름답고도 단순하게 그려낼 수 있었다. 그의 저서 가운데 한 페이지를 골라보자. 나는 시계탑 밑으로 가서 아인슈타인이 스위스 특허국

의 서기로 매일 직장에 갈 때 이용한 전차에 오른다.

아인슈타인이 10대 소년 시절에 품었던 생각은 다음과 같다. "내가 광선을 타고 가면 세상은 어떻게 보일까?" 이 전차가 시계의 시간을 보게 해주는 바로 그 광선을 타고 시계로부터 멀어져간다고 가정하자. 그렇다면 물론 그 시계는 얼어붙게 될 것이다. 나, 그 광선을 타고 가는 상자인 전차는 시간상으로 고정될 것이다. 시간은 정지할 것이다.

그 점을 설명해보자. 내가 떠나면서 남겨둔 시계가 '정오'를 가리키고 있었다고 가정하자. 나는 지금 시계를 떠나 30만km 떨어진 곳에 와 있다. 내가 거기까지 오는 데에는 1초가 걸린다. 그러나 내가 보고 있는 시계는 여전히 '정오'를 가리키고

있다. 시계를 떠난 광선이 내 눈에 도달하는 시간은 내가 여기까지 오는 데 걸린 시간과 똑같기 때문이다. 내가 보고 있는 시계에 관한 한, 그리고 전차 안에 있는 우주에 관한 한, 광속을 유지함으로 해서 나는 시간의 흐름에서 단절된 것이다.

그것은 실로 비범한 역설이다. 나는 여기서 그 역설의 함축이나 아인슈타인이 관심을 가졌던 다른 문제들을 깊이 파고들 생각은 없다. 단지 내가 광선을 타고 간다면 갑자기 나의 시간은 정지하고 만다는, 이 기이한 가설만을 집중적으로 다루고자 한다. 내가 광선의 속도에 가까워짐에 따라(그것이 이 전차 안에서 내가 모의실험을 하려는 것이다) 나는 내 시간과 공간의 상자 속에 홀로 있으며, 그 시공은 내 주위의 기준으로부터 점차 멀어져간다는 것을 뜻한다.

그와 같은 역설들이 두 가지 사실을 뚜렷이 밝혀준다. 그중 분명한 하나는 보편적 시간이란 없다는 것이다. 다른 하나는 한층 미묘하다. 여행자와 제자리에 있는 사람은 서로 매우 다른 경험을 갖게 된다는 것이다. 각자 제 길을 가고 있는 우리 모두가 그렇다. 전차 안에서 일어나는 나의 경험들은 일관성이 있다. 나도 다른 모든 관찰자들과 똑같은 법칙들, 시간, 거리, 속도, 질량과 힘 사이의 동일한 관계를 발견한다. 그러나 내가 시간, 거리 등등에서 얻는 실제의 값은 보도에 있는 사람의 그것과 같지 않다.

그것이 상대성 원리의 핵심이다. 그런데 여기서 "그러면 그의 상자와 나의 상자를 하나로 이어주는 게 무엇인가?"라는 질문이 나오게 마련이다. 광선의 통과이다. 빛은 우리를 묶어주는 정보 전달체이다. 그렇기 때문에 1881년 이후 그 중요한 실험 사실, 즉 우리가 신호를 교환할 때 그 정보가 항상 동일한 속도로 우리 사이에 전해진다는 것을 깨닫게 된 것이 사람들에게 수수께끼가 되어왔다. 빛의 속도의 값은 언제나 동일하다. 그렇다면, 시간과 공간과 질량은 자연히 우리들 각자에게 서

118 **"내가 광선을 타고 가면 세상은 어떻게 보일까?"**
열다섯 살 때의 아인슈타인.

로 다르게 나와야 한다. 왜냐하면 그것들은 전차 안에 있는 나와 바깥에 있는 그 사람에게 동일한 '법칙'하에서 일관되게 적용되어야 되는데, 광속은 동일한 '값'을 가지기 때문이다.

빛과 기타의 방사선들은 어떤 사건에서 나와 우주 공간을 물결처럼 확산되어 나가는 신호이며, 그 사건의 뉴스가 그보다 더 빨리 외부로 이동할 길은 없다. 빛이나 전파 또는 X선은 뉴스나 메시지의 궁극적인 전달자이고 물질계를 연결하는 기본적인 정보망을 형성한다. 설령 우리가 보내고자 하는 메시지가 단순히 시간이라고 하더라도 그것을 운반하는 빛이나 전파보다 빨리 한 장소에서 다른 장소로 옮겨서 받을 수는 없다. 광속이 불가피하게 끼어들지 않고는 우리의 시계를 맞출 수 있는 보편적인 시간, 또는 그리니치 천문대의 시보(時報)란 존재하지 않는다.

이와 같은 이분법에서 무언가 나와야 한다. 광선의 통로(탄환의 탄도와 마찬가지로)는 그것을 발사한 사람과 구경꾼에게는 각기 달리 보인다. 그 통로가 구경꾼에게는 더 길어 보이고, 빛의 속도가 동일하다는 전제를 인정한다면, 빛이 그 통로를 따라가는 시간이 그에게는 더 길게 느껴져야 한다.

그게 사실인가? 그렇다. 우리는 지금 고속(高速)의 경우에는 그 말이 옳다는 것을 입증하기에 충분한 우주 및 원자 작용들을 알고 있다. 만약 내가, 예를 들어 광속의 절반으로 이동한다면, 내 시계로 아인슈타인의 전차를 3분 조금 넘게 타고 갈 때 길거리에 있는 사람에게는 그 시간이 30초 더 길어진다.

그러면 전차의 속도를 광속으로 높이면서 어떤 모양이 되는가를 알아보기로 하자. 사물의 형태가 바뀌는 상대성 효과가 일어난다(색깔의 변화도 있으나 그것은 상대성에

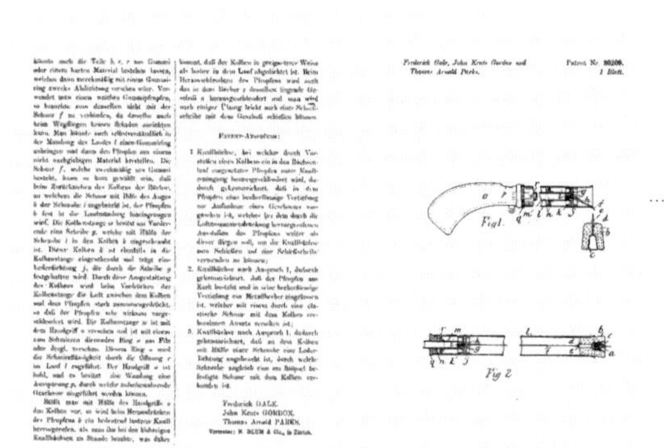

119 솔직히 말해서 특허 신청서의 대다수는 지금 보면 무척 바보스럽다.
1904년의 특허 신청서.

서 오는 것이 아니다). 건물의 꼭대기는 안쪽과 앞쪽으로 휘어지는 것처럼 보인다. 또한 그 건물들은 한데 뭉쳐지는 듯한 인상을 준다. 내가 수평 이동을 하면, 수평 거리가 짧아지는 듯하지만 높이는 그대로 변함이 없다. 자동차와 사람들도 같은 식으로 일그러져 가늘고 높다. 그리고 내다보고 있는 나에게 참된 것은 들여다보고 있는 바깥 사람에게도 참되다. 『이상한 나라의 앨리스』와 같은 상대성의 세계는 대칭적이다. 관찰자에게도 전차는 쭈그러져서 가늘고 높아 보인다.

분명히 이것은 뉴턴의 세상과는 전혀 다른 세계상이다. 뉴턴에게 있어 시간과 공간은 절대적인 틀을 형성하고 있었으며 그 안에서 세계의 물질적 사상(事象)들이 부동의 질서를 따라 달리고 있었다. 그의 세계상은 하나님의 눈으로 본 세계관이다. 인간이 어디에서 어떤 운동을 하든 그 세계는 관찰자에게 동일한 모양을 하고 있다. 그와는 대조적으로 아인슈타인의 세계는 사람의 눈으로 본 세계로서 네가 보는 것과 내가 보는 것은 서로 상대적이고, 우리의 장소와 속도에 따라 달라진다. 더구나 이 상대성은 제거할 방법이 없다. 세계 자체가 어떤 것인지를 우리들은 알 수 없고 메시지를 교환하는 실천적인 절차를 통하여 우리들 각자에게 보이는 모양을 비교할 수 있을 따름이다. 전차를 타고 있는 나와 의자에 앉아 있는 너는 하나님이 즉각 파악한 사상(事象)들의 모양을 공유할 수 없다—다만 각자의 관점을 서로 소통할 수 있을 뿐이다. 커뮤니케이션도 동시적일 수 없다. 우리들은 광속으로 정해지는 모든 신호들의 기초적인 시차(時差)를 제거할 수 없다.

전차는 광속에 이르지 않았다. 그 차는 아주 점잖게 특허국 부근에서 멎었다. 아인슈타인은 차에서 내렸고, 하루 일을 마치고는 이따금 저녁에는 카페 볼베르크에 들르곤 했다. 특허국에서의 일은 그다지 힘들지 않았다. 솔직히 말해서, 특허 신

891

3. *Zur Elektrodynamik bewegter Körper;*
von A. Einstein.

Daß die Elektrodynamik Maxwells — wie dieselbe gegenwärtig aufgefaßt zu werden pflegt — in ihrer Anwendung auf bewegte Körper zu Asymmetrien führt, welche den Phänomenen nicht anzuhaften scheinen, ist bekannt. Man denke z. B. an die elektrodynamische Wechselwirkung zwischen einem Magneten und einem Leiter. Das beobachtbare Phänomen hängt hier nur ab von der Relativbewegung von Leiter und Magnet, während nach der üblichen Auffassung die beiden Fälle, daß der eine oder der andere dieser Körper der bewegte sei, streng voneinander zu trennen sind. Bewegt sich nämlich der Magnet und ruht der Leiter, so entsteht in der Umgebung des Magneten ein elektrisches Feld von gewissem Energiewerte, welches an den Orten, wo sich Teile des Leiters befinden, einen Strom erzeugt. Ruht aber der Magnet und bewegt sich der Leiter, so entsteht in der Umgebung des Magneten kein elektrisches Feld, dagegen im Leiter eine elektromotorische Kraft, welcher an sich keine Energie entspricht, die aber — Gleichheit der Relativbewegung bei den beiden ins Auge gefaßten Fällen vorausgesetzt — zu elektrischen Strömen von derselben Größe und demselben Verlaufe Veranlassung gibt, wie im ersten Falle die elektrischen Kräfte.

Beispiele ähnlicher Art, sowie die mißlungenen Versuche, eine Bewegung der Erde relativ zum „Lichtmedium" zu konstatieren, führen zu der Vermutung, daß dem Begriffe der absoluten Ruhe nicht nur in der Mechanik, sondern auch in der Elektrodynamik keine Eigenschaften der Erscheinungen entsprechen, sondern daß vielmehr für alle Koordinatensysteme, für welche die mechanischen Gleichungen gelten, auch die gleichen elektrodynamischen und optischen Gesetze gelten, wie dies für die Größen erster Ordnung bereits erwiesen ist. Wir wollen diese Vermutung (deren Inhalt im folgenden „Prinzip der Relativität" genannt werden wird) zur Voraussetzung erheben und außerdem die mit ihm nur scheinbar unverträgliche

청서의 대다수는 지금 보면 무척 바보스럽다. 개량형 딱총 신청서, 교류 조절 장치에 관한 신청서가 있는데, 아인슈타인은 '부정확하고 불분명하다'고 간결하게 지적했다.

저녁에는 카페 볼베르크에서 동료들과 물리학에 관해서 조금씩 이야기를 나누었다. 그는 시가를 피우고 커피를 마셨다. 하지만 그는 혼자 생각하는 사람이었다. 그는 문제의 핵심, 다시 말하면 '물리학자가 아니라 인간들이 실제로 어떻게 의사소통을 하는가? 우리는 서로 어떠한 신호들을 보내고 있는가? 우리는 어떤 방법으로 지식에 도달하는가?'라는 의문을 제기했다. 지식의 핵심을 이처럼 한겹 한겹 벗기는 작업이 그의 모든 논문의 핵심이다.

그러므로 1905년의 위대한 논문 「운동체의 전기동역학The Electrodynamics of Moving Bodies」은 제목이 말해주듯이 단순히 빛에만 한정되지 않는다. 같은 해에 그는 논문의 후기에서 에너지와 질량은 $E=mc^2$의 등가를 갖는 것이라고 말했다. 상대성이론이 그 첫 설명에서 원자물리학에 대한 실용적이고 엄청난 예측을 포함하고 있다는 것은 놀라운 일이다. 그러나 아인슈타인에게 있어서 그것은 세계를 하나로 이끌어가는 일의 일부에 지나지 않는다. 뉴턴을 비롯한 모든 과학사상가들과 마찬가지로, 그도 깊은 의미에서는 유니테리언이었다. 그것은 자연 자체의 과정들

120 **아인슈타인은 일생 동안에 빛과 시간을, 시간과 공간을, 에너지와 물질을, 물질과 공간을, 그리고 공간과 중력을 연결시켰다.**

▲1905년의 위대한 논문.

▶1931년 옥스퍼드에서 세 차례에 걸쳐서 진행한 상대성 원리 강의 중 두 번째 강의에서 아인슈타인이 사용했던 칠판.

을 심오하게 통찰한 데서 오는 것이지만, 특히 인간과 지식과 자연 간의 관계에 대한 통찰에서 오는 것이다. 물리학은 사건이 아니라 관찰이다. 상대성은 세계를 사건이 아니라 관계로서 이해하는 것이다.

아인슈타인은 그 시절을 유쾌한 마음으로 되돌아보았다. 오랜 세월이 흐른 뒤 그는 내 친구 레오 실라드(Leo Szilard)에게 이렇게 말했다. "그 시절이 내 일생 중 가장 행복한 시기였소. 아무도 날 보고 황금알을 낳으라고는 하지 않았으니 말이오." 물론 그는 계속해서 양자효과(quantum effect), 일반상대성이론(general relativity), 장이론(field theory) 등등의 황금알을 낳았다. 이러한 이론들을 통해 아인슈타인의 초기 연구의 정확성이 입증되었고 그의 예측들은 수확을 보게 되었다. 1915년 그는 일반상대성이론에서, 태양 부근의 중력장은 지나가는 광선을 안으로 휘어지게 해서 공간이 만곡(彎曲)하는 것과 같다고 예측했다. 왕립학회가 브라질과 아프리카

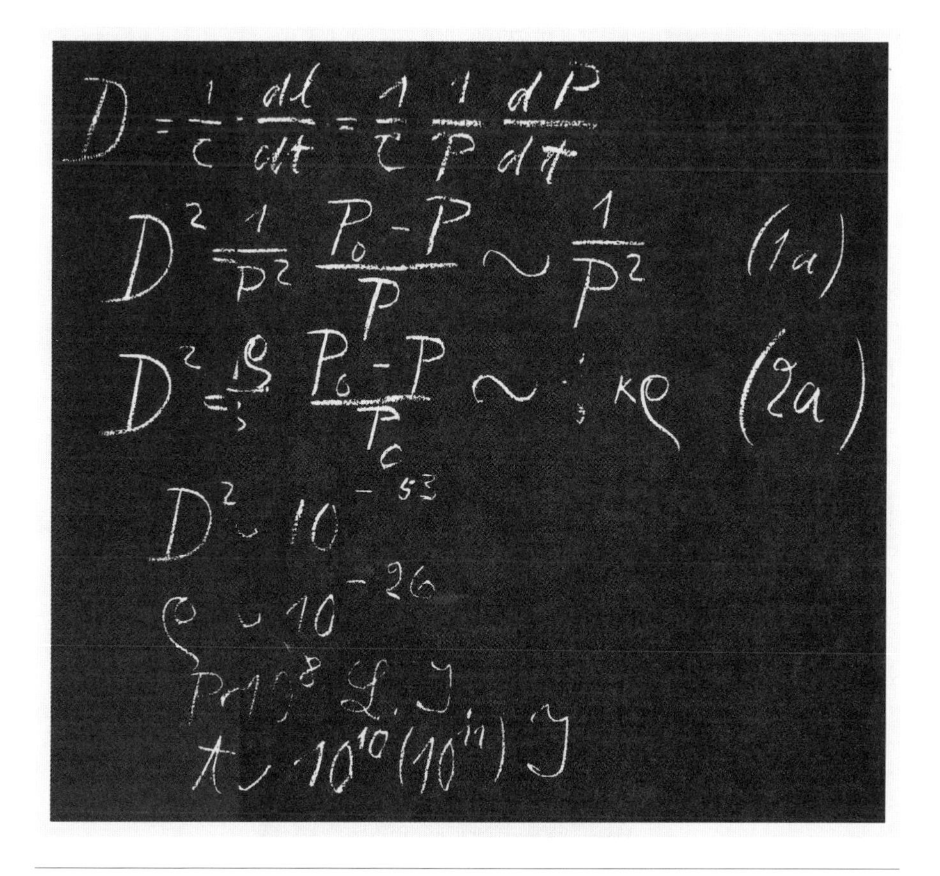

121 **광속이 불가피하게 끼어들지 않고는 우리의 시계를 맞출 수 있는 보편적인 시간, 또는 그리니치 천문대의 시보란 존재하지 않는다.**

도로 위의 관찰자는 왼쪽에 정지해 있는 전차를 왜곡 없이 본다. 빠른 속도로 움직이고 있는 다른 두 전차는 높고 가늘게 보인다. 그중 그에게 다가오고 있는 전차는 더 푸르게 보이고, 멀어져 가는 전차는 더 붉게 보인다. 하지만 이것은 상대성 효과는 아니다. 정지한 전차 안에 있는 관찰자는 창밖의 집을 왜곡 없이 본다. 움직이는 전차 안에서는 집들이 높고 가늘게 보인다.

CAMPARI

서해안으로 파견한 두 팀의 원정대가 1919년 5월 29일 일식 중에 그의 예측을 시험했다. 아프리카 원정대의 책임자였던 아서 에딩턴(Arthur Eddington)에게는 그곳에서 찍은 사진을 처음으로 계측했을 때가 생애 중 가장 위대한 순간이며 기억 속에 언제까지나 남는 것이었다. 왕립학회 회원들이 그 소식을 급히 동료들에게 전했고, 에딩턴은 전보로 수학자 리틀우드(Littlewood)에게, 그리고 리틀우드는 황급히 쪽지를 적어 버트런드 러셀(Bertrand Russell)에게 전했다.

> 친애하는 러셀 씨
>
> 아인슈타인의 이론은 완벽하게 검증되었습니다. 예측된 변위는 1″·72였고, 관측치는 1″·75±·06이었습니다.
>
> J. E. L.

상대성이론은 특수이론과 일반이론에서 다 같이 사실이었다. E=mc² 역시 때가 되어 입증되었음은 말할 나위도 없다. 시계가 느리게 움직인다는 문제마저도 가차 없는 운명에 의해 마침내 가려지게 되었다. 1905년 아인슈타인은 그것을 검증할 한 가지 이상적인 실험 방법에 대한 약간 우스꽝스러운 처방을 작성해두었다.

> 가령 A지점에서 시간을 맞춘 2개의 시계가 있고, 그중 하나를 폐쇄곡선을 따라 v라는 등속도로 이동시켜 A지점으로 돌아온다고 하자. 여기서 소요된 시간은 t초이다. 이때, A지점에 도달한 시계는 그 자리에 고정되어 움직이지 않은 시계와 비교하여 $1/2\ t(v/c)^2$ 만큼 덜 간다. 이것으로 볼 때 지구의 적도에 고정된 시계는 지구의 한쪽 극에 고정되어 있는 동일한 시계보다 근소한 차이로 늦게 간다는 결론을 내리게 된다.

아인슈타인은 1905년의 위대한 논문을 발표한 지 50년 뒤인 1955년에 세상을 떠났다. 하지만 그때에는 1초의 10억 분의 1까지 시간을 정확하게 잴 수 있게 되었다. 따라서 '지구 위에 두 사람이 있는데, 한 사람은 북극에, 다른 한 사람은 적도에 있다. 적도에 있는 사람이 북극에 있는 사람보다 빨리 돌아가니까 그의 시계가 느리게 갈 것이다'라는 괴상한 명제를 시험할 수 있었다. 그리고 그의 가설은 그대로 적중했다.

그 실험을 한 사람은 하웰(Harwell)에 사는 헤이(H. J. Hay)라는 청년이었다. 그는 지구가 찌그러져 납작한 원반이 되어 북극은 중심에 있고 적도는 그 테두리를 돈다고 상상했다. 그는 원반의 가장자리에 방사성시계(radio-active clock) 하나를 두고 다른 하나를 중심에 두어 원반을 돌아가게 했다. 그 시계는 원자 붕괴에 의한 방사성 원자의 숫자를 통계적으로 계산하여 시간을 측정한다. 그런데 분명히 헤이의 원반 테두리에 있는 시계가 중심에 있는 시계보다 느리게 갔다. 그 같은 현상은 돌아가는 모든 원반, 모든 회전반에 그대로 적용된다. 이 순간에도 돌아가고 있는 모든 전축의 레코드는 중심이 테두리보다 더 빨리 늙어간다.

아인슈타인은 수학보다는 오히려 철학 체계를 창조한 인물이었다. 그는 실제적 경험에 새로운 관점을 제시하는 철학 사상을 찾아낸 천재였다. 그는 하나님이 아니라 길을 찾는 사람으로서 자연을 보았다. 즉 현상의 혼돈 속에 있는 사람으로서 참신한 눈으로 본다면 모든 것에 공통된 패턴이 있다고 믿는 사람이었다. 그는 자신의 저서 『내가 보는 세계The World as I See It』에서 다음과 같이 지적했다.

우리는 경험 세계의 어떠한 특징들로 우리의 개념들(과학 이전의)을 형성하게 되었는지를 잊어버렸으며, 오래전에 이루어진 개념적 해석의 안경을 끼지 않고서는 경험의 세계를 스스로에게 설명하는 데 큰 어려움을 겪고 있다. 게다가 더 큰 어려움은 우리의 언어는 저 원시적인 개념들과 불가분의 관계에 있는 낱말들을 사용해야 한다는 점이다. 이것이 우리가 과학 이전의 공간 개념의 본질을 기술하려고 할 때 직면하는 장애물들이다.

그리하여 아인슈타인은 그의 생애 동안에 빛을 시간에, 시간을 공간에, 에너지를 물질에, 물질을 공간에, 그리고 공간을 중력에 결합시켰다. 만년에 그는 아직도 중력과 전기 및 자기력 간의 통일성을 찾으려 노력하고 있었다. 헌 스웨터를 입고 맨발에 모직 슬리퍼를 신은 채 케임브리지 대학의 이사회관(Senate House)에서 강의를 하면서, 자신이 어떤 종류의 연결 고리를 찾고 있으며, 정면으로 부딪히고 있는 난관이 무엇인가를 털어놓던 그를 나는 기억하고 있다.

스웨터를 입고 모직 슬리퍼를 끌며, 멜빵과 양말을 싫어하던 그의 태도는 결코

허세가 아니었다. 아인슈타인을 보고 있노라면 '멜빵을 저주하고, 느슨함을 축복하라'고 한 윌리엄 블레이크의 신조를 실천하고 있는 듯한 인상을 받았다. 그는 세속적인 출세나 존경 또는 규범에 순응하는 것에 거의 관심이 없었다. 대체로 그는 자기만 한 명성을 지닌 사람에게 사람들이 무엇을 기대하는지를 의식하지 않았다. 그는 전쟁과 잔인성과 위선을 증오했고, 무엇보다 독단론을 증오했다—다만 여기서 '증오'라는 낱말은 그가 느꼈던 슬픈 역겨움을 전달하기에 적합하지 않다. 그는 증오 그 자체도 일종의 독단이라고 생각했다. 그는 이스라엘 국가의 대통령직을 거부했다. 그 이유를, 자신은 인간 문제를 생각할 두뇌가 없기 때문이라고 설명했다. 그것은 겸허한 기준이었고 다른 대통령들도 채택할 만한 기준이기도 했다. 만일 그 기준을 적용한다면 대통령으로 남아 있을 사람이 많지는 않을 것이다.

마치 신들과 같은 걸음걸이를 하고 있는 뉴턴과 아인슈타인 앞에서 인간의 등정을 이야기하는 것은 온당하지 않을 수도 있다. 그 두 사람 가운데 뉴턴은 구약의 신이고, 아인슈타인은 신약의 구현이다. 아인슈타인은 인간성, 연민의 정, 무한한 동정심을 가지고 있었다. 그가 본 자연은 하나님과 같은 존재 앞에 서 있는 인간과 같은 것이었고, 자연에 대해서 항상 그렇게 말하기도 했다. 그는 "하나님은 주사위를 던지지 않는다." "하나님에게는 악의가 없다." 등 하나님에 관해 이야기하는 것을 좋아했다. 마침내 닐스 보어(Niels Bohr)가 어느 날 그에게 말했다. "하나님에게 무엇을 하라는 말은 그만두시오." 한데 그 말이 꼭 공정하다고는 할 수 없다. 아인슈타인은 지극히 단순한 질문을 할 수 있는 사람이었다. 그의 생애와 그의 연구 활동이 보여준 것은, 그 해답이 또한 단순할 경우, 우리는 하나님이 생각하는 것을 듣게 된다는 것이다.

122 **"하나님에게 무엇을 하라는 말은 그만두시오."**
1933년 솔베이 학회에서 닐스 보어와 아인슈타인.

동력(動力)을 찾아서

혁명은 운명에 의해서가 아니라 인간에 의해 추진된다. 때로 그 인간들은 고독한 천재일 수도 있다. 그러나 18세기의 위대한 혁명들은 보잘것없는 숱한 인간들이 힘을 합쳐 이룩했다. 그들을 이끈 힘은 모든 사람이 자기 자신의 구세주라는 신념이었다.

지금은 과학에 사회적 책임이 있다는 것을 당연시한다. 그러나 그러한 관념을 뉴턴이나 갈릴레이가 가졌을 리 만무하다. 그들은 과학을 있는 그대로의 세계를 기술하는 일이라 생각했으며, 그들이 인정한 오직 한 가지 책임은 진실을 말해야 한다는 것이었다. 과학이 사회적 활동이라는 생각은 근대적 관념이고 산업혁명에서 시작되었다. 우리는 산업혁명이 황금시대에 종지부를 찍었다는 환상을 품고 있기 때문에 그 이전의 시대에서 사회적 의식을 찾을 수 없다는 사실에 놀라게 된다.

산업혁명은 1760년경에 시작된 장기적 변화의 연속이다. 그것은 고립된 혁명이 아니다. 그것은 삼각 혁명의 하나이며, 다른 둘은 1775년에 시작된 미국혁명과 1789년에 시작된 프랑스혁명이었다. 하나의 산업혁명과 두 개의 정치혁명을 한 꾸러미에 집어넣으면 이상하게 보일지도 모른다. 하지만 그것은 사실상 모두 사회혁명이었다. 산업혁명은 그와 같은 사회변동을 영국적 방법으로 표현한 데 지나지 않는다. 나는 그것을 영국혁명이라 생각한다.

거기에 특별히 영국적인 성격을 부여한 것은 무엇인가? 그것이 영국에서 시작된 것은 분명한 사실이다. 영국은 이미 선도적인 제조업(manufacture) 국가였다. 그

123 산업혁명에 특히 영국적인 성격을 부여한 것은 그것이 시골에 뿌리를 내리고 있다는 사실에 있다.
에든버러에서 글래스고로 가는 철교 모습을 보여주는 그림,
<아먼드의 육교>, 1844년에 데이비드 옥타비우스 힐(David Octavius Hill)이 그렸다.
후에 그는 사진 촬영의 선구자가 되었다.

런데 제조업은 시골집에서 이루어지는 가내공업이었으며, 산업혁명은 촌락에서 시작된다. 산업혁명을 일으킨 사람들은 장인들로서 수차를 만든 사람, 시계를 만든 사람, 운하 건설자, 대장장이 들이었다. 산업혁명에 특히 영국적인 성격을 부여한 것은 그것이 시골에 뿌리를 내리고 있다는 사실에 있다.

18세기 전반, 즉 뉴턴의 노년기이자 왕립학회의 몰락기에, 영국은 촌락 공업과 모험적인 상인들의 해외 무역이라는 뒤늦은 인디언서머(indian summer: 비정상적으로 따뜻한 날이 계속되는 기간—옮긴이)를 느긋하게 누리고 있었다. 그 여름이 스러졌다. 무역 경쟁은 심해졌다. 18세기 말에 이르러 공업계의 환경은 점점 가혹해졌고 더욱 절박해졌다. 가내공업의 작업 구조는 이미 생산력을 잃었다. 2세대가 가기 전에, 대략 1760년과 1820년 사이에, 기업 운영의 형태가 바뀌었다. 1760년 이전에는 일거리를 촌락 사람들의 집으로 가져가는 것이 상례였다. 그러나 1820년에 이르자 노동자들을 공장으로 데려다 감독을 하며 작업을 시키는 방식이 표준화되었다.

우리는 18세기의 시골이 목가적이었으며, 1770년에 올리버 골드스미스(Oliver Goldsmith)가 〈버림받은 마을The Deserted Village〉에서 묘사한 것처럼 실락원이라는 꿈을 안고 있다.

> 아름다운 오번(영국의 시골마을—옮긴이), 벌판의 가장 사랑스런 마을이여,
> 건강과 풍요로움이 일하는 젊은이를 북돋우는 곳,
>
> 이 같은 그늘에서, 청춘의 노고를 노년의 안락으로
> 보상받는 그는 얼마나 축복받은 것인지.

124 **시골의 노동자들은 어둠과 가난 속에 살았다.**
시골 생활을 찍은 최초의 사진은 충격으로 다가왔다. 그것은 시골 생활의 낭만적인 이야기와는 달랐다.

이것은 우화에 지나지 않는다. 마을 사람들의 생활을 몸소 알고 있는 시골 교구 목사 조지 크래브(George Crabbe)는 이 시에 격분한 나머지, 그에 응수하여 사실적이고도 신랄한 시를 발표했다.

그렇다, 뮤즈는 그렇게 행복에, 겨운 시골 청년을 노래한다,
그들의 고통을 뮤즈는 결코 몰랐기에.

고달픈 노동에 짓눌리고 세월에 꼬부라진 채,
너는 운율의 메마른 아침을 느끼는가?

시골은 사람들이 새벽부터 밤까지 일을 하는 곳이었고, 노동자는 따뜻한 양지

가 아닌 어둠과 가난 속에 살았다. 노동을 덜어줄 만한 것이라고는 아득한 옛날부터 있어왔고 초서의 시대에도 이미 고색창연했던 물레방아뿐이었다. 산업혁명은 그와 같은 기계로부터 시작됐다. 물레방아 제작자들은 다가오는 시대의 기술자들이었다. 스태퍼드셔 출신의 제임스 브린들리(James Brindley)는 한 마을의 가난한 농민의 아들로 태어나, 열일곱 살이 되던 해인 1733년에 물레방아 바퀴를 만들면서 자수성가의 생애를 시작했다.

브린들리의 개량 작업은 실용적이었다. 그는 기계로서의 물레방아 바퀴의 기능을 예리하게 다듬고 향상시켰다. 그것은 새 산업에 활용할 수 있는 최초의 다목적 기계였다. 이를테면, 브린들리는 당시 성장하고 있던 도자기 산업에 사용되는 부싯돌 분쇄를 개량하는 일을 했다.

그렇지만 1750년에 이르러 보다 큰 운동의 분위기가 감돌기 시작했다. 물이 공학 기술자들의 요소로 등장하면서 브린들리 같은 사람은 물에 몰두했다. 물은 시골 어디서나 용솟음쳐 올라와 사방으로 퍼졌다. 그것은 단순히 동력의 원천에 그치는 것이 아니라 새로운 운동의 물결이었다. 제임스 브린들리는 운하 건설 기술의 선구자였다. 당시에는 '운하(canal)'라 하지 않고 '항행(navigation)'이라고 불렀다[브린들리가 '항해자(navigator)'라는 철자를 몰랐던 탓에 지금도 영국에서는 도랑이나 운하를 파는 토역꾼들을 'navy'라 부르고 있다].

브린들리는 공장과 광산의 토목 공사를 하러 다닐 때 지나간 적이 있는 운하들을 독자적인 계획에 따라 조사하기 시작했다. 그즈음 브리지워터(Bridgewater) 공작이 그에게 워슬리에 있는 듀크 탄광에서 신흥 도시 맨체스터로 석탄을 운반할 운하를 건설하는 사업을 의뢰했다. 그것은 거창한 계획이었는데, 1763년에 발행된 〈맨체스터 머큐리Manchester Mercury〉지에 보낸 한 편지에 그 개요가 나와 있다.

125 **운하들은 통신과 교통의 동맥이었다. 그것은 유람선이 아니라 화물 운반용 거룻배들이 다니는 물길이었다. 그것은 전국적인 교역이었다.**
디 강 계곡을 가로지르는 랭골렌 운하를 지나가는 대형 수도관. 토머스 텔퍼드가 1795년에 디자인했다.

나는 최근에 런던의 인공적인 경이와 피크(Peak) 국립공원의 자연적인 경이들을 살펴 보았으나, 그 어느 것도 이 나라에 브리지워터 공작이 만들어놓은 운하만큼 큰 기쁨을 주지 못했다. 그의 건설 담당자, 저 독창적인 브린들리 씨는 이 방면에 진실로 놀라운 진보를 이룩했다. 바턴 브리지(Barton Bridge)에서 그는 공중에 운하를 세웠다고 할 수 있는데, 그 높이가 나무 꼭대기와 같기 때문이다.

내가 그 운하를 경탄과 즐거움이 뒤섞인 흥분에 싸여 보고 있는 동안, 약 3분 간격으로 네 척의 거룻배가 지나갔고, 그중 두 척은 사슬로 한데 묶여 두 필의 말이 끌고 있었다. 그 말들은 운하의 가장자리를 따라가고 있었는데, 내가 그 위에 서보니 발아래 있는 거대한 어웰(Irwell) 강이 두려워 몸이 후들거렸고 감히 발을 떼어놓을 수가 없었다. ⋯⋯ 콘브루크(Cornebrooke) 강이 공작의 운하와 비스듬히 교차하는 곳에는 부두를 만들어놓았고 석탄 한 광주리를 3페니 반에 팔고 있었다. ⋯⋯ 내년 여름에는 석탄을 바로 맨체스터에 상륙시킬 작정이었다.

브린들리는 공사를 계속하여 한층 대담한 방식으로 맨체스터와 리버풀을 연결하고, 통틀어 거의 400마일이나 되는 운하를 건설하여 영국 전역에 수로망을 형성했다.

영국의 운하망을 건설하는 데에 두 가지 요소들이 두드러지고 있으며 그것이 산업혁명 전반의 성격을 규정하고 있다. 그중 하나는 산업혁명을 이룩한 사람들이 실용적이었다는 사실이다. 브린들리와 마찬가지로 그들은 거의 교육을 받지 못한 경우가 많았는데, 실상 당시의 학교 교육은 창의적인 정신을 둔화시키는 데 이바지했을 따름이었다. 그 시대의 고전 문법 학교는 법적으로 고전 과목들만을 가르쳐야 했고 학교 설립의 목적도 거기 있었다. 대학교(당시 대학교는 옥스퍼드와 케임브리지 둘뿐이었다) 역시 근대적 학문 또는 과학에 거의 관심이 없었다. 거기에다 영국 국교회 즉, 성공회 신도가 아닌 사람들에게는 대학 입학 자격이 주어지지 않았다.

또 다른 두드러진 특징은 새로운 발명, 발견들이 일상생활에 이용되었다는 점이다. 운하들은 통신과 교통의 동맥이었다. 그것은 유람선이 아니라 화물 운반용 거룻배들이 다니는 물길이었다. 게다가 거룻배들은 사치품이 아니라 단지와 냄비, 옷감, 리본 상자, 그리고 사람들이 몇 페니에 살 수 있는 온갖 잡다한 물건들을 운반했다. 이러한 물건들은 런던에서 멀리 떨어진 촌락들, 당시 도시로 성장하고 있던 촌락들에서 생산되었다. 그것은 전국적인 교역이었다.

영국의 기술은 수도에서 멀리 떨어진 시골 구석구석에서 이용되었다. 그리고

126 물은 시골 어디서나 용솟음쳐 올라와 사방으로 퍼졌다.
◀18세기 말 운하 건설 붐이 일고 있을 때의 주주 총회를 풍자한 조지 크뤽생크(George Cruikshank)의 그림.
▲독학으로 토목기사가 된 제임스 브린들리, 1770년.
▶브리지워터 공작. 조사이어 웨지우드가 제작한 메달.

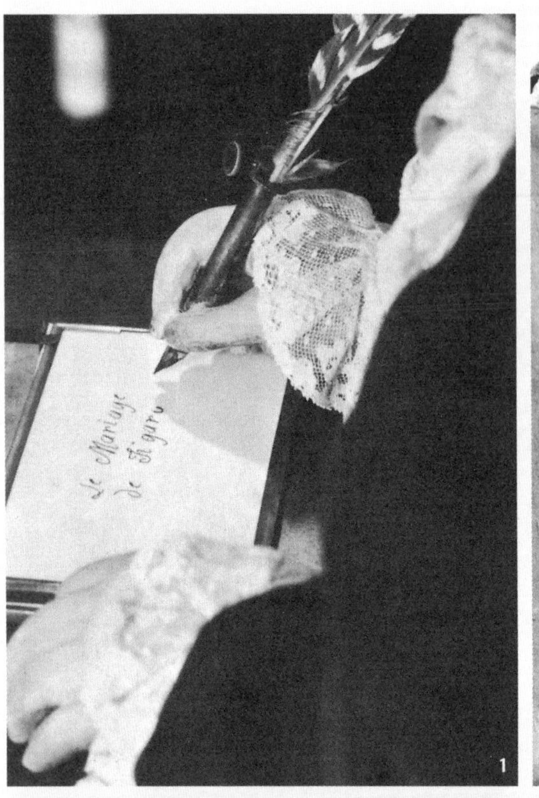
Le Mariage
de Figaro
1

2

3

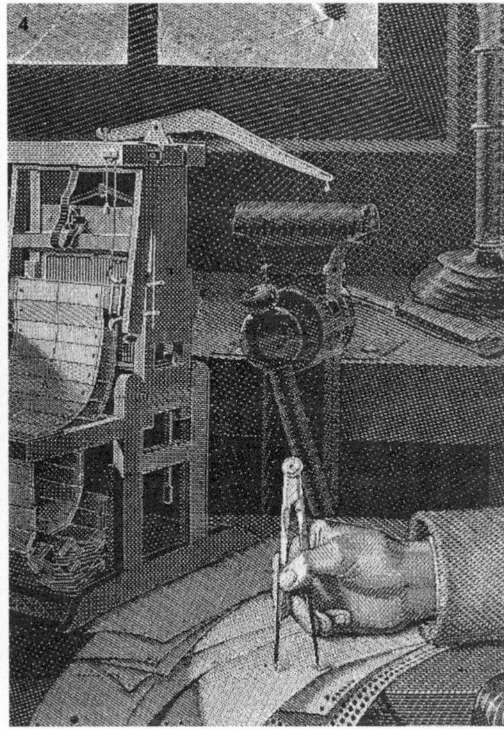
4

바로 그 점에서 유럽 왕궁의 어두운 골방에서의 기술과 달랐다. 예를 들어, 프랑스인과 스위스인들은 과학적인 장난감 제작에는 영국인 못지않은 재간(영국인들보다 훨씬 창의적이었다)이 있었다. 하지만 그들은 시계를 만들 때의 정밀하고 탁월한 기술을 부자나 왕실의 고객들을 위하여 노리개를 만드는 데 아낌없이 사용했다. 그들이 여러 해에 걸쳐 만든 자동식 장난감은 지금까지도 운동 장치로서는 가장 절묘한 것으로 손꼽힌다. 프랑스인들은 자동식 기계의 발명가들이었다. 즉 연속적인 운동 중에서 한 단계가 다음 단계를 제어하도록 고안한 사람은 프랑스인이었다. 천공 카드(punched card)를 이용하는 현대의 기계조절 장치도 프랑스인 조제프 마리 자카르(Joseph Marie Jacquard)가 1800년경에 이미 설계하여 리옹의 비단 직조기에 사용했으나 사치품 생산에만 이용된 채 시들어갔다.

이와 같은 훌륭한 기술 덕분에 혁명 이전의 프랑스에서 한 사람이 크게 출세했다. 피에르 카롱(Pierre Caron)은 시계 제조공으로 새로운 시계용 탈진기(escapement: 기어의 회전 속도를 고르게 하는 장치—옮긴이)를 고안하여 왕비 마리 앙투아네트를 기쁘게 했으며, 궁정에서 성공하여 보마르셰(Beaumarchais) 백작으로 올라섰다. 그는 음악 및 문학적 재능마저 있어 뒷날 희곡 한 편을 썼고, 그것을 바탕으로 모차르트는 오페라 〈피가로의 결혼〉을 작곡했다. 비록 한 편의 희극이 사회사의 원전으로는 가당치 않은 점은 있지만, 그 희곡을 둘러싼 음모들을 통하여 유럽 궁전의 유능한

---

127 **프랑스인과 스위스인들은 부자나 왕실의 고객을 위하여 노리개를 만드는 데 시계를 만들 때의 정밀한 기술을 아낌없이 사용했다.**
1 1774년 자크 - 드로 부자가 만들어 세계의 왕실에서 보게 되었던 자동 기계. 그 장치를 이용하여 글을 쓰고 있는 작가.
심지어 천공 카드를 사용하는 현대의 자동 제어 기기도 조제프 마리 자카르가 1800년 리옹의 비단 직조기에 사용하려고 고안했었다.
2 자카르의 직조기 **3** 그가 만든 직조기로 회색 명주실을 이용하여 짜놓은 자카르의 초상.
4 세부화에서 보이는 자카르의 카드는 400개의 올을 미리 프로그램된 무늬로 엮어낸다.
▲재치 있는 피가로로 분한 시뇨르 날디(Signor Naldi), 조지 크뤽솅크의 '무대'를 위한 동판화, 1818년.

인재들이 어떻게 살아갔는지를 잘 알 수 있다.

얼핏 보기에 〈피가로의 결혼〉은 프랑스 인형극의 인상을 풍기며 비밀스런 음모로 가득 차 있다. 그러나 사실은 이 희곡이 혁명의 폭풍우를 예고하는 초기의 신호였다. 보마르셰는 뒤끓고 있는 사태를 알아내는 날카로운 정치적 후각을 가지고 있었으며 멀찍이서 그 맛을 보고 있었다. 그는 조정 대신들에게 고용되어 몇 가지 이중거래에 손을 대고 있었으며, 실은 그들을 대신하여, 영국군과 싸울 미국혁명 세력을 지원하기 위한 비밀무기 거래에 개입하고 있었다. 왕은 자신이 마키아벨리의 역할을 하고 있으며, 오직 수출을 위해서 그와 같은 정책 조작을 할 수 있다고 믿었으리라. 그러나 보마르셰는 그보다 더 민감하고 눈치가 빨랐으므로, 본국에 다가오는 혁명의 냄새를 맡고 있었다. 그가 하인 피가로에게 부여한 메시지는 혁명적이다.

> 파드로네 나리, 만세!
> 이제 소인은 이 모든 수수께끼를 이해하고, 나리의 몹시도 너그러우신 의도를 깨닫기 시작했사옵니다. 왕께서 나리를 런던의 대사로 임명하시고, 소인은 하인으로, 저의 수산나는 내밀한 수행원으로 가게 된다는 말씀이지요. 아니지요, 그녀가 가지 않는다는 데에 목을 걸지요. 이 몸 피가로가 더 잘 알고 있습니다.

모차르트의 유명한 아리아 '백작님, 꼬마 백작님, 나리는 춤추러 가시지만, 저는 반주를 해야 합니다(Se vuol ballare, Signor Contino……)'는 하나의 도전장이다. 그것은 보마르셰의 말로 이렇게 이어진다.

> 안 됩니다, 백작 나리, 그녀를 차지해서는 안 됩니다, 안 돼요. 나리는 위대한 영주이시

니까, 스스로 위대한 천재라고 생각하고 계십니다. 귀족의 신분, 재산, 명예, 보수! 그 모두가 사람을 너무 도도하게 만들고 말지요! 그처럼 많은 복을 얻기 위해서 나리는 뭘 하셨습니까? 태어나시는 수고 이외에는 한 일이 없습니다. 그걸 제하면 나리는 오히려 평민이나 마찬가집니다.

부(富)의 본질에 대한 공개 토론이 시작되었지요. 사람이 어떤 것을 꼭 가지고 있어야 그것에 대해서 논의할 수 있는 것은 아니므로, 제가 무일푼이지만 돈과 이자의 가치에 관한 글을 썼습지요. 그러자 당장 소인은 감옥으로 건너가는 다리를 밟아야 할 처지가 되었습니다…… 인쇄된 헛소리는 그것이 자유로이 배포될 수 없는 고장에서만 위험합니다. 비판할 권리가 없다면 칭찬과 찬성도 값어치가 없는 것입니다.

그것이 빌랑드리(Villandry) 성의 정원과 마찬가지로 격식을 갖춘 프랑스의 궁중 양식 아래에서 벌어지고 있는 일이었다.

지금은 〈피가로의 결혼〉의 정원 장면, 피가로가 자기의 상전을 '시뇨르 콩티뇨(Signor Contino)' 즉 꼬마 백작이라고 불러대는 아리아가 그 당시에는 혁명적으로 여겨졌다는 것을 상상하기 어렵다. 그렇지만 그 작품들이 씌어진 시대를 생각해보라. 보마르셰가 희곡 〈피가로의 결혼〉을 완성했을 때가 1780년쯤이었다. 그는 그 작품을 공연하게 될 때까지 루이 16세는 말할 것도 없고 숱한 검열관들과 4년 동안 고투를 해야 했다. 일단 공연이 되자 유럽 전역에서 물의가 빚어졌다. 모차르트는 그 작품을 오페라로 바꾸어 빈에서 공연할 수 있었다. 당시 모차르트가 서른 살, 때는 1786년이었다. 그리고 3년 뒤인 1789년 드디어 프랑스혁명이 일어났다.

루이 16세는 〈피가로의 결혼〉으로 말미암아 왕좌에서 전락하여 단두대에 올랐던가? 물론 그렇지는 않다. 풍자는 사회적 다이너마이트가 아니다. 그러나 사회적

LA FRANCE
LIBRE
ESSAI
SUR LE
DESPOTISME

지표일 수는 있다. 그것은 새 사람들이 문을 두드리고 있음을 알려준다. 무엇 때문에 나폴레옹 1세는 그 희곡의 마지막 장면을 '행동하는 혁명'이라 불렀던가? 그것은 피가로의 입을 빌려 백작을 가리키면서 "나리는 위대한 귀족이라 스스로 위대한 천재라고 생각하고 계십니다. 나리는 태어나시는 수고 이외에는 한 일이 없습니다"고 말한 보마르셰 때문이었다.

보마르셰는 또 다른 귀족 계급, 즉 일하는 재능을 가진 계급인 당대의 시계 제조공, 과거의 석공들, 인쇄업자들을 대표했다. 무엇 때문에 모차르트는 그 희곡에 흥분했던가? 그에게 그것은 혁명의 정열을 의미했다. 당시 이러한 정열은 그가 속한 프리메이슨 운동으로 대표되었으며, 모차르트는 오페라 〈마적〉에서 이를 찬양한 바 있다(당시 프리메이슨단은 새로 일어나는 비밀결사단체였고, 그 사상적 저류는 반체제, 반교회적이었으며 모차르트는 그 일원으로 알려져 있었기 때문에, 1791년 임종 시에도 사제를 부르기 어려웠다). 혹은 당대의 가장 위대한 프리메이슨 단원인 인쇄업자 벤저민 프랭클린을 생각해보자. 그는 〈피가로의 결혼〉이 공연되었던 1784년 루이 16세 치하의 프랑스에 미국 대사로 와 있었다. 프랭클린은 그 누구보다 전향적이며, 강력하고, 확신에 차 있으면서, 추진력이 있고, 새 시대를 창조하던 전진하

128 **미개의 숲 속에서 나온 자연의 아들.**
벤저민 프랭클린이 자유의 화관을 미라보(Mirabeau)의 머리 위에 얹고 있다.

는 사람들을 대표한다.

우선 벤저민 프랭클린은 놀라운 행운의 소유자였다. 그가 1778년 프랑스 조정에 신임장을 제출하러 갔을 때, 행사 바로 직전에야 가발과 공식 의상이 그에게는 너무 작다는 것을 알게 되었다. 그리하여 그는 대담하게 자기 머리 그대로의 모습

으로 알현실에 들어갔고, 즉시 미개의 숲 속에서 나온 자연의 아들이라 불리며 환대받았다.

그의 온갖 행동에는 자기 마음을 알고 그것을 표현하는 언어를 알고 있는 사람의 징표가 찍혀 있다. 그는 『가난한 리처드의 연감Poor Richard's Almanack』을 출판했고, 그 책에는 '배가 고프면 나쁜 빵이 없다', '돈의 가치를 알려거든 돈을 빌려보아라' 등 장차 금언이 될 자료들로 가득 차 있다. 프랭클린은 그 책에 대해서 다음과 같은 글을 남겼다.

> 1732년에 나는 처음으로 나의 연감을 발간했다. ……거기에는 25년 동안 내가 쓴 글들이 담겨 있었다. …… 나는 이 책이 재미있으면서도 유용하도록 애를 썼고, 그에 따라 수요가 대단하여 상당한 이익을 얻었다. 한 해에 1만 부 가까이 팔려서…… 지방 인근에는 그 책이 없는 집이 거의 없었다. 나는 책이라고는 거의 사지 않는 평범한 사람들에게 그 책이 교훈을 전달하는 적절한 수단이라 생각했다.

새로운 발명품들의 쓰임새에 의심을 품는 사람들에게(그것은 1783년 파리에서 최초로 수소 기구를 띄웠을 때의 일이었다) 프랭클린은 이렇게 대꾸했다. "갓난아이는 어디다 씁니까?" 이 말에서 그의 성격을 짐작할 수 있다. 다음 세대의 위대한 과학자인 마이클 패러데이(Michael Faraday)는 낙관적이고 실질적이며, 함축성 있고, 깊이 각인시키는 이 말을 다시 쓰게 된다. 프랭클린은 사물이 어떻게 표현되는가에 민감했다.

129 **프랭클린은 그 누구보다 전향적이며, 강력하고, 확신에 차 있으면서, 추진력이 있고, 새 시대를 창조하던 전진하는 사람들을 대표한다.**
◀파리에서 조제프 듀플레시스(Joseph Duplessis)가 그린 프랭클린, 1778년.
▶프랭클린의 시대에 제작된 것으로 추정되는 피뢰침.

그는 말하는 사람의 표정을 보지 않고는 프랑스 궁정에서의 대화를 따라갈 수 없었기 때문에 렌즈를 반으로 잘라서 처음으로 이중초점 안경을 만들어냈다.

프랭클린 같은 사람들은 합리적 지식에 대한 정열이 대단했다. 그의 일생을 통하여 쌓아 올린 산더미 같은 업적들—팸플릿, 만화, 주자기(鑄字器)—을 보면 그 창의적인 정신의 광범위함과 풍요로움에 놀라게 된다. 당대의 과학적 오락은 전기였다. 프랭클린은 놀이를 좋아했지만(말하자면 그는 점잖지 못한 사람이었다), 전기만은 진지하게 다루었다. 그는 전기를 자연의 힘으로 인정했다. 그는 번개가 전기라는 가설을 제시하고 1752년에 그것을 증명했다—프랭클린 같은 사람이 어떻게 그걸 증명할 수 있었을까? 그는 뇌우 속에 열쇠를 매단 연을 띄워 실험에 성공했다. 행운이 그를 구해주었다. 그 실험으로 그는 목숨을 잃지 않았으나 그를 흉내 내던 사람들이 사망했다. 말할 필요도 없이 그는 자기의 실험을 실용적인 고안으로 바꾸어 피뢰침을 만들어냈다. 그뿐만 아니라, 전기는 두 가지의 서로 다른 흐름이라는 당시의 견해를 부정하고, 모든 전기는 한 종류뿐이라는 가설을 제시하여 전기론을 새로운 각도에서 조명하는 데 이바지했다.

피뢰침의 발명에는 하나의 부차적인 사건이 있어 예상하지 않은 곳에 사회사(社會史)가 숨어 있음을 깨우쳐준다. 프랭클린은 피뢰침은 끝이 뾰족할 때 가장 기능이 뛰어나다는 논리를 폈고 그것은 옳았다. 그러나 둥근 피뢰침을 지지하던 일부 과학자들이 반론을 제기했고 영국의 왕립학회가 중재에 나서야만 했다. 하지만 이 논쟁은 상대적으로 무지한 고위층에 의해 결정이 났다. 영국 왕 조지 3세가 미국혁명에 분노한 나머지 왕궁의 건물에다 둥그런 피뢰침을 달도록 명령했던 것이다. 과학에 대한 정치 개입은 으레 비극적인 결과를 빚게 되지만, 아침 식사용 달걀을 뾰족한 쪽으로 깨느냐, 둥그스름한 쪽으로 깨느냐로 벌어지는 『걸리버 여행기』의 '릴

130 **런던에 시범을 보인 최초의 철교 모형은 미국과 영국에서 활동한 선동가, 『인권』의 저자이자 그 주역인 톰 페인이 제의했다.**

제임스 길레이(James Gillray)는 톰 페인이 영국을 프랑스혁명 모델로 만들어가고 있다고 풍자했다.
(페인의 아버지는 잉글랜드 노퍽 주에 있는 셋퍼드의 코르셋 제조업자였다).

리펏과 블레퍼스크의 위대한 두 제국' 사이의 전쟁 대목과 맞먹을 정도의 희극적인 사례로 끝나 다행이다.

프랭클린과 그의 친구들은 과학과 더불어 생활했다. 과학은 항상 그들의 생각 속에 있었으며 마찬가지로 그들의 손에서 놀았다. 그들에게 과학의 이해는 지극히

실용적인 기쁨을 주었다. 이들은 사회에 적극적으로 참여하는 사람들이었다. 프랭클린은 지폐를 인쇄할 때나, 도발적인 지방신문을 끊임없이 발행하고 있을 때나, 언제나 정치가였다. 그리고 그의 정치는 그의 실험과 마찬가지로 솔직했다. 그는 「독립선언서」의 화려한 서문을 '우리는 이 진리들이 자명하다고 주장하며, 모든 인간은 평등하게 창조되었다'는 소박한 신념이 담긴 문장으로 바꾸었다. 영국군과 미국혁명 세력 간에 전쟁이 발발하자 그는 자기의 친구였던 어느 영국 정치가에게 공개서한을 보냈는데, 그의 어휘에는 불꽃이 튀었다.

> 귀하는 우리 도시들에 불을 지르기 시작했습니다. 귀하의 손을 보십시오! 그 손은 귀하의 친척들이 흘린 피로 물들었습니다.

빨간 불길은 영국의 새로운 시대상이 되었다. 존 웨슬리의 설교에서, 그리고 산업혁명의 용광로와 같은 하늘, 이를테면 철과 강철의 새로운 제련법을 초기에 사용

131 존 윌킨슨과 같은 제철업자들은 왕족이 아닌 자신들의 얼굴을 각인한 독자적인 주화를 만들어냈다.
▲윌킨슨 동전, 1788년.

132 산업혁명의 기념물들에는 로마의 웅대함이, 공화주의자들의 위엄이 서려 있다.
▶콜부룩데일의 작은 다리. 1775년과 1799년 사이에 세번(Severn) 위에 세워진 최초의 철교.

한 공업 중심지 요크셔 주 애비데일의 이글거리는 풍경 속에서도 그 실례를 볼 수 있다. 산업의 거장들은 철기 제조업자들이었다. 그들은 억세고 실물보다 더 커 보이는 괴물들이었다. 그들은 모든 인간이 평등하게 창조되었음을 진정으로 믿고 있다고 정부는 의심했는데, 그 의심은 옳았다. 북부와 서부의 노동자들은 농장 인부의 단계를 벗어나 이미 산업 공동체를 형성하게 되었다. 그들에게는 현물이 아니라 주화를 지불해야 했다. 런던의 역대 정부들은 이 모든 활동과 거리가 멀었다. 이 정부들이 잔돈을 넉넉하게 주조하지 않자, 존 윌킨슨(John Wilkinson)과 같은 제철업자들은 왕족이 아닌 자신들의 얼굴을 각인한 독자적인 주화를 만들어냈다. 런던에서는 경악의 물결이 일렁거렸다. 이것이 공화파의 음모였던가? 아니, 그것은 음모가

아니었다. 그러나 급진적인 발명은 급진적인 두뇌의 산물이라는 것만은 확실하다. 런던에 시범을 보인 최초의 철교 모형은 미국과 영국에서 활동한 선동가, 『인권The Rights of Man』의 저자이자 그 주역인 톰 페인(Tom Paine)이 제의했다.

한편 주철(鑄鐵)은 존 윌킨슨과 같은 제철업자에 의해 혁명적인 방법으로 사용되고 있었다. 그는 1787년에 처음으로 철선을 만들었고, 자기가 죽으면 그 배가 자기 관을 실어갈 것이라고 자랑했다. 그 뒤 1808년에 그의 시신을 철제관에 넣어 묻었다. 철선은 물론 철교 아래를 지나갔다. 인근의 슈롭셔 시에 있는 그 다리는 1779년에 건설될 당시 윌킨슨의 도움을 받았고 지금도 철교라는 뜻으로 '아이언브리지(Ironbridge)'라 부르고 있다.

철 건축물이 과연 대성당의 건축물과 맞설 수 있었던가? 그렇다. 이때는 영웅의 시대였다. 토머스 텔퍼드(Thomas Telford)는 거대한 철 구조물로 풍경을 가로지를 때 그러한 감동을 맛보았다. 그는 가난한 양치기로 태어나 떠돌이 석공으로 일했으며, 제 힘으로 도로와 운하 기사가 되고, 시인들을 친구로 사귀었다. 디(Dee)강 위의 랭골렌 운하(Llangollen canal)를 지나가는 대형 수도관은 그가 대규모 주철 구조물의 거장임을 입증하고 있다. 산업혁명의 기념물들에는 로마의 웅대함이, 공화주의자들의 위엄이 서려 있다.

산업혁명을 이룩한 사람들은 으레 자기의 이익 이외의 어떤 동기도 없는 굳은 표정의 기업가로 그려진다. 그건 분명 잘못된 것이다. 우선, 그중 많은 사람들이 발명가였고, 발명가로서 사업에 투신했다. 그리고 또 다른 측면으로는, 그들의 절대다수가 영국 국교회 신도들이 아니라 유니테리언 교파 및 그와 비슷한 운동을 뒷받침하던 청교도 전통을 신봉했다. 존 윌킨슨은 그의 매형 조지프 프리스틀리(Joseph

Priestley)의 영향을 크게 받았다. 프리스틀리는 뒷날 화학자로 이름을 떨쳤으며, 유니테리언파의 목사였고, '최대 다수의 최대 행복'의 원리를 개척한 인물이라 해야 할 것이다.

프리스틀리는 또한 조사이어 웨지우드(Josiah Wedgwood)의 과학 고문이 되었다. 요즘 우리는 웨지우드를 귀족과 왕족들이 경탄할 만한 식기를 만든 사람일 뿐이라고 생각하고 있다. 하지만 그 일은 위탁을 받아 아주 드물게 했을 뿐이었다. 예를 들어, 1774년에 그는 러시아 제국의 예카테리나(Ekaterina) 2세 여왕을 위해서 1,000점에 가까운 고급스러운 장식의 식기들을 만들어 바쳤고, 그 가격은 2,000여 파운드로 당시로서는 매우 큰 액수였다. 하지만 그 그릇들의 기본은 자신이 만든 크림빛 도기들로, 장식하지 않은 채 팔았더라면 가격이 50파운드도 안 되었을 것이다. 그가 만든 모든 도기들은 손으로 그린 풍경화를 제외한다면 예카테리나 대제의 식기들과 모양이나 처리 방식이 조금도 다르지 않았다. 웨지우드에게 명성과 번영을 가져다준 크림빛 식기들은 도자기가 아니라 일반 시민들이 일상생활에 사용하는 흰색 오지그릇이었다. 그것은 시장에 가면 한 개에 1실링 정도면 살 수 있는 제품들이었다. 그리고 장차 그 제품들이 산업혁명 기간 동안 노동 계급의 부엌을 변화시켰다.

웨지우드는 비범한 인물이었다. 물론 자기 전문직에서 발명의 재능을 발휘했고, 동시에 자기의 전문직을 보다 정확하게 발전시킬 과학기술을 창안하기도 했다. 그는 가마의 고온을 측정할 수 있는 방법을 고안해냈다. 그 기구는 일종의 팽창 계산자로서 점토로 만든 지표가 온도에 따라 움직이게 되어 있었다. 고온 측정은 요업(窯業)과 금속 제련업에서 오랫동안 어려운 문제였으므로 웨지우드가 왕립학회의 회원으로 선출된 것은 (당시 사태의 진전으로 보아) 당연했다.

3720
3722 TTBO
3724 TTBO
3725 TTBO
3725* TTBO
3725 TTBO
3726* TTBO
3726 TTBO
3726 TTBO
3727 TTBO
3727* TTBO
3728 TTBO
3728* TTBO
3729
3732
3735
3737
3738
3739
3749 TTBO
3750 TTBO
3751 TTBO
3752 TTBO
4165.

그러나 웨지우드는 예외적인 인물은 아니었다. 그와 비슷한 인물들이 수십 명이 있었다. 사실 그는 열 명 남짓으로 구성된 버밍엄(당시 버밍엄은 띄엄띄엄 흩어져 있는 공업 촌락의 집단에 지나지 않았다) 달협회(Lunar Society of Birmingham) 회원이었다. 보름달이 가까울 때 그들이 만난다고 해서 그와 같은 명칭을 붙이게 되었다. 날짜를 그렇게 잡은 데에는 그 나름의 이유가 있었다. 웨지우드와 같이 먼 곳에서부터 오는 사람들이 어두운 밤, 위험하고 험악한 길을 지날 때 밝은 달이라도 떠서 비쳐주도록 배려했기 때문이었다.

그러나 웨지우드가 그곳에 참석하는 가장 핵심 기업가는 아니었다. 핵심 인물은 매슈 볼턴(Matthew Boulton)으로, 그가 제임스 와트(James Watt)를 버밍엄으로 데려와 증기기관을 만들었다. 볼턴은 계측에 관한 이야기를 즐겨 했다. 그의 말을 빌리면, 자연이 그를 1728년에 태어나게 함으로써 자기에게 공학자의 운명을 부여했다는 것이다. 1728이란 숫자는 1세제곱피트에 들어가는 세제곱인치의 숫자와 일치하기 때문이었다. 또한 그 협회에서는 의학이 중요한 자리를 차지하고 있었다. 그들 사이에서 새롭고도 중요한 의학적인 발전이 있었다. 윌리엄 위더링(William Withering) 박사는 버밍엄에서 디기탈리스(digitalis)를 강심제로 사용하는 방법을 개발했다. 달협회의 회원으로 지금도 이름을 떨치고 있는 의사 중 한 사람이 이래즈머스 다윈(Erasmus Darwin)이며, 그는 찰스 다윈(Charles Darwin)의 할아버지였다. 다윈의 외할아버지는 조사이어 웨지우드였다.

달협회와 같은 조직들은 산업혁명(영국적인 의미에서)의 창시자들이 지니고 있던 사회적 책임의식을 대변하고 있다. 달협회는 벤저민 프랭클린과, 협회와 연관이

133 웨지우드는 비범한 인물이었다. 물론 자기 전문직에서 발명의 재능을 발휘했고, 동시에 자기의 전문직을 보다 정확하게 발전시킬 과학기술을 창안하기도 했다.

◀자신이 제작하는 도기의 색깔과 광채를 위한 웨지우드의 신중한 제품 실험, 1776년.

▲조지 스터브스(George Stubbs)가 그린 웨지우드.

있는 여러 미국인들로부터 큰 영향을 받았다. 나는 그 정신을 영국적인 의식이라 부르고 있다. 그 정신을 관통하는 일관된 것은 훌륭한 생활이란 물질적인 품위 '이상'이긴 하지만, 또한 물질적인 품위에 '바탕을 두어야' 한다는 소박한 신념이었다.

달협회의 이상이 빅토리아기의 영국에서 현실화되기까지는 100년이 걸렸다. 그때가 오자 현실은 평범해 보였고, 심지어 빅토리아 시대의 그림엽서처럼 우스꽝스럽기까지 했다. 면 내복과 비누가 가난한 사람들의 생활에 변혁을 가져왔다는 생각을 하면 우스꽝스럽다. 그렇지만 이 간단한 물건들—무쇠 화덕에서 불타는 석탄, 창문에 끼여 있는 유리, 선택할 수 있는 식품들—이 생활과 건강 수준을 놀랍게 향상시켰다. 지금 우리의 기준으로 보면 당시 산업 도시들은 빈민굴이나 마찬가지였지만, 시골 오막살이에서 온 사람들에게는 축대 위에 서 있는 집이 굶주림과 오물과 질병으로부터의 해방을 의미했다. 그것은 새로운 선택의 가능성을 제시했다. 교과서를 찢어 벽을 바른 침실은 우리에게는 괴상하고 애처롭게 보이겠지만, 노동 계급의 아내로서는 처음으로 경험하는 인간다운 은밀함이었다. 아마도 철제 침대가 의사의 검은 가방보다 더 많은 산모를 산욕열로부터 구했으니, 그것 자체가 의학적인 개선이었다.

이와 같은 혜택들이 공장의 대량생산 방식에서 우러나왔다. 공장의 환경은 소름이 끼칠 정도였다. 그 점에 있어서는 교과서에 나오는 표현이 정당하다. 그러나 소름이 끼친다는 것은 전통적인 방식 그대로였다는 말이다. 광산과 작업장은 산업혁명 이전부터

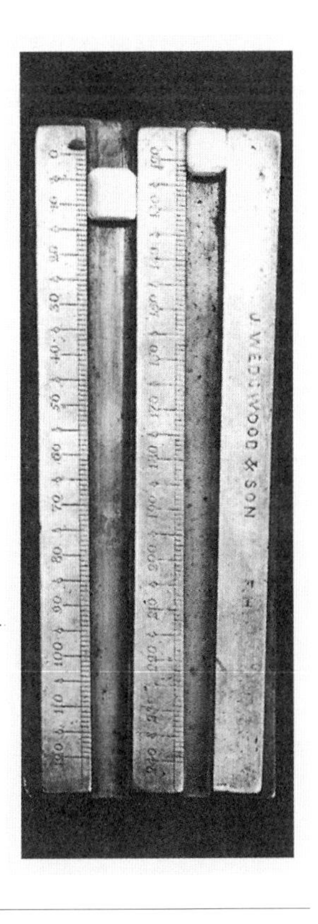

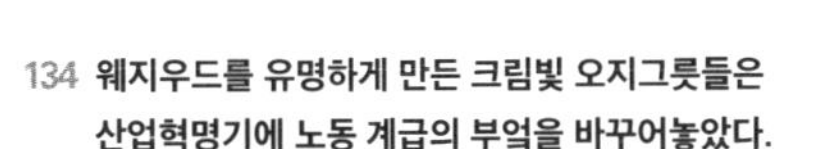

134 **웨지우드를 유명하게 만든 크림빛 오지그릇들은 산업혁명기에 노동 계급의 부엌을 바꾸어놓았다.**
◀1780년에 제작된 크림빛 오지그릇.
▶조사이어 웨지우드가 만들어낸 고온계(高溫計).
그는 이 공적으로 런던 왕립학회의 일원으로 선출되었다.

습기 차고 비좁았으며 횡포가 극심했다. 공장은 촌락 공업이 언제나 그래왔던 것처럼 변화 없이 운영되면서, 그 안에서 일하는 사람들도 그 이전이나 마찬가지로 냉대와 멸시를 받았을 뿐이었다.

공장으로 인한 공해 역시 새로운 현상이 아니었다. 공장의 공해도 항상 환경을 더럽혀온 광산과 작업장의 전통을 이어받은 것이었다. 우리들은 오염을 현대의 질병이라 생각하고 있으나 사실은 그렇지 않다. 그것은 과거 수세기 동안 해마다 페스트를 불러들인 원인으로, 건강과 인간의 존엄성에 대한 가공할 만한 무관심의 또 다른 표현이었다.

노동자를 소름 끼치게 하는 공장 체제의 새로운 악은 그와는 달랐다. 그것은 기계의 발걸음에 인간이 지배당하는 것이었다. 노동자들은 처음으로 비인간적인 시

135 **매슈 볼턴이 지은 공장은 시범적인 명소가 되었다.**
"선생, 나는 여기서 온 세상이 갖고 싶어 하는 것, 힘을 팔고 있소이다."
▲매슈 볼턴과 제임스 와트의 유명한 주물공장. '기술, 산업 그리고 사회로부터, 위대한 축복이 흘러나온다.' 회사의 보험 계약서, 공장 건물이 보인다.
◀와트의 증기기관이 새겨진 공장의 동전, 1786년.

136 **달협회의 이상이 빅토리아기의 영국에서 현실화되기까지는 100년이 걸렸다. 그때가 오자 현실은 평범해 보였고, 우스꽝스럽기까지 했다.** ▶시골집의 내부, 1896년.

계장치에 의해 조종당하게 되었다. 애초에 그 힘은 물이었고 다음에 증기가 등장했다. 제조업자들이 공장의 보일러에서 쉬지 않고 용솟음치는 동력에 도취해버렸다니, 우리에게는 정신이상으로 보인다(실제로 제정신이 '아니었다'). 새로운 윤리가 설교되었는데, 최고의 죄악은 잔인성이나 악행이 아니라 게으름이었다. 심지어 교회의 일요 학교에서도 어린이들에게 이렇게 경고하고 있었다.

> 악마는 늘 게으른 손들을
>
> 골탕 먹일 것을 찾아낸다

공장에서의 시간 규모상의 변화는 전율적이고 파괴적이었다. 그러나 동력 규모의 변화는 미래를 열어놓았다. 예를 들어, 달협회의 매슈 볼턴이 지은 공장은 시범적인 명소가 되었는데 그 이유는, 볼턴이 경영하던 금속 공업은 기능공들의 기술

에 의존했기 때문이었다. 제임스 와트는 모든 동력의 태양신인 증기기관을 만들러 여기로 왔는데, 오직 이곳에서만 증기가 새지 않는 기관을 만드는 데 필요한 정확한 기준의 기술을 찾을 수 있었던 까닭에서였다.

1776년에 볼턴은 와트와 새로운 동업 관계를 맺고 증기기관을 건조하게 되어 몹시 흥분하고 있었다. 그해에 전기작가 제임스 보즈웰(James Boswell)이 볼턴을 만나러 왔을 때 그는 의기양양하게 말했다. "선생, 나는 여기서 온 세상이 갖고 싶어 하는 것, 힘을 팔고 있소이다." 멋진 말이다. 그리고 사실이기도 하다.

동력은 과학의 새로운 관심사, 어떤 의미로는 새로운 사상이다. 산업혁명, 즉 영국혁명은 위대한 동력의 발견자가 되었다. 에너지원들은 자연, 바람, 태양, 물, 증기, 석탄에서 탐구되었다. 그리고 갑자기 구체적인 질문이 제기되었다. 어째서 그들 모두가 하나인가? 그들 사이에 어떤 관계가 있는가? 그 이전에는 이러한 질

문이 나온 적이 없었다. 그때까지만 하더라도 과학은 오로지 있는 그대로의 자연을 탐색하는 일에만 전념했다. 그러나 이제는 자연을 변형시켜 동력을 얻으며, 한 형태의 동력을 다른 형태의 동력으로 전환한다는 근대적 개념이 과학의 첨단에 나타났다. 특히 열은 일종의 에너지이며, 일정한 교환율에 따라 다른 형태로 전환할 수 있음이 점차 분명해졌다. 1824년에 프랑스 기사 사디 카르노(Sadi Carnot)는 증기기관을 치밀하게 관찰하여 「불의 동력la puissance motrice du feu」이라는 논문을 발표했고, 거기서 본질적으로 열역학이라 할 새 학문 분야를 창시하게 되었다. 에너지는 과학의 중심 개념으로 등장하게 되었다. 그리고 이제 과학의 중대 관심사는 에너지가 핵심이 되는 자연의 통일성으로 바뀌었다.

그리고 에너지는 과학만의 관심사가 아니었다. 미술에서도 마찬가지로 그것을 볼 수 있으며, 경이적인 현상이 전개되고 있었다. 이 동안에 문학에는 어떤 일이 일어나고 있었는가? 1800년을 전후해서 낭만시가 크게 대두했다. 낭만파 시인들이 어떻게 공업에 관심을 가지게 되었는가? 지극히 간단하다. 에너지 운반체로서의 자연이라는 새로운 개념이 그들을 폭풍같이 덮쳤던 것이다. 그들은 에너지의 동의어로서 '폭풍'이라는 낱말을 사랑했다. '질풍 노도(Sturm und Drang)'라는 어구에서처럼 새뮤얼 테일러 콜리지(Samuel Taylor Coleridge)의 〈늙은 선원의 노래Rime of the Ancient Mariner〉의 절정은 죽음과 같은 고요를 깨뜨리고 다시 생명을 풀어놓는 폭풍우로 시작된다.

> 높은 하늘에서 대기는 폭발하여 살아났다!
> 그리고 일백 개 불의 깃발이 번쩍이며,
> 이리저리 휘날렸다!

137 에너지 운반체로서의 자연이라는 새로운 개념이 그들을 폭풍같이 덮쳤다.
1790년경의 갱구(坑口).

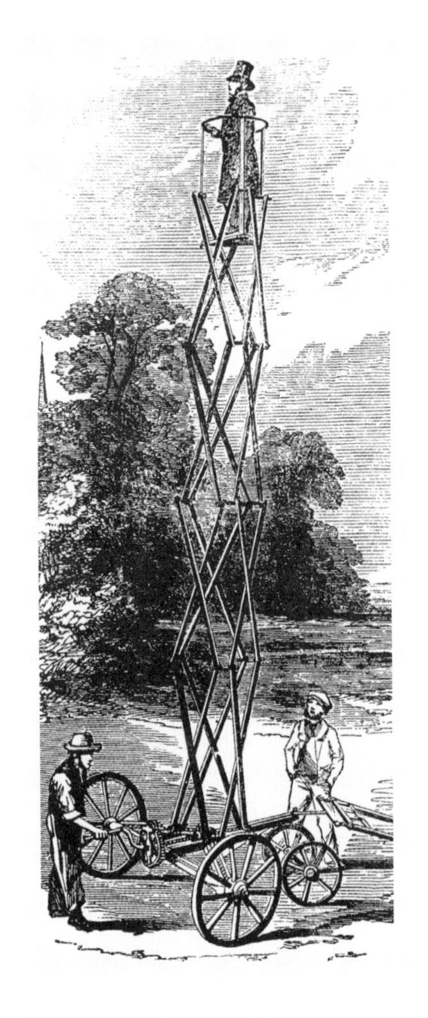

이리저리로, 안과 밖으로,

창백한 별들이 그 사이에서 춤추었다.

요란스런 바람은 배에 닿은 적이 없었지만

배는 이제 달려 나갔다!

번개와 달 아래에서

죽은 자들이 신음 소리를 내었다

1799년의 바로 이때에 젊은 독일 철학자 프리드리히 폰 셸링(Friedrich von Schelling)이 '자연철학(Naturphilo-sophie)'이라는 새로운 철학의 문을 열었고, 그 철학은 지금까지도 독일에서는 강력한 위치를 차지하고 있다. 콜리지는 셸링에게서 자연철학을 영국으로 들여왔다. 호반 시인들[Lake Poets:19세기 초 영국의 낭만파 시인인 워즈워스, 콜리지, 사우디에 주어진 명칭. 그들은 잉글랜드 북서부의 호수와

138 시대를 앞서가는 사람들은 노동자 가족의 주말 저녁을 즐겁게 하기 위하여 한없이 많은 기괴한 아이디어들을 만들어냈다.
▲엘리베이터 플랫폼 특허.
▶▲활동 요지경.
▶빈 풍의 접이식 침실가구 특허.

산의 경관이 아름다운 호수지방에 살며 시작(詩作)에 전념하였다—옮긴이]과, 콜리지의 친구로서 연금을 주며 그를 뒷받침했던 웨지우드 부처가 그 사상을 받아들였다. 시인과 화가들은 자연은 동력의 샘이며, 그 다양한 형태는 동일한 중추적 힘, 즉 에너지의 여러 표현이라는 사상에 급속히 사로잡히게 되었다.

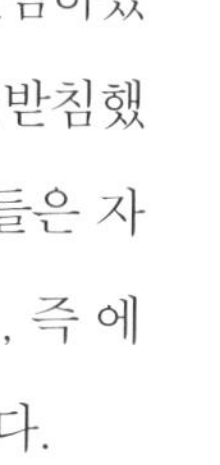

단지 자연뿐만이 아니다. 낭만시는 가장 명쾌한 언어로, 인간 그 자체가 하나님의, 적어도 자연 에너지의 운반체라고 말한다. 산업혁명은 자기 내부에 있는 것을 성취하려는 사람들에게 (실천적인) 자유—100년 전만 하더라도 생각할 수 없었던 개념인—를 만들어주었다. 낭만주의 사상은 힘을 합쳐 그러한 사람들을 고무하여, 그들의 자유를 자연 속의 인격이라는 새

로운 의식으로 승화시키게 만들었다. 낭만파의 가장 위대한 시인 윌리엄 블레이크가 누구보다 뛰어나게, 그리고 지극히 간결하게 그 점을 지적했다. "에너지는 영원한 기쁨이다."

여기서 주요 낱말은 '기쁨'이고, 주요 개념은 '해방'으로, 인간의 권리로서 재미를 느끼려는 감성이다. 자연히 시대를 앞서가는 사람들은 발명을 통해 그들의 충동을 표현했다. 그리하여 그들은 노동자 가족의 주말 저녁을 즐겁게 하기 위하여 한없이 많은 기괴한 아이디어들을 만들어냈다(이날까지도, 특허청을 가득 메우고 있는 특허 신청의 대다수는 그 발명가들을 닮아 약간 광적인 데가 있다). 이 기괴한 발명품들을 줄지어 세운다면 지구에서 달까지 이어지는 큰 길을 만들 수 있고, 달에 간다는 것만큼이나 황당하긴 하지만 그만큼 정열적이다. 가령 그림을 차례에 따라 빠른 속도로 움직여 빅토리아 시대의 만화에 동작을 불어넣으려 했던 회전식 기계인 활동 요지경의 아이디어를 생각해보자. 그것은 하루 저녁을 영화관에서 보내는 것만큼이나 짜릿한 흥분을 주고 영화보다는 빨리 요점을 알려준다. 혹은 레퍼토리가 아주 적다는 이점을 가지고 있는 자동식 오케스트라를 생각해볼 수도 있다. 그 모두가 고상한 취미라고는 들은 적도 없는 이들이 전적으로 제 손으로 만든 것이지만 소탈한 생기로 가득 차 있다. 채소 절단기와 같은 그 모든 황당한 가사용 발명품은 전화와 같은 최고급의 발명품과 섞여 있다. 드디어 쾌락의 길 끄트머리에다 우리들은 기계성의 정수인 기계를 놓아야 한다. 전혀 아무 일도 하지 않는 것을!

무모한 발명과 숭고한 발명을 하는 사람들은 같은 틀에서 나왔다. 운하가 산업혁명에 발동을 걸었다면, 그것을 마무리 지은 발명인 철도를 생각해보기로 하자. 철도의 출현을 가능하게 했던 인물은 콘월 주의 대장장이이며 레슬링 선수이고 장사였던 리처드 트레비식(Richard Trevithick)이었다. 그는 와트의 초기 증기기관을 고압 엔진으로 전환했고, 그에 따라 증기기관을 기동성 있는 동력원으로 바꿔놓았다. 그것은 생명을 부여하는 행위였고, 전 세계를 위한 커뮤니케이션의 길을 열었으며, 영국을 세계의 심장으로 만들어놓았다.

우리는 아직도 산업혁명의 한복판에 있다. 바로잡아야 할 일들이 아직 많이 있으므로 그 편이 더 좋겠다. 그러나 산업혁명은 이미 우리 세계를 보다 풍요롭고, 보다 작게 만들어놓았으며, 역사상 최초로 우리의 것으로 만들었다. 나는 그 말을 문자 그대로 사용하고 있다. 우리의 세계, 모든 사람의 세계라는 뜻으로.

산업혁명은 아직도 수력에 의존하던 초기의 시발점부터, 그로 인해 생명과 생계가 뒤집혀버린 사람들에게는 무섭도록 잔혹했다. 혁명이란 원래 그렇다. 그 뜻이 그렇듯이 공격의 대상이 되는 사람들에게는 너무 빨리 작용하기 때문이다. 그렇지만 때가 지남에 따라 그것은 사회혁명으로 변화되었고, 사회적 평등, 권리의 평등, 무엇보다 우리들이 의지하고 있는 지적 평등을 확립했다. 1800년 이전에 태어났다면 나 같은 사람의 위치는 어디이며 여러분의 좌표는 어느 곳이었을까? 우리는 아직도 산업혁명의 한복판에서 살고 있으므로 그 함의를 파악하기란 쉽지 않다. 그러나 미래는 그것이 인간의 등정에 있어 르네상스와 같이 강력한 한 걸음, 하나의 거보였다고 말하게 되리라 믿는다. 르네상스는 인간의 존엄성을 확립했다. 산업혁명은 자연의 통일성을 정착시켰다.

그 작업을 완성한 사람은 과학자와 시인들로서, 그들은 바람과 바다와 개울과 증기와 석탄은 모두 태양열로 만들어졌으며, 열 그 자체가 에너지의 한 형태임을 깨달았다. 숱한 사람들이 그런 생각을 했으나 그 누구보다도 맨체스터의 제임스 프레스콧 줄(James Prescott Joule)이라는 한 사람의 힘이 컸다. 그는 1818년에 태어나 스무 살 이후로 열의 기계적 등가(等價)를 결합하는, 즉 기계 에너지가 열로 전환되는 정확한 비율을 확립하는 실험의 치밀한 방법을 연구하는 데 일생을 바쳤다. 그 일이 매우 엄숙하면서도 지겨운 작업처럼 보이므로 그에 관한 재미있는 이야기를 하나 해야겠다.

1847년 여름 윌리엄 톰슨(William Thomson)이라는 청년〔뒷날 명망 높은 켈빈

경(Lord Kelvin)이 되고, 영국 과학계의 거물이 되는]이 알프스의 샤모니에서 몽블랑—영국 신사가 알프스 산을 간다면 거기 말고 어디를 가겠는가?—까지 걸어가고 있었다. 그곳에서 그는 영국의 괴짜 제임스 줄—영국 신사가 알프스 산 속에서 그가 아니고 누구를 만나겠는가?—을 만나게 되었다. 줄은 커다란 온도계를 손에 들었고, 조금 떨어져 그의 아내가 마차를 타고 뒤따르고 있었다. 줄은 물이 237m 떨어질 때마다 온도가 화씨 1도씩 올라간다는 것을 입증하려고 내내 노력하고 있던 중이었다. 당시 신혼여행에서 그는 점잖게 샤모니(그들이 미국의 신혼 부부였다면 나이아가라 폭포에 갔겠지만)를 찾아가, 자연이 그를 대신해 실험을 하게 한 것이었다. 이곳의 폭포는 이상적이다. 높이 237m가 되지는 않으나, 화씨 0.5도의 차이가 있을 만한 높이다. 첨부하자면, 그는 물론 실패하고 말았다. 안타깝게도 폭포에서 떨어지는 물이 산산이 흩어져서 실험이 제대로 되지 않았기 때문이다.

과학적인 괴벽으로 유명했던 영국 신사의 이야기는 터무니없는 것은 아니다. 자연에 낭만적인 성격을 부여한 사람들이 바로 그러한 사람들이었으며 시의 낭만주의 운동은 그들과 보조를 같이했다. 괴테(그 또한 과학자였다)와 같은 시인들과 베토벤과 같은 음악가들에게서 낭만주의 운동을 보게 된다. 무엇보다 먼저 워즈워스의 시 세계에서 우리는 그 발자취를 발견한다. 거기서 자연은 하나로 통일되고, 가슴과 정신에 즉각적인 영향을 주며, 영혼의 걸음을 새로이 재촉했다. 워즈워스는 프랑스혁명에 이끌려 대륙으로 건너왔던 1790년에 알프스를 일주했다. 그리고 1798년에 발표한 시 〈틴턴 수도원Tintern Abbey〉에서 최상의 언어로 노래한다.

그때 자연은……
나에게는 모든 것이었으니—그릴 수 없노라

139 **리처드 트레비식은 증기기관을 기동성 있는 동력으로 바꾸어놓았다.**

내가 그때 무엇이었던가를. 우렁찬 폭포는

정열적으로 나를 사로잡았노라

"그때 자연은 나에게는 모든 것이었노라." 줄은 결코 그처럼 뛰어난 표현을 구사할 수는 없었다. 그러나 그는 '자연의 위대한 것들은 파괴할 수 없다'고 말하였으며, 그 말의 의미는 워즈워스의 말과 다를 바 없었다.

140 **"자연의 위대한 것들은 파괴할 수 없다."**
샤모니의 솔랑쉬 폭포.

창조의 사다리

자연선택에 따른 진화론은 1850년대에 두 사람에 의해 각각 제시되었다. 한 사람은 찰스 다윈이었고, 다른 한 사람은 앨프레드 러셀 윌리스(Alfred Russel Wallace)였다. 두 사람 다 자연과학을 공부한 경력이 있었지만 근본적으로 박물학자였다. 다윈은 에든버러 대학 의학부에 2년간 다니다가 부유한 의사였던 아버지의 뜻에 따라 목사가 되기 위해 케임브리지 대학으로 옮겼다. 부모가 가난하여 열네 살에 학교를 그만두어야 했던 윌리스는 런던과 레스터에 있던 노동자 학원에서 측량기사의 견습생 겸 조교로 일하면서 공부한 바 있다.

인간의 진보에 관해서는 두 가지의 전통적인 설명이 나란히 발전해온 것이 사실이다. 하나는 세계에 대한 자연적 구조를 분석하는 것이며, 다른 하나는 생명의 과정에 대한 연구, 즉 생명체의 섬세함, 다양성, 개체와 종에 있어서 삶과 죽음의 주기적인 변화 등을 연구하는 것이다. 이 같은 두 가지 전통적인 견해는 진화론이 나타나기 전까지는 서로 관련을 맺지 못하고 있었다. 왜냐하면 그때까지는 풀 수도 없었고 손댈 수도 없었던 생명에 관한 역설 때문이다.

자연과학과는 본질적으로 다른 생명과학의 역설은 모든 자연의 세세한 모습 속에 존재한다. 우리는 주변의 새, 나무, 풀, 달팽이 등 모든 생명체 속에서 그것을 보고 있다. 즉, 생명의 발현으로서의 모양새나 형태가 너무도 다양하므로 생명체는 많은 우연적인 요소를 갖고 있는 것이 틀림없다. 그러면서도 생명의 본질은 아주 한결같은 것이어서 여러 가지 필수 조건에 의해 통제되었음이 틀림없다는 것이다.

141 생명과학의 역설은 모든 자연의 세세한 모습 속에 존재한다.
무성한 숲 속에 피어 있는 한 그루의 정글 나무, 브라질의 마누스.

그러고 보면 우리가 알고 있는 생물학이 18, 19세기의 박물학자들, 즉 시골 자연 풍경의 관찰자들, 들새를 관찰한 사람들, 목사들, 의사들, 시골 별장에서 유유자적하며 지낸 양반들로부터 시작되었다 해서 놀랄 일은 못 된다. 나는 박물학자들을 한마디로, '빅토리아 왕조의 영국 양반들'이라고 부르고 싶은데, 실상 진화론이 빅토리아 여왕 시대의 영국 문화라는 동일한 문화, 동일한 시대를 살았던 두 사람에 의해 두 차례나 착상되었다는 것이 우연한 일은 아닌 까닭이다.

찰스 다윈이 20대 초의 나이였을 때 해군성은 남아메리카 해안의 지도를 작성하기 위해서 비글호라는 측량선을 파견할 예정이었으며, 그는 무보수로 박물학자의 직책을 맡아보겠느냐는 제의를 받았다. 이 제의는 케임브리지 대학 시절에 다윈과 친분이 있던 식물학 교수의 권유로 이뤄졌는데, 당시 다윈은 케임브리지에서 식물학에는 관심을 보이지 않았지만 풍뎅이 채집에는 흥미를 보이고 있었다.

> 내가 얼마나 신이 났었는지를 알려주지. 언젠가 늙은 나무껍질을 떼어내던 중 아주 보기 드문 풍뎅이 두 마리를 보고는 두 손에 한 놈씩 잡았지. 그러고 있는데, 전혀 새로운 세 번째 놈을 보았다네. 차마 놓칠 수가 있어야지. 그래서 오른손에 들었던 놈을 입속에 집어넣고 말았지 뭔가.

142 **진화론은 동일한 문화, 동일한 시대에 살았던 두 사람에 의해 두 차례나 착상되었다.**
▲30대의 앨프레드 러셀 윌리스.
▶찰스 다윈.

다윈의 아버지는 그가 가는 것을 반대했고, 비글호의 선장도 그의 코의 생김새가 마음에 걸려 꺼려했지만, 다윈의 외삼촌인 웨지우드가 적극적으로 밀어준 덕분에 그는 배를 타게 되었다. 비글호는 1831년 12월 27일에 출항했다.

그 배에서 5년을 보낸 다윈은 완전히 변했다. 그는 고향 마을의 새와 꽃, 생명체에 공감하는 예민한 관찰자였다. 이제 남아메리카는 다윈의 그러한 감성을 정열로 폭발시켰다. 그가 집에 돌아올 때쯤에는, 종(種)이 서로 고립되어 있을 때 서로 다른 방향으로 변한다는 것, 즉 종은 변하지 않는 것이 아니라는 것을 확신했다. 그러나 돌아왔을 때는 아직 종이 어떤 과정으로 서로 분화되는 것인지에 대해서는 알 수가 없었다. 그것이 1836년의 일이었다.

2년 후 종의 진화에 대한 이론적 설명을 얻게 되었지만 다윈은 그것을 발표하기를 몹시 꺼려했다. 만약 다른 한 사람이 다윈과 거의 똑같은 경험과 생각의 궤적을 밟은 후 같은 결론에 이르게 된 일이 없었더라면, 다윈은 아마 죽을 때까지 발표를 하지 않았을는지도 모른다. 그 다른 한 사람은 우리 기억에 남아 있지 않지만 자연선택에 의한 진화 이론으로는 매우 중요한 인물로서 다윈과는 전혀 다른 인물이었다.

그의 이름은 앨프레드 러셀 월리스였다. 다윈 가문의 역사가 딱딱하고 고지식한 반면에, 월리스는 희극적인 디킨스 소설에나 나올 법한 가문의 역사를 가진 거인이었다. 그는 1823년 생으로 다윈보다는 열네 살 아래였다. 1836년에 월리스는 10대의 소년이었다. 그 당시까지도 그의 생활은 순탄하지 못했다.

> 아버지가 좀 더 부유한 사람이었더라면…… 내 생애는 달라졌을 것이다. 내가 과학에 관심을 두긴 했겠지만, 자연을 관찰하고 채집으로 생계를 꾸리기 위해 아마존의 원시림을 여행하는 일은 없었을 것이다.

월리스는 영국의 여러 지방을 돌아다니며 생계를 유지할 방도를 찾아야만 했던 자신의 청년기에 대해서 이렇게 쓰고 있다. 그는 토지 측량기사로 일했는데 토지 측량은 대학 교육이 필요치 않았고 그의 형에게서 배울 수 있었기 때문이었다. 그의 형은 당시 철도 회사들의 분쟁 문제를 다루는 특별 위원회에 참석한 뒤 지붕이 없는 3등 칸을 타고 집으로 돌아오던 중에 얻은 오한으로 1846년에 세상을 떠났다.

토지 측량은 거의 야외에서 했기 때문에 월리스는 식물과 곤충에 관심을 갖게 되었다. 레스터에서 일하고 있을 때 그는 같은 취미를 가진, 자신보다는 좀 더 교육을 많이 받은 한 사람을 만났다. 그는 레스터 근처에서만도 수백 종의 서로 다른 종류의 풍뎅이를 채집했으며, 아직도 찾아낼 것이 많이 있다고 말하여 월리스를 놀라게 했다.

> 만약 누군가가 나에게 마을 근처에 사는 풍뎅이의 종류가 얼마나 되는가를 묻는다면 50여 종쯤이라고 대답했으리라…… 그러나 나는 이제……10마일

143 다윈이 집에 돌아올 때쯤에는, 종이 서로 고립되어 있을 때 서로 다른 방향으로 변한다는 것, 즉 종은 변하지 않는 것이 아니라는 것을 확신했다.

◀월리스와 베이츠 같은 이들이 레스터와 남부 웨일스 등지에서 채집여행을 할 때 사용했을, 1840년의 풍뎅이 채집 핸드북의 도판들.

▶1836년 다윈이 '비글호 항해의 동물학'을 위해 갈라파고스 군도에서 채집한 되새류(finch)들의 도판, 존 굴드(John Gould)의 그림.

이내에, 종류가 다른 풍뎅이가 아마 1,000종은 있으리라는 것을 알게 되었다.

이것은 월리스에게는 하나의 계시였으며, 그와 그의 친구의 인생을 결정지었다. 그 친구는 다름 아닌, 후에 곤충 간의 의태(擬態)에 대한 유명한 저서를 발표한 헨리 베이츠(Henry Bates)다.

그런 동안에도 젊은 월리스는 생계를 꾸려나가야 했다. 다행히 토지 측량기사에게는 수지가 좋은 시절이었으니, 1840년대의 철도 투기꾼들이 그를 필요로 했기 때문이다. 월리스는 남부 웨일스의 니스(Neath) 계곡에 선로를 놓을 수 있는 궤도를 측량하는 일에 고용되었다. 그는 그의 형이나 대부분의 빅토리아조 영국인들처럼 고지식한 기술자였다. 그러나 자신이 권력 싸움에 끼인 앞잡이나 다름없는 게 아닌가 하는 의구심은 들어맞았다. 대부분의 측량도는 악질 철도 대기업가들에게는 그들의 권리를 주장하는 도구로 쓰일 뿐이었다. 그는 그해에 측량된 선로의 10분의 1만이 건설되었다는 것을 알게 되었다.

웨일스 지방은 아마추어 박물학자인 그에게는 신나는 고장이었고, 아마추어 화가가 자기 예술에서 행복을 느끼는 것처럼 그도 과학에서 행복을 느꼈다. 평생 그의 기억 속에 다정하게 남아 있게 된 다양한 자연에 점점 도취되면서 그는 열심히 관찰하고 채집했다.

> 한창 바쁠 때에도 일요일만 되면 나는 일손을 완전히 놓고 채집통을 들고 이 산에서 저 산으로 오랫동안 걸어 다니곤 했는데, 집에 돌아올 때는 소중한 채집물을 통에 가득 담아 오게 마련이었다…… 그럴 때마다 자연을 사랑하는 사람이 새로운 모양의 생명체를 발견할 때 느끼는 기쁨을 맛보았던 것이니, 이것은 내가 나중에 아마존 강에서 새로운

나비를 잡을 때마다 느꼈던 황홀한 순간들과 거의 비슷한 것이었다.

어느 주말에 월리스는 밑으로는 강이 흐르는 동굴을 하나 발견하고 그날 밤을 거기서 야영하기로 결정했다. 그는 자기도 모르는 사이에 원시림에서 보낼 생활을 준비하고 있는 셈이었다.

> 우리는 오두막이나 침대도 없이 자연 그대로의 바깥에서 잠자는 것이 어떤지를 한 번만이라도 시험해보고 싶었다…… 우리는 아무런 준비 없이 마치 우리가 우연히 낯선 마을의 그곳에 당도한 것처럼 야영하기로 마음먹었던 것이다.

사실 그는 거의 잠을 이루지 못했다.

스물다섯 살이 되었을 때 월리스는 전업 박물학자가 되기로 마음먹었다. 그것은 빅토리아조 때에나 가능했던 직업이다. 박물학자는 여러 가지 표본을 영국 내외에서 수집해서 박물관이나 수집가들에게 팔아 생계를 꾸려나가야 했다. 친구 베이츠가 그와 동행하기로 했다. 그리하여 두 사람은 1848년, 수중에 100파운드를 들고 출발했다. 그들은 배를 타고 남아메리카로 갔다. 거기서 리오네그로(Rio Negro) 강과 합쳐지는 아마존의 마누스(Manaus) 시까지 강을 거슬러 다시 수천km를 올라갔다.

월리스는 웨일스 지방을 벗어나본 적은 없었지만 이국적 환경에 겁을 내지는 않았다. 출발할 때부터 그의 견해는 확고했고 자신에 차 있었다. 5년 후에 그는 독수리를 주제로 한, 『아마존에서 리오네그로 강까지Travels on the Amazon and Rio Negro』라는 생물 탐사 여행기에서 자신의 생각을 피력하고 있다.

보통의 검은 독수리는 수가 많았지만 그들은 먹을 것을 찾느라고 애를 썼으며 다른 먹이를 구할 수 없을 때에는 숲 속에 있는 야자열매를 먹고 산다.

수차례의 관찰 결과 독수리들은 후각이 아니고 날카로운 눈으로 먹이를 찾는다는 것을 확인할 수 있었다.

월리스는 마누스에서 베이츠와 헤어져 리오네그로 강 상류 쪽으로 떠났다. 그는 앞서 온 박물학자들이 별로 탐험하지 않은 곳을 찾고 있었다. 채집으로 수입을 올리려면 알려지지 않은 종류이거나 적어도 희귀종의 표본을 찾아내야 했기 때문이었다. 비로 강물이 불어나 월리스와 인디언들은 그들이 탄 카누를 숲에 곧바로 댈 수가 있었다. 나무들이 강물 위로 낮게 드리워져 있었다. 월리스도 이번만은 밀림의 어두움에 두려움을 느꼈으나, 한편으로는 숲 속의 다양함을 보고 원기 왕성해졌다. 그는 공중에서 보면 이곳이 어떻게 보일까 상상하기도 했다.

144 **전체적인 구조에서는 그렇게 비슷하면서도 세부적으로는 변화무쌍하다.**
▲▲빨간 부리 큰부리새(red-billed toucan)
▲독수리 떼
▶나무개구리(tree frog)

열대식물은 온대 지역에서보다 훨씬 많은 종, 그리고 훨씬 다양한 형태를 가지고 있다는 점을 인정해야 한다.

세계 어느 나라의 육지에도 아마존 강의 계곡만큼 풍부한 식물군을 가지고 있지는 못하리라. 아주 약간의 지역만 제외하고는 전 지역이 지상에 서식하는 것으로는 가장 광대하고 가장 인간의 손이 닿지 않은 빽빽이 솟아오른 하나의 원시림으로 덮여 있다.

이 숲 전체의 장관을 보려면 대형 풍선을 타고 하늘로 올라가서, 화려하게 물결치는 숲 위를 부드럽게 노를 저어 가야 할 것이다. 미래의 여행자들은 아마 그런 멋진 경험을 맛볼 수 있으리라.

처음으로 인디언 원주민 촌에 들어갔을 때 그는 마음이 설레면서도 두려웠다. 그러나 그가 끝까지 느꼈던 감정은 즐거움이었다.

> 티끌 한 점도 오염되지 않은 야만인들! 자연 그대로의 인간과 처음으로 만나서 함께 생활한다는 전혀 예기치 못한 일에 놀라움과 기쁨이 교차하였다…… 그들은 모두 백인들이나 또는 백인들의 생활방식과는 아무런 상관이 없는 그들 자신의 일이나 놀이를 하고 있었다. 그들의 걸음은 자급자족하는 숲 속의 은자처럼 한가로웠고…… 낯선 이방인들에 불과한 우리를 전혀 거들떠보지도 않았다.
>
> 숲 속의 야생동물들처럼, 그들은 모든 면에서 원시 그대로였고 자급자족적이었다. 문명의 도움을 전혀 받지 않고, 아메리카가 발견되기 전에도 수많은 세월을 대대로 그렇게 해왔던 것처럼, 그들 나름대로의 방식으로 생활을 영위할 수 있었고 실제로 그렇게 하고 있었다.

인디언들은 난폭하지 않았으며 오히려 도움이 되었다. 월리스는 그들을 표본 채집에 끌어들였다.

> 내가 여기서 보낸 40일 동안 목(目)이 다른 상당한 분량의 표본 외에도, 전혀 처음 보는 새로운 나비들을 적어도 40종은 확보하였다.
>
> 어느 날 내가 등이 매우 울퉁불퉁하며 원추형의 작은 혹을 가진, 이상야릇하게 생긴 조그만 희귀종 악어(*Caiman gibbus*, 꼽추 모양의 악어)를 잡아와서 가죽을 벗겨내고 그 속을 채워 박제를 만들었더니 인디언들이 매우 재미있어했으며 그들 중 몇몇은 유심히 그 작업을 보는 것이었다.

145 얼마 후, 숲에서 즐겁게 일을 하던 중, 월리스의 비상한 머릿속에 열화와 같은 의문이 타오르기 시작했다. 변화무쌍한 이 모든 변종들이 어떻게 생겨났을까?
아마존 늪지대의 휘어진 나무들.

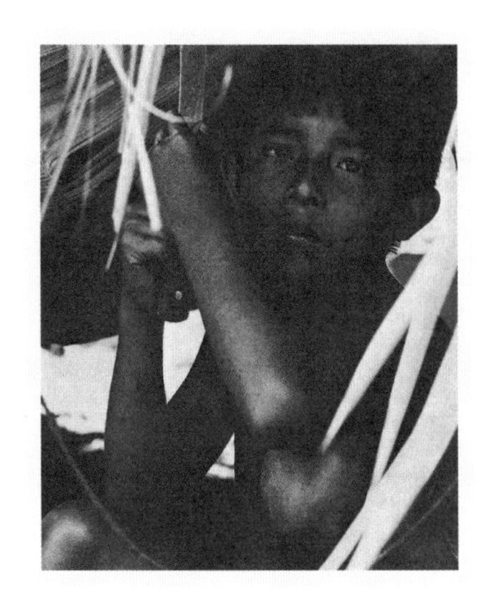

얼마 후, 숲에서 즐겁게 일을 하던 중, 월리스의 비상한 머릿속에 열화와 같은 의문이 타오르기 시작했다. 전체적인 구조에서는 그렇게도 비슷하면서 세부적으로는 그처럼 변화무쌍한 이 모든 변종(變種)들이 어떻게 생겨났을까? 다윈처럼 월리스도 인접한 종들 사이에 존재하는 차이점을 발견했고, 또한 다윈처럼 그도 어떻게 해서 종이 그렇게 달리 발전되어왔는지에 의문을 품기 시작했다.

자연의 역사에서 동물의 지리학적 분포를 연구하는 것만큼이나 재미있고 유익한 것은 없는 것 같다.

50마일이나 100마일쯤밖에 떨어지지 않은 곳에서, 먼젓번 구역에서는 발견되지 않던 종류의 곤충이며 새들이 발견된다. 필시 각각의 종의 활동 영역을 결정하는 어떤 경계가 있다. 각각의 종이 서로 침범하지 않는 선을 표시해주는 어떤 외부적인 특징이 있는 것이다.

그는 지리상의 문제점들에 항상 관심을 갖고 있었다. 나중에 그가 말레이 반도에서 일하고 있을 때, 서쪽 섬의 동물들은 아시아의 종을 닮고 있고, 동쪽 섬의 동물들은 오스트레일리아의 종을 닮고 있다는 사실을 증명해 보였다. 그런 구분을 지은 선을 아직도 '월리스 선'이라고 부르고 있다.

146 인디언들은 난폭하지 않았으며 오히려 도움이 되었다.

▲야자나무의 가지치기를 하고 있는 북아마존 강 상류의 아카와이오(Akawaio) 인디언 소년.

147 다윈이 티에라 델 푸에고의 원주민을 만났을 때 그는 겁에 질렸었다.

▶▲손에 고기를 꿴 막대를 들고 오두막 옆에 서 있는 푸에지안 인디언(Fuegian Indian) 동판화. 찬 습기와 해안 지방의 매서운 바람을 막아주는 것이라고는 야생 라마의 천이 유일하다. 피츠로이의 전임자인 파커 킹(P. Parker King) 선장의 그림.

▶지나가던 고래잡이 배 위에서 담배를 피워보는 푸에지안 인디언의 초기 사진.

티에라 델 푸에고의 모레스비 사운드(Moresby Sound).

월리스는 자연에 대해서만큼이나 인간에 대해서도 예민한 관찰자였던바, 인간의 차이가 어디서 기원했는지에도 똑같은 관심을 가졌다. 빅토리아조 사람들이 아마존 강의 주민을 '야만인'이라고 부르던 그런 시대에 그는 드물게도 그들의 문화에 공감하였다. 그는 언어, 발명 및 관습이 그들 원주민에게 갖는 의미를 이해했다. 월리스는 아마도 원주민들의 문명과 우리 서구인들의 문명 사이에 놓여 있는 문화적인 거리가 우리가 생각하는 것보다 사실은 훨

씬 가깝다는 사실을 파악한 최초의 인물일 것이다. 그가 자연선택의 원리를 생각해 낸 후로는 그 사실은 진실일 뿐만 아니라 생물학적으로도 명백한 것 같았다.

> 만일 자연선택을 통해서였다면 야만인은 원숭이의 두뇌보다 약간 나은 두뇌를 가지게 되어야겠지만, 실제로는 철학자에 못지않은 두뇌를 소유하고 있다. 우리가 지상에 출현함으로써, 우리가 소위 '정신'이라고 하는 그 미묘한 힘을 단순한 신체적 구조보다 훨씬 더 중요하게 여기는 존재, 즉 인간이 출현하게 됐던 것이다.

그는 줄곧 인디언을 존중하였으며, 1851년에 자비타 마을에서 머물고 있을 무렵에는 그들의 생활을 목가적으로 설명하는 글을 썼다. 바로 다음 부분에서 월리스의 일지는 갑자기 시로 변한다.

> 인디언 마을이 있네.
> 주위에는 온통 형형색색의 잎사귀를 펼쳐놓네,
> 캄캄하고 끝없는 영겁의 숲이.
>
> 여기서 잠시 머물렀네, 유일한 백인인 내가,
> 200년은 됨 직한 살아 있는 영혼들 사이에서,
>
> 날마다 저들에겐 할 일이 생기네. 이제 가고 있네,
> 긍지에 찬 숲을 넘어뜨리러, 그렇지 않다면 고기를 잡으러,
> 카누를 타고, 낚시며 작살이며 화살을 들고.

무성한 야자나무 잎사귀로는 지붕을 만드네,
한겨울 폭풍우에도 아랑곳없는.

아녀자들은 만디오카 뿌리를 캐내어,
무척 애를 써서 밥을 짓네.

아침마다 저녁마다 냇가에서 몸을 닦고,
반짝이는 물결 속에서 인어처럼 희롱하네

어린아이들은 벌거숭이,
소년과 어른들은 앞가리개만 하고 있네.
저 벌거숭이 소년들을 보자니 흥겨워라!
저들의 잘 빠진 골격, 저들의 빛나고 부드러운 적갈색 피부,
그리고 은혜와 건강으로 충만한 몸동작 하나하나.
저들이 달리고 경주하며 외치고 깡충깡충 뛸 때,
그렇지 않으면 급류 밑에 뛰어들어 수영할 때,

가련하여라, 영국의 소년들. 팔팔한 골격이
꽉 조이는 옷 속에 갇히다니.

더욱더 가련하여라, 영국의 처녀들,
코르셋이라는 그 지독하게 고통스런 장치로 조여매다니,

허리며 가슴이며 젖가슴을!

내가 여기 사는 인디언이었으면!
고기를 잡고 사냥하며 카누를 저으며,
어린 들사슴처럼, 건강한 신체와 평화로운 마음씨를 갖고
나의 아이들이 자라는 모습을 보며 만족하게 살 것을!
재산이 없어도 풍요롭고, 황금이 없어도 행복하게!

이런 공감은 남아메리카 인디언들이 다윈에게 일으켰던 감정과는 판이한 것이었다. 다윈이 티에라 델 푸에고(Tierra del Fuego)의 원주민을 만났을 때 그는 겁에 질렸었다. 그것은 그 자신의 말에서나 『비글호의 항해The voyage of the Beagle』에 나오는 삽화로 봐서도 명백하다. 사나운 기후가 푸에고족들의 관습에 영향을 끼쳤던 것은 확실하지만, 19세기의 사진들을 살펴볼 때 푸에고족들은 다윈이 보았던 것만큼이나 짐승 같아 보이지는 않았다. 집으로 돌아오는 항해 도중에 다윈은 케이프타운에서 비글호의 선장과 함께 작은 책자를 발행하였는데, 그것은 야만인들의 삶을 개조하기 위해 선교사들이 하고 있는 일을 권장하려는 것이었다.

월리스는 아마존 강 유역에서 4년을 보내고 나서, 채집물을 챙겨 본국으로 출발했다.

지금 열병과 오한이 다시 나를 덮쳤고, 매우 불편한 상태로 며칠을 보냈다. 거의 끊임없이 비가 내려서 수많은 새와 동물을 간수하는 게 큰 골칫거리였다. 카누가 비좁은 데다

가 비가 오는 동안은 동물들을 적당히 씻겨줄 수가 없었기 때문이었다. 거의 매일 몇 마리씩 죽어가는 걸 볼 때면, 일단 획득한 것이니 가지고 있자고 마음먹기는 했지만, 때로는 그것들이 나와 아무런 상관도 없었으면 하고 바라기도 했다.

내가 샀거나 얻었던 100여 마리의 살아 있는 동물들 중에서 이제는 34마리만이 남아 있을 뿐이었다.

본국으로의 항해는 출발부터 고약했다. 윌리스는 늘 불운한 사람이었다.

6월 10일에 우리는 마누스를 떠났는데 항해 시초부터 매우 불운한 기미가 있었다. 친구들에게 작별을 고하고 배에 오르자마자 나의 큰부리새(toucan)가 없어진 것을 알게 되었는데, 틀림없이 그놈은 갑판 위로 날아올랐다가 아무도 보지 못하는 사이에 물에 빠져 죽었을 것이다.

정말 재수 없는 일은 그가 배를 잘못 탔다는 데 있었는데, 그 배는 인화 물질인 송진을 싣고 있었던 것이다. 항해한 지 3주일 후인 1852년 8월 6일에 그 배에서 불이 났다.

뭔가 끄집어낼 만한 게 있을까 하고 숨 막히게 뜨겁고 연기로 가득 찬 선실로 내려갔다. 내의 몇 장, 노트 한두 권, 동식물을 그려놓은 그림 몇 장이 든 조그만 양철 상자와 시계를 들고 갑판 위로 기어올랐다. 옷가지며 그림과 스케치를 묶어놓은 큰 손가방이 침대에 있었으나, 다시 내려갈 엄두를 못 냈다. 나중에 가서는 왠지 모르게, 실상 뭔가를 구해보겠다는 느낌이 전혀 일어나지를 않았던 것이다.

선장은 마침내 모두를 보트에 나눠 타게 하고 자기도 마지막으로 배에서 떠났다.

수집해놓은 희귀하고 이상야릇한 곤충 하나하나를 나는 얼마나 즐겁게 바라보았던가! 오한에 거의 쓰러질 뻔한 때에도 기다시피 해서 숲을 뒤져 미지의 아름다운 종들을 보답으로 얻은 게 몇 번이었던가! 내 수집품들을 장식했던 희귀 새와 희귀 곤충을 볼 때 내 기억에 되살아날 장소들, 나 외에는 어떤 유럽인의 발길도 닿지 못했던 곳이 얼마나 많았던가!

그런데 이제는 모두가 사라져버렸고, 내가 밟았던 미지의 땅을 증명해주거나 내가 보았던 자연 그대로의 풍경을 회상시켜줄 단 하나의 표본도 남아 있지 않았던 것이다! 하지만 그런 후회들은 부질없다는 것을 알았으므로 나는 지나간 일에 대해서는 될 수 있는 대로 생각하지 않고 실제로 처해 있는 사태만 생각하려고 애썼다.

열대 지방에서 돌아온 윌리스는 다윈이 그랬던 것처럼 유사한 종들이 공통의 계통에서 갈라져 나갔다는 점을 확신했으면서도 그들이 왜 갈라져 나갔는가를 도저히 이해할 수 없었다. 윌리스가 몰랐던 것을 다윈은 비글호의 항해로부터 영국에 돌아온 지 2년 후에 깨닫게 되었던 것이다. 다윈은 1838년에 토머스 맬서스(Thomas Malthus) 신부의 『인구론Essay on Population』을 읽다가(다윈은 그것이 자신이 진지하게 읽은 책에 속하지는 않는다는 점을 밝히려고 '심심풀이로' 읽었다고 했다) 맬서스의 사상에서 생각이 떠올랐다고 했다. 맬서스는 인구가 식량보다 더 빨리 증가한다고 말했다. 그것이 동물에 대해서도 사실이라면, 동물들은 생존하기 위해 싸워야만 한다. 그리하여 자연은 선택적으로 작용하여 약자를 말살하고 주위 환경에 적합해진 생존자들로 새로운 종들을 형성하게 된다.

"그때 거기서 나는 마침내 적용할 수 있는 이론을 얻어냈다"고 다윈은 말했다. 그렇게 말한 사람이라면 곧 일에 착수하여 논문을 쓰고 여기저기 다니며 강의할 것이라고 독자는 생각할 것이다. 천만에. 4년 동안 다윈은 그 이론을 종이에다 끼적거려보지도 않았다. 1842년이 되어서야 그는 35페이지의 원고를 썼는데 그나마 연필로 쓴 것이었고, 다시 두 해가 지난 뒤에야 잉크로 쓴 230페이지의 원고를 완성시켰던 것이다. 그는 얼마간의 돈과 그가 죽으면 발표하라는 지시 사항과 함께 원고를 아내에게 맡겨두었다.

1844년 7월 5일에 도운(Downe)에서 아내에게 보낸 딱딱한 문구의 편지에서 다윈은 "나는 종(種)의 이론에 대한 초고를 막 끝냈소"라고 하면서 다음과 같이 쓰고 있다.

그러니 내가 갑자기 죽을 경우에 대비해서, 나의 가장 경건한 마지막 청으로서 다음과

148 다윈은 "나는 종 이론에 대한 초고를 막 끝냈소"라고 1844년 7월 5일 도운에서 편지를 썼다.
도운에 있는 다윈의 연구실. 다윈의 할아버지 이래즈머스의 초상화가 창문 오른쪽에 걸려 있다.

같이 쓰니, 당신은 그것을 내 유서에 법적으로 씌어 있는 것과 마찬가지로 여겨줄 것으로 믿소. 우선 400파운드를 들여서 책으로 발행하고 그 뒤로는 당신이나 아니면 헨슬레이 웨지우드(Hensleigh Wedgwood)가 수고스럽더라도 이것을 진전시키는 일을 맡아주어야겠소. 나는 내 초고가 유능한 사람에게 맡겨져 그 사람이 나머지 돈으로 그 일을 진전시키고 확대시키는 수고를 해주었으면 하고 바라오.

편집인으로는, 맡아만 준다면 찰스 라이엘(Chalres Lyell) 씨가 제일 좋을 것이오. 그는 그 작업이 흥미 있다는 것을 알게 될 것이며, 거기서 어떤 새로운 사실을 배우게 될 것이라고 믿고 있소.

후커(Joseph Dalton Hooker) 박사도 괜찮을 것이오.

만일 자신이 죽고 난 뒤라도 '최초'라는 영광이 주어지기만 한다면, 다윈은 정말로 자신이 죽은 뒤에 그 이론을 발표하고 싶어 했다는 것을 알 수 있다. 정말 그는 특이한 사람이다. 그는 자신이 사람들에게 깊은 충격을 주는(그의 아내에게도 물론이고) 말을 하고 있다는 사실을 알고 있었고, 어느 정도까지는 자신도 그 이론에 의해 충격을 받은 사람이었던 것이다. 우울증(사실 다윈은 열대 지방에서 우울증의 원인인 전염병에 걸렸었다), 약병들, 그의 집과 서재의 다소 숨 막히는 듯한 폐쇄된 분위기, 낮잠, 저술의 지연, 여러 사람들과의 논쟁을 피하려는 것, 이런 모든 징후는 일반 사람들과 대면하고 싶어 하지 않았던 그의 심정을 말해주고 있다.

149 **만일 자신이 죽고 난 뒤라도 '최초'라는 영광이 주어지기만 한다면, 다윈은 정말로 자신이 죽은 뒤에 그 이론을 발표하고 싶어 했다는 것을 알 수 있다.**
▲도운에서 찍은 말년의 찰스 다윈.

150 **헨리 베이츠는 곤충 간의 의태에 대한 유명한 저서를 남겼다.**
▶나비의 단일종에서 발견되는 의태. 아마존에서 발견되는 이 변이종들은 새들의 먹이가 되기 십상인 나비들로, 새들이 싫어하는 서로 다른 세 종류의 나비를 모방하고 있다. 오른쪽에 있는 것들이 왼쪽을 모방한 변이종들이다.

물론 젊은 윌리스는 그러한 것들로부터 전혀 구애받지 않았다. 무모할 정도로 온갖 역경을 무릅쓰고서 그는 1854년에 극동 지방으로 갔고 그 후 8년 동안을 말레이 반도 전역을 여행하면서 영국에서 팔 야생생물의 표본을 채집하였다. 이 무렵에 이르러서는 그도 종이 불변하는 것이 아니라고 확신했다. 그는 1855년에 「새로운 종의 출현을 조정하는 법칙에 대하여On the Law which has regulated the Introduction of New Species」라는 논문을 발표했다. 그때부터 "종의 변화가 '어떻게' 야기되는가 하는 의문이 내 머리에서 떠나지를 않았다"고 쓰고 있다.

1858년 2월 윌리스는 뉴기니와 보르네오 사이에 있는 몰러카즈 제도의 화산섬에서 심하게 앓았다. 오르락내리락하는 열로 고생하던 어느 날 밤, 윌리스는 문득 맬서스의 『인구론』을 생각하게 되었고, 이윽고 다윈이 그랬던 것처럼 자신의 의문에 대한 해답의 실마리를 찾았다.

나에게 이런 의문들이 떠올랐다. 왜 어떤 것은 죽고 어떤 것은 살아남는가? 그 대답은 분명히 대체로 가장 적응을 잘하는 것들이 살아남는다는 것이었다. 질병의 공격을 피할 수 있었던 것은 가장 건강한 것들이었으며, 가장 강하거나 가장 재빠르거나 가장 영리한 것들이 적을 이겨냈으며, 가장 훌륭하게 사냥할 수 있거나, 가장 왕성한 소화력을 갖춘 것들이 굶주림을 이겨낼 수 있었던 것이며, 그 외에도 여러 가지가 있었다.

그때 나는 곧 알아차렸다. 늘 변이성을 띠고 있는 모든 생명체들은 실제의 조건에 잘 적응하지 못하는 것들을 단지 제거해버림으로써 가장 적합한 것들만 종족을 유지하게끔 하는 요소를 갖추고 있다는 것을.

거기서 문득 적자생존이라는 '개념'이 떠올랐다.

그것에 대해 생각하면 할수록 그만큼 더 나는 오랫동안 고민해왔던 '종의 기원'이라는 문제를 해결할 자연의 법칙을 마침내 발견했구나 하고 확신하게 되었다…… 그 주제에 대한 논문을 즉시 작성할 수 있도록 나는 내 발작적인 열이 끝나기를 간절히 기다렸다. 그날 저녁 나는 이것을 대강 작성했으며, 그 후 이틀 동안 세심하게 다듬었는데, 하루나 이틀 후에 떠날 다음 선편으로 다윈에게 부치려고 했기 때문이었다.

월리스는 찰스 다윈이 그 문제에 관심을 가지고 있다는 것을 알고 있었고, 그가 그 논문을 그럴듯하게 생각한다면 라이엘에게 보여줄 것을 제안했다.

넉 달 후인 1858년 6월 28일 도운에 있는 자택의 서재에서 다윈은 월리스의 논문을 받았다. 그는 어찌할 바를 모르고 당황해했다. 20년 동안 입을 다물고 조심스럽게 그 이론을 뒷받침할 사실들을 모아왔는데, 어느 날 어디선지 모르게 한 편의 논문이 책상 위에 떨어져 있는 것이었다. 그는 그 논문에 대해 바로 그날 간명하게 썼다.

이보다 더 놀라운 일치가 또 있을까. 월리스가 내가 1842년에 써놓은 원고를 갖고 있다 해도 이보다 더 훌륭하고 간결하게 간추려놓을 수는 없었으리라!

그러나 친구들이 다윈의 난처한 사정을 해결해주었다. 이 무렵까지 다윈의 저서 중 일부를 보았던 라이엘과 후커는 월리스의 논문과 다윈의 것을 두 사람이 참석하지 않은 가운데, 다음 달 런던에서 개최되는 린네학회(Linnean society)의 차기 모임에서 발표되게끔 해놓았다.

그 논문들은 전혀 반응을 일으키지 못했다. 마침내 다윈은 결단을 내리지 않을 수 없게 되었다. 다윈이 묘사했던 것처럼 월리스는 '관대하고 고상'했다. 그리하여 다윈은 『종의 기원The Origin of Species』을 집필해서 1859년 말에 출간하였는데 그것은 당장 물의를 일으켰고 베스트셀러가 되었다.

자연선택에 의한 진화론은 확실히 19세기에 있었던 가장 중요하고 유일한 과학적 혁신이었다. 그것이 일으켰던 온갖 어리석은 풍파가 가라앉았을 때, 생명의 세계는 이제 움직이는 세계로 보였기 때문에 달라졌다. 창조는 정적(靜的)인 게 아니라, 물리적 과정들과는 다른 방식으로 시간과 더불어 변화한다. 1,000만 년 전의 물리적 세계는 오늘날에 있는 그대로와 똑같으며 그 법칙도 마찬가지다. 그러나 생명의 세계는 같지 않다. 예컨대, 1,000만 년 전에는 이것을 논의할 어떠한 인간들도 없었다. 물리학과는 달리 생물학에 관한 일반 이론은 어느 것이나 그때그때의 한 조각을 말해줄 뿐이다. 세계의 독창적이고 새로운 것을 진정으로 창조하는 것은 진화인 것이다.

그렇다면 우리 각자는 진화의 과정을 거슬러 올라가 바로 생명의 시초에까지

자신의 생성을 추적하여 찾아 올라가게 된다. 다윈은 물론 월리스도 여러분과 내가 거쳐온 진화의 중요한 지점들을 그려보기 위하여 습성을 관찰했으며, 현재 상태의 뼈와 과거의 상태를 나타내는 화석을 관찰하였다. 그러나 행동, 뼈, 화석은 더 단순하고 더 오래된 단위들로 이루어진 이미 복잡해진 생명의 체계들인 것이다. 가장 단순한 최초의 단위들은 무엇이었을까? 아마도 그것은 생명을 특징짓는 화학 분자들일 것이다.

그래서 우리가 생명의 공통적인 기원을 찾아서 돌이켜볼 때, 우리가 알고 있는 화학에 대하여 더 깊이 고찰하게 된다. 지금 이 순간 내 손가락 속의 피는 스스로를 재생산할 수 있는 최초의 원시 분자에서 30억 년이 넘도록 수백만 단계를 거쳐 지금에 이른 것이다. 그것이 현대적 개념의 진화인 것이다. 이러한 일이 일어나는 과정은 일부는 유전(다윈과 월리스는 사실 그것을 이해하지 못하고 있었다)에 의존하고 또 일부는 화학구조(이것 역시 영국의 박물학자들보다는 오히려 프랑스 과학자들의 영역이었다)에 의존한다. 갖가지 설명이 여러 분야에서 쏟아져 나왔으나 그들 모두에 공통되는 것은 한 가지였다. 그들은 종이 연속적인 단계에서 하나씩 분리되어 나간다고 보고 있는데, 그것은 진화설이 받아들여졌을 때 암시된 것이다. 그리고 그 순간

151 온갖 어리석은 풍파가 가라앉았을 때, 생명의 세계는 달라졌다.
▲〈종의 기원〉 출판 50주년 기념 에세이의 표지, 1909년.
▶자신의 정원에서 여우꼬리 백합(Foxtail Lily)을 바라보고 있는 월리스의 사진, 1905년.

152 **프랑스의 국왕은 파스퇴르에게 포도주 발효가 어째서 잘못되는지 알아보라고 했다.**
파스퇴르의 실험실.

부터, 생명체가 언제든지 재창조될 수 있다고 믿을 수는 없게 되었다.

진화설이 동물 중 어떤 종은 다른 종에 비해 최근에 나타났다는 점을 암시하자 비판자들은 자주 성서를 이용하여 반박했다. 그러나 대부분의 사람들은 창조가 성서에서 끝나지 않았다고 믿었다. 그들은 태양이 나일 강의 진흙에서 악어를 만들었다고 생각했다. 생쥐들은 더러운 낡은 옷 더미에서 저절로 생겨났으며, 금파리는 썩은 고기에서 생겨나는 것이 분명하다고 생각했다. 구더기는 사과 속에서 생겨났을 것이다—그렇지 않으면 어떻게 그 속에 들어갔을까? 이 모든 생물들은 부모가 없이 자생적으로 생겨난 것으로 여겨졌다.

생명이 자연히 생겨난다는 우화는 아주 오랜 것들이고 지금도 그렇게 받아들여지고 있지만, 루이 파스퇴르(Louis Pasteur)가 이미 1860년대에 그에 대해 멋지게 반증을 했다. 파스퇴르는 그 일의 대부분을 프랑스 쥐라(Jura)에 있는 아르보아(Arbois)에서 했다. 아르보아는 그의 청년 시절의 고향이며 그는 매년 그곳을 즐겨 찾아갔다. 그전에 그는 발효, 특히 우유의 발효에 대해서 연구한 일이 있었다(살균처리를 'pasteurisation'이라고 하는 것도 그 때문이다). 그러나 그의 전성기는 1863년, 그가 마흔 살이 되던 해로 그때 그는 포도주 발효가 어째서 잘못되는지 알아보라는 국왕의 명령을 받고 2년 만에 그 문제를 해결했다. 1863년과 1864년이라면 오늘날까지도 가장 훌륭한 포도주가 생산된 해로 기록되고 있는데 문제가 있었다는 것은 아이러니한 이야기이기도 하다. 아직까지도 1864년은 최고의 해로 기억되고 있다.

"포도주는 유기체의 바다이다"라고 파스퇴르는 말했다. "어떤 것에서는 살고 어떤 것에서는 죽는다." 그 생각 속에는 두 가지 놀라운 사실이 함축되어 있다. 하나는 산소 없이도 유기체가 살 수 있다는 것을 파스퇴르가 발견했다는 것이다. 그것은 양조(釀造)하는 사람들에게는 하찮은 이야기였지

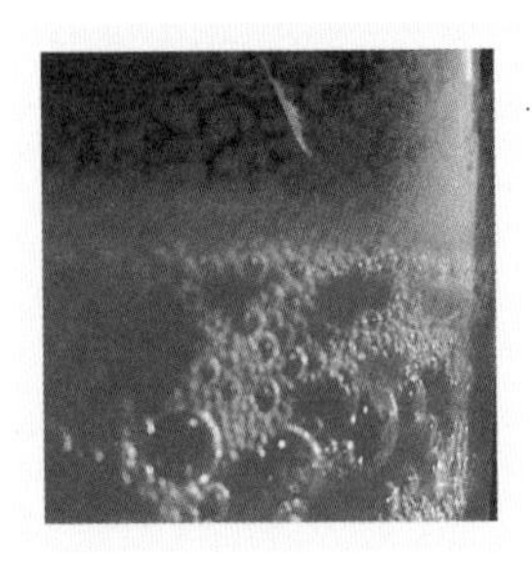

153 이스트를 넣은 병 속에서 발효되고 있는 포도당.

만, 그 후 그것은 생명의 기원을 이해하는 데 있어 중요한 사실이 되었다. 왜냐하면 생명이 처음 생겨날 당시의 지구에는 산소가 없었기 때문이다. 또 하나는, 파스퇴르가 액체 속에서 생명의 흔적을 볼 수 있는 놀라운 기술을 가지고 있었다는 것이다. 그는 20대에 특수한 형상의 분자를 보여줌으로써 명성을 날렸다. 그 후 그는 이 형상이 생명의 과정을 거친 분자의 증거라는 것을 보여주었다. 이것은 중대한 발견이었으며 아직까지도 어려운 문제에 속하는 것이므로 파스퇴르의 실험실에서, 파스퇴르의 말을 들어보는 것이 옳을 것이다.

> 양조통 속에서 진행되는 포도주의 변화, 밀가루 반죽이 부풀어 오르는 것, 엉긴 우유가 시는 것이라든지 땅속에 묻힌 나뭇잎이나 식물이 부식토가 되는 것 등을 어떻게 설명해야 할 것인가? 물질의 구조를 왼손잡이와 오른손잡이의 입장에서 보는 것(다른 모든 것이 동일하다면)은 생물의 조직에 대한 가장 본질적인 법칙에서 중요한 작용을 하며, 생리학의 가장 알기 어려운 영역으로 들어가는 것이라는 생각이 오랫동안 나의 연구를 지배했다는 고백을 해야겠다.

오른손과 왼손, 그것이 생명을 연구하면서 파스퇴르가 파고들었던 실마리였다. 세상은 오른쪽 구조와 왼쪽 구조가 다른 것들로 가득 차 있다. 오른쪽 나선 마개 뽑개는 왼쪽 나선 마개 뽑개와 대비되고 오른쪽 나선 달팽이는 왼쪽 나선 달팽이에 대비된다. 무엇보다도 두 손이 그렇다. 양손은 서로를 포갤 수 있지만 두 손을 어떤 식으로 돌려놓는다고 해도 오른손과 왼손을 서로 교환할 수는 없게 되어 있다. 그것은 어떤 결정체에 있어서도 사실이라고 파스퇴르의 시대에 알려져 있었다. 결정체의 면은 사실 오른쪽 모양과 왼쪽 모양이 있게끔 배열되어 있다.

파스퇴르는 나무로 그런 결정체의 모형을 만들기도 했지만(그는 손재간이 뛰어났으며 빼어난 제도사였다) 그 단계를 훨씬 넘어서서 많은 지적인 모형을 만들었다. 최초의 연구에서 그는, 오른쪽 분자는 물론 왼쪽 분자도 있어야만 한다는 생각을 퍼뜩 떠올렸다. 즉 결정체에서도 그것이 사실이라면 틀림없이 분자 자체의 성질을 반영하고 있다는 것이다. 그리고 그런 성질은 대칭을 이루지 않는 어떤 상황에 처하

Paratartrate double de Soude et d'Ammon.
Les cristaux sont souvent hémiédres à gauche, souvent à droite
c'est là qu'est la différence des deux sels
8 gr. Paratart. (hémiédr. à droite) dissous dans 55,5 centim.cub. d'eau ont donné dans un tube de 20 cent. une déviation 8,8 = 6 1/4 à 17°. (à gauche)
8 gr. Tartrate double de S. et Am. dans les mêmes circonstances m'ont donné 7°54' à 17°, à droite

면 분자의 움직임에 따라 모습을 드러내게 된다. 예컨대 분자들을 용액에 넣고 편광(즉, 비대칭적인 빛)을 투사시킬 때, 한 종류의 분자들(가령 관습에 따라 파스퇴르가 소위 오른쪽이라 부르는 분자라고 하자)은 틀림없이 편광판을 왼편으로 회전시킬 것이다. 한 가지 형태로 된 모든 결정체의 용액은 편광계에서 나오는 비대칭적인 광선을 향해서 비대칭적으로 대응한다. 편광판이 돌려짐에 따라 그 용액도 교대로 어두워졌다 밝아졌다 할 것이다.

놀라운 사실은 살아 있는 세포에서 추출한 화학 용액도 그렇게 작용한다는 것이다. 우리는 아직도 생명체가 왜 이처럼 이상한 화학적 성질을 가지고 있는지 알지 못한다. 그렇지만 이 성질은 생명체가 특별한 화학적 특성을 지니고 있으며 그 특성은 진화의 과정을 거치는 동안 보존되어왔음을 입증하는 것이다. 처음으로 파스퇴르가 모든 형태의 생명체를 한 가지 종류의 화학적 구조와 연결시켰던 것이다. 그런 확고한 생각에서 진화와 화학을 연결할 수 있다는 것을 이해하게 된다.

진화론은 더 이상 논쟁의 여지가 없다. 다윈과 윌리스의 시대 것보다 더 풍성하고 다양한 증거가 있기 때문이다. 가장 흥미 있고 현대적인 증거는 우리의 신체 화학에서 나온다. 실제적인 예를 들어보자. 내가 바로 이 순간 내 손을 움직일 수 있는 것은 근육이 일정량의 산소를 가지고 있고, 미오글로빈(myoglobin)이라는 단백질이 산소를 근육에 공급하기 때문이다. 그 단백질은 150가지 이상의 아미노산으로

154 **오른손과 왼손, 그것이 생명을 연구하는 데 있어서 파스퇴르가 파고들었던 실마리였다.**

◀1864년 포도주 발효를 조사하던 시절에 쥐라에서 온 친구와 쉬고 있는 파스퇴르.

1847년의 파스퇴르의 결정 연구에 관한 실험 기록 중 결정적인 페이지.

▲파스퇴르가 오른쪽 타르타르산염과 왼쪽 타르타르산염을 나무로 만든 모델.

구성되어 있다. 그 숫자는 나와 미오글로빈을 사용하는 다른 동물들에 있어서 동일하다. 그러나 아미노산 자체에는 조금 차이가 있다. 나와 침팬지 사이에는 한 개의 아미노산이 다르고, 나와 부시 베이비(bush baby, 등급이 더 낮은 영장류) 사이에는 몇 개의 아미노산이 다르며, 나와 양이나 생쥐 사이에서는 서로 다른 아미노산의 숫자가 증가한다. 나와 다른 포유동물 사이의 진화상의 거리를 재는 척도는 바로 둘 사이에 서로 다른 아미노산이 얼마나 있느냐에 달려 있는 것이다.

화학 분자의 형성에서 생명체의 진화 과정을 찾아보아야 한다는 것은 명백하다. 그 형성은 틀림없이 태초에 지구 위에서 끓고 있던 물질들에서 시작된 것이다. 생명의 시초에 관하여 분별 있게 말하기 위해서 우리는 매우 실제적이어야 하며 역사적으로 물어야 한다. 40억 년 전, 생명체가 생겨나기 전, 지구가 생겨난 지 얼마 되지 않았을 때 지구의 표면은 어떠했을까? 그 대기는 또 어떠했을까?

우리는 이에 대해 상세하지는 못하지만 해답을 갖고 있다. 대기는 지구 내부에서 방출되었으므로 어디서나 마치 화산 폭발과 흡사하였다. 약간의 이산화탄소와 함께 수증기, 질소, 메탄, 암모니아와 다른 환원기체(還元氣體)들이 퍼져 있었다. 그러나 단 한 가지, 가스 상태의 유리(遊離) 산소가 없었다. 이 사실은 중요하다. 왜냐하면 산소는 식물이 내놓은 것으로서 생명이 존재하기 이전에는 자연 상태로 존재하지 않았던 것이기 때문이다.

이 기체들과 그 생성물들은 바다에 묽게 용해되어 환원성 환경을 형성하였다. 그런 다음에 번개와 방전 현상 아래에서, 특히 자외선의 작용—자외선은 산소가 없을 때에 공기층을 통과할 수 있기 때문에 생명에 대한 모든 이론에서 중요한 것이다—아래에서 그들이 어떻게 반응했을까? 그 문제는 1950년경 미국의 스탠리 밀러(Stanley Miller)가 행한 훌륭한 실험에서 답을 얻었다. 그는 플라스크에 메탄, 수소,

암모니아, 수증기를 섞은 혼합 기체를 넣고 며칠간 계속해서 가열하여 부글부글 끓인 다음, 번개와 그 외에 격렬한 힘을 방불케 하는 전기충격을 가했다. 그러자 눈에 띄게 혼합물이 검어졌다. 아미노산이 합성된 것이다. 아미노산은 생명을 이루는 초석이기 때문에 그것은 중요한 전진이었다. 아미노산으로부터 단백질이 만들어지고 단백질은 모든 생명체를 구성하는 물질인 것이다.

몇 년 전까지만 해도 우리는 생명이 이러한 뜨거운 전기 상태에서만 시작되는 것이라고 생각했다. 그 후 몇몇 과학자들은 또 다른 극단적인 상황에서도 마찬가지로 가능할 거라고 생각했다. 그것은 다름 아닌 얼음이 있는 상태이다. 어처구니없는 생각이긴 하다. 그러나 얼음은 간단한 기초 분자들을 형성하는 데 있어 매력적인 두 가지 특성을 가지고 있다. 첫째로 냉각 과정은 물질을 응축시키는데, 태초에는 그러한 물질이 해양에 미소하게 용해되어 있었을 것이다. 둘째로 얼음의 결정 구조는 분자들이 어떤 일정한 방식으로 배열되게끔 하는데 그것은 생명의 모든 단계에서 매우 중요하다.

하여튼 레슬리 오르겔(Leslie Orgel)은 멋진 실험을 몇 개 했는데 그중 가장 간단한 것을 살펴보자. 그는 지구가 생성되던 초기에 대기 중에 틀림없이 있었을 기본적인 요소 중의 어떤 것들을 택했는데, 하나는 시안화수소요 또 하나는 암모니아다. 그는 그것들을 물에 넣어 희석한 다음, 그 용액을 여러 날에 걸쳐서 얼렸다. 그 결과 응축된 물질이 위에 있는 일종의 작은 빙산 같은 얼음덩이 속으로 밀려 들어왔다. 그것은 약간의 색을 띠었는데 이는 유기분자들이 형성되었음을 나타내는 것이었다. 틀림없이 아미노산이었던 것이다. 그러나 무엇보다 중요한 것은, 오르겔이 모든 생명을 조종하는 유전 정보의 네 가지 기본요소 중 하나를 만들어놓았다는 사

실이었다. 그는 DNA(438페이지 참조)의 네 가지 염기 중 하나인 아데닌(Adenine)을 만들었던 것이다. 진정 DNA 속의 생명의 단초는 열대의 조건에서가 아니라 이러한 종류의 조건 속에서 이루어졌을지도 모른다.

생명의 기원이라는 문제의 핵심은 복합분자가 아니라 자기복제(自己復製)가 가능한 가장 단순한 분자들에 있다. 생명을 특징짓는 것은 활동하고 있는 동일한 분자의 복제물을 만들어내는 능력에 있다. 그러므로 생명의 기원에 대한 의문은 현세대의 생물학자들의 업적에 의해 확인된 기초 분자들이 자연적인 과정에 의해 형성될 수 있었느냐에 대한 의문이다. 생명의 시작 과정에서 우리가 찾고 있는 것은, 세포가 분열할 때 자기복제를 하는 DNA 나선을 구성하는 소위 염기들(아데닌, 구아닌, 시토신, 티민)과 같은 단순한 기초 분자들이다. 유기체가 점점 더 복잡해져가는 그다음의 과정은 그와는 다른 통계상의 문제이다. 즉 통계적 과정에 의한 복합 진화인 것이다.

자기복제를 하는 분자들이 여러 곳에서 여러 번 만들어졌는가 하는 물음이 당연히 제기된다. 이 문제에 대해서는 추론으로밖에 답할 수가 없는데, 그러한 추론은 물론 오늘날의 생명체가 보여주는 증거의 해석에 바탕을 두어야 한다. 생명은 오늘날 매우 소수의 분자들, 곧 DNA 내의 네 가지 염기들에 의해 조종된다. 그것들이 박테리아에서부터 코끼리에 이르기까지, 세균으로부터 장미에 이르기까지, 우리가 아는 모든 창조물의 유전 정보를 말해준다. 생명의 단초에서 나타나는 이러한 통일성에서 얻을 수 있는 결론 중의 하나는, 이것만이 자기복제의 연속을 지켜갈 유일한 원자 배열이라는 것이다.

그러나 그렇게 믿는 생물학자는 많지 않다. 대부분의 생물학자들은 자연이 자기복제를 하는 다른 배열을 창조할 수 있다고 생각한다. 그것은 우리가 가지고 있

155 아미노산은 생명을 이루는 초석이다.
레슬리 오르겔과 로버트 산체스가 솔크 연구소에서 아크방전 장치를 들여다보고 있다.
밀러의 플라스크에는 호문클루스(homunculus)가 아니라 단지 아미노산만 있었다.

는 네 가지보다 숫자가 더 많을 수도 있을 것이다. 그렇다면 우리가 아는 생명이 그 네 가지 염기들에 의해 조종이 되는 이유는 생명이 우연히 그것들로부터 시작되었기 때문이다. 그런 해석으로 볼 때 네 개뿐인 염기는 생명이 오로지 한 번만 시작되었다는 증거가 된다. 그 후에 어떤 새로운 배열이 나타났다 해도 그것은 이미 존재하고 있는 생명체와는 관련을 맺을 수가 없었을 것이다. 지구상에서 생명이 아직도 무(無)에서 창조되고 있다고 생각하는 사람은 오늘날 한 명도 없다.

100년이라는 기간 내에 두 가지 위대하고 발전 가능성이 있는 개념을 발견했다는 점에서 생물학은 운이 좋았다. 하나는 다윈과 월리스의 자연선택에 따른 진화론이고, 다른 하나는 우리 시대의 사람들이 이뤄놓은 것으로 생명의 순환을 자연 전체에 연관시키는 화학적인 형식으로 표현하는 법을 발견했다는 점이다.

생명이 시작됐을 때 이곳 지구상에 있던 화학물질들은 우리에게만 있었던 것이었을까? 전에는 그렇게 생각했다. 하지만 가장 최근의 증거는 다르다. 지난 수년 사이에 별과 별 사이의 공간에서, 저 혹독하게 추운 곳에서는 전혀 형성될 수 없으리라고 생각됐던 분자들의 스펙트럼 흔적들이 발견되었다. 즉, 시안화수소, 시아노아세틸렌, 포름알데히드가 그것이다. 이러한 것들은 지구 외의 다른 곳에서 존재하리라고는 생각되지 않았었다. 결국 생명은 여러 가지로 시작되었고 보다 다양한 형태를 지니고 있을는지도 모른다. 이것은 다른 곳에 있는 생명이(우리가 그것을 발견한다 하더라도) 지구상의 진화 과정과 닮은

156 **응축된 물질이 위에 있는 일종의 작은 빙산 같은 얼음덩이 속으로 밀려 들어왔다.**
시안화수소와 암모니아를 얼린 용액에서 생성된 아데닌.

진화를 한다는 말은 전혀 아니다. 더 나아가 우리가 그것을 생명으로 인식하거나, 그것이 우리를 생명으로 인식할 것이라는 말도 아니다.

157 생명이 시작됐을 때 이곳 지구상에 있던 화학물질들은 우리에게만 있었던 것이었을까?
화성에 착륙해서 생명체의 분자와 같은 물질이 존재하는지를 시험하기 위한 단백질 탐침 장치의 예비적 실험.

세계 속의 세계

자연계에 있는 결정들의 기본 형태는 일곱 가지가 있으며 색은 수없이 많다. 그 형태들은 공간 속의 모양으로서 또는 물질의 특징을 나타내는 것으로서 항상 사람들을 매혹시켜왔다. 그리스인들은 원소들이 실제로 정다면체의 형태로 되어 있다고 생각했다. 그리고 현대적인 입장에서 볼 때 자연계의 결정들이 그 구성 원자를 표현하고 있는 것이 사실이며, 결정을 통해 우리는 원자를 여러 가지 동족으로 나눌 수 있다. 이것은 우리 시대 물리학의 세계이며, 결정은 그 세계로 들어가는 첫 관문인 것이다.

다양한 모든 결정 중에서도 가장 간단한 것은 보통의 소금인데, 그것은 무색의 단순한 입방체이지만 확실히 가장 중요한 것 중의 하나이다. 폴란드의 옛 수도인 크라쿠프(Cracow) 인근의 비엘리치카(Wieliczka)에 있는 커다란 소금 광산에서는 거의 1,000년 동안이나 소금을 캐왔는데 그곳의 목제 작업도구와 말이 끌던 기계류 가운데 몇 가지가 17세기 이래로 보존되어 있다. 연금술사 파라셀수스도 동방 여행길에 이곳에 들렀을는지도 모른다. 그는 인간과 자연을 구성하는 원소들 중에는 소금이 빠질 수 없다고 주장하여 서기 1500년 이후의 연금술의 방향을 바꿔놓았다. 소금은 생명에 없어서는 안 되며, 모든 문화에 있어서 상징적인 특질을 지녀왔다. 로마 병사들처럼 우리는 임금을 아직도 '샐러리(salary)'라고 하는데, 실상 그 말의 원래 뜻은 '소금 값(salt money)'이다. 중동에서는 상인들 간에 아직도 소금으로 도장을 찍는 것을 볼 수 있는데, 이는 구약성서의 이른바 '영원히 소금의 계약으로'라는

158 원자 모델은 새롭게 다듬어질 필요가 있었다.
1933년 10월 브뤼셀의 거리를 걷고 있는 알베르트 아인슈타인과 닐스 보어.

구절을 따르고 있는 것이다.

한 가지 측면에서 파라셀수스는 오류를 범했다. 현대적 의미로는 소금은 원소가 아니라는 점이다. 소금은 두 가지 원소, 즉 나트륨과 염소의 화합물이다. 나트륨처럼 거품이 이는 흰 금속과 염소처럼 노란 유독성 기체가 일정한 구조를 이뤄 보통의 소금을 만들어내는 것은 신통한 일이다. 하지만 더 특이한 사실은 나트륨과 염소가 각기 다른 족에 속한다는 점이다. 각각의 족에서는 비슷한 성질이 질서를 이루는 단계적 변화가 있다. 나트륨은 알칼리금속에 속하며 염소는 활성 할로겐에 속한다. 같은 족의 한 원소를 다른 원소로 바꾸더라도 네모지고 투명한 결정은 변하지 않는다. 예를 들어, 나트륨은 틀림없이 칼륨으로 대체될 수 있어서 염화칼륨이 형성된다. 다른 족에서도 마찬가지로 염소는 그 동족 원소인 브롬으로 대체될 수 있는데 이때는 브롬화나트륨이 형성되는 것이다. 물론 둘 다 바꿀 수도 있다. 나트륨이 리튬으로, 염소가 플루오르로 대체되어서 플루오르화리튬이 된다. 그러나 이 유사한 결정체들은 육안으로는 식별할 수가 없다.

원소 간의 이 같은 동족의 유사성이 어떻게 생기는가? 1860년대에는 모두가 이 문제로 골머리를 앓았고 몇몇 과학자들이 거의 해답에 가까이 갔

159 **원소 간의 이 같은 동족의 유사성이 어떻게 생기는가?**
▲일반적인 소금(염화나트륨)의 입방체 결정, 알칼리금속의 다른 할로겐염과 구별하기 힘들다.

160 **멘델레예프에게 있어서 특징적인 것은 천재성뿐만이 아니라, 원소에 대한 정열이었다.**
▶드미트리 이바노비치 멘델레예프.

다. 가장 성공적으로 문제를 해결한 사람은 러시아의 드미트리 이바노비치 멘델레예프(Dmitri Ivanovich Mendeleev)라는 청년으로, 그는 1859년에 비엘리치카의 소금 광산을 방문했다. 그는 당시 스물다섯 살의 가난하고 겸손하며 부지런하고 총명한 젊은이였다. 열네 명이나 되는 형제 가운데 막내였던 그는 홀어머니의 총애를 받았는데, 어머니의 아들에 대한 야심이 그를 과학으로 몰고 갔던 것이다.

멘델레예프가 다른 사람들과 다른 것은 그의 천재성만이 아니라, 원소를 연구하는 데 그가 온 정열을 바쳤다는 점이다. 그는 원소의 친구가 되었으며, 원소의 괴벽이나 버릇의 이모저모를 모두 알고 있었다. 물론 원소는 존 돌턴(John Dalton)이 1805년에 처음으로 제창한 한 가지 기본 성질에 의해서만 구별되고 있었다. 즉 각

각의 원소는 특정한 무게를 가지고 있다는 것이다. 원소들을 비슷하게 하거나 다르게 하는 성질이 어떻게 이 한 가지의 주어진 상수 또는 가변상수로부터 나오는가? 이것이 기초적인 문제였으며 멘델레예프는 바로 그것을 연구했다. 그는 원소를 각각의 카드에 써놓고는 그 카드들을 섞어 치는 카드놀이를 했었는데, 친구들은 그 놀이를 '인내(patience)'라고 불렀다.

멘델레예프는 카드에 원자와 원자량을 써놓고 원자량의 순서에 따라 세로로 배열했다. 가장 가벼운 것은 수소인데 이것을 어떻게 다루어야 할지 몰랐으므로 그는 현명하게도 놀이에서 이것을 제외시켰다. 원자량으로 보면, 그다음의 것은 헬륨이지만 그때까지는 발견되지 않았기 때문에 멘델레예프가 그것의 존재를 알지 못했던 것은 다행한 일이었다. 헬륨의 존재는 훨씬 나중에 그 자매 원소들이 발견되기 전까지는 처리 곤란한 이단자였을 테니까 말이다.

그러므로 멘델레예프는 그의 첫 번째 세로줄을 알칼리금속의 하나인 리튬(lithium, 수소 다음으로는 그가 알고 있었던 가장 가벼운 원소)으로 시작했다. 그래서 리튬에서 그다음이 베릴륨, 그다음이 붕소, 그다음이 유사 원소들인 탄소, 질소, 산소 그리고 일곱 번째 것으로 플루오르가 자리잡았다. 원자량의 순서로 봐서, 그다음 원소는 나트륨인데 그것은 리튬과 비슷한 성질을 갖고 있었으므로 멘델레예프는 이것을 다시 첫 위치에 놓아 첫 번째 세로줄에 평행한 두 번째 세로줄을 짜기로 했다. 두 번째 세로줄에도 순서에 따라 유사 원소들인 마그네슘, 알루미늄, 규소, 인, 황, 염소의 순으로 배열해놓았다. 그 원소들은 세로 일곱 개를 완성시켜놓으니, 마지막

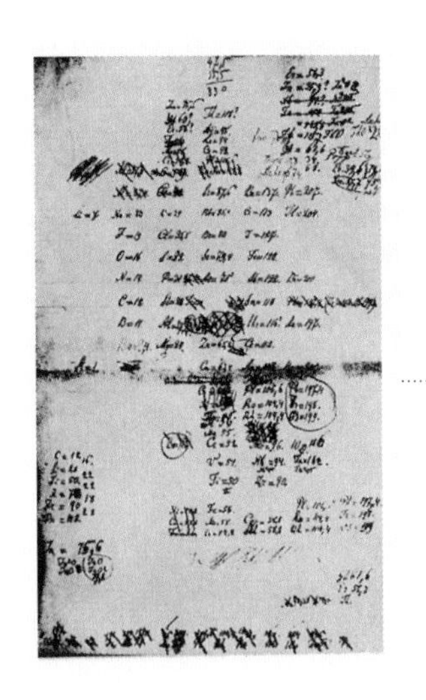

161 원자량의 순서는 우연적이지 않고 체계적이다.
◀1869년의 멘델레예프의 원소주기율표 초고.
▶멘델레예프의 '인내(patience)' 게임.
카드는 원자량의 순서와 동족 그룹에 따라 배열되어 있다.

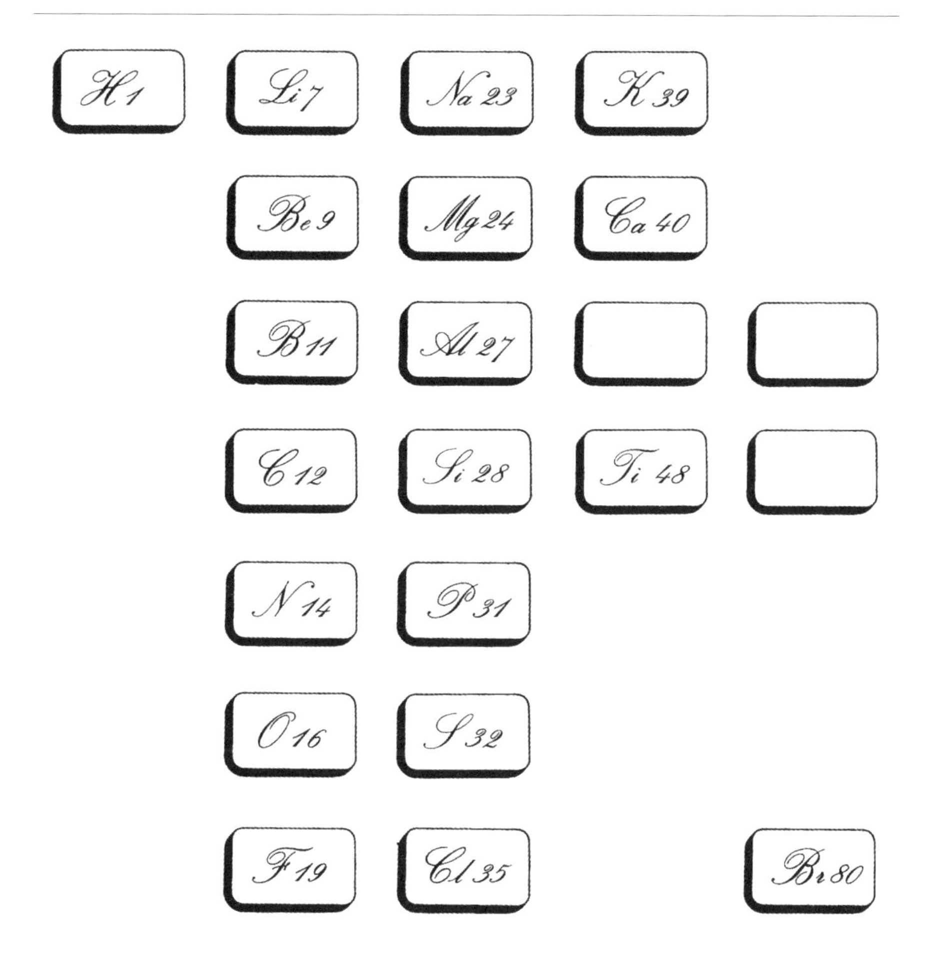

원소인 염소는 플루오르와 같은 가로줄에 놓이게 되었다.

연속된 원자량의 카드에는 우연적인 것이 아니고 체계적인 면이 분명히 있다. 그다음의 세 번째 세로줄을 시작할 때 그것은 다시 분명해진다. 원자량의 순서에 따른 염소 다음의 원소는 칼륨이고 그다음이 칼슘이다. 그렇게 보면, 지금까지의 첫 번째 가로줄은 리튬, 나트륨, 칼륨인데 이것은 모두 알칼리금속들이다. 그리고 지금까지의 두 번째 가로줄은 베릴륨, 마그네슘, 칼슘인데, 이것은 또 하나의 유사족의 성격을 지닌 금속들이다. 이러한 배열에 따른 각각의 가로줄은 의미를 갖는다. 그들은 동족을 이루는 것이다. 멘델레예프는 원소 간의 수학적 열쇠를 발견하였거나 적어도 그 증거를 발견했던 것이다. 원자량의 순서에 따라 원소들을 배열하여 세로줄을 만드는데 일곱 개의 계단을 거치고 그 후에는 다음의 세로줄로 새로이 시작한다면 배열되는 가로줄에는 같은 성질의 원소들을 얻게 된다.

지금까지 우리는 멘델레예프가 최초의 착상을 얻은 지 2년 후, 1871년에 작성한 그의 도표를 쉽게 따라갈 수가 있다. 세 번째 세로줄까지는 아무것도 어긋나지 않는데 그다음으로 불가피하게 최초의 문제에 부닥친다. 왜 불가피한가? 헬륨의 경우에서 알 수 있듯이, 멘델레예프는 모든 원소를 다 알고 있지는 못하였기 때문이었다. 총 92가지 중에 63가지만이 알려져 있었다. 마침내 그는 빈칸과 마주치게 되었다. 그가 마주친 최초의 빈칸은 내가 멈춘 곳인 세 번째 세로줄의 세 번째 칸이었다.

나는 멘델레예프가 빈칸에 도달했다고 말하고 있지만, 이 간단한 말은 그의 사고의 가장 예리한 면모를 감추고 있다. 세 번째 세로줄의 세 번째 칸에 이르러 멘델레예프에게 문젯거리가 생겼지만 그는 그곳이 빈칸으로 남겨져야 한다고 '해석함으로써' 그 문제를 풀어버렸다. 그가 그렇게 한 것은 오로지 그다음에 올 원소 곧, 티타늄이 붕소와 알루미늄과 같은 가로줄에, 즉 동족에 놓이기에는 어울리지 않는 성질을 갖고 있기 때문이었다. 그래서 그는 이렇게 말한 바 있다. "발견되지 않은 원소가 있으며, 그것이 발견되면 그 원소의 원자량은 티타늄(titanium)보다 적을 것이다. 빈칸을 남겨두면 이후에 그 원소가 세로줄에 놓이더라도 제각기 위치할 가로줄에 올바로 놓일 수 있다. 티타늄은 탄소와 규소가 놓인 가로줄에 속하게 된다." 그리고 실제로 기본 도표에서 그렇게 했다.

빈칸들이 있다는 것, 곧 발견되지 않은 원소들이 있다는 착상이야말로 과학적인 영감이었다. 그것은 프랜시스 베이컨이 오래전에 일반적인 의미로 제안했던, 자연법칙의 새로운 실례들은 이전의 실례들로부터 미리 추측되거나 유추될 수 있다는 신념을 실제로 보여주는 것이었다. 멘델레예프의 추측들은 과학자가 귀납법을 쓸 때는 베이컨과 다른 철학자들이 생각했던 것보다 더 미묘한 과정이 된다는 점을 보여주었다. 과학에서는 우리가 알고 있는 실례에서 미지의 실례로 나아갈 때 단순히 하나의 길만을 따라가지는 않는다. 오히려, 우리는 글자 맞추기 놀이에서처럼 두 가지의 별개의 진행 과정을 세밀히 살펴 그들이 교차하는 지점을 찾는데, 그곳이 미지의 실례들이 숨어 있을 장소인 것이다. 멘델레예프는 세로줄에 위치한 원자량과 가로줄에 놓인 동족의 유사성을 자세하게 관찰하여 그 둘의 교차점에서 알려지지 않은 원소들을 찾으려고 하였다. 그렇게 함으로써 그는 실제적인 예측을 했으며, 또한 과학자들이 귀납의 과정을 실제로 어떻게 수행했는가를 분명하게 증명했던 것이다(이것은 아직도 잘 이해되지 않고 있다).

그런데 가장 흥미 있는 것은 세 번째와 네 번째의 세로줄에 놓인 빈칸들이다. 나는 더 이상의 도표를 짜지 않고 다만, 여러분이 빈칸을 세어나갈 때 확실히 그 칸은 당연히 끝날 곳인 할로겐족의 브롬에서 끝난다는 것만 말해두겠다. 빈칸이 많이 있었는데 멘델레예프는 세 개를 가려내었다. 첫 번째 것은 내가 이미 지적한 세 번째 세로줄의 세 번째 가로줄이다. 다른 두 가지는 네 번째 세로줄의 셋째와 넷째 가로줄에 있다. 그 세 개에 대해 멘델레예프는 예언하기를, 발견이 되고 나면 그들이 세로줄의 연속에 적합한 원자량을 가질 뿐만 아니라 세 번째와 네 번째의 가로줄에 위치한 각각의 동족 원소들에 어울리는 성질들을 지닐 것이라고 하였다.

예컨대 멘델레예프가 예측한 것 중 가장 유명하며 가장 나중에 확인된 것은 세 번째 것인데, 그는 이것을 에카실리콘(eka-silicon)이라고 불렀다. 그는 이 기묘하고도 중요한 원소를 아주 정확하게 예언했으나 그것은 거의 20년이 흘러 독일에서 발견되었으며, 멘델레예프를 따르지 않고 '게르마늄(germanium)'이라고 불리게 되었다. 그는 '에카실리콘은 규소와 주석 사이의 중간적인 성질을 지닌 것'이라는 원칙에서 시작하여, 물보다 5.5배 무거울 것이라고 예측했는데, 그 예측은 옳았다. 그 산화물은 물보다 4.7배 무거울 것이라는 그의 예측도 옳았으며 화학적 성질이나 기타 성질에서도 마찬가지였다.

이러한 예측으로 인해 멘델레예프는 어디서나 유명해졌지만 러시아에서는 예외였다. 거기서 그는 예언자로 여겨지지 않았는데, 황제가 그의 진보적인 정치관을 좋아하지 않았기 때문이었다. 영국에서 나중에 헬륨, 네온, 아르곤을 위시한 모든 새로운 원소가 발견되었을 때 그의 승리는 확실해졌다. 그는 러시아 과학아카데미에 뽑히지는 않았으나 세계의 다른 모든 지역에서 그의 이름은 마술 같은 효력을 갖게 되었다.

162 **멘델레예프는 어디서나 유명해졌지만 러시아에서는 예외였다.**
멘델레예프가 맨체스터를 방문했을 때 찍은 사진.
앞줄 중앙이 멘델레예프이고, 뒷줄 오른쪽 끝이 제임스 프레스콧 줄이다.

원자의 기본 형태를 숫자로 나타낼 수 있다는 것은 명백했다. 그러나 그것이 전부일 수는 없다. 무엇인가 우리가 빠뜨리고 있음에 틀림없다. 원소의 모든 성질이 원자량이라는 하나의 숫자 속에 담겨 있다고 믿는 것은 사리에 맞지 않다. 원자량 속에는 무엇이 담겨 있는가? 원자량은 그 복잡성을 나타내는 것이 아닐까? 그렇다고 한다면, 그것은 원자가 물리적으로 구성된 어떤 방식, 즉 내부구조를 감추고 있을 것이며, 그 내부구조가 원자의 고유한 성질을 야기하는 것이리라. 하지만 그러한 생각은 원자는 나눠질 수 없는 것이라고 믿고 있는 한 생각할 수 없는 일이었다.

그런데 1897년에 케임브리지 대학의 톰슨(J. J. Thomson)이 전자를 발견하면서 일대 전환을 가져왔다. 그렇다, 원자는 구성 요소를 가지고 있으며, 그리스어의 어

163 **여기에서 위대한 시대가 열리는 것이다. 물리학은 그 당시 과학의 가장 위대한 집단적인 산물, 아니, 더 나아가 20세기의 위대한 집단적인 미술품이 된 것이다.**

새 원자물리학을 만든 사람들의 두 차례 회합.

1911년의 제1회 솔베이 학회.

앞줄의 왼쪽에서 두 번째가 러더퍼드, 네 번째가 톰슨, 뒷줄 왼쪽에서 열한 번째가 아인슈타인, 일곱 번째에 마리 퀴리가 있다.

원이 뜻했던 것처럼 나눠질 수 없는 것이 아니다. 전자는 원자의 질량 혹은 무게의 극히 적은 부분이기는 하지만 진정한 일부이며 유일하게 전기적 역할을 담당한다. 각 원소의 특징은 그 원자의 전자 수에 따라 결정되며 멘델레예프의 도표에 수소와 헬륨이 첫 번째와 두 번째 위치에 포함될 때, 원자의 전자 수는 멘델레예프의 원소 배열순과 정확히 일치한다. 즉, 리튬은 세 개의 전자를, 베릴륨은 네 개의 전자를, 붕소는 다섯 개의 전자를 가지고 있으며 이하 도표를 따라가며 차례로 증가한다. 도표상에서 원소가 자리잡은 위치는 원자번호라고 불리는데 이제 그것은 원자 내부의 물리적 실체, 즉 원자 내부의 전자 수를 나타낸다는 것이 판명되었다. 원자량에서 원자번호로 관심이 옮겨졌다는 말은 다시 말해서, 원자의 구조가 본격적으로

1927년의 제5회 학회 때의 회합.
아인슈타인과 마리 퀴리가 앞줄에 옮겨와 있다(아인슈타인은 중간에, 마리는 왼쪽에서 세 번째에 있다).
뒷줄은 새로운 세대들로 채워져 있다. 루이 드브로이, 막스 보른, 닐스 보어가 두 번째 줄의 오른쪽에서부터 나란히 서 있고, 슈뢰딩거는 맨 뒷줄의 왼쪽에서 여섯 번째, 하이젠베르크는 오른쪽에서 세 번째에 있다.

문제가 되었다는 것을 뜻한다.

그것이 현대 물리학을 시작하게 한 지적인 돌파구다. 여기에서 위대한 시대가 열리는 것이다. 물리학은 그 당시 과학의 가장 위대한 집단적인 산물, 아니, 더 나아가 20세기의 위대한 집단적인 미술품이 된 것이다.

내가 '미술품'이라고 말한 것은 원자라는 세계 속에 또 하나의 세계, 곧 내재적인 구조가 있다는 생각이 즉시 미술가들의 상상력을 사로잡았기 때문이다. 1900년 이후의 미술은 그 이전의 미술과는 다른데, 그 점은 그 시대의 독창적인 화가라면 누구에게서나 발견된다. 예컨대 움베르토 보초니(Umberto Boccioni)의 〈거리의 군대The Forces of a Street〉나 〈사이클 선수의 다이너미즘Dynamism of a Cyclist〉 이 그렇다. 현대 미술은 현대 물리학과 같은 생각에서 출발했기 때문에 같은 시기에 시작되었던 것이다.

뉴턴의 『광학』 시대 이래로 화가들은 사물의 표면의 색채에 도취되어왔다. 20세기에는 그것이 변하게 되었다. 20세기에 이르러 사람들은 뢴트겐의 X선 사진처럼, 피부 밑의 뼈를, 그리고 물체나 몸의 전체적 형태를 내부에서 형성하는 보다 깊은 곳에 있는 단단한 구조물을 추구했다. 후안 그리스(Juan Gris) 같은 화가는 자연을 보고 있든(〈정물Still Life〉), 인간의 형태를 보고 있든(〈어릿광대Pierrot〉) 간에, 구조의 분석에 열중하고 있다.

예를 들어 입체파 화가들은 결정체들에 영감을 받고 있음이 명백하다. 그들은 결정체 속에서 형태들을 보는데, 조르주 브라크(Georges Braque)가 〈에스타크의 집Houses at L'Estaque〉에서 그렸듯이 언덕 위의 마을의 형태를 보기도 하고, 피카소가 〈아비뇽의 처녀들Les Demoiselles d'Avignon〉에서 그렸듯이 일단의 여인들의

164 **미술 작품에서는 화가가 동일한 캔버스 위에서 세계를 조각내고 그것을 다시 조립하고 있는 것을 눈으로 볼 수 있다. 또한 그가 일을 하고 있는 동안 무슨 생각을 하고 있는지를 우리는 지켜볼 수 있다.**

▶▲조르주 쇠라의 점묘화, <분첩을 가진 젊은 여인>, 1886년.

▶쇠라는 그가 그리고 있는 이미지의 광채를 높이기 위해 모자이크처럼 색점을 찍어나갔다.

형태를 보기도 한다. 입체파 그림의 시초가 되는 〈다니엘 헨리 칸바일러의 초상Portrait of Daniel-Henry Kahnweiler〉은 파블로 피카소의 유명한 그림으로서 단 하나의 얼굴을 그렸는데, 화가의 시선이 피부와 얼굴에서 그 내부에 있는 기하학에로 전환되어 있다. 머리를 수학적인 형체로 분리한 다음, 내부에서부터 재창조하여 다시 맞추어 구성한 것이다.

감춰진 구조를 찾으려는 이러한 새로운 탐구는 북유럽의 화가들에게서 뚜렷하게 나타난다. 예컨대 〈숲 속의 사슴Deer in a Forest〉에서 자연 경치를 보고 있는 프란츠 마르크(Franz Marc)가 있다. 또 (과학자들의 인기를 끄는) 입체파 화가 장 메챙제(Jean Metzinger)가 있는데, 그의 작품 〈말 위의 여인Woman on a Horse〉은 닐스 보어가 소장하고 있다. 보어는 코펜하겐에 있는 자택에 상당수의 그림을 가지고 있었다.

미술 작품과 과학 논문 사이에는 두 가지 명백한 차이점이 있다. 그 하나는, 미

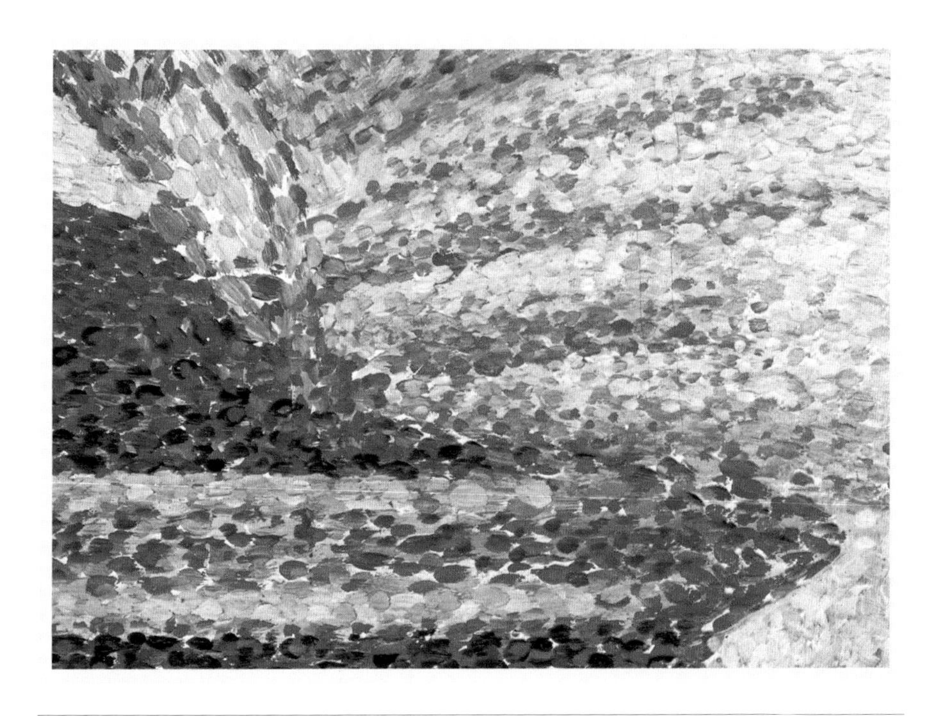

술 작품에 있어서는 화가가 동일한 캔버스 위에서 세계를 조각내고 그것을 다시 조립하는 것을 눈으로 볼 수 있다는 점이다. 다른 하나는, 그가 일을 하고 있는 동안 무슨 생각을 하고 있는지를 우리가 지켜볼 수 있다는 점이다[예를 들자면, 조르주 쇠라(Georges Seurat)는 〈분첩을 가진 젊은 여인Young Woman With a Powder Puff〉과 〈입Le Bec〉에서 전체적인 효과를 내기 위해 어떤 색의 점을 찍은 후 또 그 옆에 다른 색의 점들을 계속 찍어 넣는다]. 과학 논문에는 그런 두 가지 면이 별로 없다. 과학 논문은 흔히 분석적일 뿐이며 거의 언제나 일반적인 언어로 사고 과정을 감추고 있다.

나는 20세기 물리학의 창시자 중 한 사람인 닐스 보어에 관해서 말하겠는데, 그것은 앞서 말한 두 가지 관점에서 그가 완전한 예술가였기 때문이다. 그에게는 틀에 박힌 해답이라곤 없었다. 그는 학생들에게 다음과 같이 말하면서 강의를 시작

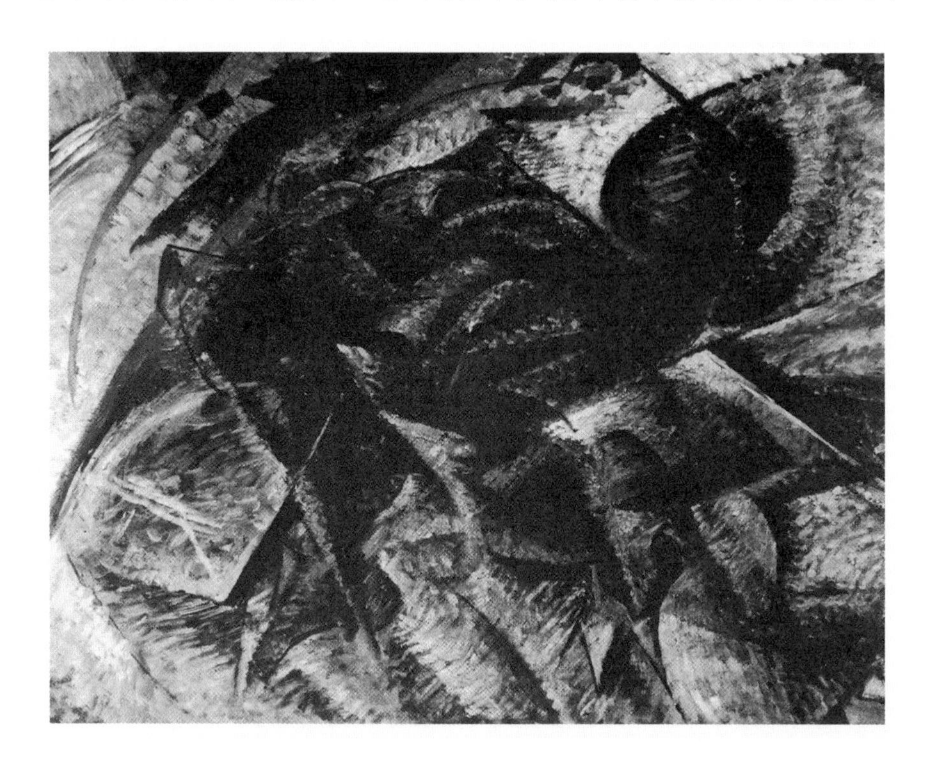

하곤 했다. “내가 말하는 것이 무엇이든 주장이 아니라 질문으로서 받아들여야 합니다.” 그가 알고자 했던 것은 세계의 구조였다. 그리고 그가 젊었을 때나 늙었을 때나(그는 70대에도 여전히 날카로웠다) 그와 함께 일했던 사람들은 고심하면서 세계를 조각내고는 다시 짜맞추는 그런 유의 사람들이었다.

20대에 그는 처음에는 톰슨과, 그리고 한때 톰슨의 제자였던 어니스트 러더퍼드(Ernest Rutherford)와 함께 연구하러 갔다. 러더퍼드는 1910년경에는 세계적으로 유명한 실험 물리학자가 되어 있었다(톰슨과 러더퍼드는 둘 다 멘델레예프가 그랬던 것처럼 홀어머니의 취향에 따라 과학으로 전향하였다). 러더퍼드는 당시 맨체스터 대학의 교수였다. 1911년에 그는 원자에 대한 새로운 모델을 제안했었다. 그는 원자의 중앙에 있는 무거운 핵이 원자의 대부분을 차지하며, 전자들은 행성들이 태양 주위를 도는 식으로 그 핵 주위를 궤도를 따라 돌고 있다고 말했던 것이다. 그것은 뛰어난 착상이었으며, 역사의 멋진 아이러니였다. 300년이 지나 코페르니쿠스와 갈릴레이와 뉴턴의 터무니없어 보이던 생각이 모든 과학자에게 가장 자연스런 모델이 되었으니 말이다. 과학에 있어서 종종 그렇듯이, 당시에는 믿기지 않던 이론이 그 후손들에게는 일상적인 생각이 되었던 것이다.

그러나 러더퍼드의 모델에는 무언가 잘못된 것이 있었다. 만약 원자가 정말로 하나의 조그만 기계라면, 그것이 닳지 않는다는 사실—그것이 영원히 운동하는 작은 기계이며 우리가 가지고 있는 유일한 영구 운동의 기계라는 것—을 어떻게 그 구조로써 설명할 수 있을까? 행성은 자기의 궤도를 돌 때 계속적으로 에너지를 잃게 되고, 그리하여 해가 갈수록 그 궤도는 아주 조금씩 작아지기는 하지만, 점점 더 작아져 때가 되면 결국 태양 속으로 떨어지고 말 것이다. 전자가 행성을 그대로 닮고 있다면 그것도 핵 속으로 떨어지고 말 것이다. 전자가 계속해서 에너지를 잃는

165 **미래파 화가들은 물리학자들의 마음을 무겁게 하던 것과 비슷한 주제들을 선택했다. 그들은 다음과 같이 선언했다. “움직이는 물체들은 공간을 통해 전달되는 떨림처럼 스스로를 증폭시키고 왜곡한다.”(1912년)**

◀▲자코모 발라, <태양 앞을 지나는 수성>.

◀움베르토 보초니, <사이클 선수의 다이너미즘>, 1913년.

것을 막아주는 것이 있어야 했다. 그렇다면 물리학에서는 새로운 원리, 곧 전자가 방출할 수 있는 에너지를 일정량씩 한정시켜줄 원리가 필요하다. 그래야만 전자들을 일정한 궤도에 묶어두는 일정한 단위의 기준이 있을 수 있는 것이다.

닐스 보어는 1900년에 독일에서 발행된 막스 플랑크(Max Planck)의 저서에서 그가 찾고 있던 단위를 발견했다. 플랑크가 10여 년 전에 보여주었던 것은 물질이 무더기로 나타나는 세계에서는 에너지도 무더기로, 즉 양자(量子)로 나타나야 한다는 것이었다. 돌이켜보면 그것은 별로 이상한 것 같지도 않다. 그러나 플랑크는 그런 생각을 하게 된 날 그 생각이 얼마나 혁명적인 것인가를 알고 있었다. 바로 그날, 그가 자신의 어린 아들을 데리고 세계 어느 곳의 학자나 점심 식사 후에 하는 산책을 하던 중에, 다음과 같은 말을 했다는 점에서도 능히 짐작할 수 있다. "나는 오늘 뉴턴의 생각만큼이나 혁명적이고 위대한 생각을 해냈단다." 그것은 사실이었다.

이제 어떤 의미에서 보면 보어의 작업은 쉬웠다. 그는 한쪽에 러더퍼드의 원자를, 다른 쪽에는 양자를 가지고 있었다. 그러면 그 두 가지를 짜맞춰 원자의 현대적인 이미지를 만들어놓은 1913년 당시, 스물일곱 살의 청년이 어떤 점에서 그렇게 훌륭했던가? 그것은 다름 아닌, 멋지고 가시적인 사고 과정이며 종합해내는 노력이었던 것이다. 그리고 그것을 뒷받침할 것을, 발견될 수 있는 장소에서 찾는다는 아이디어였다. 그것은 원자의 지문(指紋), 즉 원자의 스펙트럼으로서 그 속에서 원자의 행동이 밖에 있는 우리의 눈에 보이게 되는 것이다.

그것이 보어의 훌륭한 생각이었다. 원자의 내부는 보이지 않으나 그 속에 하나의 창구, 하나의 얼룩 유리창이, 곧 원자의 스펙트럼이 있다. 각각의 원소는 자기의 스펙트럼을 가지고 있고, 그것은 뉴턴이 백색 광선에서 얻어낸 것과 같은 연속적인 것이 아니라, 각기의 원소를 특징짓는 밝은 띠들을 가지고 있다. 예를 들어 수소는

166 **1910년경의 어니스트 러더퍼드는 세계적으로 유명한 실험 물리학자였다.**
케임브리지의 캐번디시 실험실에서 J. J. 톰슨을 계승한 후의 러더퍼드.

SOFTLY

그것의 가시 스펙트럼 속에 적색, 청록색, 청색의 꽤 뚜렷한 3개의 띠를 갖는다. 보어는 그것들 각각이 수소 원자 내의 단일 전자가 바깥 궤도에서 안쪽 궤도로 떨어지면서 방출되는 에너지라고 설명했다.

수소 원자 내의 전자가 한 궤도를 지키고 있는 한 그것은 에너지를 방출하지 않는다. 그 전자가 바깥 궤도에서 안쪽 궤도로 뛸 때마다 두 궤도 사이의 에너지 차이는 빛의 양자로서 방출된다. 수십 억의 원자들에서 일제히 나오는 이런 방출이 우리의 눈에 보이는 수소의 특징적인 띠를 이룬다. 적색 띠는 전자가 세 번째 궤도에서 두 번째 궤도로 뛸 때 생기며, 청록색 띠는 전자가 네 번째 궤도에서 두 번째 궤도로 뛸 때 생긴다.

「원자와 분자의 구조에 대하여On the Constitution of Atoms and Molecules」라는 보어의 논문은 곧 고전이 되었다. 원자의 구조는 이제 뉴턴의 우주만큼이나 수학적이었다. 그러나 그것은 양자의 원리를 하나 보태게 되었다. 보어는 뉴턴 이후 2세기 동안을 지배해온 물리학의 법칙을 넘어섬으로써 원자 내부에 하나의 세계를 구축한 것이었다. 그는 의기양양하게 코펜하겐으로 귀향했다. 덴마크가 다시 그의 터전이 되었으며 새로운 일터가 되었다. 1920년에 덴마크는 그를 위해 코펜하겐에 닐스 보어 연구소를 세웠다. 젊은이들이 유럽, 미국, 극동으로부터 양자물리학을 토의하기 위해 그곳에 몰려왔다. 독일에 살고 있던 베르너 하이젠베르크(Werner Heisenberg)도 종종 그곳에 와서 자극을 받아 결정적인 아이디어를 얻게 된다. 보어는 누구든 간에 어떤 생각을 중도에서 멈추게 할 사람이 아니었던 것이다.

보어의 원자 모델을 확정짓게 된 모든 단계를 추적해보는 것은 흥미 있는 일이다. 그 단계들은 어떤 면에서 모든 과학 이론의 생존주기를 다시 한번 설명해주고 있기 때문이다. 먼저 논문이 나온다. 그 속에서는 이미 알려진 결과들이 이 모델을 뒷받침하는 데 쓰인다. 즉 오랫동안 알려진 것처럼 특히 수소의 스펙트럼이 띠를 가진 것으로 제시되는데, 그 띠의 위치는 하나의 궤도에서 다른 궤도로 전자가 양자 전이를 하는 것에 대응된다.

그다음 단계는 그러한 확인된 내용을 새로운 현상에다가 적용해보는 것이다. 즉 이번에는 눈으로 볼 수는 없으나 전자의 점프와 같은 방법으로 형성되는 고에너지 X선 스펙트럼에 생기는 띠에 적용한다. 그러한 작업은 1913년에 러더퍼드의 실험실에서 계속되고 있었는데, 보어가 예측했던 것과 정확히 일치하는 멋진 결과들을 낳았다. 그 작업을 했던 사람은 스물일곱 살의 헨리 모즐리(Henry Moseley)였다. 그는 1915년에 영국군의 비참한 갈리폴리 공격전에서 사망했기 때문에 더 이상의 빛나는 업적을 이루지는 못했다. 그 이외에도 앞날이 유망했던 젊은이들의 생명이 그 전투로 인해 간접적으로 희생되었는데, 그중에는 시인 루퍼트 브룩(Rupert Brooke)도 끼여 있었다. 멘델레예프의 작업과 마찬가지로 모즐리의 작업에서도 몇 개의 발견되지 않은 원소가 있을 것이라고 제안되었는데, 그중의 하나는 보어의 실험실에서 발견되어 코펜하겐의 라틴어 명칭을 따서 '하프늄(hafnium)'이라는 이름이 붙여졌다. 보어는 1922년에 노벨 물리학상을 받을 때 수상 연설을 하던 자리에서 그 발견을 덧붙여 발표하였다. 그 연설의 주제는 매우 인상적인 것이었는데, 보어가 다른 연설에서는 거의 시적으로 요약했던 양자의 개념을 여기서는 상세히 묘사했기 때문이다.

양자의 개념은 원자 속에 있는 전자의 고정 결합의 유형을 점차 체계적으로 분류하도록 이끌어주었고, 그것은 또한 멘델레예프의 유명한 주기율표에 나타난 그대로 원소들의 물

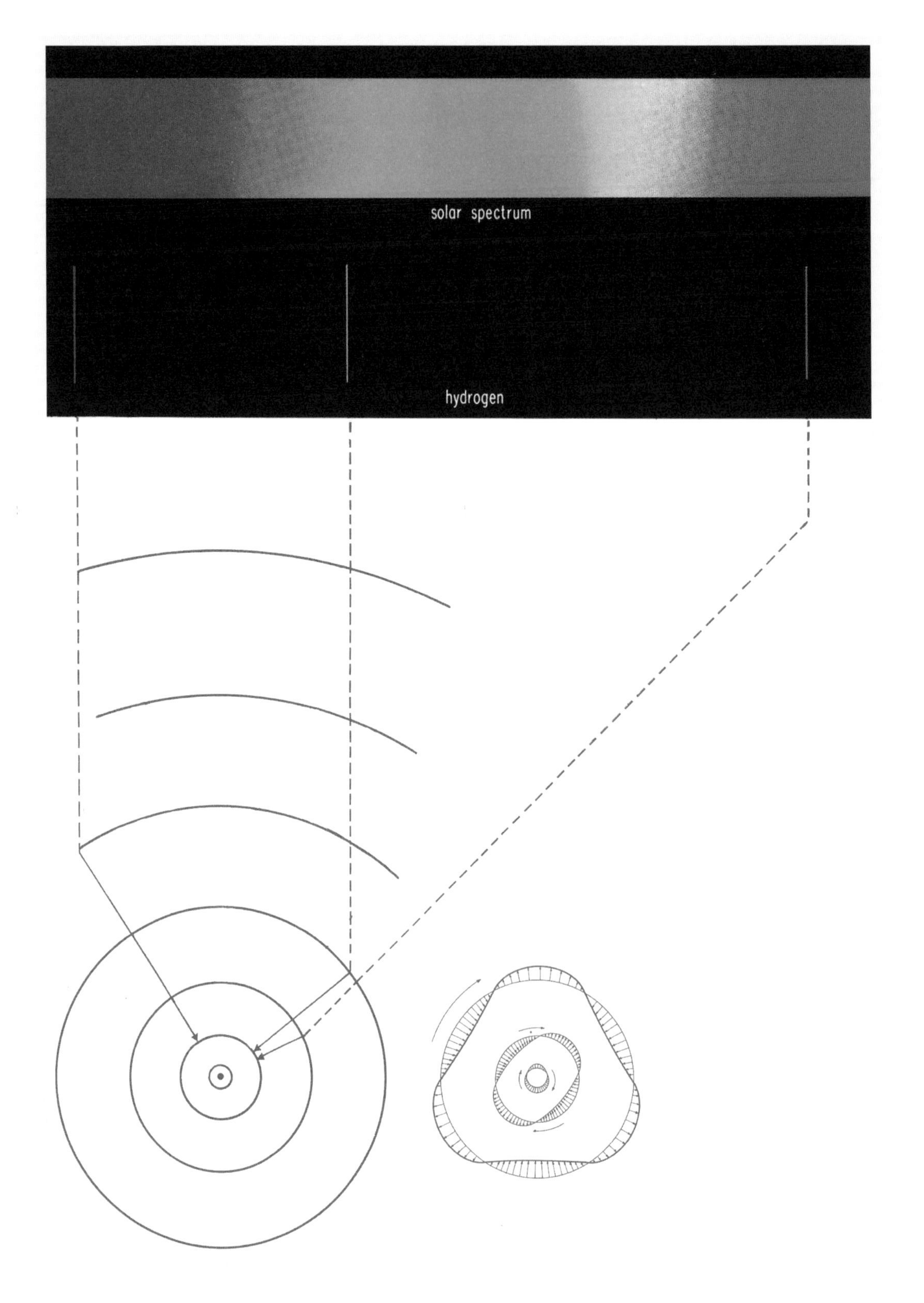
solar spectrum
hydrogen

리적 성질과 화학적 성질 사이의 놀라운 관계를 완벽하게 설명해주었습니다. 물질의 성질을 그렇게 해석하게 된 것은 자연법칙의 형성을 순전히 자연수의 관계로 환원하던 고대의 이상을 실현시킨 것 같았으며, 피타고라스 학파의 이상을 능가하는 것이었습니다.

그런데 모든 것이 아주 순조롭게 이루어지고 있는 것 같은 바로 이 순간에, 모든 이론들의 운명이 그렇듯, 보어의 이론도 그것이 할 수 있는 것의 한계에 다다르고 있음을 우리는 불현듯 깨닫게 된다. 사소한 야릇한 결점들, 일종의 류머티즘성 통증이 나타나기 시작한다. 그런 다음에 어느덧 우리는 원자 구조의 진짜 문제를

167 **원자의 내부는 보이지 않으나 그 속에 하나의 창구, 하나의 얼룩 유리창이, 곧 원자의 스펙트럼이 있다.**
◀수소의 스펙트럼. 1913년에 닐스 보어는 그것의 띠를 원자 안에서의 전자의 궤도 이탈로 해석했다.
루이 드브로이는 이 궤도를 공명하는 파동의 띠로 해석했다.
그래서 그 궤도는 전체 파장의 수가 핵 주위를 정확하게 둘러싼 자리다.
168 ▲1910년 옥스퍼드의 화학 실험실에서 당시 학생이었던 헨리 모즐리.

전혀 해결하지 못했다는 것을 뼈저리게 깨닫게 된다. 우리는 문제의 껍질은 깨뜨렸다. 그러나 원자는 그 껍질 내부에 노른자위와 같은 핵을 가지고 있는 달걀 같은 것이며 우리는 그 핵을 이해할 첫걸음도 내딛지 못했던 것이다.

닐스 보어는 사색과 여가를 즐기는 사람이었다. 노벨상을 탔을 때 그는 상금으로 시골에 집을 마련했다. 그는 미술뿐만 아니라 시도 좋아했다. 그는 하이젠베르크에게 이렇게 말한 적이 있다. "원자에 관한 한 언어는 시에서 쓰이는 것과 마찬가지로만 쓰일 수 있지요. 시인도 역시 사실을 묘사하는 것보다는 이미지를 창조하는 데 더 관심을 갖고 있지요." 그것은 예상 밖의 생각이다. 원자에 관한 언어가 사실을 묘사하는 게 아니라 이미지를 창조하는 것이라니. 그러나 사실 그러하다. 눈에 보이는 세계 밑에 놓여 있는 것은, 문자 그대로 항상 상상적인 것이며 이미지의 유희이다. 자연에서건, 예술에서건, 과학에서건, 눈에 보이지 않는 것에 관해서 달리는 얘기할 수가 없다.

원자라는 통로에 발걸음을 내디딜 때 우리는 감각이 경험할 수 없는 세계로 들어서게 된다. 거기에는 우리가 알 수 없는 방식으로 사물이 조합되어 있는 새로운 건축물이 있다. 우리는 새로운 상상 행위인 유추(類推)에 의해서 그것을 묘사해보려고 할 뿐이다. 건축물의 이미지는 우리의 구체적인 감각의 세계에서 나오는데, 그 세계가 언어로 표현되는 유일한 세계이기 때문이다. 그러나 눈으로 볼 수 없는 것을 묘사하는 우리의 방법은 모두 시각과 청각, 촉각의 보다 큰 세계로부터 빌려 쓰는 유사성과 은유들인 것이다.

일단 원자가 물질의 궁극적인 구성 요소가 아니라는 사실을 발견하고 나면, 우리는 구성 요소들이 함께 연결되어 작용하는 방식을 보여주는 모델을 만들려고 할 수밖에 없다. 모델들은 물질이 어떻게 구성되어 있는지를 유추에 의해서 알려주게 된다. 그러므로 모델들을 조사하기 위해서는 결정의 구조를 알아내는 다이아몬드 칼처럼 물질을 조각내야만 한다.

인간의 등정은 점점 더 풍요로워진 종합체로 형성되고 있으나 그 각각의 단계는 분석, 즉 세계 속에서 다시 세계를 찾는 더욱 깊은 분석의 노력으로 이루어진다. 원자가 분리 가능하다는 것이 발견되었을 때 원자는 핵이라는 분리 불가능한 중심을 가진 것으로 여겨졌다. 그리고 그다음 1930년경에 그런 모델은 새로이 다듬어질 필요가 있음이 판명되었다. 원자의 중심에 있는 핵도 역시 실체의 궁극적인 부분은 아닌 것이다.

구약성서의 유대인 주석자들이 말하는 바로는, 창조의 여섯째 날 황혼 녘에 하나님께서는 인간을 위해 여러 가지 도구를 만들어주어 그들에게도 창조의 재능을 갖게 했다는 것이다. 그 주석자들이 오늘날 되살아난다면 '하나님께서 중성자를 만드셨다'고 적으리라. 바로 테네시 주의 오크리지(Oak Ridge : 원자력 연구의 중심지—옮긴이)에 중성자들의 흔적인 푸른빛이 있는데, 그것은 미켈란젤로의 그림 속에서 입김이 아닌 힘으로 아담에게 생명을 주는 창조주의 손가락에 해당되는 셈이다.

너무 이른 시기에서부터 시작하지는 않을 것이다. 1930년경의 이야기로 시작해보겠다. 그 당시 원자의 핵은 원자 자체가 한때 그랬던 것처럼 쪼갤 수 없는 것으로 여겨졌다. 문제는 그것을 전기적인 조각들로 분리할 수 있는 방법이 없었다는 데 있었다. 수치가 전혀 맞아떨어지지 않았던 것이다. 핵은 원자번호와 동등한(원자 내의 전자와 균형을 이루는) 양전하를 띠고 있다. 그러나 핵의 질량은 전하의 일정 배수가 아니며, 전하와 동일한 것에서부터(수소의 경우) 무거운 원소들에 있어서는 전하의 두 배가 넘는 것까지 분포되어 있다. 모든 물질이 전기로부터 형성되었음에 틀림없다고 확신하고 있는 한 그것은 풀릴 수 없었다.

1932년에 깊이 뿌리박힌 그 생각을 깨뜨리고 핵이 두 종류의 입자로, 즉 양전하를 가진 양성자뿐만 아니라, 비전기(非電氣)적 입자인 중성자로 구성되어 있다는 것을 증명한 사람은 제임스 채드윅(James Chadwick)이었다. 그 두 개의 입자는 질량면에서 거의 같은바 대충 수소 원자의 중량과 같다. 가장 단순한 수소 핵만이 중성자를 포함하고 있지 않고 하나의 양성자로 구성되어 있는 것이다.

그러므로 중성자는 연금술사의 불꽃과 같은 일종의 새로운 탐사 도구가 되었던 것인데, 그 이유는 중성자는 전기적 방해를 받지 않고 원자의 핵 속에 발사되어 그것을 변화시킬 수 있기 때문이다. 누구보다도 그 새로운 도구를 잘 이용했던 사람은 현대의 연금술사인 로마의 엔리코 페르미(Enrico Fermi)였다.

엔리코 페르미는 이상한 인물이었다. 내가 그를 알게 된 것은 훨씬 나중의 일이다. 1934년에 로마는 무솔리니의 수중에 있었고 베를린은 히틀러의 손아귀에 들어 있어 나 같은 사람들은 그곳을 여행하지 못했기 때문이다. 하지만 뉴욕에서 그를 만났을 때 나는 여태까지 만나본 사람들 중에 그가 (아마 한 사람을 제외하고는) 가장 영리한 사람이라는 인상을 받았다. 그는 탄탄하고, 작달막하고, 힘 있고, 통찰력이 있고, 아주 민첩하며, 마치 사물의 바로 밑바닥까지 들여다볼 수 있는 듯이 언제나 자신이 나아가는 방향을 분명히 알고 있는 사람이었다.

페르미는 모든 원소에다가 번갈아 중성자를 쏘아보는 일에 착수하여 신화로만 여겨졌던 원소전환(元素轉換)을 그의 손으로 이루었다. 우리는 그가 사용했던 중성자들이 원자로에서 흘러나오는 것을 볼 수 있다. 왜냐하면 그 원자로는 흔히 '수영장' 원자로라고 불리는 것으로서 물에 의해서 중성자들의 속력이 늦춰지기 때문이

169 푸른빛은 중성자의 흔적이다.
테네시 오크리지에 있는 고출력 원자로.

다. 그것의 정식 명칭은 '고출력 동위원소 원자로(High Flux Isotope Reactor)'로서 테네시 주 오크리지에서 개발된 것이다.

물론, 원소전환은 옛날부터의 꿈이었다. 하지만 나처럼 이론적 성향을 지닌 사람들에게 1930년대 있었던 가장 흥미로운 일은 자연의 진화를 파헤치기 시작했다는 것이다. 자연의 진화라는 것에 대해 설명해야겠다. 나는 창조의 날에 관한 이야기로 시작했는데 다시 그 이야기를 하려고 한다. 어디서부터 시작할까? 오래전 1650년경에 아르마(Armagh)의 제임스 어셔(James Ussher) 대주교는 우주가 기원전 4004년에 창조되었다고 말했다. 그는 독단과 무지로 뭉쳐진 사람이었으므로 어떠한 반박도 참지 못했다. 그든 다른 성직자이든, 아무튼 누군가가 창조된 날의 연, 일, 요일, 시간을 알고 있다는 것이었는데, 내가 그것을 잊어버린 것은 다행한 일이다. 하지만 우주의 나이는 수수께끼로 남았고 1900년대에 이르기까지도 여전히 수수께끼였다. 지구의 나이가 수백만 년이나 된다는 것은 그 무렵 명백해졌지만, 태양과 별들을 그렇게 오랫동안 유지해온 에너지가 어디에서 나오는지를 생각해낼 수 없었기 때문이다. 물론 20세기 초 아인슈타인의 방정식은 물질의 소멸이 에너지를 낳는다는 사실을 알려주었다. 그러나 물질은 어떻게 재배열되었을까?

그렇다. 그것이 에너지의 가장 중요한 점이자 채드윅의 발견이 열어준 것을 이해하는 문이기도 하다. 1939년에 코넬 대학에서 연구하던 한스 베테(Hans Bethe)는 처음으로 태양에서 수소가 헬륨으로 바뀌는 것을 정확하게 설명했는데, 그러한 변화에 의해서 생기는 질량의 손실이 에너지라는 자랑스러운 선물로 우리에게 흘러나온다는 것이다. 나는 이런 문제들에 대해서 한결 열을 올려 말하게

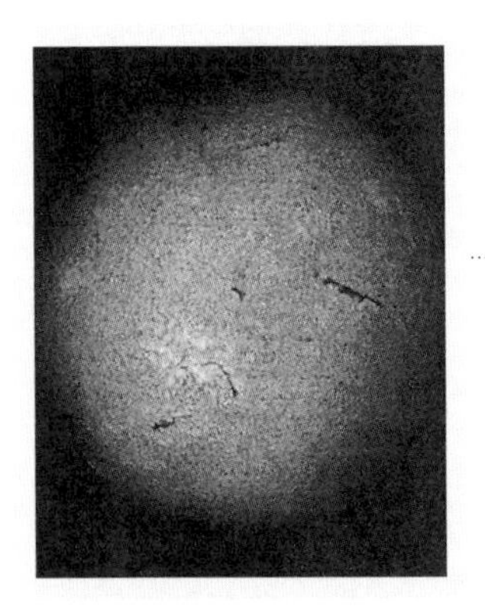

170 물체 자체는 진화한다.
◀태양.
▶솔라 플레어(solar flare).

되는데, 나에게 있어서 그것은 기억이 아니라 경험의 성격을 지니고 있기 때문이다. 베테의 설명은 내게는 내 결혼식만큼이나 생생한 것이며, 그 후에 계속되는 단계들도 역시 내 자식들의 출생만큼이나 생생하다. 왜냐하면 모든 별에서는 원자들 하나하나가 점점 더 복잡한 구조로 형성되는 과정들이 계속되고 있다는 것이 그 이후에 드러났기 때문이다(그리고 마침내 1957년에 결정적이라 할 수 있는 분석이 매듭지어졌다). 물질 자체는 '진화'한다. 진화라는 단어는 다윈과 생물학으로부터 나왔으나 나의 생애를 물리학으로 전향시킨 것이 바로 이 단어다.

원소의 진화에 있어서 최초의 단계는 태양과 같은 어린 항성들에서 일어난다. 그것은 수소에서 헬륨으로 바뀌는 단계이며 내부의 엄청난 열을 필요로 한다. 우리가 태양의 표면에서 보게 되는 것은 그러한 작용 때문에 생기는 폭풍에 불과하다〔헬륨은 1868년 태양의 일식 현상 때 스펙트럼의 띠로 처음 확인되었는데, 그 때문

에 태양이라는 뜻의 헬륨(helium)으로 불리게 된 것이다. 그 원소는 당시 지구상에서는 알려지지 않았던 것이다]. 실제로는 이따금 중수소핵 한 쌍이 충돌하고 결합해서 헬륨 핵을 만들게 된다.

때가 되면 태양은 대부분 헬륨이 될 것이다. 그 후에는 헬륨 핵들이 충돌해서 보다 무거운 원자들을 번갈아 만들게 되면서, 지금보다 더 뜨거운 항성이 될 것이다. 예컨대 3개의 헬륨 핵들이 1조 분의 1초 미만에 한곳에서 충돌할 때마다 항성에서는 탄소가 형성된다. 모든 생명체 속에 있는 탄소 원자는 모두 그런 어처구니없는 충돌에 의해 형성되어온 것이다. 탄소를 넘어서면 산소가 형성되고, 규소, 황, 그리고 더 무거운 원소들이 형성된다. 가장 안정된 원소들은 멘델레예프 주기율표의 중간, 대충 철과 은 사이에 위치한다. 하지만 원소를 형성하는 과정은 그들을 거뜬히 뛰어넘는다.

원소들이 하나씩 계속 형성된다면, 왜 자연은 멈춰 있는 걸까? 왜 우리는 지구상에서 마지막 원소가 우라늄인 92개의 원소만을 발견할 뿐인가? 그 물음에 대답하자면 우리는 우라늄 이상의 원소들을 합성해서, 그 원소들이 점점 커짐에 따라 더 복잡해져서 조각으로 분리되는 경향이 있음을 확증해야 한다(주기율표가 계속 길어지지 않는 이유는 원자들이 매우 커지면 불안정해져서 저절로 붕괴하기 때문이다. 실제로 자연에 존재하는 원소는 92번 우라늄까지이고, 93번 이후의 원소들은 모두 인공적으로 만들어진 것이다—옮긴이). 그러나 그렇게 할 때 우리는 새 원소를 만들 뿐만 아니라 폭발성을 띤 어떤 것을 만들고 있는 것이다. 페르미가 최초의 역사적인 흑연 원자로[Graphite Reactor, 구어체를 사용하던 당시에는 그냥 'Pile(더미, 원자로)'이라고만 불렀다]에서 만든 인공 원소인 플루토늄(plutonium)은 그러한 성질을 전 세계에 과시했다. 이 원소는 일면으로는 페르미의 천재성을 증언하는 기념비이다. 그러나 나

---

171 최초의 역사적인 흑연 원자로.
엔리코 페르미 그룹에 의해 고안된 전형적인 흑연-우라늄 원자로.
1942년 12월 2일 시카고 대학 스태그 필드의 스쿼시 코트에서 최초로 가동되었다.

는 그 원소가 이름을 빌려온 저승의 신인 플루토(Pluto)에게 바치는 공물이라고 생각한다. 4만여 명이 플루토늄 폭탄 때문에 나가사키에서 목숨을 잃었기 때문이다. 세계 역사는 위인 한 사람과 수많은 사망자를 함께 기념하는 기념비를 또 하나 세운 것이다.

여기서, 설명해야 할 역사상의 모순이 있기 때문에 비엘리치카 광산으로 잠시 돌아가야겠다. 원소들은 항성에서 계속해서 형성되고 있지만 우리는 우주가 쇠퇴해가고 있다고 생각하곤 한다. 왜, 그리고 어떻게?

우주가 쇠퇴해가고 있다는 생각은 기계에 대한 단순한 관찰에서 나온다. 모든 기계는 그것이 생산하는 것보다 많은 양의 에너지를 소비한다. 그 일부는 마찰로 소모되며 일부는 낡아서 소모된다. 또 비엘리치카에 있는 오래된 나무 도르래보다 복잡한 여러 기계들은, 예를 들면 완충 장치나 라디에이터 같은 다른 필요한 장치에서도 에너지를 소모한다. 이렇게 에너지는 다양한 방식으로 퇴화된다. 우리가 투입한 어떤 에너지가 흘러 들어가는 회수 불가능한 에너지 풀(pool)이 있으며, 이 에

너지들은 다시 회복될 수 없다.

1850년에 루돌프 클라우지우스(Rudolf Clausius)는 그러한 생각을 기본적인 원리로 만들었다. 그는 이용할 수 있는 에너지가 있고, 손댈 수 없는 잉여 에너지가 또한 있다고 말했다. 그는 이 손댈 수 없는 에너지를 엔트로피(entropy)라고 불렀으며, '엔트로피는 항상 증가하고 있다'고 하는 유명한 열역학 제2법칙을 공식화했다. 우주 속에서 열은 일종의 '평등의 호수(lake of eguality)' 속으로 빠져나가 더 이상 접근할 수 없게 된다는 것이다.

100년 전만 하더라도 그것은 아주 훌륭한 생각이었다. 당시에는 열을 유체(流體)라고 생각했기 때문이다. 그러나 불이나 생명이 물질이 아닌 것처럼 열 또한 물질이 아니다. 열이란 원자처럼 변칙적으로 움직인다. 그런 생각을 명석하게 포착한 사람이 오스트리아의 루트비히 볼츠만(Ludwig Boltzmann)이었는데, 그는 기계나 증기기관이나 우주에서 일어나는 현상을 새롭게 해석했다.

볼츠만은 에너지가 퇴화될 때는 원자가 보다 무질서한 상태가 된다고 했다. 그리고 엔트로피는 무질서의 척도라는 것이다. 그것이 볼츠만의 새 해석에서 나온 의미심장한 개념이다. 이상하긴 하지만 무질서의 척도는 마련될 수 있다. 이는 특정

한 상태의 가능성으로, 여기서는 원자로부터 만들어질 수 있는 여러 경우의 수로 정의된다. 볼츠만은 그것을 아주 정확하게 제시했다.

$$S = K\log W$$

S(엔트로피)는 W(주어진 상태의 가능성)의 로그에 정비례하는 것으로 표시되고 있다(K는 비례상수로서 오늘날 '볼츠만 상수'라고 불린다).

물론, 무질서한 상태들이 질서 정연한 상태들보다는 훨씬 더 존재할 가능성이 많은데, 대부분의 원자들의 집합은 무질서하기 때문이다. 따라서 질서 정연한 배열은 어떤 것이나 대체로 쇠퇴해갈 것이다. 그러나 '대체로'가 '항상'은 아니다. 질서 정연한 상태들이 항상 기력이 다해 무질서해진다는 것은 아니다. 그것은 통계상, 질서가 사라지는 경향이 있다는 뜻일 뿐이다. 통계학은 '항상'이라고 말하지는 않는다. 우주의 어떤 섬에서는 무질서가 지배하는 반면에, 우주의 또 다른 섬에서는 (여기 지구에서, 여러분 속에서, 내 안에서, 항성들 속에서, 모든 종류의 장소들에서) 질서가 형성되는 것을 통계학은 허용하는 것이다.

그것은 근사한 개념이다. 그러나 아직도 한 가지 질문이 있다. 우리가 확률에 의해서 여기에 존재하는 것이 사실이라면, 그 확률이 매우 낮아서 우리가 여기에 존재할 수 없을 수도 있지 않을까?

그런 의문을 던지는 사람들은 늘 이렇게 생각한다. 이 순간 내 몸을 구성하고 있는 모든 원자들을 생각해보자. 그것들이 지금 이곳에 이르러 나를 형성하

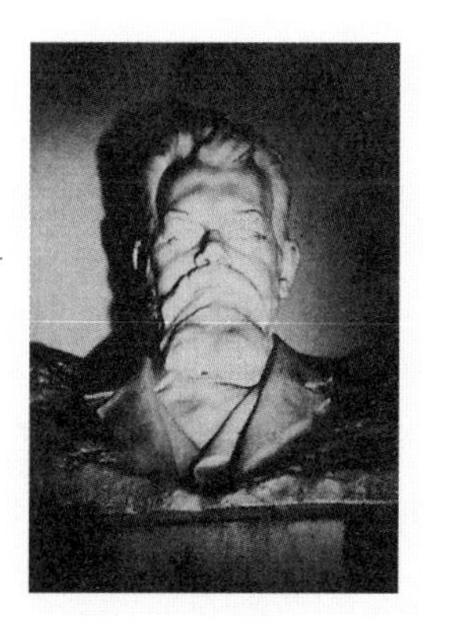

172 세계 역사는 위인 한 사람과 수많은 사망자를 함께 기념하는 기념비를 또 하나 세운 것이다.

◀1947년 12월 2일 최초의 제어 원자로를 기념하는 비문을 제막하는 페르미(오른쪽에서 두 번째).

173 루트비히 볼츠만. 그 덕분에 우리는 원자가 우리 자신의 세계만큼이나 현실적이라는 사실을 알게 되었다.

▶빈의 무덤 위에 있는 볼츠만 흉상.

고 있다는 게 얼마나 확률적으로 부당해 보이는가. 정말 그렇다. 만약 그런 방식으로 일이 이루어진다면, 확률적으로 있을 법하지 않을 뿐만 아니라 사실상 나라는 존재는 불가능할 것이다.

그러나 물론 자연은 그런 식으로 작용하지 않는다. 자연은 한 단계씩 작용하는 것이다. 원자는 분자를 형성하고, 분자는 염기를 형성하고, 염기는 아미노산의 형성을 지시하며, 아미노산은 단백질을 형성하고, 단백질은 세포의 구성 성분이 된다. 세포는 우선 단순한 동물들을 구성하고 그다음에 한 단계씩 올라가며 차츰 복잡한 동물들을 구성한다. 하나의 수준 혹은 층을 구성하는 안정된 단위들은 보다 고도의 원자 배열체를 낳는 우연한 결합을 위한 원료이며, 그 배열체 중의 어떤 것은 어쩌다가 안정하게 될 것이다. 실제로 이루어지지 않은 잠재적 안정성이 남아 있는 한 기회는 사라지지 않는다. 진화는 단순한 것에서 복잡한 것으로 단계적으로 사다리를 오르는 것이며, 각 단계는 그 자체로서 안정된 것이다.

위의 이론은 바로 나 자신의 주제이므로 나는 그것을 '층을 이룬 안정성(Stratified Stability)'이라고 이름 붙였다. 그것이 한 단계씩 천천히, 그러나 쉬지 않고 점점 복잡해져가는 사다리를 올라가서 생명을 형성해온 것이며, 이것이 진화에서 핵심적인 '진보'와 '문제'가 되는 것이다. 또한 우리는 오늘날 그것이 생명체에 대해서뿐만 아니라 물질에 대해서도 적용되는 사실임을 알고 있다. 항성들이 철처럼 무거운 원소나 우라늄같이 슈퍼헤비급 원소들을 모든 부분의 순간적인 결합으로 형성해야 한다면, 사실 그것은 불가능하다고 생각될 것이다. 그런 식으로는 결합하지 않는다. 어떤 항성에서는 수소가 헬륨으로 만들어지고 그다음 다른 단계의 다른 항성에서는 헬륨이 탄소나 산소로, 무거운 원소들로 합쳐진다. 그리하여 결국 전체 사다리를 오르게 되며, 단계적으로 자연계의 92개의 원소를 만드는 것이다.

174 어떤 항성에서는 수소가 헬륨으로 만들어지고 그다음 다른 단계의 다른 항성에서는 헬륨이 탄소나 산소로, 무거운 원소들로 합쳐진다.

오리온성운, M42이다. 팔로마 천문대에서 200인치 망원경으로 찍은 것이다.
이 성운은 1,500광년 떨어져 있으며 몇 개의 변광성이 성간 수소로부터 형성되는 것이 관찰된다.

대부분의 원소들이 융합되는 데 필요한 막대한 온도를 마음대로 구사할 수 없기 때문에, 우리는 일반 항성들에서 일어나고 있는 과정을 재현해볼 수는 없다. 그러나 우리는 그 사다리에 이제 막 발을 올려놓기 시작했다. 그 첫 번째 단계의 재현, 즉 수소에서 헬륨으로 가는 과정이 재현되고 있다. 오크리지의 또 다른 곳에서 수소의 융합이 시도되고 있는 것이다.

물론, 섭씨 1,000만 도가 넘는 태양 내부의 온도를 만들어내기는 어렵다. 그리고 그 온도를 견뎌내 순간적으로라도 그 온도를 담고 있을 만한 어떤 용기를 만들어내기는 더욱 힘들다. 그렇게 할 만한 물질 자체가 없는 것이다. 그러므로 이런 격렬한 상태의 기체를 담기 위해서는 오직 자기(磁氣) 울타리를 형성하는 길뿐이다. 이것이 새로운 유형의 물리학, 플라스마물리학(plasma-physics)이다. 그것이 매우 흥미롭고(정말 그렇다), 중요한 이유는 그것이 자연의 물리학(physics of nature)이라는 점 때문이다. 자연의 방향에 역행하지 않고 태양과 항성들에서 자연 스스로가 취하는 것과 같은 단계를 따라서 이제 인간이 만들어놓은 재배열이 작동하는 것이다.

불멸과 소멸을 대조시켜보면서 나는 이 장을 마치려고 한다. 20세기의 물리학

은 불멸의 작업이다. 공동으로 작동하는 인간의 상상력도 20세기의 물리학에 비견할 만한 기념비를 낳은 적은 없다. 피라미드도, 『일리아드』도, 대성당도 그렇지 못했다. 그런 개념들을 하나씩 만들어놓은 사람들은 우리 시대의 개척자적인 영웅들이다. 원소들의 카드를 섞어놓은 멘델레예프, 원자는 분리될 수 없다는 그리스 시대의 믿음을 뒤엎은 J. J. 톰슨, 원자를 태양계의 구조로 전환시킨 러더퍼드와 그 모델을 활용한 닐스 보어, 중성자를 발견한 채드윅, 중성자에 의한 핵변환을 시도한 페르미 등이 그들이다. 그리고 그들 모두의 선두에는 새로운 개념들을 최초로 다져놓은 사람들, 구습 타파자들이 있으니, 막스 플랑크 같은 인물이 그러하다. 그는 에너지에 물질과 같은 원자적 성격을 부여했다. 그리고 루트비히 볼츠만이 있다. 우리는 그 누구보다도 그에게 큰 빚을 지고 있는데, 그는 원자(세계 속의 세계)가 우리 자신의 세계만큼이나 지금 우리에게 실제적이라는 사실을 알게 해주었다.

1900년까지만 해도 사람들이 원자의 실재(實在) 여부에 대해 생명을 걸 정도로 치열하게 다투고 있었다는 것을 누가 생각이나 하겠는가. 위대한 철학자인 빈의 에른스트 마흐(Ernst Mach)는 원자는 실재하는 게 아니라고 했고, 위대한 화학자 빌헬름 오스트발트(Wilhelm Ostwald)도 마찬가지였다. 그러나 세기의 그 중요한 전환점에서 한 사람이 근본적인 이론에 입각해서 원자가 실재한다는 것을 완강히 주장했다. 그가 바로 루트비히 볼츠만이었으니, 나는 그를 찬양한다.

볼츠만은 성미가 급하고 비범하면서도 까다로운 사람이었다. 일찍이 다윈의 학설을 받아들인 그는 논쟁도 잘하고 명랑했으며 인간적인 면모를 고루 갖춘 사람이었다. 원자의 실재 여부라는 지점에서 인간의 진보는 예민한 지적 저울 위에서 시소를 탔던 것이니, 만약 그때 반원자론이 실제로 득세했더라면 우리의 진보는 확실히 수십 년, 아마도 100년쯤은 퇴보했을 것이다. 그리고 물리학에서뿐만 아니라,

그것이 결정적으로 의존하는 생물학에 있어서도 진보에 제동이 걸렸을 것이다.

볼츠만은 그저 논쟁만을 벌였던가? 아니다. 그는 그것에 대한 열정으로 살다가 죽었다. 1906년 예순두 살의 나이에, 원자론이 곧 승리하게 될 바로 그 순간에, 그는 외롭게 패배감에 쫓겨 모든 것을 잃었다고 생각하고서 자살했다. 그를 기념해서 그의 무덤에는,

$$S = K \log W$$

라는 불멸의 공식이 조각되어 남아 있다.

나는 볼츠만의 묘비명이 지닌 간결하고 짜릿한 아름다움에 필적할 만한 어떤 구절도 찾을 수 없다. 하지만 시인 윌리엄 블레이크의 시 〈순결의 전조들Auguries of Innocence〉을 인용해보겠다. 그 시는 다음의 4행으로 시작된다.

모래알 하나에서 세계를 보고
들꽃 하나에서 천국을 보는 것은,
그대의 손바닥에 무한을 쥐고
한 시간 속에 영원을 잡는 것이리.

지식과 확실성

물리학의 한 가지 목적은 물질세계를 정확하게 그려내는 것이었다. 20세기에 물리학이 이룬 한 가지 업적이 있다면, 그런 목적은 이루어질 수 없다는 것을 증명한 것이다.

구체적인 대상인 인간의 얼굴을 생각해보자. 어떤 눈먼 여인이 처음 만난 남자의 얼굴을 손가락으로 더듬으면서 생각하는 바를 듣는다고 가정해보자. '이 사람은 나이가 지긋하군. 틀림없이 영국인은 아니야. 보통 영국인보다는 얼굴이 더 둥근 편이거든. 대륙 사람인 것 같은데 아마 동유럽인인지도 몰라. 주름살을 보니 고생을 많이 했나 보군. 얼핏 흉터로 생각될 정도로 주름이 깊군. 행복한 사람의 얼굴은 아니야.'

그것은 나처럼 폴란드 태생인 슈테판 보르그라예비츠(Stephan Borgrajewicz)의 얼굴이다. 왼쪽의 그림은 그의 얼굴을 폴란드 화가인 펠릭스 토폴스키(Feliks Topolski)가 본 것이다. 우리는 이런 그림들이 얼굴을 고착시키기보다는 탐험하고 있다는 것을 알고 있다. 즉 화가는 세부를 추적하는 것이며, 마치 손으로 더듬는 것처럼 하나하나의 선을 그려 넣을 때마다 그림을 보강해주기는 하나, 최종적인 것으로 완성시켜주지는 않는다. 우리는 그것을 화가의 방법으로 받아들인다.

지금 물리학이 이루어놓은 것은 그러한 방법이 지식에 이르는 유일한 방법이라는 것을 보여주는 것이다. 절대적인 지식이란 없다. 그리고 절대적인 지식을 주장하는 사람들은 과학자건 독단주의자건 간에 비극에 이르는 문을 여는 셈이다. 모

175 이러한 그림들은 얼굴을 고착화시키기보다는 탐험하고 있다.
<슈테판 보르그라예비츠의 초상>, 펠릭스 토폴스키, 1972년.

든 정보는 불완전하다. 우리는 겸손하게 그것을 받아들여야 한다. 그것이 인간의 상황이다. 그리고 그것이야말로 글자 그대로 양자물리학(quantum physics)이다.

전자파 정보의 전체 스펙트럼을 통해서 얼굴을 보자. 내가 하려는 질문은 이렇다. 즉 이 세상에서 가장 좋은 도구로(만일 상상할 수 있는 완벽한 도구가 있다면), 우리가 얼마나 세밀하고 정확하게 볼 수 있을까?

그리고 세밀하게 본다는 것을 가시광선으로 보는 것에 한정시킬 필요는 없다. 제임스 클러크 맥스웰(James Clerk Maxwell)은 1867년 빛이 전자기파라고 제안했는데 그것을 위해 그가 만든 등식들은 가시광선 외에 또 다른 파장들이 있음을 암시했다. 빨강에서 보라까지의 가시광선의 스펙트럼은 보이지 않는 방사선들의 범위 안의 한 옥타브 정도에 불과하다. 즉 정보의 전체 건반은 가장 긴 전자기파(가장 낮은 음)에서부터 X선이나 그보다 더 짧은 파장(가장 높은 음)까지로 되어 있다. 그 모두를 차례로 인간의 얼굴에 비추어보자.

비가시파(非可視波) 중 가장 긴 것은 전파인데 그것의 존재는 거의 100년 전인 1888년 하인리히 헤르츠(Heinrich Hertz)에 의해 증명되었고 맥스웰의 이론에 의해 확인되었다. 전파는 파장이 가장 길기 때문에 가장 조잡하기도 하다. 몇 미터의 파장으로 작용하는 레이더 스캐너(radar scanner)로는 멕시코의 돌머리상처럼 얼굴의 지름이 몇 미터가 되지 않으면 그 얼굴을 볼 수 없다. 그 파장을 짧게 할 때에만 그 거대한 머리의 세부가 나타나는데, 파장이 몇십 센티미터가 될 때 귀가 나타나고, 전파의 실제적인 한계인 몇 센티미터가 될 때에 비로소 우리는 조상(彫像) 옆에 있는 인간을 처음으로 알아보게 된다.

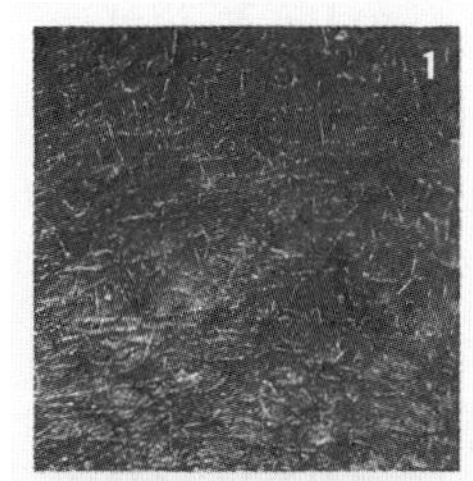

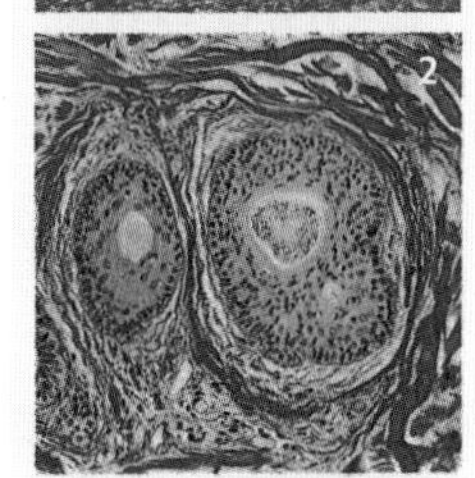

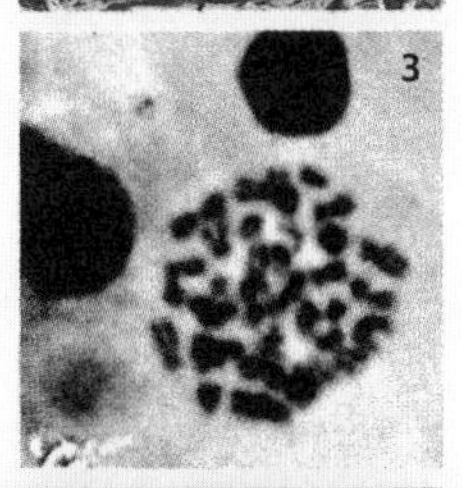

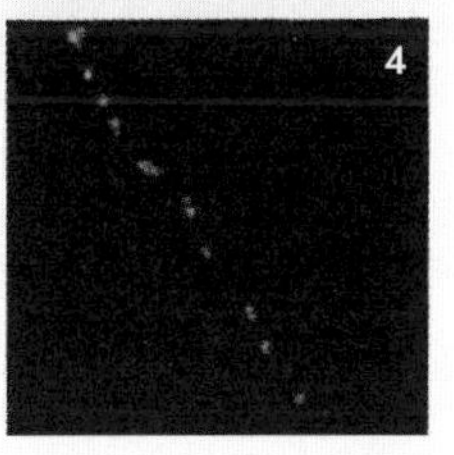

그다음 인간의 얼굴을 비춰보는데, 이때 전자기파의 다음 범주로 1mm보다 더 짧은 파장인 적외선에 감도를 느끼는 카메라로 얼굴을 보자. 적외선은 천문학자 윌리엄 허셜(William Herschel)이 1800년에 망원경을 적색 광선을 넘어서 초점을 맞추었을 때 열기가 느껴지는 것에 주목해 발견했다. 왜냐하면 적외선은 열선이기 때문이다. 카메라의 감광판은 이 적외선들을 다소 자의적인 암호에 의해 가장 뜨거운 것은 푸르게, 가장 찬 것은 붉거나 어둡게 보이도록 변화시켜 가시광선으로 바꾼다. 우리는 얼굴의 윤곽을 대충 보게 된다. 눈, 코, 입, 그리고 콧구멍에서 나오는 콧김도 보게 된다. 이로써 우리는 인간의 얼굴에 대해 새로운 것을 알게 되나 역시 아직 세부에 대해서는 알 수가 없다.

176 세상에서 가장 좋은 도구로 우리는 얼마나 세밀하고 정확하게 볼 수 있을까?

◀레이더로 찍은 런던 공항.

1 인간의 피부 표면을 50배로 확대한 현미경 사진.

2 피부의 피지선까지 보이는 200배 확대한 현미경 사진.

3 적외선 현미경은 미광을 통해 단일 염색체 수준까지 세포를 들여다볼 수 있다.

4 토륨 원자들.

적외선의 가장 짧은 파장에서는, 즉 1mm의 몇백 분의 몇 혹은 그보다 더 짧은 파장에서 적외선은 점차 가시적인 적색으로 변한다. 지금 우리가 사용하는 필름은 둘 다에 민감해서 얼굴이 살아나게 된다. 그것은 이제 그냥 사람의 얼굴이 아니라 우리가 아는 어떤 사람, 즉 슈테판 보르그라예비츠가 되는 것이다.

백색광은 그를 눈에 보이게 세세하게 드러내준다. 짧은 머리카락들, 피부의 모공, 여기저기의 상처나 파괴된 혈관 등을. 백색광은 빨강에서 주황, 노랑, 녹색, 파랑, 그리고 가장 짧은 가시광선인 보라 같은 파장들의 혼합체이다. 우리는 긴 파장인 적색파보다는 짧은 보라색파로 더 정확한 세부를 볼 수 있다. 그러나 실제로는 한 옥타브 내에서의 차이는 그다지 도움이 되지 않는다.

화가는 얼굴을 분석하고 특징들을 분리시키고 색채를 구분하고 영상을 확대시킨다. 그러면 과학자는 보다 세밀한 특성들을 분리시켜 분석하기 위해 현미경을 사용해야 하지 않느냐고 물어보는 것은 당연하다. 그렇다. 그렇게 해야 한다. 그러나 또한 현미경은 영상을 확대시킬 뿐이지 그것을 개선시킬 수는 없다는 것을 이해해야 한다. 즉 세부의 선명도는 빛의 파장에 의해서만 정해지는 것이다. 사실은 어떤 파장에서도 그 파장만큼 큰 물체만이 빛을 차단할 수 있다는 것이다. 그 파장보다 작은 물체는 그림자를 던질 수 없을 것이다.

200배 이상 확대함으로써 보통의 백색광으로도 피부에 있는 개개의 세포를 추려낼 수 있다. 그러나 보다 더 자세하게 세부를 알기 위해서는 더 짧은 단파가 필요하다. 그다음 단계는 자외선인데, 그것은 1만 분의 1mm나 그보다 짧은 파장을 갖고 있으며 가시광선보다 10배 이상 더 짧다. 만일 우리 눈이 자외선을 들여다볼 수 있다면, 형광색의 유령 같은 경치를 볼 것이다. 자외선 현미경은 미광(微光)을 통해 세포를 3,500배로 확대해서 단일 염색체 수준까지 들여다본다. 그러나 그것이 한계이며 어떤 광선으로도 염색체 속의 인간의 유전인자를 볼 수는 없다.

더 깊이 들어가기 위해서는 다시 파장을 더 줄여야 한다. 그다음은 X선이다. 그러나 그것은 너무 깊이 침투하니까 어떤 물체에 초점을 맞출 수가 없다. 그래서 X선 현미경은 만들지 못한다. 따라서 우리는 광선을 얼굴에 쬐어 일종의 그림자를 얻는 것에 만족해야 한다. 피부 밑의 뼈, 예를 들면 사람의 이빨이 빠진 것을 보게 된다. 이처럼 신체를 통과하는 X선의 성질로 인해 빌헬름 콘라트 뢴트겐(Wilhelm Konrad Rontgen)이 1895년 X선을 발견하자마자 그것은 그야말로 흥미진진한 것이 되었다. 그것은 물리학에서의 발견이었지만 의학에도 공헌할 수 있는 것으로 보였기 때문이다. 이로 인해 뢴트겐은 '자비로운 아버지상'이 되었고 1901년 최초의 노벨상을 타는 영웅이 되었다.

자연 속에서 마주치는 행운의 기회는 때로 우리가 옆으로 돌아서 갈 때, 즉 직접 볼 수 없는 것을 추론함으로써 더 많은 것을 얻을 수 있게 해준다. X선은 우리에게 개개의 원자를 보여주지는 않는다. 개개의 원자는 너무 작아서 이처럼 짧은 파장에서조차도 그림자를 드리울 수가 없기 때문이다. 그럼에도 우리는 결정체 속의 원자들의 지도를 그릴 수가 있다. 결정체 속의 원자들의 간격이 규칙적이어서 X선이 통과할 때 원자들의 위치를 추론할 수 있게 하는 규칙적인 물결 패턴을 형성하기 때문이다. 이것이 DNA 나선 구조에서의 원자들의 패턴이며, 이것이 바로 유전자의 모양이다. 이 방법은 1912년 막스 폰 라우에(Max von Laue)에 의해 발명되었는데, 단번에 두 가지를 재치 있게 해치웠다고 할 수 있다. 그것은 원자가 실재한다는 최초의 증거일 뿐만 아니라, X선이 전자기파라는 최초의 증명도 되기 때문이다.

단계가 하나 더 남았는데 그것은 전자 현미경이다. 거기서는 광선이 매우 응집

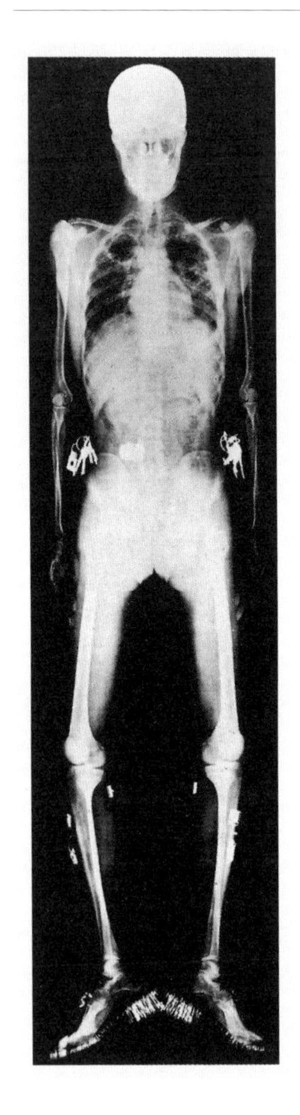

되어 있어 그것을 파동이라고 해야 할지 입자라고 해야 할지 모르게 된다. 전자는 어떤 물체에 발사되면, 마치 장터에서 소녀를 세워놓고 그 주위에 칼을 던지는 묘기꾼처럼 물체의 외형을 그려낸다. 지금까지 볼 수 있었던 가장 작은 물체는 단일 토륨(thorium) 원자인데 그것은 참으로 볼 만하다. 그러나 그 부드러운 영상에서 확인할 수 있는 것은 장터에서 소녀를 스쳐 지나며 꽂히는 칼들처럼, 아무리 단단한 전자일지라도 빈틈없는 윤곽을 이루지는 못한다는 것이다. 완전한 영상이라는 것은 아직도 저 먼 데 있는 별만큼이나 아득한 것이다.

우리는 이제 지식의 결정적인 역설에 부딪히게 됐다. 해가 갈수록 우리는 자연을 상세하게 관찰할 수 있는 보다 정확한 도구를 발명한다. 그러나 관찰된 것을 보면 여전히 흐릿한 것에 실망하고 아직도 불확실하다는 것을 느끼게 된다. 목표물을 볼 수 있는 곳으로 다가갈 때마다 그것은 다시 우리에게서 멀어져서 무한으로 도망쳐가는 그런 목표를 좇고 있는 것처럼 느껴진다.

지식의 모순은 미세한 원자의 세계에만 국한된 것은 아니다. 반대로 그것은 인간 경험의 세계, 더 나아가서는 별의 세계에서도 인식된다. 천문 관측의 문제에서

177 **신체를 통과하는 X선의 성질로 인해 뢴트겐이 X선을 발견하자마자 그것은 그야말로 흥미진진한 것이 되었다.**
▲뢴트겐의 최초의 X선 사진, 신발을 신고 바지 주머니에는 열쇠를 넣고 있음을 알 수 있다.

178 **X선은 원자들의 위치를 추론할 수 있게 하는 규칙적인 물결 패턴을 형성한다.**
▶DNA 결정의 X선 회절 패턴.

그것을 생각해보자. 괴팅겐의 카를 프리드리히 가우스(Karl Friedrich Gauss)의 천문 관측소는 1807년에 세워졌다. 그의 일생을 통해, 그리고 그 이후로도(거의 200년 동안) 천문 기구는 개량되었다. 당시에 정해졌던 별의 위치와 지금의 위치를 비교해보면, 우리가 점점 더 정확한 위치에 다가가고 있는 것처럼 느끼게 된다. 그러나 오늘날 우리의 개별적인 관찰들을 실제로 비교해보면, 여전히 서로 다르게 나타나고 있다는 사실에 놀라고 씁쓸함을 감추지 못한다. 우리는 인간의 오차가 사라지기를, 그리고 우리가 신의 시야를 갖게 되기를 바랐다. 그러나 관찰에서 오류가 사라질 수는 없다. 그런 현상은 별에서도, 원자에서도, 또는 어떤 사람의 그림을 볼 때도,

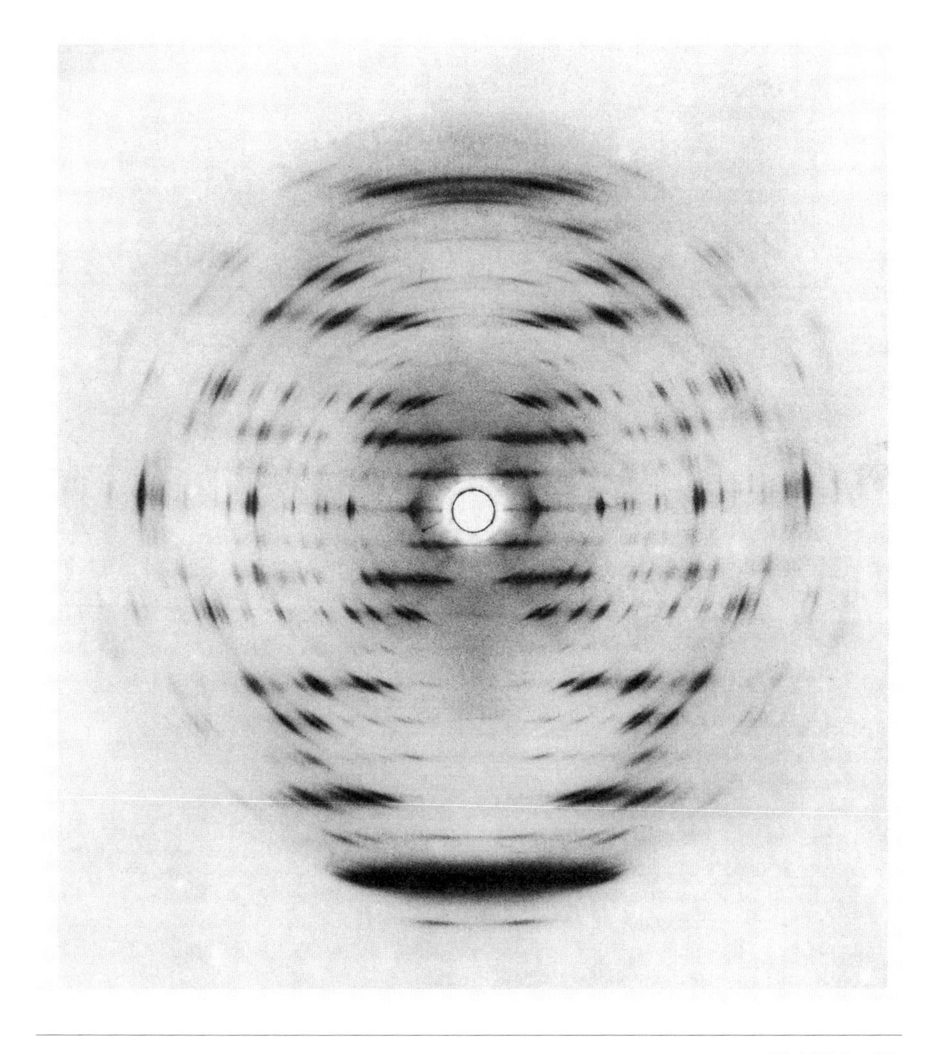

어떤 이의 연설에 대한 보고를 들을 때에도 나타나는 것이다.

가우스는 거의 여든의 나이로 세상을 떠날 때까지 놀랍고도 소년다운 천재성을 지니고 있었는데, 그 천재성으로 이 같은 사실을 알아냈다. 그는 불과 열여덟 살인 1795년에 대학에 입학하러 괴팅겐에 왔을 때, 이미 오차가 내재하는 일련의 관찰들을 어떻게 하면 가장 잘 평가할 수 있을 것인가 하는 문제를 해결했었다. 당시 그는 오늘날에도 여전히 사용되고 있는 통계학적인 추론을 사용했다.

그는 관찰자가 별을 볼 때 오차를 낳을 수 있는 숱한 요인이 있다는 것을 알고 있었다. 그래서 그는 여러 번 별의 위치를 읽었고, 자연히 그 별의 위치에 대한 최상의 평가는 평균치, 즉 흩어진 수치의 중간이리라고 생각했다. 여기까지는 너무나 뻔한 말이다. 그러나 가우스는 오차의 '분포'가 우리에게 말해주는 것이 무엇인가를 계속 물었다. 그는 오차의 산포를 곡선의 편차나 폭으로 요약하는 '가우스 곡선'을 만들었다. 여기서 원대한 개념이 나온다. 즉 산포도는 불확실의 영역을 표시한다는 것이다. 우리는 진정한 위치가 그 곡선의 중간이라는 것을 확신할 수는 없다. 말할 수 있는 것은 그것이 '불확실의 영역 내'에 있다는 것이며, 그 영역은 개별 관찰의 산포도로부터 계산될 수 있다는 것이다.

인간의 지식에 대해 이런 미묘한 견해를 가지고 있었으므로, 관찰로 얻은 지식보다 더 완벽한 지식에 이르는 길을 안다고 주장했던 철학자들에 대해 가우스는 특히 반감을 가졌다. 많은 예 중에서 한 가지만 들어보자. 프리드리히 헤겔(Friedrich Hegel)이라는 철학자가 있는데, 내가 이 사람을 특히 싫어한다는 것을 먼저 고백해야겠다. 그리고 나는 훨씬 훌륭한 사람인 가우스와 공감하는 것을 다행으로 여긴다. 헤겔이 1800년에 제출한 한 논문에서 그는, 비록 행성의 정의가 고대 이후로 변해왔지만 철학적으로는 여전히 일곱 개의 행성이 있을 뿐이라고 논증했다. 물론,

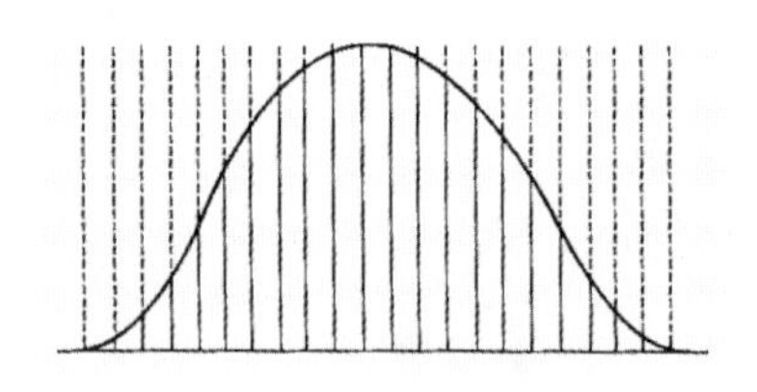

179 **지식의 모순은 미세한 원자의 세계에만 국한된 것은 아니다. 반대로 그것은 인간 경험의 세계, 더 나아가서는 별의 세계에서도 인식된다.**

◀가우스 곡선.

▶카를 프리드리히 가우스.

그에 대해 어떻게 답해야 되는지 알고 있었던 것은 가우스뿐만은 아니었다. 셰익스피어 역시 오래전에 그에 답했다고 할 수 있다. 『리어왕』에서 다른 누구도 아닌 바보가 왕에게 말하는 멋진 구절이 있다. "일곱 개의 행성이 일곱 개 이상이 아닌 근사한 이유가 있지." 왕이 다 아는 척 머리를 가로저으며 말한다. "여덟 개가 아니기 때문이지." 그러자 바보가 말한다. "그래, 당신은 훌륭한 바보가 되겠군." 그리고 헤겔은 정말 훌륭한 바보가 되었다. 정확하게 1801년 1월 1일, 헤겔의 논문에서 잉크가 채 마르기도 전에 여덟 번째 행성이 발견되었다. 그것은 최초로 발견된 소행성 케레스(Ceres)였다.

역사는 많은 아이러니를 갖고 있다. 가우스의 곡선이 던진 시한폭탄 같은 충격으로, 그의 사후 우리는 신의 시야 같은 것은 없다는 것을 알게 되었다. 오류는 인간 지식의 본질과 헤어날 수 없게 엉켜 있다. 그리고 그 발견이 괴팅겐에서 이루어졌다는 것도 아이러니다.

옛날의 대학 도시들은 놀랄 만큼 비슷하다. 괴팅겐은 영국의 케임브리지나 미국의 예일과 비슷하다. 뚝 떨어진 시골에 있고, 다른 곳으로 가는 길목에 있지도 않다—누구도 교수들하고 같이 지내려 하지 않는다면 그런 시골로 오지 않는다. 그리고 교수들은 그곳이 세계의 중심이라고 믿는다. 이곳의 라츠켈러(Rathskeller:지하 식당—옮긴이)에는 '괴팅겐의 바깥에는 생이 존재하지 않는다(Ertra Gottingam non est vita)'라고 새겨져 있다. 비문이라고 해도 좋을 이 경구를 학생들은 교수들만큼 심각하게 받아들이지는 않는다.

라츠켈러 밖에 있는 맨발의 거위 소녀의 동상은 대학의 상징으로서 모든 학생들이 졸업할 때 거기에 입을 맞춘다. 대학이란 학생들이 완벽한 믿음에 못 미치는

180 괴팅겐 대학의 이론 물리학 회장이 된 후인 1924년, 막스 보른과 아들.
보른은 1933년 4월 26일 직위에서 해제되었다.

자세로 오는 메카인 것이다. 즉 학생들이 부랑아 같은 맨발의 불경심(不敬心)으로 학문을 대하는 것이 중요하다. 그들은 알려진 것을 경배하러 대학에 오는 것이 아니라 그것에 의문을 던지러 오는 것이다.

모든 대학 도시처럼 괴팅겐의 풍경도 점심 후에 교수들이 즐겨 다니는 긴 산책로로 교차되어 있다. 교수들과의 이 산책에 초대받은 연구생들은 한없이 즐겁다. 아마도 과거의 괴팅겐은 다소 활기가 없었으리라. 독일의 조그만 대학 도시들은 이 나라가 통일되기 전의 시대에 설립되었고(괴팅겐은 하노버의 통치자인 조지 2세에 의해 설립되었다) 그로 인해 이런 도시들은 지방 관료주의적인 분위기를 풍긴다. 군사 정권이 끝나고 황제가 1918년에 퇴위한 이후에조차도 이 대학 도시들은 독일 밖의 대학들보다는 훨씬 체제 순응적이었다.

괴팅겐과 바깥 세계와의 연결은 철도로 이루어졌다. 앞서 달려가고 있는 물리학의 새로운 사상을 교환하고 싶어 하는 방문객들이 기차를 타고 베를린이나 해외로부터 이곳에 오는 것이었다. 괴팅겐에는 '과학은 베를린으로 가는 기차 안에서 태어났다'는 속담이 있다. 왜냐하면, 기차 안에서 사람들은 서로 논쟁하고 반박하는 가운데 새로운 사상을 가지게 되었으며 또 새로운 도전을 받았기 때문이다.

제1차 세계대전 중에는 괴팅겐에서도 다른 곳에서처럼 '상대성 원리'가 과학을 지배하고 있었다. 그러나 1921년에 물리학 과장으로 막스 보른(Max Born)이 지명되었고, 그는 원자물리학에 흥미를 가진 모든 사람들을 불러 모으는 일련의 학술대회를 시작했다. 막스 보른이 지명되었을 때 그가 거의 마흔 살이었다는 사실을 생각하면 다소 놀랍다. 대체로 물리학자들은 서른 살(수학자들은 그보다 빠르고 생물학자들은 다소 늦다)이 되기 전에 최상의 업적을 이루었다. 그러나 보른은 비범한 소크라테스적 재능을 지녔다. 그는 젊은이들을 주변에 모았고, 그들로부터 최상의 것을 이

181 **그들은 알려진 것을 경배하러 대학에 오는 것이 아니라, 그것에 의문을 던지러 오는 것이다.**
괴팅겐 장터의 청동 거위 소녀 분수대.

끌어냈으며, 그들과 함께 나누고 도전했던 많은 아이디어로부터 자신의 최상의 업적을 만들어냈다. 그 수많은 인물 중에서 누구의 이름을 들까? 물론 보른과 함께 여기서 자신의 전성기를 보낸 베르너 하이젠베르크를 들 수 있다. 그리고 에어빈 슈뢰딩거(Erwin Schrödinger)가 또 다른 형태의 기초 원자물리학을 출판했을 때 논쟁이 일어났던 곳도 바로 이곳이다. 그리고 전 세계의 사람들이 이에 참가하려고 괴팅겐에 몰려왔다.

밤새워 연구한 결과물에 관해 이런 식으로 말한다는 것은 좀 이상할 수 있다. 1920년대의 물리학은 진정 반론, 학술회, 토의, 논쟁으로 이루어졌던가? 그랬다. 그리고 지금도 그렇다. 여기서 만났던 사람들, 아직도 실험실에서 만나고 있는 사람들은 수학적 공식이 나올 때에야 일을 끝맺는다. 그들은 개념적인 의문을 풀기 위하여 일에 착수한다. 원자 내의 입자들(sub-atomic-particles), 즉 전자와 그 나머지 것들은 정신적 수수께끼이다.

바로 그 시기에 전자가 제시했던 수수께끼를 생각해보자. 교수들 사이에서는 전자가 (대학의 시간표가 작성되는 방식에 빗대어) 월, 수, 금요일에는 입자처럼 행동하고 화, 목, 토요일에는 파동처럼 행동할 것이라는 농담이 나돌았다. 거시 세계에서 데려와서 이 조그만 실체, 즉 『걸리버 여행기』의 릴리펏(소인국—옮긴이)과 같은 원자의 내부에 밀어 넣은 입자와 파동이라는 이 두 양상을 어떻게 조화시킬 수 있을 것인가? 이런 문제가 검토되고 토론되었다. 그리고 그것에는 계산이 아니라 통찰력, 상상력, 나아가서는 형이상학이 요구되었던 것이다. 나는 막스 보른이 몇 년 후 영국에 왔을 때 말했던 구절을 기억한다. 그리고 그 말은 그의 자서전에도 들어 있다. "나는 이제 이론 물리학은 사실상의 철학이라는 것을 확신한다."

막스 보른이 의미하는 바는 물리학에서의 새로운 아이디어들은 현실을 달리

해석하는 것과 같다는 것이다. 세상은 인간의 외부에 있는 고정되고 단단한 물질들의 배열체가 아니다. 왜냐하면 세상은 우리의 지각과 완전히 분리될 수 없기 때문이다. 그것은 우리의 시선 아래서 변동하고, 우리와 상호작용하며, 그것이 드러내는 지식은 우리에 의해서 해석되어야 하기 때문이다. 판단의 행위를 요구하지 않는 지식의 교환 방법은 없다. 전자가 입자인가? 보어의 원자에서 그것은 입자처럼 행동한다. 그러나 1924년에 드브로이는 아름다운 파동의 모델을 만들었는데 그 모델에서 보이는 바로는 핵 주위를 에워싸고 정확한 궤적을 그리고 있는 파동들이 곧 전자의 궤도로 되어 있다. 막스 보른은 개개의 전자가 크랭크축(crankshaft)을 타고 있는 것과 같은 전자 열차를 생각했으며, 그들이 모여서 집합적으로 일련의 가우스의 곡선, 즉 확률의 파동을 구성한다고 했다. 새로운 개념이 베를린으로 가는 기차에서, 그리고 괴팅겐 숲의 교수들의 산책 중에 만들어지고 있었다. 이 세상이 어떤 기본적인 단위로 만들어졌든 간에 그것들은, 우리의 감각이라는 채집망으로 잡을 수 있는 것보다는 훨씬 섬세하고 변덕스럽고 놀라운 것이다.

그런 숲 속의 산책과 대화는 1927년에 절정에 이르렀다. 그해 초에 하이젠베르크가 전자의 성격을 새롭게 규정했다. 그는 전자가 입자이기는 하나 단지 한정된 정보를 주는 입자라고 했다. 다시 말하면 전자가 바로 이 순간에 어디 있는지를 말할 수는 있지만, 그것이 출발할 때의 속도와 방향을 결정지을 수는 없다는 것이다. 또는 역으로, 만일 전자를 어떤 속도와 방향으로 발사하려고 하면, 그때는 그것의 출발점이 어디인지는 물론, 그것의 종착점도 말할 수가 없다는 것이다.

전자의 특성을 이렇게 묘사하는 것은 매우 조야하게 들린다. 그러나 그렇지 않다. 하이젠베르크는 그것을 정확히 만들어 깊이 있게 했다. 전자가 나르는 정보는 그것의 총계가 한정되어 있다. 즉, 예를 들면 전자의 속도와 위치는 양자의 허용 한도 내에서 제한되도록 '함께' 맞추어져 있다. 이것은 심오한 생각이며, 20세기에 있어서뿐만 아니라 과학사에 있어서도 위대한 과학적 사상의 하나다.

하이젠베르크는 이것을 '불확정성 원리(Principle of Uncertainty)'라고 불렀다. 어느 면에서는 그것은 일상에서도 강력히 적용되는 원리이다. 우리는 세상이 정확하기를 바랄 수 없다는 것을 안다. 만일 어떤 대상(예를 들면 친근한 얼굴)이 정확하게 똑같아야만 우리가 알아볼 수 있다고 한다면, 우리는 전날 본 얼굴을 그 다음 날엔 알아볼 수가 없을 것이다. 우리가 대상이 한결같다고 생각하는 것은 그것이 그런대로 비슷하기 때문이다. 즉 그것은 정확하게 과거의 그것은 아니지만 허용될 수 있을 만큼 비슷하다. 인식한다는 것은 허용 오차 혹은 불확실성의 영역에서 판단이 이루어진다는 것이다. 그래서 하이젠베르크의 원리가 말하는 것은 어떤 사건도, 원자적인 사건에서조차도, 확실하게, 즉 허용 오차가 전혀 없이 묘사될 수는 없다는 것이다. 그런데 그 원리를 더욱 심오하게 만든 것은 하이젠베르크가 받아들일 수 있는 허용 오차를 규정하고 있다는 점이다. 그것을 측정하는 척도가 '막스 플랑크의 양자'다. 원자의 세계에서 불확정성의 영역은 항상 양자에 의해 정밀하게 측정된다.

그러나 '불확정성 원리'라는 것은 적절한 명칭은 아니다. 과학에서든, 과학 밖의 세계에서든 우리는 불확실하지는 않다. 우리의 지식은 어느 정도의 허용 오차 안에 한정되어 있을 뿐이다. 그래서 우리는 그것을 '허용 오차의 원리(Principle of Tolerance)'라고 불러야 한다. 나는 두 가지 측면에서 그 명칭을 주장한다. 먼저 공학적인 측면에서다. 과학이 단계적으로 진보하면서 인간 등정에 있어 가장 성공적인 업적을 이룬 것은 인간과 자연, 인간과 인간 사이의 정보의 교환이 허용 오차를 인정할 때에만 가능할 수 있음을 이해했기 때문이다. 그러나 두 번째로, 나는 그 명칭을 실제 세상에 대해서도 적극적으로 사용한다. 모든 지식, 인간 사이의 모든 정보는 허용 오차의 범위 내에서만 교환될 수 있다. 과학, 문학, 종교, 정치, 심지어는 독단론 등 어떠한 사상에서의 정보 교환도 마찬가지다. 나나 여러분의 생의 큰 비극이라 할 수 있는 것은 이곳 괴팅겐의 과학자들이 '허용 오차의 원리'를 가장 정확하고 정교하게 세련화하면서도, 그들 주위에서 허용(=관용)의 원리가 되살릴 수도 없게 산산조각 나고 있다는 사실에 등을 돌리고 있었다는 것이다.

유럽 전체에 암울한 구름이 덮치고 있었다. 그중 특히 100년 동안 괴팅겐을 덮었던 특별한 구름이 있다. 1800년대 초에 요한 프리드리히 블루멘바흐(Johann Friedrich Blumenbach)는 전 유럽의 뛰어난 인물들과 서신을 교환하며 해골을 수집해 놓았다. 그가 인간의 가계(家系)를 분류하기 위해 해부학상의 척도를 사용하기는 했지만, 그 해골들로 인류의 인종적 차별을 지지한다는 조짐은 없었다. 그럼에도 불구하고 1840년 블루멘바흐가 죽은 이후부터 그 수집물은 점점 더 보태어져서 마침내는 인종주의, 즉 범게르만주의 이론의 핵심이 되었고, 나치들이 권력을 잡게 되었을 때 정식으로 인정을 받게 되었다.

1933년 히틀러가 나타나면서 독일 학문의 전통은 거의 하룻밤 새에 파괴되었다. 베를린으로 가는 기차는 이제 탈출의 상징이 되었다. 유럽은 더 이상 상상력—단지 과학적 상상력뿐만 아니라—을 달갑게 받아들이지 않았다. 문화에 대한 모든 관념이 후퇴하고 있었다. 인간의 지식이 개인적이고도 책임 있는 것으로, 불확실성의 가장자리에 선 끝이 없는 모험이라는 관념이 말이다. 과학은 갈릴레이의 심판 후처럼 무너졌다. 훌륭한 인물들은 위협당하고 있는 세계 쪽으로 빠져나갔다. 막스 보른, 에어빈 슈뢰딩거, 알베르트 아인슈타인, 지그문트 프로이트, 토마스 만, 베르톨트 브레히트, 아르투로 토스카니니, 브루노 발터, 마르크 샤갈, 엔리코 페르미, 그리고 마침내 레오 실라드도 몇 년 후 캘리포니아의 솔크 연구소(Salk Institute)에 도착했다.

불확정성 원리, 혹은 내 용어로 표현하자면 '허용 오차의 원리'는 모든 지식은 한정되어 있다는 것을 단번에 확정지었다. 이 이론이 형성되고 있던 바로 그 무렵 독일에서는 히틀러의, 다른 곳에서는 또 다른 독재자의 집권 아래에서 그 원리와는 정반대의 개념, 즉 기괴한 확실성의 원리가 일어났다는 것은 역사의 아이러니다. 미래의 시대에 1930년대를 돌아본다면, 그 시대는 내가 '인간의 등정'이라는 개념으로 설명하고 있는 '문화'가 절대적인 확실성을 신봉하는 독재자들의 신념으로 후퇴하지 않기 위하여 결정적인 대결을 한 시대였다고 생각될 것이다.

나는 이런 모든 추상적인 얘기들을 구체화시켜야 하는데, 한 인물을 얘기하면서 그렇게 하고자 한다. 레오 실라드는 그런 문제에 많은 노력을 기울였는데, 그의 말년에 나도 솔크 연구소에서 그 문제에 대해 그와 많은 얘기를 나눈 적이 있다.

실라드는 독일에서 대학 생활을 한 헝가리인이었다. 1929년에 그는 지식, 자연, 인간 사이의 관계를 다룬, 오늘날 '정보 이론'이라고 부르는 중요한 선구적인

논문을 발표했다. 그러나 그 당시에 실라드는 히틀러가 권력을 장악할 것이며, 그 경우에 틀림없이 전쟁이 일어날 것이라고 믿었다. 그는 자기 방에 두 개의 가방을 꾸려두고 있었는데, 1933년 드디어 그것을 챙겨 들고 영국으로 갔다.

1933년 9월에 러더퍼드 경이 영국과학진흥협회(British Association)에서 원자력은 결코 현실화되지 않는다는 말을 한 적이 있었다. 실라드는 호인이기는 하나 괴팍한 과학자였으므로 '결코'라는 말이 들어 있는 문장, 특히 뛰어난 동료가 그런 말을 할 때는 더욱 싫어했다. 그래서 그는 그 문제를 생각해 보기로 마음먹었다. 그는 그 이야기를 매우 실감나게 하여, 그를 잘 아는 우리 모두가 머릿속에 그려볼 수 있을 정도다. 당시 그는 스트랜드 팰리스 호텔에서 묵고 있었다. 그는 호텔 생활을 좋아했다. 그는 직장인 바트 병원(Barts: St. Bartholomew 병원의 약칭—옮긴이)으로 걸어가던 도중 사우샘프턴 로에 이르렀을 때 빨간 불이 켜져 멈추었다(이 부분만이 그의 이야기에서 내가 믿기 힘든 부분이다. 빨간 불이 켜졌다고 해서 실라드가 걸음을 멈추는 것을 본 적이 없기 때문이다). 그러나 그 신호등이 파란 불로 바뀌기 전에 벌써 그는, 하나의 중성자로 원자를 때리면 원자가 깨져서 두 개가 방출되어 연쇄 반응을 하게 될 것이라는 것을 깨달았다. 그는 '연쇄 반응'이라는 용어가 들어 있는 특허의 자세한 설명서를 썼고 그 특허는 1934년에 등록되었다.

182 **유럽은 더 이상 상상력을 달갑게 받아들이지 않았다.**
◀레오 실라드.
▲엔리코 페르미.

이제 우리는 실라드의 성격의 일면을 보게 되는데, 그것은 그 시대 과학자들의 특성이기도 하지만 특히 누구보다도 실라드에게서 두드러지게 볼 수 있는 점이다. 그는 자기가 발견한 원자의 특허를 비밀로 해두고 싶었다. 그는 과학이 잘못 사용되는 것을 막고 싶었다. 그리고 사실상 그는 특허를 영국 해군성에 위탁했었기 때문에 전쟁이 끝난 후까지 그것은 출판되지 않았다.

그러나 그런 동안에도 전쟁은 점점 험악해져가고 있었다. 핵물리학의 진보의 행군과 히틀러의 행군은 한 걸음씩 보조를 맞추어 나아가고 있었는데, 우리는 지금 그 과정을 잊어버리고 산다. 1939년 초반에 실라드는 졸리오 퀴리(Joliot Curie)에게 편지를 써서 연구 발표를 중지할 수 없겠느냐고 물었다. 그는 또한 페르미도 발표를 하지 않도록 하기 위해 애썼다. 마침내 1939년 8월에 실라드는 편지를 한 통 써서 거기에 아인슈타인의 서명을 얻어 루스벨트 대통령에게 보냈다. "핵에너지는 현실화됐습니다. 전쟁은 불가피합니다. 이 문제에 관해서 과학자가 어떻게 해야 할 것인가는 대통령께서 결정하실 일입니다." 대충 이런 내용의 편지였다.

그러나 실라드는 멈추지 않았다. 그는 1945년에 유럽 전쟁에서 승리했을 때 이제 폭탄이 만들어져서 일본에 사용될 것이라는 것을 알게 되었다. 그는 여러 곳에서 항의 운동을 벌였다. 그는 수없이 각서를 썼다. 루스벨트 대통령에게 보내는 각서는 전달되기도 전에 루스벨트가 죽었으므로 허사가 되었다. 실라드는 세계의 관중과 일본인들 앞에서 공개적으로 폭탄을 시험하고자 했다. 그래서 일본인들이 그 폭탄의 위력을 알고 사람들이 죽기 전에 항복하게 해야 한다는 것이었다.

알다시피 실라드는 실패했다. 그리고 그와 함께 과학자 사회도 실패했다. 그러자 그는 성실한 사람이라면 해야 할 일을 했다. 그는 물리학을 집어치우고 생물학으로 돌아섰던 것이다. 이것이 그가 솔크 연구소에 오게 된 경위였다. 그리고 그는

183 **1800년대 초에 블루멘바흐는 전 유럽의 뛰어난 인물들과 서신을 교환하며 해골을 수집해놓았다.**
블루멘바흐의 해골 수집품. 괴팅겐 대학의 해부학과.

다른 사람들도 설득시켰다. 물리학은 지난 50년간의 정열의 학문이었고 위대한 업적을 이루었다. 그러나 이제 우리는 우리가 물리세계를 이해하는 데 바쳤던 바로 그러한 전념을 생명, 특히 인간의 생명에 대한 이해에 바칠 때가 왔다는 것을 알게 되었다.

최초의 원자폭탄이 1945년 8월 6일 오전 8시 15분에 일본의 히로시마에 떨어졌다. 내가 히로시마에서 돌아온 지 얼마 되지 않았을 때 누군가가 실라드가 있는 자리에서, 과학자들의 발견이 파괴를 위해 사용된 것은 과학자들의 비극이라고 말했다. 어느 누구보다도 이에 대답할 권리가 있었던 실라드가 말했다. 그것은 과학자들의 비극이 아니라 '인류의 비극'이라고.

인간의 딜레마에는 두 가지의 요소가 있다. 하나는 목적이 수단을 정당화한다는 믿음인데 그런 원격조정식(push-button)의 철학, 인간의 고뇌를 일부러 외면하는 그런 자세가 전쟁 무기 속의 괴물로 변했다. 다른 하나는, 인간 정신에 대한 배반이다. 즉 정신을 폐쇄하고 한 나라, 한 문명을 유령의 군단, 복종하는 유령 혹은 고뇌하는 유령의 군단으로 이끌고 가는 교조의 주장이다.

과학이 인간을 비인간화하고 수치화할 것이라는 말이 있다. 그것은 거짓말이다. 비극적일 정도로 거짓말이다. 우리 스스로 살펴보자. 아우슈비츠의 수용소와 화장터가 여기 있다. 이곳이 사람들이 숫자로 변해버린 곳이다. 이 연못 속에 무려 400만 명의 재가 흩어졌다. 그것은 가스로 행해진 것이 아니다. 그것은 오만 때문에 일어났다. 그것은 도그마에 의한 것이며 무지에 의해 일어난 것이다. 인간이 현실적으로 시험해보지도 않고서 절대 지식을 가지고 있다고 믿을 때 이런 식으로 행동한다. 인간이 신의 지식을 갖고자 할 때 이런 짓을 하는 것이다.

184 **결국 실라드는 편지를 한 통 써서 거기에 아인슈타인의 서명을 얻어 루스벨트 대통령에게 보냈다.**
▶실라드가 미국의 루스벨트 대통령에게 보낸 1939년 8월 2일자의 편지.

185 (다음 페이지) **"이것은 인류의 비극이다."**
히로시마의 폐허.

Albert Einstein
Old Grove Rd.
Nassau Point
Peconic, Long Island

August 2nd, 1939

F.D. Roosevelt,
President of the United States,
White House
Washington, D.C.

Sir:

Some recent work by E.Fermi and L. Szilard, which has been communicated to me in manuscript, leads me to expect that the element uranium may be turned into a new and important source of energy in the immediate future. Certain aspects of the situation which has arisen seem to call for watchfulness and, if necessary, quick action on the part of the Administration. I believe therefore that it is my duty to bring to your attention the following facts and recommendations:

In the course of the last four months it has been made probable - through the work of Joliot in France as well as Fermi and Szilard in America - that it may become possible to set up a nuclear chain reaction in a large mass of uranium,by which vast amounts of power and large quantities of new radium-like elements would be generated. Now it appears almost certain that this could be achieved in the immediate future.

This new phenomenon would also lead to the construction of bombs, and it is conceivable - though much less certain - that extremely powerful bombs of a new type may thus be constructed. A single bomb of this type, carried by boat and exploded in a port, might very well destroy the whole port together with some of the surrounding territory. However, such bombs might very well prove to be too heavy for transportation by air.

The United States has only very poor ores of uranium in moderate quantities. There is some good ore in Canada and the former Czechoslovakia, while the most important source of uranium is Belgian Congo.

In view of this situation you may think it desirable to have some permanent contact maintained between the Administration and the group of physicists working on chain reactions in America. One possible way of achieving this might be for you to entrust with this task a person who has your confidence and who could perhaps serve in an inofficial capacity. His task might comprise the following:

a) to approach Government Departments, keep them informed of the further development, and put forward recommendations for Government action, giving particular attention to the problem of securing a supply of uranium ore for the United States;

b) to speed up the experimental work,which is at present being carried on within the limits of the budgets of University laboratories, by providing funds, if such funds be required, through his contacts with private persons who are willing to make contributions for this cause, and perhaps also by obtaining the co-operation of industrial laboratories which have the necessary equipment.

I understand that Germany has actually stopped the sale of uranium from the Czechoslovakian mines which she has taken over. That she should have taken such early action might perhaps be understood on the ground that the son of the German Under-Secretary of State, von Weizsäcker, is attached to the Kaiser-Wilhelm-Institut in Berlin where some of the American work on uranium is now being repeated.

Yours very truly,
A. Einstein
(Albert Einstein)

과학은 그야말로 인간적인 지식의 형태이다. 우리는 항상 알려진 것의 첨단에서 있으면서 바라는 것을 향해 나아가고 싶어 한다. 과학에서의 모든 판단은 오류의 가장자리에 서 있는 것이며 개인적인 것이다. 우리는 잘못을 저지르기도 하지만 과학은 우리가 알아낼 수 있는 것에게 바치는 제물인 것이다. 올리버 크롬웰(Oliver Cromwell)이 이렇게 말하고 있지 않은가. "그리스도의 사랑으로 당신들께 간청하노니 당신네들이 잘못을 저지르고 있을지도 모른다는 것을 생각해보시오."

나는 과학자로서는 내 친구 레오 실라드 때문에, 인간으로서는 아우슈비츠에서 죽은 많은 내 가족 때문에, 이 연못 옆에 생존자로서, 증인으로서 서 있다. 우리는 절대 지식과 절대 힘에 대한 욕심에서 벗어나야 한다. 우리는 원격조정식의 명령과 인간의 실행 사이의 거리를 없애야만 한다. 우리는 인간을 어루만져야 하는 것이다.

186 **"그리스도의 사랑으로 당신들께 간청하노니 당신네들이 잘못을 저지르고 있을지도 모른다는 것을 생각해보시오."**
▶아우슈비츠 수용소의 연못 옆에 앉아 있는 저자.

187 (다음 페이지) **사람들이 숫자로 변해버린 아우슈비츠 소각장.**

이어지는 세대

19세기의 빈은 여러 다양한 민족과 언어를 결합시킨 제국의 수도였다. 그곳은 음악과 문학, 미술의 중심지로 유명했다. 과학은 보수적인 빈에서 미심쩍게 여겨졌으며 특히 생물학은 더욱 그랬다. 그러나 뜻밖에도 오스트리아도 혁명적인 과학적 사고(바로 생물학)의 한 모판(seedbed)이 되었다.

유전학의 창립자이며 따라서 모든 근대 생명과학의 시조인 그레고르 멘델(Gregor Mendel)은 역사가 긴 빈 대학에서 거의 제대로 된 교육을 받지 못했다. 그는 전제 정치 체제와 사상의 자유 사이의 투쟁이 있던 역사적인 시기에 대학에 입학했다. 그가 대학에 가기 바로 전인 1848년, 런던에서 멀리 떨어진 곳에서 두 청년이 독일어로 다음과 같은 구절로 시작하는 선언문을 발표했다. 'Ein Gespenst geht um Europa(하나의 유령이 유럽을 배회하고 있다).' 공산주의의 유령을 말하는 것이다.

물론 『공산당 선언』을 쓴 칼 마르크스(Karl Marx)와 프리드리히 엥겔스(Friedrich Engels)가 유럽에서 혁명을 일으킨 것은 아니었지만 그들이 혁명에 소리를 불어넣은 셈이다. 그것은 반란의 목소리였다. 부르봉가, 합스부르크가, 그리고 모든 정부에 대한 불만이 홍수처럼 유럽을 휩쓸었다. 파리는 1848년 2월에 소동에 휩싸였고, 빈과 베를린도 그 뒤를 이었다. 그래서 1848년 빈 대학의 광장에서도 학생들이 정부에 항거해서 경찰과 싸웠다. 오스트리아 제국도 다른 나라들처럼 흔들렸다. 메테르니히는 사임하여 런던으로 달아났고 황제는 퇴위했다.

황제는 사라지지만 제국은 남는다. 오스트리아의 새 황제는 열여덟 살의 젊은

188 **성(性)은 다양성을 만들어내고 다양성은 진화의 추진력이 된다. 2는 마술적인 숫자다. 그것이 성적인 선택이나 구애가 여러 종(種)들에게서 고도로 진화된 이유이다.**
구애의 수단으로 꼬리를 펼쳐 과시 행위를 하는 공작.

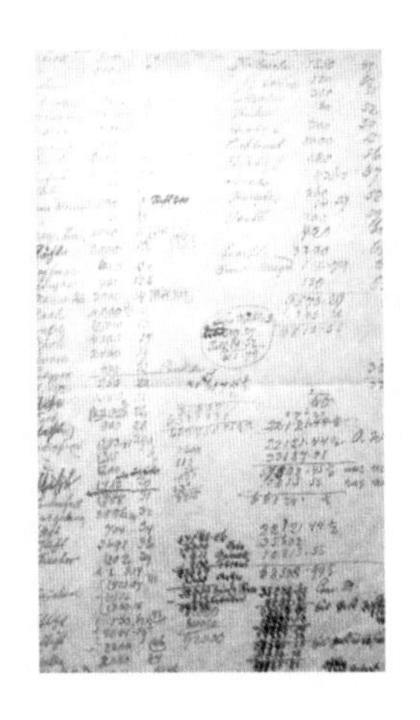

프란츠 조제프(Franz Josef)였는데 그는 흔들리던 제국이 제1차 세계대전으로 산산조각이 날 때까지 중세의 전제 군주처럼 통치했다. 나는 내가 소년 시절에 본 프란츠 조제프를 아직도 기억한다. 다른 합스부르크가 사람들처럼 그도 아랫입술이 처져 있었고 벨라스케스(Velazquez)가 그린 스페인 왕들처럼 주머니입을 가지고 있었다. 그것은 이제 그 집안의 유전적 특성의 하나로 알려져 있다.

프란츠 조제프가 왕위에 오르자 애국자들의 연설은 들을 수 없게 되었다. 젊은 황제 밑의 보수 세력들은 철저했다. 그 시기에 인간의 진보는 빈 대학에 그레고르 멘델이 도착함으로써 조용히 새로운 방향을 향해 나아갔다. 농부의 아들로 태어난 그의 원래의 이름은 요한 멘델이었다. 그레고르라는 이름은 대학에 들어가기 바로 전에, 가난하고 교육을 받지 못한 것에 속이 상한 나머지 수도승이 되었을 때 받은 이름이었다. 그가 일을 해나가는 방식으로 볼 때, 그는 일생 동안 농장의 소년 요한이었다. 그는 같은 시대 영국의 교수나 양반 박물학자라기보다는 언제나 채소밭의 식물학자였다.

교육을 받기 위해 수도사가 된 멘델을 그의 주교가 빈의 대학으로 보냈다. 교사로서의 정식 학위를 받게 하기 위해서였다. 그러나 그는 소심한 편이며 결코 약삭빠른 학생이 아니었다. 시험관은 그가 '지식에 있어서 필수적인 명확성과 통찰력이 결핍되어 있다'고 판정하고 그를 낙제시켰다. 수도승이 된 시골 소년으로서는 이제 다시 (지금은 체코슬로바키아의 영토가 된) 모라비아의 브르노에 있는 수도원으로 돌아

189 그 모든 것이 현대 유전학이다. 본질적으로는 오늘날의 것과 똑같은 것이 100년도 더 전에 무명의 인물에 의해 이루어진 것이다.

▲멘델이 8년간 완두콩을 실험할 때 썼던 현장 노트 중에서 계산 과정이 적혀 있는 페이지.

▶이 그림은 멘델이 1866년의 그의 논문에서 분석한 특징들을 보여준다. 그는 성숙한 완두콩 씨의 차이에 주목했다. 즉 익었을 때 둥근지 혹은 쭈글쭈글한지, 익는 중의 꼬투리가 황색인지 녹색인지, 그 식물의 초기에 흰 꽃이 피는지 자주 꽃이 피는지와 비례해서 흰색의 막인지 회색의 막인지 등. 그는 부푼 꼬투리와 수축된 꼬투리, 익지 않은 꼬투리가 녹색인 것과 황색인 것을 혼합 교배했다. 엽액(葉腋)에 꽃이 있는 것과 단지 큰 줄기에만 꽃이 있는 식물도 교배시켰다. 이 그림에서 키 큰 식물과 작은 식물은 마디 사이의 줄기의 길이로 확인된다. 이 일곱 가지 특성을 기초로 멘델은 자신의 법칙을 만들었다.

가 무명인이 되는 길밖에 없었다.

1853년 멘델이 빈에서 돌아왔을 때 그는 나이 서른한 살의 실패자였다. 그를 대학에 보낸 것은 브르노의 성 토마스의 아우구스트 성단(聖壇)으로, 그들은 교사들로 구성되어 있었다. 오스트리아 정부는 수도승들이 농가의 똑똑한 사내아이들을 데려다 교육시켜주기를 바랐던 것이다. 그곳의 도서관도 수도원의 것이라기보다는 학교 도서관에 가까웠다. 그런데 멘델은 교사 자격을 얻지 못한 것이다. 나머지 일생을 실패한 교사로서 보낼 것인가 아니면 다른 무엇이 되어야 할 것인가를 결정해야 했다. 그는 수도승 그레고르로서가 아니라, 농장 사람들이 불렀던 한슬(Hansl)이라는 소년으로, 또 농장 출신의 요한으로 살기로 결심했다. 그는 원예 일을 도울 때부터 자신을 매혹시켰던 것으로 돌아갔다. 식물로 돌아간 것이다.

멘델은 빈에서 그가 유일하게 만났던 뛰어난 식물학자 프란츠 웅거(Franz Unger)의 영향을 받았다. 웅거는 유전에 관한 구체적이고 실제적인 견해를 갖고 있었다. 즉 어떤 정신적인 본질도, 생명의 힘도 아닌, 실제의 사실에만 집착하라는 것이었다. 그래서 멘델은 이곳 수도원에서 생물학의 실제 실험에 일생을 바치기로 결심했다. 그것은 누구에게도 말할 수 없는 대담한 작업이었다. 왜냐하면 그 지방의 주교는 수도승이 생물학을 가르치는 것조차 허용하지 않았기 때문이었다.

멘델은 빈에서 돌아온 지 2~3년 후인 1856년경에 정식 실험을 시작했다. 그는 논문에서 8년간 작업을 했다고 밝히고 있다. 그가 오랜 고민 끝에 선택한 식물은 꼬투리완두콩(Garden pea)이었다. 그는 씨의 모양과 색깔, 긴 줄기와 짧은 줄기 등 일곱 가지의 특징을 비교했다. 나는 그 마지막 특성을 택해서 설명하고자 한다. 즉 키가 큰 것과 작은 것을 비교하겠다.

190 멘델은 인간 등정의 새로운 방향을 열어놓았다.
1865년의 멘델.

우리는 멘델의 실험을 정확하게 따라갈 수 있다. 멘델이 상세하게 적은 것처럼 처음에는 키가 큰 것과 작은 것의 부모 식물을 정하여 잡종을 만든다.

> 이런 특성을 다루는 실험에서는 확실하게 구별할 수 있기 위해서 항상 183cm에서 213cm의 긴 줄기식물을 23cm에서 46cm 길이의 짧은 것과 교배시켰다.

짧은 것끼리 자가수정이 되지 않도록 하기 위해 꽃술을 거세한다. 그다음에 긴 줄기의 것과 인공수정을 시킨다.

수정이 이루어진다. 꽃가루관은 자라서 씨방까지 내려간다. 꽃가루핵(동물의 정액과 같은 것)은 꽃가루관 아래로 내려가서 다른 수정된 꼬투리완두콩과 마찬가지로 씨방에 이른다. 이 식물은 아직은 특성을 드러내지 않는 꼬투리를 밴다.

이제 꼬투리에서 나온 완두콩을 심는다. 그것들이 자라는 모습은 처음에는 다른 꼬투리완두콩과 크게 다르지 않다. 그러나 이 잡종의 첫 세대가 다 자랐을 때의 모양은 그 당시나 그 후로도 오랫동안 식물학자들이 주장해오던 전통적 견해를 시험하게 될 것이다. 전통적인 견해에서 잡종의 특성은 그 양친의 특성의 중간 형태였다. 멘델의 견해는 이와는 완전히 달랐으며 그는 그것을 설명할 이론을 미리 구상하기까지 했다.

멘델은 하나의 단순한 특성은 두 개의 입자(지금은 그것을 유전자라고 한다)에 의해 영향을 받게 된다고 생각했다. 각 양친은 두 입자 중의 하나씩을 담당한다. 만일 두 입자, 즉 유전자가 서로 다르다면 하나는 우성일 것이며 다른 하나는 열성일 것이다. 키가 큰 완두콩과 작은 완두콩의 교배는 위의 추측을 증명하는 첫 단계이다. 보라, 완전히 자란 잡종의 제1세대는 키가 크다. 근대 유전학에서는 키 큰 특성이

---

191 수정이 이루어진다.
꼬투리완두콩의 꽃가루를 전자현미경으로 본 것.

작은 특성보다 우성이다. 잡종이 양친의 키의 평균치를 갖게 된다는 것은 사실이 '아니다'. 그들은 모두 키가 큰 식물이 된 것이다.

이제 두 번째 단계로 넘어간다. 멘델이 했던 것처럼 제2세대를 형성해본다. 이번에는 잡종을 그들 자신의 꽃가루로 교배하고 꼬투리가 여물게 두었다가 그 씨를 심는다. 이제 두 번째 세대가 나타난다. '전체'가 다 한 가지 형으로 나타나지는 않는다. 그것들은 똑같지 않다. 다수의 키 큰 식물들이 있지만 소수의 작은 식물들도 꽤 많이 있다. 전체 식물 가운데 키 작은 식물이 차지하는 비율은 멘델의 추측에서 계산될 수 있다. 만일 그가 옳다면, 첫 세대의 각 잡종은 하나의 우성 인자와 하나

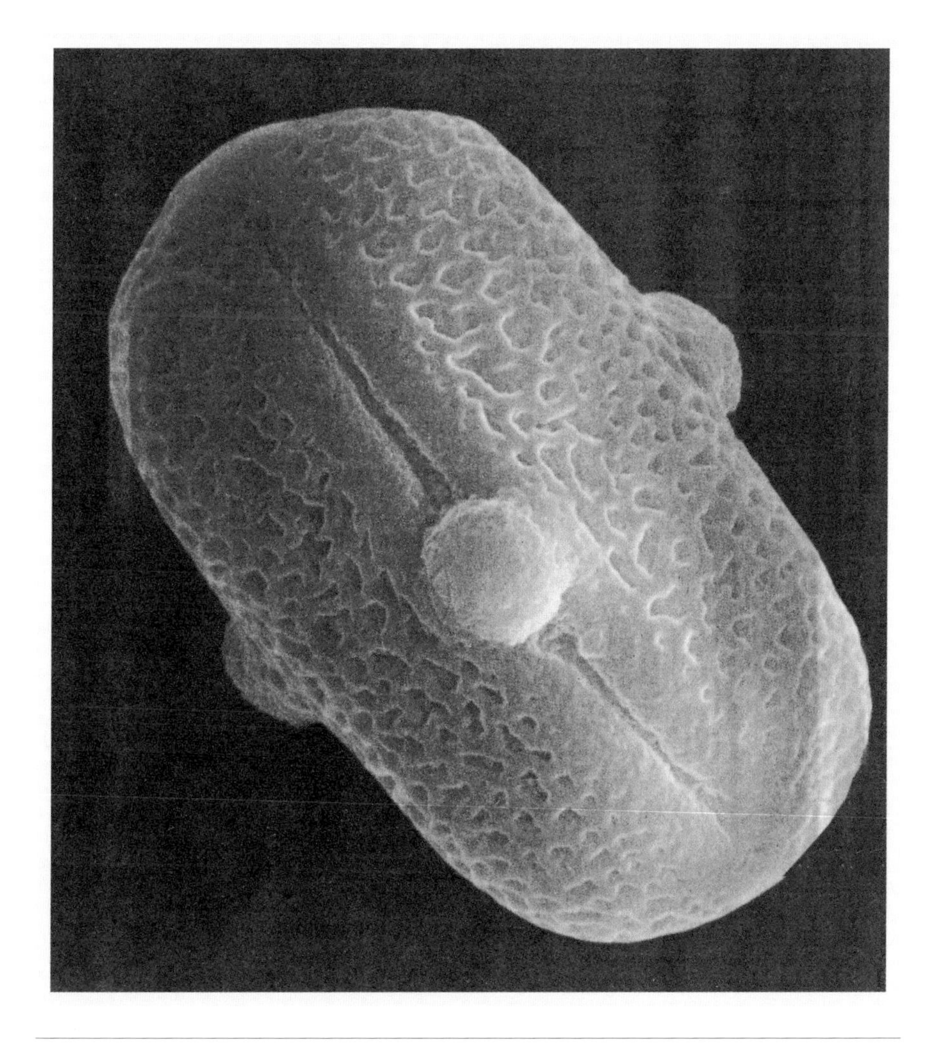

의 열성 인자를 가졌기 때문이다. 그러므로 첫 세대의 두 잡종 식물의 네 개의 인자를 서로 짝을 지으면 두 개의 열성 인자가 합쳐진 것이 생기는데, 그 결과로 네 개의 식물 중 하나가 키가 작아야 한다. 실제로도 그렇다. 제2세대에서는 네 개 중의 하나가 작고 셋은 크다. 이것이 그 유명한 4분의 1 혹은 1 대 3의 비율이며 그것을 누구나 다 멘델의 이름과 함께 연상하는 것은 당연하다. 멘델은 다음과 같이 기록했다.

> 1,064개의 식물 중 787개의 경우가 줄기가 길고 277개는 짧다. 이리하여 상호 비율은 2.84 대 1이 된다. 이 실험의 결과를 전부 합해본다면 우성과 열성의 숫자 비례는 평균 2.98 대 1 혹은 3 대 1이 된다.
>
> 이제 분명해진 것은 잡종은 양친의 두 가지 성격 중 어느 하나를 드러내는 씨들을 만들어 내는데, 그중의 반은 다시 잡종 형태로 진전되며 나머지 반은 (비교적) 똑같은 수의 우성 종과 열성 종의 특성을 그대로 지닌 식물로 나타난다.

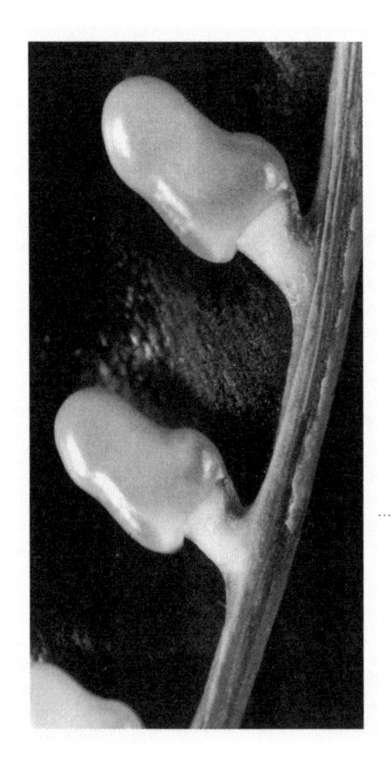

멘델은 1866년에 〈브르노 자연사 학회 Journal of the Brno Natural History Society〉지에 자신의 실험 결과를 발표했으나 곧 사람들의 기억에서 사라지고 말았다. 누구도 관심을 보이지 않았던 것이다. 아무도 그의 작업을 이해하지 못했다. 심지어 그 분야에서 유명하지만 다소 보수적인 칼 네겔리(Karl Nageli)에게 편지를 보냈지만 네겔리는 무슨

192 식물은 아직 특성을 드러내지 않는 꼬투리를 밴다.
꼬투리 속의 배주(胚珠).

말을 하는지조차 이해하지 못했던 것이 분명하다. 물론 멘델이 이름 있는 과학자였더라면 자신의 실험 결과를 알릴 수도 있었을 것이다. 최소한 그 논문을 영국이나 프랑스의 식물학자나 생물학자들이 읽는 잡지에 발표할 수는 있었을 것이다. 그는 외국의 과학자들에게 자기 논문의 복사본을 보내어 접촉을 시도했으나 무명의 잡지에 발표된 무명의 글로서는 무리였다. 그러나 논문이 출판된 지 2년 후인 1868년에 뜻밖의 일이 일어났다. 그가 수도원장으로 뽑힌 것이다. 그래서 남은 생애 동안 그는 열심히, 꼼꼼한 자세로 자신의 의무를 수행했다.

멘델은 네겔리에게 수정(受精) 실험을 계속하고 싶다는 뜻을 전했다. 그러나 이제 멘델이 키울 수 있는 유일한 것은 벌이었다—그는 항상 식물에서 동물로 실험 범위를 넓혀가고 싶어 했다. 그리고 그의 놀라운 지적 행운은 언제나 현실의 불운과 뒤섞였다. 멘델은 고급의 꿀을 만드는 혈통 좋은 벌을 교배시켜 잡종을 만들었다. 그런데 엉뚱하게도 잡종 벌들은 너무나 포악해서 멀리까지 날아가 사람을 쏘아댔기 때문에 이 잡종 벌들을 모조리 죽일 수밖에 없었다.

멘델은 수도원을 어떻게 종교적으로 이끌어 나갈 것인가 하는 문제보다는 세금 고지서에 더 신경을 쓴 것 같다. 그가 황제의 비밀경찰에게 의심스러운 자로 지목되었다는 낌새가 있다. 수도원장의 머릿속에는 사사로운 생각이 가득 차 있었던 것이다.

멘델의 성격의 수수께끼는 지적인 면이다. 누구도 얻고자 하는 해답을 분명히 가지고 있지 않으면 그런 실험을 할 수가 없다. 그것은 이상한 노릇인데 나는 정확하게 그것을 설명해야겠다.

먼저, 실제적인 면을 보자. 멘델은 그 당시에 조사를 위해 키 큰 것과 작은 것

등, 완두콩의 일곱 가지 차이점을 선택했다. 그리고 실제로 완두콩은 일곱 개의 염색체 쌍을 가지고 있다. 그래서 일곱 개의 다른 염색체에 들어 있는 유전자에서 일곱 개의 다른 특성을 조사할 수 있다. 그러나 그것은 선택할 수 있는 최대의 숫자다. 같은 염색체에 두 개의 유전자를 갖지 않고서는, 그러므로 최소한 부분적으로나마 연결시키지 않고서는 일곱 개의 다른 특성을 조사할 수가 없다. 그 당시에는 누구도 유전자는 생각해본 적도 없었고 연결에 대해 들어본 적도 없었다. 멘델이 논문을 쓰던 당시에는 누구도 염색체에 대해서는 들어본 적이 없었다.

운명에 의해, 혹은 신의 선택에 의해 수도원장이 될 수는 있다 하더라도 아무나 '그런' 행운을 얻을 수는 없다. 멘델은 식물이 갖는 일곱 가지 특성이나 성질을 실험을 통해 무난히 해결할 수 있다는 확신을 갖고, 그것들을 가려내기 위해서 정식 논문을 쓰기 전에 많은 관찰과 실험을 했음이 틀림없다. 우리는 그의 논문과 업적을 통해서 한 인물의 내면에 들어 있는 위대한 정신의 빙산(氷山)을 엿볼 수 있다. 여러분도 그것을 알 수 있다. 그의 원고의 매 페이지마다에는 대수적 상징, 통계학, 명료한 설명 등이 나타나 있다. 그 모든 것이 현대 유전학이다. 본질적으로는 오늘날의 것과 똑같은 것이 100년도 더 전에 무명의 인물에 의해 이루어진 것이다.

그리고 형질은 '전부 아니면 무(無)'라는 형태로 분리된다는 중대한 착상이 한 무명인에 의해 이루어진 것이다. 생물학자들이 교배는 양친의 두 성격 사이의 어떤 요소를 만들어낸다고 믿고 있던 시대에 멘델은 그 같은 것을 생각해낸 것이다. 그 전이라고 해서 열성 형질이 나타나지 않았던 것은 아니다. 단지 당시의 사육자들은 유전이 평균치로 진행되어야 한다고 확신했기 때문에 잡종에서 열성 형질을 발견할 때마다 그것을 무시해버렸다고 생각할 수밖에 없다.

멘델은 어디서 '전부 아니면 무'라는 식의 유전 모델을 얻었을까? 짐작은 가지만 내가 그의 머릿속에 들어가 볼 수는 없다. 그러나 너무나 당연한 것이어서 과학자들은 생각조차 해보지 않은, 단지 어린애나 수도승이 해봄 직한 그런 모델—먼 옛날부터 존재해온—이 하나 있다. 그것은 성(性)이다. 동물은 수백 년 동안 교미를 해왔으나 같은 종의 암수 양친이 성적 괴물이나 양성 동물을 낳지는 않았다. 암컷 아니면 수컷을 낳았다. 남자와 여자는 최소한 1만 년 이상 동침해왔다. 그리고 그들은 무엇을 낳았는가? 남자이거나 여자다. 멘델은 그런 식의 전부이거나 무의 방식으로 차이를 전달하는 단순하면서도 어마어마한 모델을 생각했던 것이 틀림없다. 그래서 그는 실험을 진행시켰으며 그의 생각은 적중했던 것이다.

수도승들은 멘델의 실험을 알고 있었던 것 같다. 그러나 멘델이 하는 일을 좋아하지는 않은 것 같다. 완두콩 재배 실험을 반대하던 주교도 그것을 마땅치 않게 여겼으리라. 예를 들면 그들은 멘델이 읽고 감명을 받은 다윈의 책이나, 그가 새로운 생물학에 관심을 보이는 것을 달갑게 여기지 않았다. 물론 멘델이 종종 수도원에 숨겨주었던 체코의 혁명 동지들은 끝까지 그를 좋아했다. 그가 1884년에 예순둘의 나이로 세상을 떠났을 때, 유명한 체코의 작곡가 레오스 야나체크(Leoš Janáček)가 그의 장례식에서 오르간을 연주했다. 그러나 수도승들이 뽑은 새 원장은 멘델의 논문을 수도원 안에서 전부 불태워버렸다.

멘델의 위대한 실험은 30년이 넘도록 잊혀져 있었다. 그리고 그것은 마침내 1900년 (각각 독자적으로 연구한 여러 명의 과학자들에 의해) 빛을 보게 되었다. 그래서 멘델의 발견들은 사실상 20세기에 속하게 되었고 이때부터 유전학 연구가 즉시 꽃피게 되었다.

처음부터 시작해보자. 지구 위의 생명은 30억 년 이상이나 계속되어왔다. 그 기간의 3분의 2 동안 생명체들은 세포분열에 의한 번식을 해왔다. 분열에 의해서는 대개 동일한 후손들이 만들어지며 새로운 형태는 돌연변이에 의해서만 아주 드물게 생긴다. 그러는 동안 진화는 계속 매우 느린 속도로 진행되었다. 생각해보면 유성생식을 하는 최초의 생명체는 녹색 조류(藻類)에서 시작된 듯하다. 그것이 약 1,000만 년 전의 일이다. 유성생식은 거기서 시작되었으며 처음에는 식물에서, 다음에는 동물에서 일어났다. 그 이후로 유성생식의 성공은 생물학적인 기준이 되었으며, 따라서 어떤 두 종의 구성원이 서로 교배될 수 없으면 그 두 종은 서로 다른 것으로 정의하게 된 것이다.

성(性)은 다양성을 만들어내고, 다양성은 진화의 추진력이 된다. 진화의 진행으로 인해 오늘날의 종들 사이에서 놀랍도록 다양한 모양과 색깔과 행동이 나타나게 된 것이다. 또한 유성생식을 통해 같은 종(種)에 속하는 개체 간의 차이를 계속 늘리게 되었다. 그 모든 것이 두 개의 성(性)이 나타남으로써 가능하게 되었다. 생물계에서 성이 생겨났다는 것 자체가 종들이 선택에 의해 새로운 환경에 적응하게 되었다는 증거이다. 왜냐하면 그 종의 구성원들이 각 개체가 자신을 적응시켜나가는 과정에서 얻게 된 변화를 이어받을 수 있다면 성은 필요하지 않을 것이기 때문이다. 실제로 18세기 말에 라마르크(Lamarck)는 그런 소박하고 고립적인 유전 형태를 제안했다. 그러나 만일 그

런 유전 형태가 있다면 그것은 세포 분열에 의해 훨씬 더 잘 전해질 것이다.

2는 마술적인 숫자다. 그것이 성적 선택이나 구애가 여러 종들에게서, 특히 공작의 경우에서 볼 수 있는 것처럼 그토록 고도의 화려한 형태로 진화하게 된 이유이며, 성적 행동이 동물의 환경에 그토록 정확하게 맞아떨어지게 된 이유이다. 만일 그러니언이 자연선택을 하지 않고도 적응해나갈 수가 있다면, 굳이 달이 뜨는 기간에 부화 시기를 맞추기 위해 캘리포니아의 해변에서 춤을 추는 수고를 할 필요가 없을 것이다. 그리고 적응을 해나가야 하는 모든 어린 것들에게 성이란 필요가 없을 것이다. 그러므로 성은 그 자체가 적자(適者)의 자연선택의 한 형태다. 수컷들은 서로 죽이기 위해 싸우는 게 아니라 단지 암컷을 선택할 권리를 얻기 위해서 싸우는 것이다.

멘델이 추측했듯이 개체나 종에 있어서의 형태, 색, 행동의 다양성은 유전자가 짝지어짐으로써 이루어진다. 구조를 보면 유전자는 염색체 위에 줄지어 있고 염색체는 세포가 분열할 때에만 보인다. 그러나 문제는 그 유전자가 어떻게 배열되었는가 하는 것이 아니다. 오늘날의 문제는 그들이 어떻게 행동하는가 하는 것이다. 유전자는 핵산(核酸, nucleic acid)으로 만들어져 있다. 바로 '그곳'에서 일이 벌어진다.

193 **진화의 진행으로 인해 오늘날의 종들 사이에서 놀랍도록 다양한 모양과 색깔과 행동이 나타나게 된 것이다.**
◀구애하고 있는 코끼리와 ▲날지 못하는 가마우지.

유전의 정보가 한 세대에서 다음 세대로 전달되는 방법은 1953년에 발견되었고, 그것은 20세기 과학의 모험담이다. 모험담의 절정은 이보다 앞선 1951년 가을의 일로, 20대의 청년 제임스 왓슨(James Watson)은 케임브리지에 도착하여 서른다섯 살의 프랜시스 크릭(Francis Crick)과 팀을 이루어 디옥시리보핵산(deoxyribonucleic acid, DNA)의 구조를 해독하려는 참이었다. DNA는 핵산, 즉 세포의 중심 부분에 있는 산이다. 핵산이 한 세대에서 다음 세대로 유전의 화학적 정보를 운반한다는 것은 앞서 10년간에 명백해졌다. 그런데 케임브리지의 두 연구원과 멀리 떨어져 있는 캘리포니아의 연구소에서는 두 가지 문제에 부딪히게 되었다. 그 화학적 성분은 무엇인가? 그리고 그 구조는 무엇인가?

화학적 성분은 무엇인가? 이 질문은 DNA를 구성하는 요소는 무엇이며, 서로 뒤섞여 다양한 형태를 낳게 하는 요소는 무엇일까? 하는 것이다. 그것은 이미 꽤 잘 알려져 있었다. 즉 DNA가 당분과 인산(구조적인 이유 때문에 이런 성분이 들어 있으리라는 것은 확실했다)과 네 개의 특수한 조그만 분자, 염기들로 되어 있다는 것은 분명했다. 그중 둘은 아주 작은 분자인 티민과 시토신이며, 그들 각자에는 탄소, 질소, 산소, 수소가 6각형으로 배열되어 있다. 그리고 나머지 둘은 다소 큰 구아닌과 아데닌인데, 이들 각자에는 6각형과 5각형의 원자가 서로 결합하여 배열되어 있다. 구조적인 연구를 할 때는 보통 각각의 조그만 염기들은 단지 6각형으로만 나타내며, 큰 것은 조금 더 크게 그려서 개개의 원자보다는 염기의 모양에 더 관심을 두게 한다.

그러면 그 구조는 어떤가? 다시 말해 염기의 어떤 배열로 인해 DNA가 여러 가지의 다른 유전 정보를 표현하는 능력이 있는가 하는 것이다. 어떤 건물도 돌무더기를 쌓아놓은 것이 아니듯이 DNA 분자도 염기 더미가 아니기 때문이다. 무엇이 그것에다 구조를 부여하며, 또 그리하여 기능을 부여하는가? 그때쯤에는 DNA

194 유전자는 염색체 위에 줄지어 있고 세포분열 때만 보인다.
양파 막세포의 큰 염색체들.

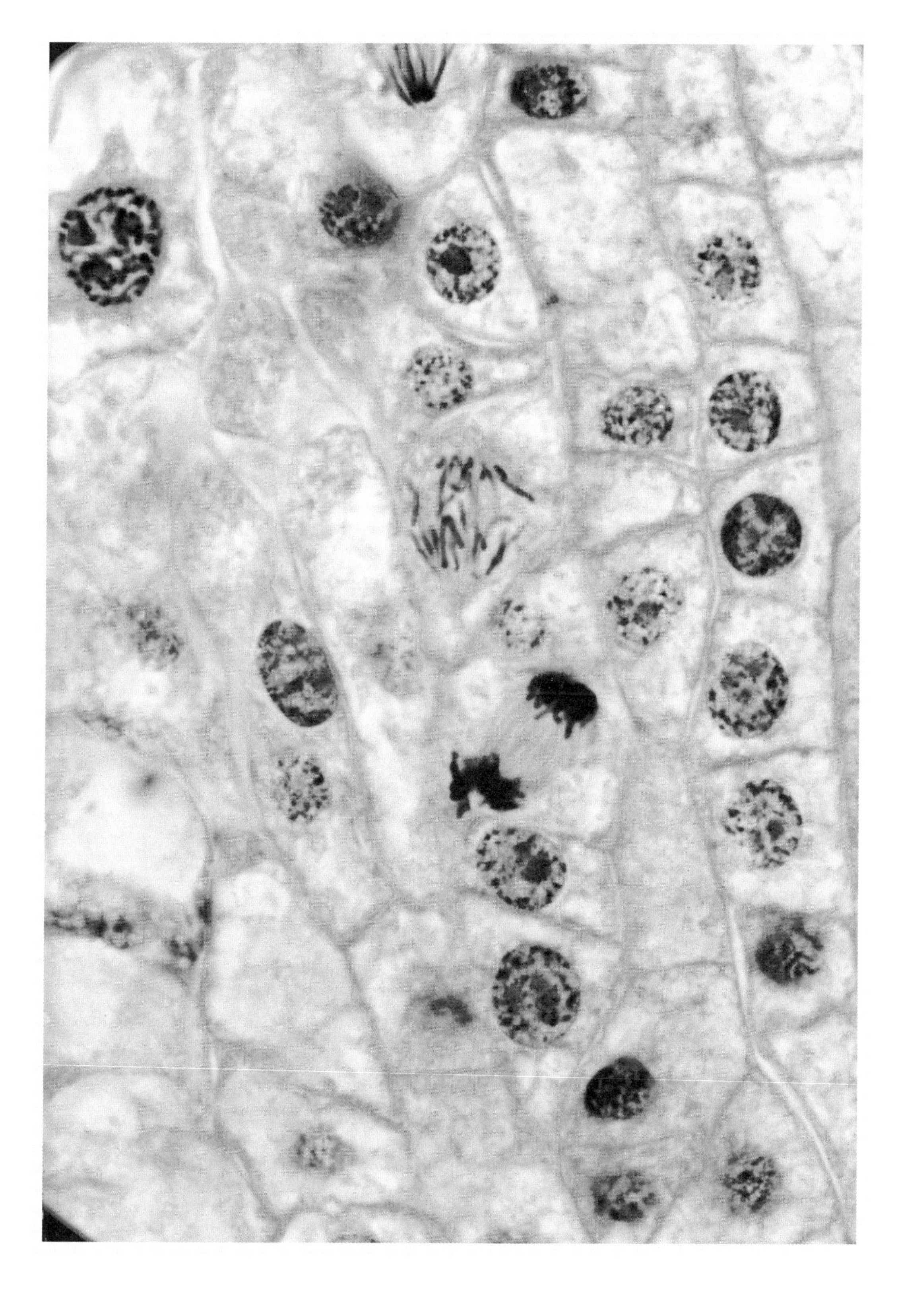

분자가 길게 늘어진 사슬이며 다소 단단한, 일종의 유기적 결정체라는 것은 분명했다. 그리고 아마도 그것은 나선형일 것이었다. 몇 개의 나선이 평행을 이루고 있을까? 한 개, 두 개, 세 개? 아니면 네 개? 주로 두 가지로 의견이 나뉘어졌다. 즉 이중 나선을 주장하는 측과 삼중 나선을 주장하는 측이다. 그 후 1952년 말에 구조화학의 위대한 천재인 라이너스 폴링(Linus Pauling)이 캘리포니아에서 삼중 나선형 모델을 제시했다. 당분과 인산이 중앙에서 길게 뼈대를 형성하고 염기는 그 뼈대에 꽂혀서 모든 방향으로 향한다는 것이다. 1953년 2월에 폴링의 논문이 케임브리지에 도착했는데, 크릭과 왓슨은 그 논문이 시작부터 어딘가 잘못되었음을 발견했다.

제임스 왓슨이 그때 그 자리에서 이중 나선형을 주장하게 된 것은, 어쩌면 단순한 대안으로 내놓은 것이기도 하고 혹은 심술궂은 고집 때문이었을 수도 있다. 런던을 방문한 후 왓슨은 다음과 같이 쓰고 있다.

> 자전거를 타고 대학교 뒷문을 넘어갈 때쯤 나는 이중 나선의 모델을 만들겠다고 결심했다. 프랜시스는 동의해야 할 것이다. 비록 그는 물리학자이긴 하지만 중요한 생물학적 대상은 쌍으로 나타난다는 것을 알고 있으니까.

그뿐 아니라 그와 크릭은 뼈대가 바깥에 있는 구조를 찾기 시작했다. 즉 당과 인산이 두 개의 난간처럼 되어 있는 일종의 나선형 계단을 생각해낸 것이다. 염기가 어떻게 그 모델의 계단 자리에 들어맞을 것인가를 알기 위한 힘겨운 모형 제작 실험을 거쳤다. 그리고 한 번의 큰 실

195 DNA는 오른쪽으로 감기는 나선형으로, 각 계단은 크기가 같고 다음 계단과는 같은 거리에 있으며 같은 비율로 도는데, 연속되는 계단 사이는 36도로 굽어 있다.
DNA 이중 나선을 한 단위씩 쌓아올린 컴퓨터그래픽 이미지.

수 뒤에 모든 것이 이내 밝혀졌다.

> 나는 올려다보았다. 프랜시스는 거기에 없었다. 나는 염기들을 이리저리 옮기며 가능한 짝을 여러 개 만들어보았다. 갑자기 나는 두 개의 수소결합으로 묶인 아데닌-티민의 쌍이 형태상으로 구아닌-시토신 쌍과 똑같다는 것을 깨닫게 되었다.

물론, 각 단계에는 조그만 염기와 큰 염기가 있어야 한다. 그러나 큰 염기라고 아무거나 되는 것이 아니다. 티민은 아데닌과 짝을 맞추어야 하고, 시토신이 있으면 구아닌이 짝으로 있어야 된다. 염기는 쌍으로 다니며 한쪽이 다른 쪽을 결정하는 것이다.

따라서 DNA 분자의 모델은 나선형 계단이다. 그것도 오른쪽으로 감기는 나선형으로, 각 계단은 같은 크기이며 다음 계단과는 같은 거리에 있고 같은 비율로 도는데, 연속되는 계단 사이는 36도로 굽어 있다. 그리고 만일 시토신이 계단의 이쪽 끝에 있으면 구아닌은 다른 쪽 끝에 있다. 그리고 다른 염기쌍도 마찬가지다. 그것으로써 알 수 있는 것은 나선형의 각 반쪽이 완전한 정보를 나르게 되며, 따라서 어느 면에서는 나머지 한쪽은 없어도 된다는 것이다.

컴퓨터로 분자를 구축해보자. 하나의 염기쌍이 그림으로 나타나 있다. 양 끝 사이의 점선은 두 염기를 함께 묶는 수소결합이다. 분자를 똑바른 자세로 놓고 그런 식으로 계속 쌓는다. 이제 컴퓨터 그림의 맨 왼쪽 아래에 염기 하나를 둔 후 거기서부터 DNA의 전 분자를 문자 그대로 한 계단씩 쌓는다.

두 번째 쌍이 있다. 그것은 첫 번째 것과 같은 종류든지 혹은 반대되는 것일 것이다. 둘 중의 어느 쪽이라도 좋다. 그것을 첫 번째 쌍 위에 놓고 36도로 돌린다. 세 번째 쌍을 똑같은 방법으로 쌓으며 계속해나간다.

이런 계단이 바로 세포에게 생존에 필요한 단백질을 차근차근 만드는 방법을 말해주는 기호(記號)인 것이다. 유전자는 눈에 띄게 형성되고 있고 당과 인산의 난간들은 각기 양쪽에서 나선 계단을 굳게 붙들어주고 있다. 나선의 DNA 분자는 실행하는 유전자이며, 계단의 발판은 DNA 분자가 실행을 하는 단계이다.

1953년 4월 2일, 제임스 왓슨과 프랜시스 크릭은 〈네이처Nature〉지에 그들이 겨우 18개월간 연구한 결과인, DNA의 구조를 밝힌 논문을 보냈다. 그에 대해 파리의 파스퇴르 연구소와 캘리포니아의 솔크 연구소에서 일한 적이 있는 자크 모노(Jacques Monod) 교수는 다음과 같이 말하고 있다.

> 생명의 기본적인 불변 인자는 DNA이다. 그러므로 멘델이 유전자를 유전 특성의 불변하는 매개체로 정의한 것이다. 에이버리(Avery)가 그것을 화학적으로 증명한 것〔허시(Hershey)가 확인했다〕, 또 왓슨과 크릭이 유전자의 반복 가능한 불변성에 대한 구조적 기초를 설명한 것 등은 분명 여태껏 생물학에서 이루어진 발견 중 가장 중요한 것이라고 할 수 있을 것이다. 물론 거기에는 위와 같은 나중의 발견이 있음으로 해서 그 확실성과 완전한 의미가 확립된 자연선택의 이론도 들어가야 한다.

DNA의 모델은 성(性)이 있기 전 생명체의 기본적인 복제 과정에도 적용된다. 한 세포가 분열할 때 두 개의 나선형이 분리된다. 각 염기는 자신이 속한 쌍의 다른 쪽 구성원을 반대쪽에다가 만들어낸다. 이것이 이중 나선형에서 볼 수 있는 반복의 요점이 된다. 왜냐하면 각 반쪽이 전체의 정보나 지시를 나르고 있으므로 세포가 분열할 때도 똑같은 유전자가 재생산되기 때문이다. 마술의 숫자인 2는 여기서는 세포가 분열할 때 그 유전적 동질성을 전하는 수단이다.

DNA 나선은 기념탑이 아니다. 그것은 지시(指示)이며, 세포에게 한 걸음 한 걸음씩 생의 과정을 수행해나가는 방법을 말해주는 살아 있는 가동(稼動) 장치다. 생명체는 시간표를 따르며 DNA 나선의 계단은 시간표에서 나오는 순서를 암호로 만들어 신호를 보낸다. 세포의 기계 장치는 차례로 하나씩 그 계단들을 읽어나간다. 연속된 세 계단은 세포에서 하나의 아미노산을 만들라는 신호로 작용한다. 아미노산은 차례로 형성된 후 단백질로 합성되어 세포 안에 모인다. 이 단백질은 세포 안의 생명의 중개자이며 생명의 초석이다.

정자와 난자를 제외한 몸의 모든 세포는 완벽한 복제 가능성을 갖고 있다. 정자와 난자는 불완전하며 본질적으로 그들은 반쪽 세포다. 그들은 전 유전자 수의 반

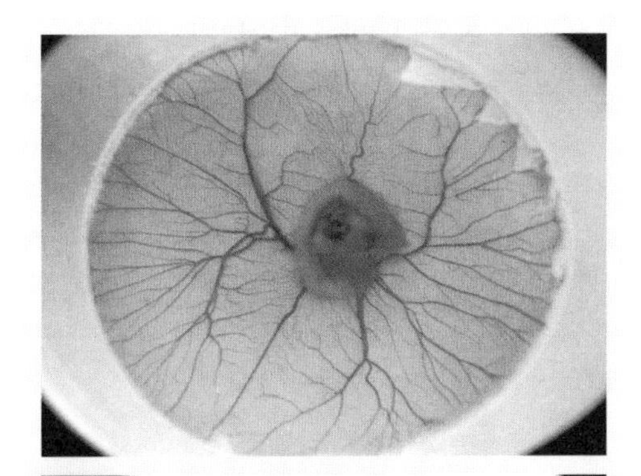

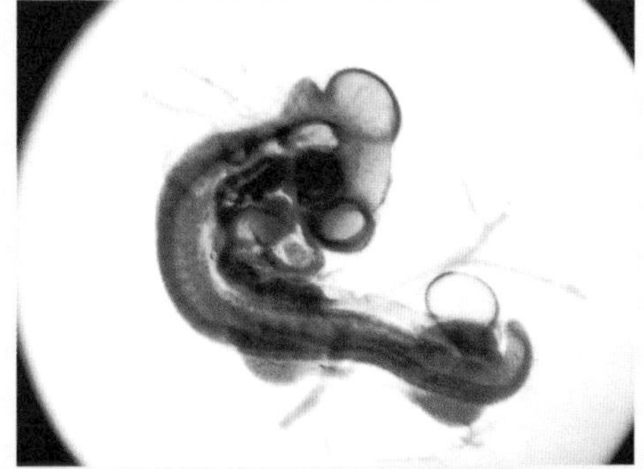

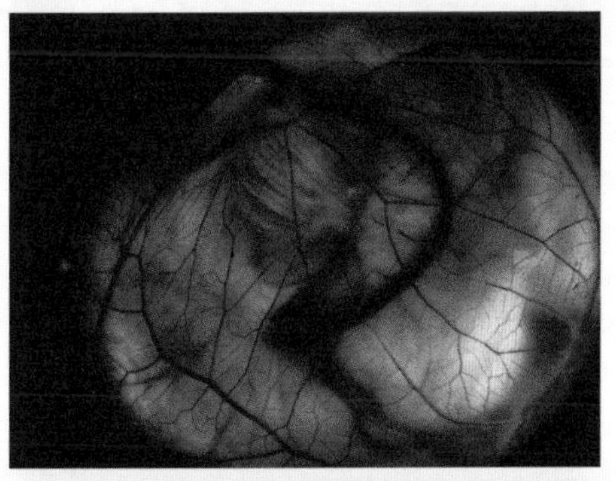

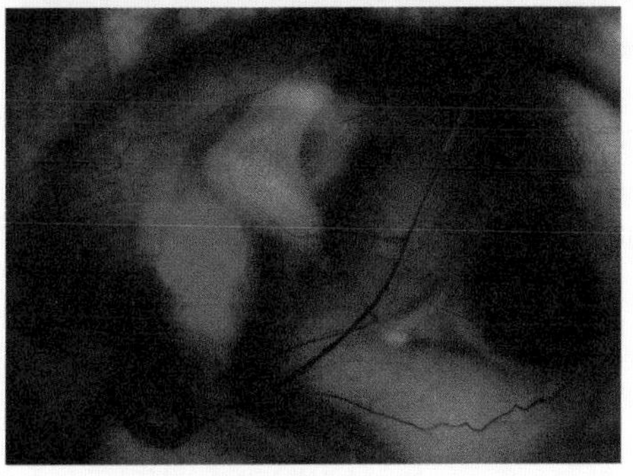

196 **이것이 활동 중의 DNA이다.**
알 속의 병아리의 발달 단계.
맨 위의 그림이 초기 단계고 두 번째가 나흘째의 배아이며, 마지막 두 개는 보다 나중 단계이다.

만을 가지고 있다. 난자가 정자에 의해 수정될 경우에만 난자와 정자에서 나온 유전자들이 멘델이 예견했던 방식으로 함께 모이게 되며 따라서 모든 정보가 다시 모아지는 셈이다. 수정된 난자는 비로소 완전한 세포가 되며, 그것은 몸속 모든 세포의 모델이다. 모든 세포는 수정란의 분열에 의해 형성되며 유전적 구성이 수정란과 동일하기 때문이다. 병아리의 배아(胚芽)처럼 동물은 일생 동안 수정란의 유산(遺産)을 지니게 되는 것이다.

배아가 발달함에 따라 세포는 분화된다. 초생(初生)의 선을 따라 기본적인 신경 조직이 설치된다. 양쪽의 세포 뭉치가 등뼈를 구성할 것이다. 세포가 분화되어 신경 세포, 근육 세포, 결합 조직(인대와 힘줄), 혈액 세포, 혈관 등이 된다. 세포가 분화되는 것은 그들이 각자의 세포 기능에만 적절한 단백질을 만들고 다른 것은 만들지 말라는 DNA의 지시를 받아들이기 때문이다. 이것이 DNA가 작업을 하고 있는 모습이다.

갓난아이는 출생 시부터 한 개인이다. 양친에게서 받은 유전자들을 짝지음으로써 다양성의 풀(pool)을 휘저어놓은 셈이다. 어린이는 양친으로부터 재능을 이어받는데, 이런 재능들은 이 기회에 새롭고 독창적인 배열로 결합된다. 어린이는 자기가 받은 유전의 죄수가 아니다. 어린이는 유전을 새로운 창조로서 지니고 있는데 그것은 그의 미래의 행동에서 밝혀질 것이다.

어린이는 하나의 개인이다. 벌은 그렇지 않다. 수벌은 일련의 똑같은 복제물이다. 어떤 벌통에서도 수태할 수 있는 암컷은 유일하게 여왕벌뿐이다. 여왕벌은 공중에서 교접할 때 수벌의 정액을 계속 받아서 몸속에 저축한다. 그러고 나서 수벌은 죽고 만다. 여왕벌이 자기가 낳은 알에 정액을 쏘아주면 일벌인 암벌이 생겨난

197 어떤 벌통에서도 수태할 수 있는 암컷은 유일하게 여왕벌뿐이다.
그림의 중심에 있는 늙은 여왕벌을 둘러싸고 있는 어린 여왕벌들. 푸사(Pusa) 농업연구소, 인도.

다. 만일 여왕벌이 알을 낳되 정액을 쏘아주지 않으면 일종의 처녀생식 방법으로 수벌이 만들어진다. 이것은 영원히 충성스럽고 영원히 불변하는 전제주의의 낙원이다. 그 세계에서는 고등동물과 인간을 변화시키는 다양성의 모험을 외면하고 있기 때문이다.

벌의 세계만큼 폐쇄적인 세계가 고등동물, 심지어는 인간들 사이에서도 복제(cloning：한 개체에서 유전적으로 똑같은 여러 개체를 얻는 방법—옮긴이)를 통해 만들어질 수 있다. 즉 한쪽 부모의 세포에서 동일한 군체나 복제물〔clone：희랍어의 klon(나뭇가지)에서 온 말—옮긴이〕을 키우는 것이다. 양서류의 혼합 개체군인 도롱뇽 가운데 한 가지 타입인 얼룩도롱뇽으로 시작해보자. 암컷 얼룩도롱뇽의 알을 가져와 점

이 박혀 있을 게 틀림없는 태아를 키워본다. 그다음 태아에서 몇 개의 세포를 떼어 낸다. 태아의 어느 부위에서 세포를 떼어내든 간에 그들은 유전적 결정에 있어서는 동일하므로 각 세포는 완전한 동물로 자랄 수 있을 것이다. 이후의 절차를 통해 그 같은 사실을 증명해보자.

우리는 각각의 세포로부터 동일한 동물들을 키울 수 있을 것이다. 세포를 키울 매개체는 어떤 도롱뇽이라도 괜찮다. 즉 백색도롱뇽인 경우도 상관없다. 우리는 백색도롱뇽의 매개체에서 수정되지 않은 알들을 꺼내어 핵을 파괴한다. 그리고 그 알 속에 얼룩빼기 어미의 것과 똑같은 세포 하나씩을 각각 집어넣는다. 이 알들은 이제 얼룩도롱뇽으로 자랄 것이다.

이런 식으로 만들어진 똑같은 알들의 클론은 모두 동시에 자란다. 각 알은 같은 순간에 분열한다. 한 번, 두 번, 그리고 분열을 계속한다. 그 모든 것이 다른 알에서와 마찬가지로 정상적이다. 다음 단계에서는 단일한 세포 분열은 더 이상 나타나지 않는다. 각 알은 일종의 테니스공으로 변했고 안쪽 면을 바깥으로 뒤집기 시작한다. 혹은 보다 정확히 말하자면, 바깥 면이

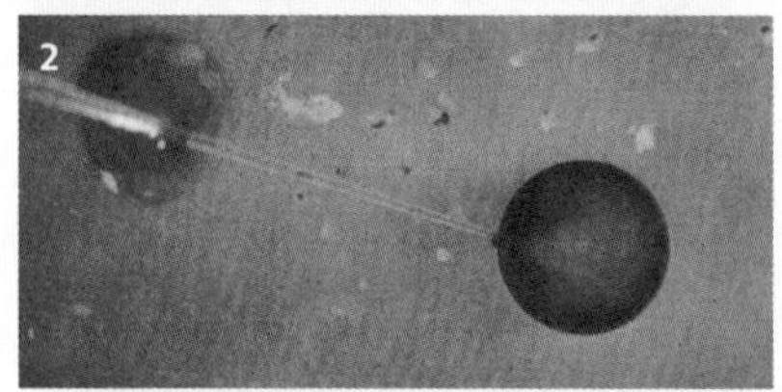

198 **폐쇄적인 세계, 각각의 도롱뇽은 모두 그 어미의 동일한 복사물이며, 처녀생식이다.**

1 백색도롱뇽으로부터 수정되지 않은 알들을 채취한다.

2 마이크로피펫으로 백색도롱뇽의 수정되지 않은 알들의 핵을 파괴한 후 얼룩도롱뇽 어미의 것과 같은 세포를 하나씩 집어넣는다.

3 세포분열의 초기 단계에 있는 몇 개의 클론들.

4 3개월 된 도롱뇽들.

▶처녀생식으로 태어난 클론들과 유성생식으로 태어난 도롱뇽들을 도표로 비교한 그림. 클론 도롱뇽들은 모두 얼룩빼기 어미와 동일한 복사물들이다. 백색도롱뇽과 얼룩도롱뇽의 교배는 이후의 세대에서 혼합된 개체들을 생산한다.

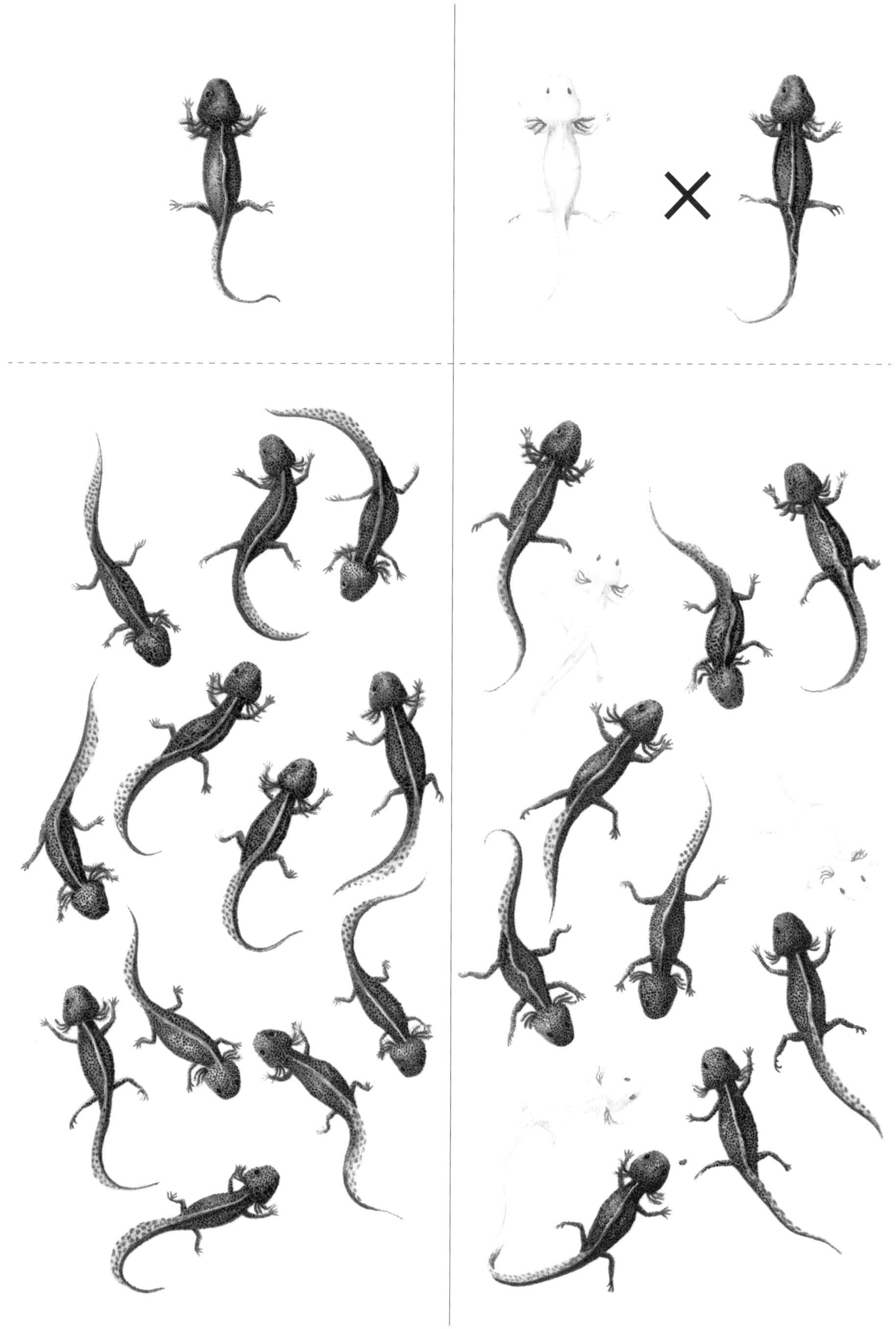

안쪽으로 바뀐다. 여전히 모든 알들이 보조가 맞는다. 각 알은 그 동물을 만들기 위해 포개어지는데 항상 보조를 맞추며 똑같이 진행된다. 불행히도 제거되어 뒤떨어지는 것 하나를 빼고는 다른 알들은 모든 명령에 똑같은 순간에 똑같이 복종하는 통제된 세계에 있다. 그래서 마침내 개별 도롱뇽의 클론이 만들어지는데 그들은 다 그 어미의 동일한 복사물이며 또한 수벌처럼 처녀생식이다.

우리는 인간의 클론을 만들어야 할까? 아름다운 어머니의 혹은 똑똑한 아버지의 복사물을 만들어야 할까? 물론 그렇지 않다. 내 견해는, 다양성이 생명의 숨결이므로 우리는 우리의 환상—심지어 우리의 유전적 환상—을 사로잡는 어떤 단일한 형태를 만들기 위해서 다양성을 포기해서는 안 된다. 클론은 한 가지 형태로 고정시키는 것이며, 그것은 전 창조의 흐름—무엇보다도 인간 창조의 흐름—을 어기는 것이다. 진화는 다양성을 기초로 해서 이루어지고 또 다양성을 창조한다. 모든 동물 중에서도 인간이 가장 창조적인 이유는, 인간이 가장 큰 다양성을 가지고 있으며 또 그것을 표현하기 때문이다. 우리를 단일화하려는 모든 시도는 생물학적으로든, 감정적으로든, 지적으로든, 인간을 정점에 이르게 해준 진화의 추진력에 대한 배반인 것이다.

그러나 이상하게도 인간의 문화에서 창조의 신화는 거의가 고대의 클론을 그리워하는 것 같다. 고대의 기원 설화에는 이상하게도 성(性)이 억압되어 있다. 이브는 아담의 갈비뼈에서 복제된 것이고, 처녀생식을 더 바람직한 것으로 여기는 기미가 있다.

다행히도 우리는 똑같은 복제물로 동결되어 있지는 않다. 인간의 종(種)에 있어 성(性)은 고도로 발달되어 있다. 여성은 언제든지 남성을 받아줄 수 있으며, 언제나 젖가슴이 있고, 성적 선택에서 적극적인 역할을 한다. 실상 이브의 사과는 인류를 수태시킨 셈이다. 또는 최소한 그것은 인류로 하여금 끝없이 성에 몰두하도록 몰아넣었다고 할 수 있다.

성(性)이 인간에게 매우 특수한 성격을 지닌 것은 분명하다. 인간의 성에는 특수한 생물학적 성격이 있다. 그에 대한 단순하고 솔직한 기준을 얘기하자면, 인간은 암컷이 오르가슴을 느끼는 유일한 종이라는 것이다. 이상한 일이지만 사실이다. 그것이 나타내는 것은, 인간이 일반적으로 다른 종보다도 (생물학적 감각이나 성적 행동에서) 수컷과 암컷 사이의 차이가 훨씬 적다는 사실이다. 이렇게 말하는 것이 이상하게 여겨질 것이다. 그러나 암컷과 수컷 사이에 엄청나게 큰 차이가 있는 고릴라나 침팬지를 볼 때 그것은 명백해진다. 생물학 용어로 말하자면, 인간은 성적 동종이형이 적다.

생물학 이야기는 이 정도로 하기로 하자. 그러나 성 행위에서, 내 생각에는 두드러질 정도로 대칭성을 드러내는 한 가지가 생물학과 문화의 경계선상에 있다. 그것은 명백한 것이다. 인간은 얼굴을 맞대고 성교를 하는 유일한 종이며, 이런 현상은 모든 문화에서 보편적이다. 내가 생각하기로는, 그것은 인간의 진화에서 중요했던 일반적인 평등의 표현으로서, 오스트랄로피테쿠스와 도구를 만든 최초의 인간의 시대에까지 거슬러 올라갈 수 있을 것이다.

내가 왜 이런 이야기를 하는가를 설명하기 위해서는 대략 100만, 300만, 아니 최고로 치더라도 500만 년에 걸친 인간의 진화 속도를

199 **이브는 아담의 갈비뼈에서 복제된 것이다.** <여성의 창조>, 안드레아 피사노(Andrea Pisano).

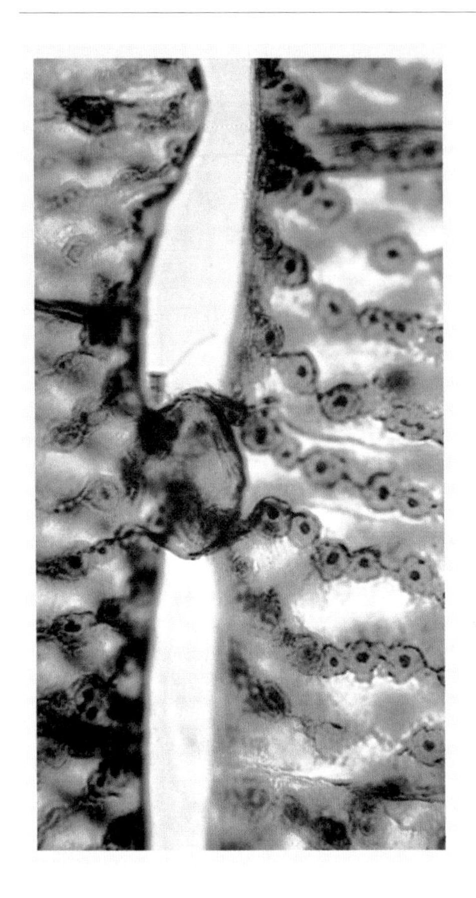

이야기해야 한다. 그것은 기가 막힐 정도로 빠른 속도다. 동물 종들에게 있어서 자연선택만으로 그처럼 빨리 진화가 이루어지지는 않는다. 호미니드(hominids), 즉 인간은 우리 자신의 선택 형태를 만들어온 게 틀림없다. 그리고 두말할 것도 없이 그것은 성적 선택이다. 여성이나 남성은 지적으로 자신과 어울리는 이성과 결혼한다는 증거가 있다. 그리고 만일 그런 선택이 수백만 년 전에도 있었다면, 그 당시는 양성 모두가 기술이 있는 사람을 선택하는 것을 중요하게 여겼다는 뜻이 된다.

인간의 선조들이 도구를 만드는 손재주가 좋아지고 계획하는 머리가 영리해지자 곧 재빠른 자와 영리한 자가 선택에 있어서 많은 덕을 보았을 것이다. 그들은 다른 사람보다 많은 배우자를 얻을 수 있었고 더 많은 아이를 낳아 먹여 기를 수 있었다. 만일 이 가정이 옳다면, 민활한 손재주와 재빠른 두뇌를 가진 자들이 인간의 생물학적 진화를 지배하고 또 진화의 속도에 박차를 가했다고 할 수 있다. 또한 그것으로 미루어 문화적 재능, 즉 도구를 만들고 공동 생활체를 계획하는 능력이 인간의 생물학적 진화까지도 추진했음을 추론해볼 수 있다. 그리고 그런 요소

200 성적 교배는 녹색 조류에 의해 생물학적 도구로 발명되었다.

▲접합 중인 녹색 조류, 해캄의 세포. 해캄의 조상은 수정란 세포를 만드는 세포 접합의 최초의 증거를 남겼다.

201 인간은 성적인 동종이형이 적은 종이다.

▶성숙한 수고릴라의 무게는 암고릴라의 거의 두 배이다.

는 모든 문화세계, 즉 오직 인간의 문화에서, 친족이나 공동 사회가 좋은 배우자와 짝을 지어주려고 고심하는 것에서 아직도 그 흔적이 남아 있다.

그러나 만일 그것이 유일한 선택의 요인이었다면 우리는 지금보다 훨씬 더 동종적(同種的)이 되어 있어야 한다. 그렇다면 인간에게서 다양성을 살아 있게 한 것은 무엇일까? 그것은 문화적인 요인이다. 모든 문화에는 다양성을 만들기 위해서 특별한 안전장치를 두고 있다. 그중 가장 뚜렷한 것은 근친상간에 대한 보편적인 금지이다(왕족에게는 항상 적용되지는 않지만 일반 사람에게는 그렇다). 근친상간의 금지는, 원숭이 무리에서처럼 나이 많은 남성이 한 무리의 여성들을 지배하는 것을 막기 위해 고안된 것이라고 할 때 비로소 이해된다.

남성과 여성이 짝을 선택할 때 전력을 기울이는 것 자체가, 우리를 진화시켜온 주요한 선택의 힘이 여전히 남아 있음을 보여주는 증거라고 하겠다. 그 모든 면밀성과 결혼의 연기(延期), 모든 문화 사회에서 볼 수 있는 준비 과정이나 혼전 예식 등은 우리가 상대의 보이지 않는 특성을 얼마나 중요하게 여기는가를 나타내고 있다. 모든 문화에 걸쳐 이런 보편적인 요소들이 퍼져 있다는 것이야말로 희귀한 것으로서 우리에게 많은 것을 시사해준다. 우리는 성의 선택에 특별한 주의를 기울였으므로 문화적인 종(種)이 될 수 있었다.

이 세상의 대부분의 문학 작품이나 예술품은 소년이 소녀를 만나는 주제로 가득하다. 우리는 이러한 것을 두말할 것 없이 성에 대한 집념으로 돌려버리는 경향이 있다. 나는 그 생각이 틀렸다고 본다. 반대로 그런 주제를 통해서 나타나는 것은, 우리가 누구와 잘 것인가가 아니라 누구에게 어린애를 낳게 할 것인가를 선택하는 데 각별히 신경을 쏟고 있다는 것이다. 성적 교배는 녹색 조류에 의해 생물학적 도구로 발명되었다. 그러나 인간의 문화적 진화에 기본이 되는, 인간의 진보를

202 "사랑의 신비는 영혼 속에서 자라나지만, 그래도 육체는 사랑이 씌어 있는 책인 것을."
루카 출신의 상인 조반니 아르놀피니와 그의 약혼녀 조반나 체나미의 손.
<아르놀피니의 결혼> 중 부분, 얀 반 에이크(Jan van Eyck), 1434년

Johannes de eyck fuit hic

이룩하는 도구로서의 성(性)은 인간 스스로에 의해 발명되었다.

정신적인 사랑과 육체적인 사랑은 분리될 수 없다. 존 던(John Donne)의 시에서도 그것을 노래한다. 〈황홀The Extasie〉이라는 80여 행으로 된 시인데 여기서 8행을 인용해보겠다.

온종일, 우리의 자세는 같았고,

온종일, 우리는 아무 말도 하지 않았네

오, 그러나 이렇게 오랫동안, 이렇게 멀리서

왜 우리는 서로의 육체를 참고 있는가?

이 황홀은 우리가 사랑하는 것이 무엇인지를

풀어주고 말해준다고 우리는 말했다

사랑의 신비는 영혼 속에서 자라나지만,

그래도 육체는 사랑이 씌어 있는 책인 것을.

203 **인간의 진화에서 중요했던 일반적인 평등의 표현은 모든 문화에서 보편적이다.**
<결혼>, 마르크 샤갈.

결혼하기 세 시간 전의 제임스 왓슨과 엘리자베스 왓슨.
1968년 캘리포니아 라졸라에 있는 저자의 집에서.

1865년 퐁 지스케에 있는 별장에서 아내 마리에게
구술을 받아쓰게 하고 있는 루이 파스퇴르.

마리 퀴리와 남편 피에르 퀴리.

1925년 두 번째 아내인 엘사와 함께
뉴욕에 도착한 알베르트 아인슈타인.

1875년 아내 헨리에타와 루트비히 볼츠만.

약혼녀인 마가레트와 함께 있는 젊은 시절의 닐스 보어.

1925년 아내 해드위그, 아들과 막스 보른.

1954년 아내 클라라와 존 폰 노이만.

 남성과 여성이 짝을 선택할 때 전력을 기울이는 것 자체가, 우리를 진화시켜온 주요한 선택의 힘이 여전히 남아 있음을 보여주는 증거라고 하겠다.

긴 유년 시대

마지막 장을 아이슬랜드에서 시작하는 이유는 이곳이 북유럽에서 가장 오래된 민주주의의 터전이기 때문이다. 건물 하나 없는 싱벨리(Thingvellir)의 천연 원형극장에서는 아이슬랜드 올싱[Allthing of Iceland, 아이슬랜드 '노스맨(Norsemen)'들의 전체 회의]이 매년 회합을 갖고 법을 제정하고 선포한다. 이 의식은 기독교가 들어오기 전, 중국에서는 황제의, 유럽에서는 어린 왕과 귀족들의 착취가 판을 치던 때인 900년경에 시작되었다. 그것은 놀랄 만한 민주주의의 시작이었다.

그러나 이렇게 안개가 짙고 기후가 사나운 고장에 더 특이한 것이 있다. 이 고장이 아이슬랜드의 모든 종족의 대회장으로 선택되었던 것은, 이 고장을 소유하고 있던 농부가 다른 농부가 아니라 한 노예를 살해했다고 해서 법의 심판을 받았기 때문이다. 노예 소유 문화권에서 정의가 그렇게 공평하게 구현된 것은 무척 희귀한 일이었다. 그러나 정의란 모든 문화에 있어서 보편적인 것이다. 사람은 자신의 욕망과 사회적 책임이라는 상반된 두 개의 명제 사이를 줄타기하듯 살아간다. 이것은 다른 동물에게서는 찾아볼 수 없는 딜레마다. 동물은 사회적으로 군거(群居)하거나 혼자 살거나 둘 중의 하나다. 인간만이 그 둘을 함께 지향한다. 바로 이 점이 인간의 생물학적 특성이라 할 것이다. 그런 문제로 인해 나는 인간의 특수성에 관한 연구를 하게 되었으며, 내가 이야기하고자 하는 것도 그 점이다.

정의가 인간의 생물학적 속성의 일부라고 생각해보는 것은 의외일는지 모른

205 **우리의 문명은 다른 무엇보다도 '어린이'라는 상징을 칭송해왔다.**
<암굴의 성모>, 레오나르도 다빈치.

다. 그러나 바로 그 생각 때문에 나는 물리학에서 생물학으로 바꾸었고, 그 이후로 나는 인간의 생활, 인간의 가정이 인간의 생물학적 특성을 연구하기에 알맞은 곳이라는 것을 알게 되었다.

이와는 달리, 전통적으로는 인간과 동물 사이의 유사성에 대한 문제가 생물학을 주도한다고 생각되어온 것도 무리는 아니다. 예를 들면, 200년경으로 거슬러 올라가 고대 의학의 위대한 고전의 저자인 클로디우스 갈레노스(Claudius Galenos)는 인간의 앞팔을 연구했다. 그는 어떻게 그 연구를 했는가? 그는 바바리아 원숭이의 앞팔을 잘라서 연구를 했다. 진화론이 동물과 인간의 유사성을 정당화하기 훨씬 오래전에도 어쩔 수 없이 동물 실험으로 연구를 시작해야 했다. 그리고 오늘에 이르기까지 콘라드 로렌츠(Konrad Lorenz)의 동물 행동에 대한 훌륭한 연구는 자연히 거위와 호랑이와 사람과의 유사성에 대해 궁금증을 품게 한다. 스키너(B. F. Skinner)의 비둘기와 쥐에 대한 심리 연구도 마찬가지다. 그러한 것들이 인간의 어떤 것을 알려주기도 하지만 모든 것을 말해줄 수는 없다. 인간에게만 독특한 무엇이 있음에 틀림없다. 만약 그렇지 않다면 틀림없이, 오리도 콘라드 로렌츠에 대한 강의를 하고 있을 것이고, 쥐도 스키너에 대한 논문을 쓰고 있을 것이기 때문이다.

툭 털어놓고 얘기해보자. 말과 기수는 해부학적으로 많은 공통적인 특성을 가지고 있다. 그러나 사람이 말을 타는 것이지 말이 사람을 타는 것이 아니다. 그리고 기수는 매우 좋은 예가 되는데, 왜냐하면 인간은 말을 타도록 창조되지는 않았기 때문이다. 우리를 말의 기수가 되게 만드는 무슨 전선 장치 같은 것이 우리 두뇌 속에 들어 있지도 않다. 인간이 말을 타게 된 것은 5,000년도 채 안 되는 최근의 일이다. 그러나 그것은 인류 사회 구조에 커다란 영향을 주었다.

인간 행동의 유연성이 이런 일을 가능하게 만든다. 유연성이야말로 우리의 특

206 인간만이 한 번에 두 가지 모습, 즉 '사회적인 고독자'가 되기를 바란다.
화강암에 새겨진 12사도, 킬데어 카운티(Kildare Country)의 문(Moone), 에이레, 9세기.

성을 말해주는 것으로, 우리의 사회 제도에서도 물론 나타나지만, 나에게는 당연히 무엇보다도 모든 책에 그것이 나타난다. 왜냐하면 책이야말로 인간 정신의 모든 관심사를 담고 있는 영원한 산물이기 때문이다. 책은 양친에 대한 기억처럼 내게 다가온다. 18세기 초엽 왕립학회를 지배했던 위대한 인물 아이작 뉴턴, 18세기 말 『순결의 노래들Songs of Innocence』을 쓴 윌리엄 블레이크, 그들은 한 정신의 두 가지 양상을 보여주는 인물들로, 둘 다 행동생물학자들이 '종의 특수성(species-specific)'이라고 부르는 존재이다.

어떻게 이것을 가장 간단하게 설명할 수 있을까? 나는 최근에 『인간의 정체The Identity of Man』라는 책을 썼다. 책이 인쇄되어 내 손에 들어와서야 나는 그 책의 영국판 표지를 보게 되었다. 표지 디자이너는 내 마음속에 있던 것을 정확하게 이해하고 있었다. 표지에는 뇌의 스케치 위에 〈모나리자〉 그림을 얹어놓았다. 그는 그 그림으로 책의 내용을 설명한 셈이다. 인간은 과학을 하기 때문에 독특한 것도 아니며 예술을 하기 때문에 독특한 것도 아니다. 단지 과학과 예술이 다 같이 인간 정신의 놀랄 만한 유연성을 나타내주는 것이기에 독특하다. 그리고 〈모나리자〉는 좋은 예가 되는데, 사실 레오나르도는 일생 동안 무엇을 하며 보냈던가? 그는 윈저궁의 왕실 소장품인 〈자궁 속의 태아〉 같은 해부학 그림을 그렸다. 뇌와 어린애는 바로 인간 행동의 유연성이 시작되는 장소인 것이다.

내가 소중히 여기는 물건이 하나 있다. 200만 년이 된 타웅(Taung) 어린애의 두개골 모형이다(25페이지 참조). 물론 정확히 말한다면 그것은 인간의 어린애는 아니다. 그러나 만약 그녀가—나는 항상 그 두개골을 여자애로 생각한다—충분히 오래 살았더라면 내 선조가 되었을는지 누가 알겠는가. 그녀의 조그만 두뇌와 나의 두뇌를 구별 짓는 것은 무엇인가? 쉽게 말해서 크기다. 만일 그녀가 완전히 성장했다 하더라도 뇌의 무게는 아마 0.45kg을 조금 넘었을 것이다. 그리고 내 두뇌는 오늘날의 평균 두뇌로 친다면 1.36kg이 된다.

나는 신경 조직이나 신경막의 일방유도(一方誘導), 또는 고대의 두뇌와 새로운 두뇌에 대해 말하려는 것이 아니다. 그런 것들은 다른 많은 동물들도 가지고 있다. 때문에 인간에게만 특수한 것으로서의 뇌에 대해 말하려고 한다.

첫 번째 문제는 인간의 두뇌가 보다 좋은 컴퓨터—보다 복잡한 컴퓨터—에 불과한가 하는 점이다. 특히 예술가들은 두뇌를 컴퓨터로 생각하는 경향이 있다. 한 예로 테리 더럼(Terry Durham)은 〈브로노우스키 박사의 초상〉을 그리면서 스펙트럼과 컴퓨터의 기호를 사용하고 있다. 왜냐하면 화가들은 과학자의 두뇌를 그런 식이라고 상상하기 때문이다. 그러나 물론 그것이 옳을 수는 없다. 만일 두뇌가 컴퓨터라면 두뇌는 미리 조작된 일련의 활동을 고정된 절차에 따라 수행하고 있을 것이다.

예를 들면 내 친구 다니엘 레르만(Daniel Lehrman)이 염주비둘기(ring-dove)의 짝짓기에 대한 연구(삽화 210)를 하면서 그것들의 행동을 매우 아름답게 묘사한 것을 보자. 만일 수컷이 오른쪽에서 울거나 오른쪽으로 절을 하면 암컷은 흥분해서 어쩔 줄 모르며 호르몬이 솟구쳐 나오고 빈틈없이 둥우리를 짓는 등 일련의 행동을 한다. 암컷의 행동은 세밀하고 순서가 정확하다. 그러나 그 행동은 누구에게서 배운 것이 아니므로 변화가 없다. 염주비둘기는 결코 행동을 바꾸는 일이 없다. 누구도 비둘기에게 나무토막으로 둥지를 짓는 법을 가르친 적이 없다. 그러나 인간은 어린 시절에 나무토막을 쌓아보지 않았더라면 어떤 것도 지을 수 없다. 그런 나무토막 쌓기가 바로 파르테논과 타지마할, 술타니예의 돔과 와츠 타워스, 마추픽추와 펜타곤의 출발점이다.

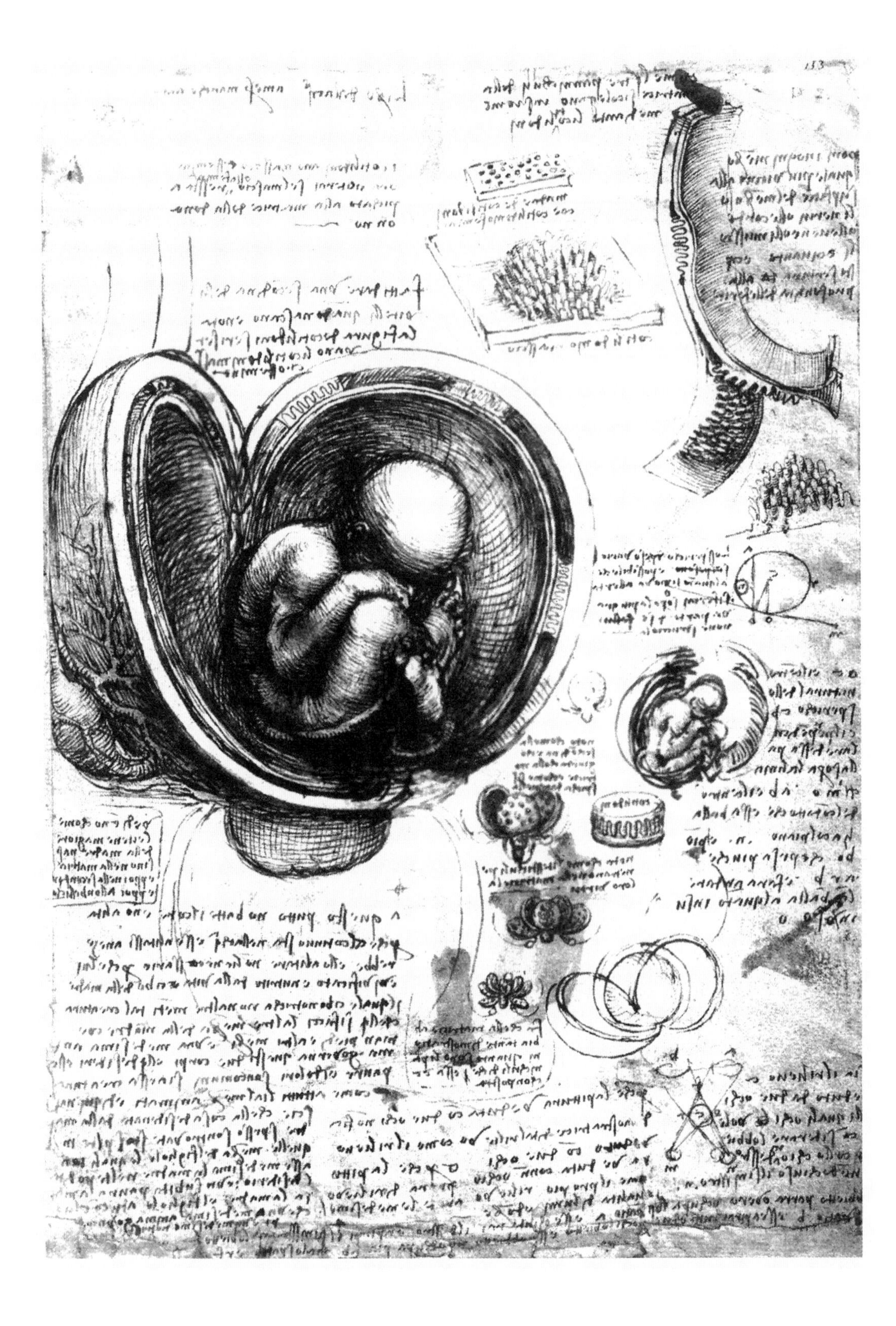

우리는 출생할 때 가지고 나온 틀에 박힌 몸짓을 그대로 따르는 컴퓨터가 아니다. 만일 우리가 어떤 종류의 기계라면 학습하는 기계라고는 할 수 있다. 그리고 우리는 중요한 학습을 두뇌의 특수한 영역에서 한다. 두뇌가 진화하는 동안 단지 크기만 두세 배 불어난 것은 아니다. 두뇌는 아주 특별한 영역으로 성장해왔다. 예를 들어, 손을 통제하고 언어를 통제하며 예측과 계획을 조정하는 곳으로 말이다. 나는 여러분이 그것들을 하나씩 봐주기 바란다.

먼저 손을 생각해보자. 인간의 현재의 진화는 확실히 손의 꾸준한 발전에서 시작되며, 특히 두뇌가 손을 능숙하게 조종하기 시작하면서 빨라졌다. 우리는 일을 하면서 손을 놀리는 기쁨을 느끼며 그래서 아직도 예술가에게 손은 중요한 상징으로 되어 있다. 부처의 손은 인간에게 고요함과 자비심과 두려움 없는 삶을 상징한다. 특히 손은 과학자에게 특별한 의미가 있다. 인간은 엄지손가락과 다른 손가락을 맞댈 수가 있다. 물론 원숭이도 그렇게 할 수 있다. 그러나 인간만이 정확하게 엄지를 집게손가락에 맞댈 수가 있다. 그리고 그렇게 할 수 있는 것은 우리 두뇌 속에 굉장히 큰 영역이 있기 때문이다. 나는 여러분에게 그 영역의 크기를 이렇게밖

207 **뇌와 어린이는 인간 행동의 유연성이 시작되는 장소이다.**
◀레오나르도 다빈치가 그린 인간의 태아에 대한 해부학 노트.

208 **`인간이 유일한 존재인 이유는 과학을 하기 때문도 아니고, 예술을 하기 때문도 아니다. 그것은 예술의 경험과 과학의 설명을 한데 모으는 인간 정신의 놀라운 유연성 때문이다.**
▲자택에서 타웅 어린애의 두개골 모형을 들고 있는 저자.

에 묘사할 수가 없다. 우리는 흉부와 복부 전체를 통제하는 것보다도 엄지손가락을 통제하는 데에 더 많은 지력을 소모한다고.

내가 젊었을 때 네댓 살 된 첫딸의 요람으로 살금살금 다가가면서 이런 생각을 한 기억이 난다. '이 신비스러운 손가락, 손톱 끝에 이르기까지 이처럼 완전한 마디들, 나는 100만 년이 걸려도 이 정교한 모양을 고안해낼 수 없을 거야.' 그러나 물론 나를 포함한 인류가 정확하게 100만 년이 걸려서, 손이 머리를 자극하고 또 머리가 반응하는 과정을 거쳐 현재의 진화 단계에 이르렀다. 그리고 그 일은 두뇌 속의 아주 특수한 장소에서 일어난다. 손 전체는 본질적으로는 두뇌의 한 부분, 즉 머리 꼭대기 근처에 있는 어떤 부분에 의해 조정된다.

다음에는 동물에게는 전혀 없는, 보다 특수하고 인간적인 부분으로서 두뇌가 언어를 통제하는 예를 들어보자. 이 영역은 두뇌의 두 개의 연결 부분에 자리잡고 있다. 한 영역은 청각 중심에 가깝고 다른 것은 앞쪽에 다소 높게, 즉 전엽에 놓여 있다. 언어를 통제하는 이 부분은 고정적인가? 어느 면에서는 그렇다. 왜냐하면 만일 우리가 언어 중추를 온전하게 가지고 있지 않다면 우리는 말을 할 수 없기 때문이다. 그런데 또한 언어는 습득되어야만 하는 것인가? 물론 그렇다. 나는 열세 살 때 비로소 배운 영어로 말하고 있다. 그러나 만일 내가 전에 영어를 배운 적이 없다면 나

209 오로지 인간만이 정확하게 엄지손가락을 집게손가락에 맞댈 수 있다.
알브레히트 뒤러의 자화상.

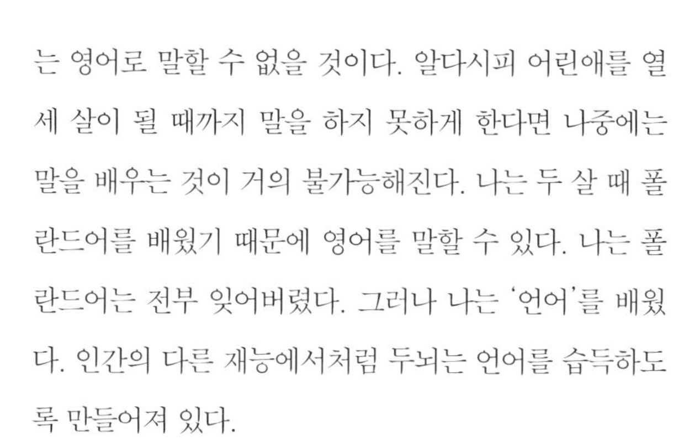

는 영어로 말할 수 없을 것이다. 알다시피 어린애를 열 세 살이 될 때까지 말을 하지 못하게 한다면 나중에는 말을 배우는 것이 거의 불가능해진다. 나는 두 살 때 폴란드어를 배웠기 때문에 영어를 말할 수 있다. 나는 폴란드어는 전부 잊어버렸다. 그러나 나는 '언어'를 배웠다. 인간의 다른 재능에서처럼 두뇌는 언어를 습득하도록 만들어져 있다.

210 암컷은 흥분해서 어쩔 줄 모르며, 빈틈없이 둥우리를 짓는 등 일련의 행동을 한다.

▲염주비둘기 암컷이 습관적으로 둥지를 짓고 있다.

구애를 하거나 둥우리를 짓는 동안, 수컷이 시각적이고 청각적인 자극을 제공한다.

▶다니엘 레르만이 솔크 연구소에서 염주비둘기의 구애에 대한 강의를 하고 있다, 1967년 2월.

언어는 인간의 다른 면에서도 매우 특수한 영역이다. 알다시피 인간의 두뇌는 양쪽이 대칭되는 것은 아니다. 다른 동물들과 달리, 인간은 뚜렷하게 오른손잡이거나 왼손잡이라는 것을 볼 때 그 증거는 충분히 드러난다. 언어 또한 두뇌의 한쪽 면에서 조정된다. 그리고 그 부위는 바뀌지 않는다. 여러분이 왼손잡이이든 오른손잡이이든 언어 중추는 왼쪽에 있다. 심장이 오른쪽에 있는 사람이 있듯이 극히 드물게 예외도 있을 수 있다. 대체로 언어를 담당하는 영역은 두뇌의 왼쪽 중간에 자리하고 있다. 그러면 오른쪽의 비슷한 곳에는 무엇이 있을까? 언어만을 조절하는 왼쪽의 두뇌에 대칭되는 오른쪽 뇌는 무엇을 담당하는지 정확히 알려져 있지 않다. 눈을 통해 들어오는 정보를 받아들일 것이라고 추측해볼 뿐이다. 즉 망막에서 2차원적인 세계의 지도를 가져와 그것을 3차원적인 그림으로 변화시키거나 조직하는 것이다. 그렇다면 언어 역시, 세계를 언어의 조각들로 조직해서 마치 움직이는 영상처럼 재결합시키는 수단인 것이 분명하다.

인간의 세 번째 특수성인 경험의 구조는 아주 멀리 내다볼 수 있게 되어 있다. 두뇌의 주된 조직은 전엽과 전전엽에 있다. 나를 포함한 모든 인간은 이마가 높고(high brow:지식인의 별칭—옮긴이), 달걀머리(egg head: 지식인의 속칭—옮긴이)이다. 인간의 두뇌는 그렇게 작용하기 때문이다. 대조적으로 타웅의 두개골은 앞이마가 다소 비스듬하므로, 우리는 그녀가 최근에 죽은 어린애의 두개골과 같지 않다는 것을 알 수 있다.

이 큰 전엽들이 하는 일은 정확히 무엇인가? 이곳에서는 분명 여러 가지 기능을 하는데 그중에서도 매우 특수하고 중요한 한 가지 일을 한다. 즉 그것 덕분에 우리는 미래의 행동에 대해 생각하고 그 후의 보상을 기다리기도 한다. 1910년경

211 어린 시절에 나무토막을 쌓아보지 않았다면 인간은 어떤 것도 지을 수 없다.
케임브리지의 그란체스터에서 손자 다니엘 브루노 야르딘과 함께 있는 저자.

에 최초로 이 연기 반응(delayed response)에 대한 실험을 한 사람은 월터 헌터(Walter Hunter)이며, 1930년대에 야콥센(Jacobsen)이 그 실험을 보완했다. 헌터는 다음과 같은 실험을 했다. 그는 동물에게 어떤 보상을 보여준 다음에 그것을 숨긴다. 실험실의 모르모트는 전형적인 반응을 보인다. 만일 쥐에게 보상을 보여주고서 즉각 놓아주면 쥐는 물론 곧바로 숨겨둔 보상을 찾아간다. 그러나 만일 쥐를 몇 분간 기다리게 하면 쥐는 어디로 가서 보상을 찾아야 하는지를 모른다.

물론 어린아이는 아주 다르다. 헌터는 어린아이에게 똑같은 실험을 했다. 대여섯 살 된 어린아이들은 반 시간 내지 한 시간까지도 기다릴 수 있다. 헌터는 한 어린 소녀를 기다리게 하는 동안 그녀를 심심하지 않게 해주려고 이야기도 해주었다. 마침내 소녀가 말했다. "아저씨는 내가 그것을 잊어버리게 하려는 거죠!"

한참 후에 보상이 주어지는 행동을 계획하는 능력은 연기 반응 최고의 역작이며, 사회학자들은 이것을 '욕구 충족의 연기(the postponement of gratification)'라고 부른다. 그것은 인간의 두뇌가 가진 중요한 재능이며 동물의 두뇌에는 그에 해당하는 초보적인 것조차 없다. 인간의 사촌이라 할 수 있는 원숭이처럼 진화의 단계에서 상당히 높은 수준에 이르러 두뇌가 매우 복잡하게 되어야 그 비슷한 것이 있다. 인간의 발전에서 알 수 있는 것은, 인간은 사실상 초기 교육 단계에서 결정의 연기와 관련되어 있다는 것이다. 여기서 나는 사회학자와는 다른 말을 하고 있다. 우리는 미래를 위한 준비로서 충분한 지식을 쌓기 위해 결정하는 과정을 연기'해야만 한다'. 이렇게 말하면 유별난 것 같다. 그러나 그것이 우리가 어린 시절에, 사춘기에, 또 젊은 시절에 하는 일이다.

나는 결정의 연기에 대해서 아주 극적으로 말하고 싶은데, 말 그대로 연극을 예로 들겠다. 영어로 된 대표적인 연극은 무엇일까? 〈햄릿〉이 있다. 〈햄릿〉은 무엇에

212 **인간의 현재의 진화는 확실히 손의 꾸준한 발전에서 시작되며, 특히 두뇌가 손을 능숙하게 조종하기 시작하면서 빨라졌다. 다음으로 동물에게는 전혀 없는, 두뇌의 보다 특수하고 인간적인 영역이 언어 영역이다. 이 영역은 두뇌의 두 개의 연결 부분에 자리잡고 있다. 한 영역은 청각 중심에 가깝고 다른 영역은 앞쪽에 다소 높게, 즉 전엽에 놓여 있다.**

대뇌피질의 운동 영역은 왼손과 오른손의 조작과 관련 있는 영역을 지배한다.

베르니케 영역과 브로카 영역은 뇌의 왼쪽에 있다.

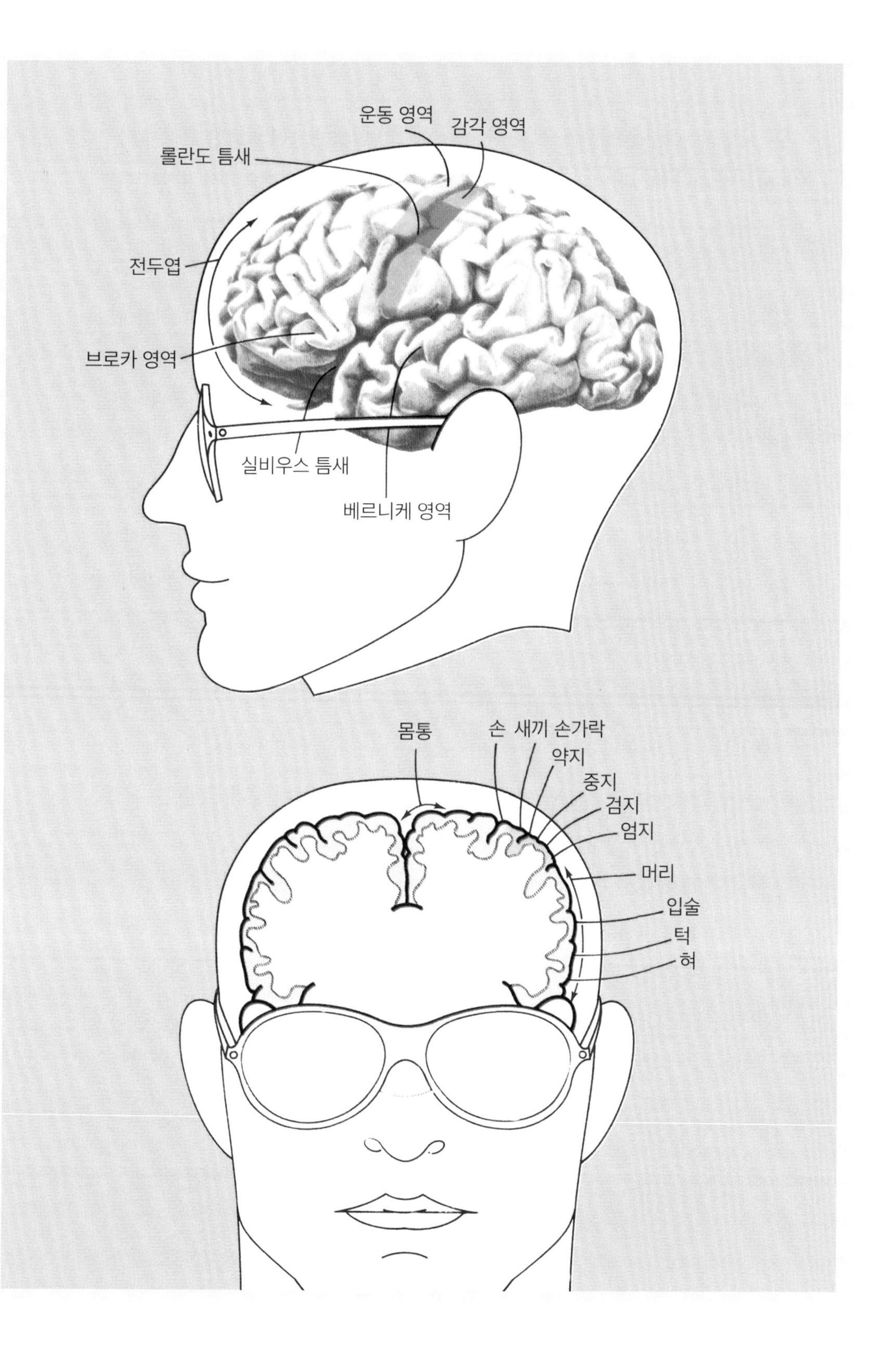
운동 영역
감각 영역
롤란도 틈새
전두엽
브로카 영역
실비우스 틈새
베르니케 영역
몸통
손
새끼 손가락
약지
중지
검지
엄지
머리
입술
턱
혀

대한 극인가? 그것은 젊은이, 아니 한 소년이 그의 인생 최초의 중요한 결정과 마주친 사건에 대한 이야기이다. 그 결정은 그의 능력을 넘어서는 것으로 아버지의 살인범을 죽이는 것이다. 유령이 그를 부추기며 '복수해, 복수하라'고 말해보았자 의미가 없다. 사실은 젊은이로서의 햄릿은 아직 성숙하지 않았을 뿐이다. 지적으로나 감정적으로 그는 요구되는 행위를 수행할 정도로 성숙하지 않았다. 연극은 처음부터 끝까지 자기 자신과 싸우면서 끊임없이 자신의 결정을 연기하는 것에 대한 것이다.

3막의 중간에서 클라이맥스에 이른다. 햄릿은 기도하고 있는 왕을 본다. 장면설정은 아주 불확실하지만 아마도 햄릿은 자신의 죄를 고백하는 왕의 기도를 들었을 것이다. 그런데 햄릿은 뭐라고 하는가? "이제 내가 그 일을 할 수 있겠어. 절호의 기회다." 그러나 그는 그렇게 하지 않는다. 소년기에 있는 그는 그런 엄청난 행동을 할 준비가 되어 있지 않았던 것이다. 결국 극의 마지막에 햄릿은 살해된다. 그러나 비극은 햄릿의 죽음이 아니다. 그가 위대한 왕이 될 준비가 다 된 바로 그때 죽는다는 것이다.

인간에게는 두뇌가 행동의 도구이기 전에 준비의 도구가 되어야 하는데 이를 위해 특별한 영역이 요구된다. 예를 들면, 전엽은 손상을 입지 않아야 한다. 그러나 그보다 더 중요한 것은 유년 시절의 오랜 준비 기간이다.

과학적 용어로 말한다면, 우리는 유태성숙(幼態成熟, neotenous)인 것이다. 즉 우리는 태아 상태 그대로 자궁에서 나온다. 아마도 그것이 르네상스 이후로 우리의 문화, 우리의 과학 문화가 다른 무엇보다도 '어린이'라는 상징을 칭송하는 이유일 것이다. 라파엘로가 그림으로, 블레즈 파스칼(Blaise Pascal)이 글로 되살린 어린 예수, 어린 신동 모차르트와 가우스, 장 자크 루소와 찰스 디킨스가 묘사한 어린이들을 보라. 다른 문화권에서는 다소 다르다는 생각이 든 것은, 내가 이곳 캘리포니아로부터 남쪽으로 항해해서 4,000마일 떨어진 이스터 섬에 갔을 때였다. 거기서 나는 역사적인 차이에 충격을 받았다.

이따금씩 어떤 공상가들은 새로운 유토피아를 발명한다. 플라톤, 토머스 모어 경, H. G. 웰스 등을 예로 들 수 있다. 그 공상 속에는, 히틀러가 말한 것처럼 영웅적인 영상은 영원히 유지될 것이라는 믿음이 들어 있다. 그러나 영웅적인 영상들은 언제나 이스터 섬의 조상(彫像)의 얼굴처럼 조잡하며 생기 없고 낡은 것이다. 그것들은 무솔리니처럼 보이기까지 한다. 그런 영상들은 생물학적인 견지에서 보더라도 인간 성격의 본질은 아니다. 생물학적으로 인간은 민감하며, 변하기 쉽고, 다양한 환경에 적응하며, 정체해 있지 않다. 인간 존재의 진정한 이상은 신비스런 아이, 성모와 아기 예수, 성가족이 되는 것이다.

10대의 소년이었을 때, 나는 토요일 오후마다 런던의 이스트앤드에서 대영박물관까지 걸어가곤 했는데 그것은 이스터 섬 제도에서 가져와서 어떤 이유에선지 박물관 안에 들여놓지 않은 특이한 동상들을 보기 위해서였다. 나는 이 고대의 선조들의 얼굴을 좋아한다. 그러나 결국 그 모두가 한 어린애의 보조개 파인 얼굴만큼의 가치도 없는 것이다.

내가 이스터 섬에서 그런 말을 하는 것이 좀 지나친 면은 있지만, 거기에는 이유가 있다. 진화가 어린애의 뇌에 투자해놓은 것을 생각해보라. 내 두뇌는 1.36kg이고 내 몸은 그 50배나 된다. 그러나 내가 태어났을 때 몸은 머리의 부속물에 지나지 않는 것으로 머리의 5~6배 정도밖에 되지 않았다. 대부분의 역사를 통해서 문명은 그 무한한 가능성을 노골적으로 무시해왔다. 사실 문명은 가능성을 이해하는 학습을 하느라고 가장 긴 유년 시절을 보냈다고 할 수 있다.

역사상 대부분의 어린이들은 어른의 영상을 그대로 따르라는 요구만 받았다. 나는 앞에서 페르시아의 바크티아리족의 봄철 이동에 대해 이야기했다. 그들은 사라져가는 다른 민족들 중에서도 1만 년 전의 유목민과 가장 가까운 방식으로 살고 있다. 옛날식 생활방식의 곳곳에서 그런 점이 보인다. 어른의 모습이 어린이의 눈에 나타나 있다. 소녀는 성숙 과정에 있는 어린 어머니요, 소년은 어린 목동이다. 그들은 심지어 자신들의 부모처럼 처신한다.

물론 역사는 유목시대와 르네상스 사이에 가만히 머물러 있지는 않았다. 인간의 진보는 결코 멈춘 적이 없다. 그러나 젊은이의 진보, 재능 있는 자의 진보, 상상력 있는 자의 진보는 유목시대와 르네상스 사이에서 여러 번 멈출 뻔하기도 했다.

물론 위대한 문명들도 있었다. 내가 어떻게 이집트, 중국, 인도, 그리고 중세 유

럽의 문명을 낮잡아볼 수가 있겠는가? 그러나 그런 문명들은 한 가지 관문을 통과하지 못했다. 그 문명들은 젊은이들의 상상력의 자유를 한정시킨 것이다. 그들은 정체적이었으며 소수의 문화를 만들어냈다. 아들은 아버지가 했던 일을 하고, 아버지는 그 아버지가 했던 일을 하기 때문에 정체되어 있다는 것이다. 인류가 만들어내는 모든 재능 중에서 실제로 아주 적은 재능만을 사용하기 때문에 그들은 소수 문화이다. 그들은 읽고 쓰기를 배우고 다른 언어를 배우며 지독히 느린 속도로 사다리를 올라갔다.

중세시대에 높은 곳으로 연결된 사다리는 교회를 통하고 있었다. 똑똑하고 가난한 소년이 올라갈 수 있는 다른 길은 없었다. 그리고 사다리의 끝에는 항상, '이제 너는 마지막 계명에 도달했다. 더 이상 질문하지 말라'고 말하는 신의 영상, 초상이 있다.

예를 들어, 에라스무스가 1480년에 고아원을 떠났을 때 그는 교역자(敎役者)가 될 준비를 해야 했다. 예배는 그때도 지금처럼 아름다웠다. 에라스무스 자신도 14세기의 감동적인 미사인 쿰기우빌라테(Cum Giubilate)를 집전했을지 모른다. 나는 그 미사에 대한 이야기를 그로피나의 산 피에트로에 있는 오래된 어떤 교회에서 들어본 적이 있다. 그러나 에라스무스는 수도승의 생활은 지식을 막아버리는 철문이라고 보았다. 그가 계율을 무시하고 자기 자신의 노력으로 고전을 읽을 때에 비로소 세상이 그에게 열렸다. 그는 말했다. "이교도가 이교도에게 이것을 썼다. 그러나

213 어른의 모습이 어린이의 눈에 나타나 있다. 그들은 심지어는 자신들의 부모처럼 처신한다.
◀아프가니탄 마자리 샤리프(Mazar-i-Sharif) 평원에서 부즈카시를 즐기고 있는 우즈벡족의 아버지와 아들.

214 에라스무스는 수도승의 생활은 지식을 막아버리는 철문이라고 보았다. 그가 계율을 무시하고 자기 자신의 노력으로 고전을 읽을 때에 비로소 세상이 그에게 열렸다.
▲캉탱 메치(Quentin Metsys)가 그린 데시데리우스 에라스무스의 초상, 1530년.

여기에는 정의와 성스러움과 진리가 있다. 나는 '성스러운 소크라테스여, 나를 위해 기도해주시오'라는 말을 억제할 수가 없다."

에라스무스에게는 평생을 두고 사귄 친구가 둘 있는데, 영국의 토머스 모어 경과 스위스의 요한 프로베니우스(Johann Frobenius)가 그들이었다. 그는 모어에게서 교양 있는 문화인들과의 교우에서 얻는 기쁨을 누렸는데, 나도 영국에 처음 왔을 때 그런 기분을 느꼈었다. 프로베니우스와 그의 가족은 1500년대에 의학서 같은 고전을 출판한 위대한 출판인들이었다. 그들이 출판한 히포크라테스의 작품은 여태껏 인쇄된 것 가운데 가장 아름다운 책 중의 하나로서, 매 페이지마다 출판업자의 기꺼운 열정이 그 지식만큼이나 힘차게 녹아 있다.

이 세 사람과 세 권의 책, 즉 히포크라테스의 작품과 모어의 『유토피아Utopia』, 에라스무스의 『우신 예찬The Praise of Folly』이 의미하는 것은 무엇인가? 내게 그것들은 지성의 민주주의를 의미한다. 그러기에 에라스무스와 프로베니우스와 토머스 모어 경이 내 마음속에 그 시대의 거대한 이정표로 서 있는 것이다. 지성의 민주주의는 인쇄된 책에서 시작되며 거기서 1500년에 제기된 문제들은 오늘날의 학생운동으로까지 지속되어왔다. 토머스 모어 경은 왜 죽었는가? 그가 권력

을 휘두른다고 생각한 왕의 노여움을 샀기 때문이다. 그런데 모어나 에라스무스 같은 모든 뛰어난 지성인들이 원한 것은 다름 아닌 성실성의 수호자가 되는 것이었다.

DES▸ ERASMI ROTERO
DAMI LIBER CVM PRIMIS PIVS, DE
præparatione ad mortem, nunc primum & con/
ſcriptus & æditus.
ACCEDVNT aliquot epiſtolæ ſerijs de re/
bus, in quibus item nihil eſt nō nouum ac recens.

צו לביתך כי מת אתה ולא תחיה Eſa. 38
μακάριοι οἱ νεκροὶ οἱ ἐν κυρίῳ ἀποθνήσκοντες. Ap.14.
Mihi uiuere Chriſtus eſt, & mori lucrum. Philip. 1
BASILEAE M D XXXIIII

지적 지도력과 세속적 권위 사이에는 오랜 세월 동안 갈등이 있어왔다. 예리코에서 예수가 갔던 길을 따라가다가 지평선에 나타난 예루살렘의 모습, 예수가 자신의 죽음을 예감하면서 바라본 그 예루살렘의 모습을 처음으로 보았을 때, 나는 그러한 갈등이 얼마나 오래된 것이며 얼마나 처절한 것인가를 절실히 느끼게 되었다. 예수는 당시 그 민족의 지적, 도덕적 지도자이기는 했으나 종교가 정부의 한쪽 팔에 불과한 체제에 대항해야 했기 때문에 죽임을 당했던 것이다. 그것이 지도자들이 되풀이하여 직면했던 선택의 위기다. 아테네의 소크라테스, 동정과 야망 사이에서 고민한 아일랜드의 조너던 스위프트(Jonathan Swift), 인도의 마하트마 간디, 그리고 이스라엘의 대통령직을 거절했던 알베르트 아인슈타인이 직면했던 위기인 것이다.

나는 일부러 과학자 아인슈타인의 이름을 꺼냈다. 20세기의 지적 지도력은 과학자에게 있기 때문이다. 그런데 바로 이것이 심각한 문제를 야기한다. 왜냐하면 과학 역시 정부와 밀접하게 관련을 맺고 있는데 정부는 힘의 원천인 과학의 고삐를 쥐고 흔들기를 원하기 때문이다. 그러나 만일 과학이 길을 잘못 들어선다면 20세기의 믿음들은 냉소 속에서 산산이 부서지고 말 것이다. 그리하여 우리는 믿음이 없

215 지성의 민주주의는 인쇄된 책에서 나온다. 매 페이지마다 출판업자의 기꺼운 열정이 그 지식만큼이나 힘차게 녹아 있다.
◀베살리우스의 해부학과 ▲에라스무스의 그리스어 원전을 번역한 성서, 모두 바젤에서 출간되었다.

216 **지적 지도력과 세속적 권위 사이에는 오랜 세월 동안 갈등이 있어왔다. 내가 예리코에서 예수가 갔던 길을 따라가다가 지평선에 나타난 예루살렘의 모습, 예수가 자신의 죽음을 예감하면서 바라본 바로 그 예루살렘의 모습을 처음으로 보았을 때, 나는 그러한 갈등이 얼마나 오래된 것이며 얼마나 처절한 것인가를 절실히 느끼게 되었다.**
이스라엘 예루살렘 고도의 진경.

는 사회에서 살게 될 것이다. 왜냐하면 과학이 인간의 독특함을 인정하지 않거나 과학적 재능과 업적에 대한 자부심을 바탕에 두지 않는 한, 현 세기에는 어떤 믿음도 설 자리가 없기 때문이다. 과학이 할 일은 지상의 부(富)가 아니라 도덕적 상상력을 계승하는 것이다. 도덕적 상상력이 없이는 인간과 믿음과 과학은 함께 사라져 버릴 것이기 때문이다.

나는 그런 문제를 현대로 가져와야겠다. 내가 볼 때 그런 문제를 구체적으로 보여주는 사람은 존 폰 노이만(John von Neumann)이다. 그는 1903년에 헝가리에서 태어난 유대인이다. 만일 그가 100년만 앞서 태어났더라도 우리는 그를 알지도 못했을 것이며, 그는 자기 아버지와 할아버지가 했던 일을 이어받아 랍비로서 교리의 주석을 만들고 있었을 것이다. 그러나 그는 수학의 신동이었으며 끝까지 '신동 자니'로 통했다. 10대에 이미 그는 수학에 대한 논문을 썼다. 그는 스물다섯 살이 되기 전에 벌써 유명해졌는데, 두 가지 주제에 대한 업적 때문이었다.

그 두 주제는 놀이와 관계가 있다고 해야 할 것이다. 모든 과학, 모든 인간의 사고는 놀이의 한 형태라는 점을 알아야 한다. 추상적인 사고는 지성의 유태성숙과 같은 것으로, 그것으로 인간은 당장에는 아무 목표도 없는 활동을 계속해나가며(다른 동물은 어릴 때만 놀이를 한다) 오랜 기간의 전략이나 계획을 준비해나갈 수 있는 것이다.

나는 제2차 세계대전 당시 영국에서 노이만과 함께 일했다. 그는 런던의 택시 안에서 처음으로 '게임 이론(Theory of Games)'에 대한 이야기를 해주었다—그는 택시 안에서 곧잘 수학에 대한 이야기를 하곤 했다. 나는 체스를 아주 좋아했으므로 자연히 그에게 "게임 이론은 체스와 같은 것입니까?"라고 물었다. 그는 "아닙니다.

체스는 게임이 아닙니다. 체스는 아주 잘 정리된 계산 형태입니다. 당신은 체스에서 답을 얻어낼 수 없을지 모르지만, 이론상으로는 어떤 위치에서도 해답과 올바른 과정이 틀림없이 있습니다. 그런데 실제 게임은 전혀 그렇지 않습니다. 실생활에서도 그렇지 않습니다. 실생활에는 속임수도 있고 사소한 허위나 책략도 있고, 다른 사람이 내가 하려고 하는 것을 어떻게 생각하고 있을까를 스스로에게 묻는 경우도 있지요. 그것이 내 이론에서 게임이 뜻하는 것이지요"라고 말했다.

바로 그것이 그의 책의 내용이다. 이처럼 방대하고 심오한 책에 『게임 이론과 경제 행위The Theory of Games and Economic Behavior』라는 제목이 붙어 있으며 '포커와 속임수'라는 장이 있다는 것은 이상해 보인다. 더구나 이 책이 허풍 같은 방정식으로 가득 차 있는 것을 알았을 때는 더욱 놀랍고도 꺼림칙하다. 수학은, 특히 노이만같이 기민하고 통찰력 있는 비범한 지성을 가진 사람의 손에서는 전혀 허풍 떠는 활동이 아니다. 책 전체에 나타나 있는 것은 음조(音調)처럼 분명한 지성의 선(線)이며, 그 모든 방정식의 두툼한 무게는 그저 낮은 베이스로 이루어진 관현악 편곡과도 같은 것이다.

노이만은 인생의 후반기에 이르러, 이런 주제를 가지고 그의 두 번째 위대한 사상을 창조해냈다. 그는 컴퓨터가 기술적으로 중요할 수도 있음을 인정했다. 그러나 그는 실생활에서의 상황과 컴퓨터의 상황이 얼마나 다른지를 사람들이 이해해야 한다는 것 또한 인식하기 시작했다. 무엇보다도 실생활에는 체스나 공학 계산에서와 같이 정확한 해결책들이 없기 때문이다.

나는 노이만이 사용한 기술적 용어가 아니라 내 자신의 용어를 사용해서 그의 업적을 묘사해보겠다. 그는 짧은 기간의 전술과 광대하고 장기적인 전략을 구별했다. 전술은 정확하게 계산할 수 있으나 전략은 그렇게 되지 않는다. 그럼에도 노이만은 '최상'의 전략을 수립하는 방법이 있다는 것을 보여주어 수학적이고 개념적인 성공을 이룩했다.

그리고 말년에 『컴퓨터와 두뇌Computer and the Brain』라는 멋진 책을 썼는데, 그것은 1956년에 할 예정이었으나 몸이 아파서 그만두었던 '실리만 강의(Silliman Lecture)'를 정리한 것이었다. 그 책에서 노이만은 두뇌가 언어를 가진 것으로 보며, 그 언어로 인해 두뇌의 각기 다른 부분들의 활동이 연결되고 서로 맞물려서 우리가 방대하고 전면적인 삶의 방식, 즉 인문 과학에서 가치 체계라고 하는 것의 계획과 절차를 고안할 수 있게 된다고 말하고 있다.

노이만에게는 매력적이면서 개성적인 면이 있었다. 그는 틀림없이 내가 알고 있는 사람 중에서 가장 재주 있는 사람이었다. 천재가 '두 가지' 위대한 아이디어를 가진 사람이라고 한다면 그는 천재였다. 1957년의 그의 죽음은 우리 모두에게 큰 비극이었다. 그가 겸손한 사람이었기 때문에 비극적이라는 것은 아니다. 전쟁 중에 내가 그와 함께 일했을 때, 한번은 함께 문제를 풀다가 그가 즉각 말했다. "아니야, 아니야, 당신은 그것을 못 보고 있어요. 당신같이 사물을 마음속에 구체화시켜 보는 사람은 이것을 알아보기 힘들어요. 그것을 추상적으로 생각해보세요. 이 폭발 사진에서 일어나고 있는 것은 제1미분계수가 동일하게 사라지는 것이며 따라서 눈에 보이는 것이 제2미분계수의 근거가 되는 겁니다."

그의 말처럼 나는 그런 식으로 생각하지 못했다. 나는 그를 런던으로 떠나보내고 시골의 내 실험실로 갔다. 거기서 밤늦게까지 작업을 하다가 한밤중에 나도 그와 같은 답을 얻었다. 그런데 노이만은 항상 늦잠을 자는 사람이어서 나는 그를 배려하여 아침 10시가 훨씬 넘을 때까지 그를 깨우지 않았다. 마침내 내가 런

217 ◀존 폰 노이만과 ▶그의 노트.

던의 호텔로 전화를 했을 때 그는 잠자리에서 전화를 받았다. 내가 "자니, 당신이 옳았소!" 하고 말하자 그가 대답했다. "내가 옳다고 말하기 위해 아침 일찍 나를 깨운 겁니까? 제발 내가 틀릴 때까지 기다리세요."

그의 말이 허세를 부리는 것처럼 들릴지 모르지만 사실은 그렇지 않다. 오히려 그가 어떻게 살았는지를 가장 잘 보여주는 말이다. 더불어 그 속에는 그가 말년을 낭비했다는 것을 상기시켜주는 면이 있다. 그가 죽고 난 뒤에는 계속되기가 매우 어려운 그런 위대한 일을 그는 끝내지 못했던 것이다. 사실 그는 다른 '사람'들은 사물을 어떻게 보는지를 알려고 하지 않았기 때문에 완성하지 못한 셈이다. 그는 점점 개별 회사들, 산업체나 정부를 위한 일에 몰두했다. 차츰 그는 권력의 중심부에 다가갔지만, 지식을 발전시키지도, 사람들과 가까워지지도 못했다. 그래서 사람들은 오늘날까지도 인생과 정신에 대한 인간적 수학에 관해 그가 하려고 했던 것을 이해하지 못하는 것이다.

노이만은 지성(知性)의 귀족주의와 사랑에 빠졌던 것이다. 그러나 그것은 우리가 알고 있는 문명을 파괴시킬 뿐인 신조이다. 우리가 제값을 하려면 우리는 지성의 민주주의가 되어야 한다. 우리는 바빌론과 이집트와 로마가 쓰러진 원인, 즉 사람과 정부, 사람과 권력 사이의 거리로 인해 멸망해서는 안 된다. 외로운 권력의 높은 자리가 아니라, 다른 사람을 지배하려는 어떤 야망도 갖지 않은 사람들의 가정

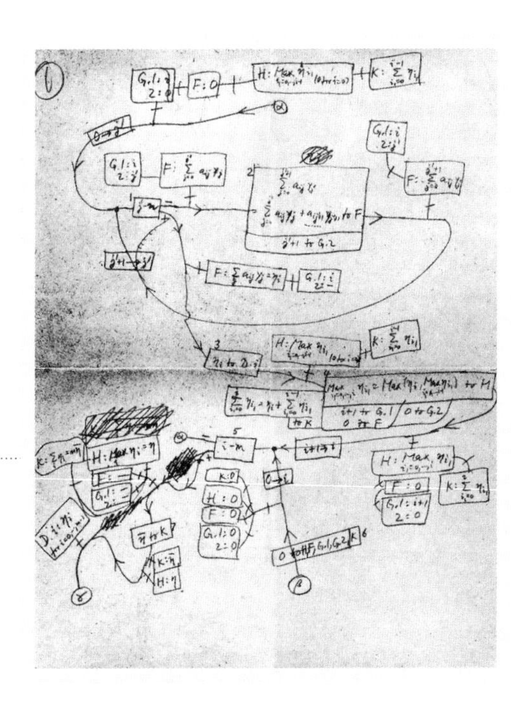

게임 방법 : 손가락 게임, '모라(Morra)'

모라는 두 사람이 하는 게임으로, 가장 간단하게 할 수 있는 방법은 다음과 같다. 한 사람이 1개나 2개의 손가락을 내밀면서 동시에 상대방이 몇 개의 손가락을 내밀었는지 알아맞히는 것이다. 두 사람 모두 맞거나 틀렸을 경우에는 누구도 칩을 잃지 않지만, 한 사람만 답을 맞혔을 경우에는 두 사람이 내민 손가락 개수만큼의 칩을 정답자가 가져간다.

■ 따라서 손가락 2개로 모라를 할 경우 다음과 같은 네 가지 경우의 수가 발생한다. ＊ 엄지손가락은 내미는 손가락의 개수에서 제외한다.

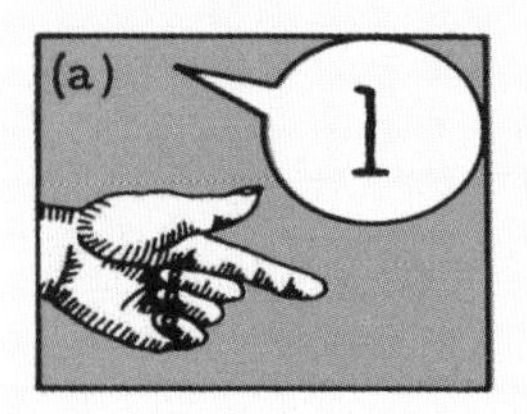

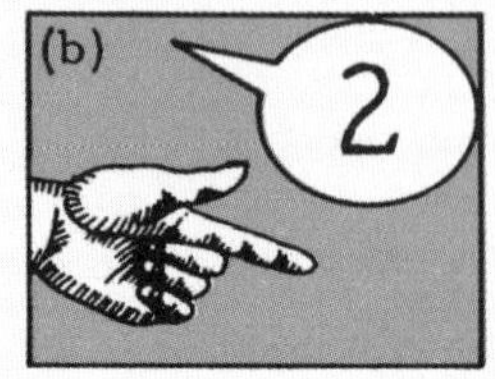

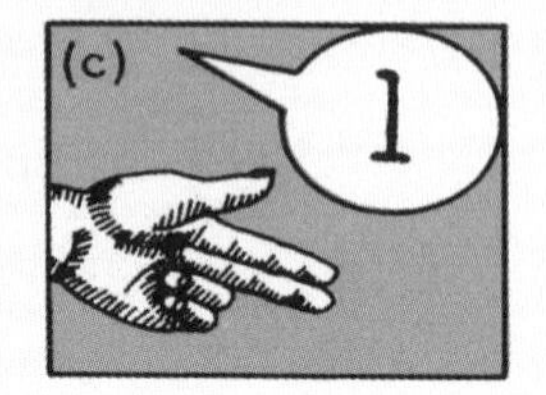

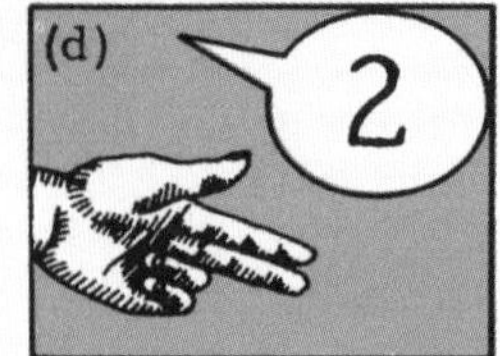

■ 한 사람만 다른 사람의 손가락 개수를 맞혔을 때 (a)의 경우, 2개의 칩을 가져간다.
(b)와 (c)의 경우, 3개의 칩을 가져간다. (d)의 경우, 4개의 칩을 가져간다.

모라는 공정한 게임이기는 하지만 특별한 운이 따르지 않더라도 올바른 전략을 세운 사람이 그렇지 않은 사람보다 유리하다. (a)와 (d)의 경우를 무시하고 (b)와 (c)가 일어날 확률을 7:5로 잡고서 게임에 임한다면 올바른 전략을 세웠다고 할 수 있다. 즉, 12번의 게임을 한다고 가정했을 때 올바른 전략은 다음과 같다.

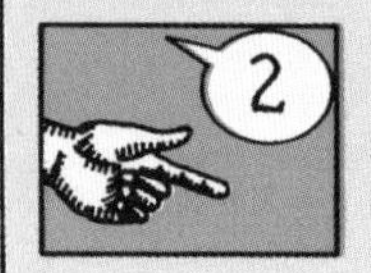

평균 7번
맞히는 경우

평균 5번
맞히는 경우

직감에 따라 게임을 하는 갬블러들은
이러한 전략을 추측하기는 어렵다.

■ 사실, 수학적인 방법으로 최선의 전략을 찾아내기란 다소 어렵다. 그러나 (a), (b), (c), 혹은 (d)의 경우를 거스를 때 어떤 상황이 벌어질지 계산해본다면 이 전략이 효과적이라는 것을 쉽게 증명할 수 있다.

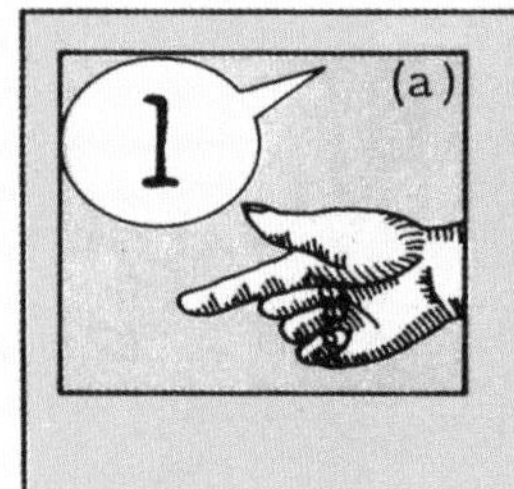

12번의 게임에서 평균 7번을 이기게 되며 이길 때마다 2개씩의 칩을 가져온다. 반면 나머지 5번은 패하게 되며 각각 3개씩의 칩을 잃게 되므로 총 12번의 게임으로 칩 1개를 잃게 된다.

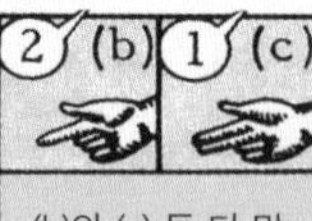

(b)와 (c) 둘 다 맞히거나 둘 다 틀린 경우, 누구도 칩을 잃지 않는다.

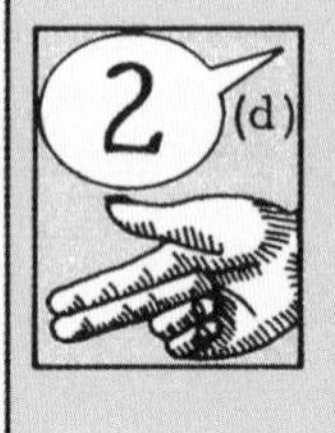

12번의 게임에서 평균 5번을 이기며, 이길 때마다 4개씩의 칩을 가져온다. 나머지 7번은 패하게 되며 각각 3개씩의 칩을 잃게 되므로, 이 경우에도 12번의 경기 중 1개의 칩을 잃게 된다.

■ 보통 모라(Morra)는 3개의 손가락 중에서 1개나 2개, 혹은 3개를 보여주면서 숫자를 알아맞히는 보다 복잡한 방식을 취한다. 규칙은 앞에서와 비슷하며, 최선의 전략은 아래 그림 3개를 혼합한 형태이다.

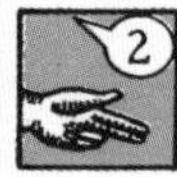

모라(Morra)는 최대 4개의 손가락으로 할 수 있지만 게임에 참여하는 두 사람의 합의하에 더 많은 손가락으로 할 수도 있다.

과 머릿속에 지식이 들어갈 때에야 비로소 그 거리는 좁혀지고 메워질 수 있다.

그것은 어려운 과제인 것 같다. 결국 세상은 전문가들에 의해 경영된다. 그 말은 과학 단체들이 이 사회를 운영한다는 뜻이 아닌가? 아니, 그렇지 않다. 과학 단체들은 전문가들이 전등빛을 작동시키는 것과 같은 일을 할 수 있게 하는 곳이다. 그러나 '자연'이 어떻게 작용하고, (예를 들면) 전기가 어떻게 자연의 한 표현 형태로서 빛 속에, '그리고' 내 머릿속에 있는가를 알아내야 하는 것은 여러분이나 나 같은 사람의 몫이다.

우리는 한때 노이만의 마음을 사로잡았던 인생과 정신이라는 인간의 문제들을 진전시키지 못했다. 우리는 과연 완전한 인간과 충족된 사회에서 높이 사줄 행동 양식의 행복한 기반을 찾을 수 있을까? 우리가 보아왔듯이, 인간의 행동은 유예된 활동을 준비하기 위한 고도로 내적인 연기로 특징지을 수 있다. 이러한 유예된 활동의 생물학적 근거는 인간의 긴 유년 시절과 느린 속도의 성숙기로 나타난다. 그러나 행동의 연기는 그 후의 시기에도 나타난다. 성인으로서, 결정자로서, 인간으로서 우리의 행동은 가치에 의해 중재(仲裁)되며, 내가 해석하기로는 그러한 가치는 상반되는 충동의 균형을 맞추려는 우리의 일반적인 전략이라고 할 수 있다. 우리가 문제를 풀어나가는 컴퓨터적인 계획에 의해 살아간다는 것은 사실이 아니다. 인생의 문제는 그런 식으로는 해결될 수 없다. 그 대신 우리는 우리의 행동을 이끌어주는 원리를 발견함으로써 행동을 결정한다. 순간적으로 매력적인 것과 장기적으로 만족할 만한 것의 비중을 확실히 따지기 위해 가치의 구조 또는 윤리적 전략을 고안한다.

그리고 우리는 이제 정말로 지식의 놀라운 문턱에 와 있다. 인간의 등정은 항상

---

218 **"실생활에는 속임수도 있고 사소한 허위나 책략도 있고, 다른 사람이 내가 하려고 하는 것을 어떻게 생각하고 있을까를 스스로에게 묻는 경우도 있지요."**
모라 게임은 흥미롭고 멋진 게임이며 추천할 만하다. 기회와 추측이라는 요소를 포함하는 모든 실제 게임에서처럼 모라 게임 역시도 확실하게 승리를 보장할 방법은 없다. 폰 노이만의 이론이 시사하고자 했던 것은 평균적인 행운을 고려함으로써 결국에는 승리로 이끄는 가이드 역할을 할 수 있는 가장 훌륭한 전략이다.

저울대 위에서 흔들거리고 있다. 인간이 다음 계단을 향해 발을 들어 올릴 때 다음 단계에서 정말로 발을 내려놓을 수 있을 것인지는 알 수 없다. 그러면 우리 앞에는 무엇이 있는가? 결국 우리가 물리학이나 생물학에서 배워온 모든 것을 모아서 우리가 어디서 왔는가를 이해하는 것, 즉 인간이 무엇인가라는 문제를 향하여 나아갈 일이 남아 있다.

지식이란 사실들을 헐겁게 묶어놓은 공책이 아니다. 무엇보다도 지식은 우리 존재, 주로 윤리적 창조물로서의 우리 존재의 성실성에 대한 책임이다. 만일 우리가 과거의 믿음에서 나온 잡동사니 같은 도덕을 가지고 계속 살아가면서, 다른 사람들이 우리를 위해 이 세계를 이끌어가도록 내버려둔다면 우리는 그 지적인 성실성을 유지해나갈 수 없을 것이다. 그것은 오늘날에 정말 중요하다. 사람들에게 미분 방정식을 배우거나 전자학이나 컴퓨터 프로그램의 강의를 들으라고 충고하는 것은 별 의미가 없다. 그러나 지금으로부터 50년 후에, 만일 인간의 기원, 진화, 역사와 진보에 대한 이해가 교과서적인 상식이 되지 않는다면 우리는 존재하지 못할 것이다. 내일의 교과서적 상식은 오늘의 모험이며, 우리는 지금 그런 모험과 씨름하고 있는 것이다.

그런데 어느덧 나를 둘러싸고 있는 서구 사회가 맥이 다 빠져버린 느낌이며, 또 지식에서 무엇인가로 도피했다는 것을 깨닫고선 무한히 슬퍼진다. 무엇으로 도피했는가? 선불교로 도피했다. 우리는 단지 동물에 불과하지 않은가 하는 따위의 심오한 듯하나 거짓된 질문으로 도피했고, 초감각적인 감지와 불가사의한 것으로 도피했다. 그러한 것들은 우리가 전념을 기울인다면 이제는 알 수도 있는 것, 즉 인간 그 자체를 이해하려는 노력과 거리가 멀다. 합리적 지성이 반사 작용보다는 더 건

---

219 **지식이란 사실들을 헐겁게 묶어놓은 공책이 아니다.**
무엇보다도 지식은 우리 존재, 주로 윤리적 창조물로서의 우리 존재의 성실성에 대한 책임이다.
수련된 업(業)에 대한 개인적 헌신과 지적 헌신, 감정적 헌신이 함께 뭉쳐 하나로 작용해서 인간의 등정을 이루어온 것이다.
윌리엄 블레이크의 『경험의 노래들Songs of Experience』의 권두화(卷頭畵).

전하다는 것을 증명하려는 자연의 유일한 실험이 바로 인간이다. 지식이 우리의 운명이다. 예술의 경험과 과학의 설명을 마침내 한데 모으면서 스스로를 인식하는 일이 우리가 해결해야 할 숙제이다.

서구 문명을 퇴보적이라고 보는 것은 매우 비관적으로 들린다. 지금까지 나는 인간의 진보에 대해 매우 낙관적이었다. 그러면 나는 이 순간에 포기할 것인가? 물론 그렇지 않다. 인간의 진보는 계속될 것이다. 그러나 무턱대고 우리가 알고 있는 서구 문명에 의해서 인간의 진보가 계속될 것이라고 생각하면 안 된다. 서구는 이 순간에도 저울대 위에 놓여져 저울질당하고 있다. 서구세계가 포기한다 해도 다음 단계는 진행될 것이다. 서구인이 아닌 다른 누구에 의해서. 서구인이라고 해서 아시리아나 이집트, 로마와는 달리 멸망하지 않으리라는 보장이 있던가. 서구도 역시 어떤 미래의 과거가 되기를 바라고 있지만, 그 미래가 반드시 서구의 몫이 되리라는 것은 아니다.

우리의 문명은 과학이 이루어놓은 문명이다. 즉 지식과 지식의 성실성을 중요하게 여기는 문명이다. 과학(Science)이라는 말은 지식(Knowledge)에 대한 라틴어일 따름이다['Science'는 '안다(know)'는 뜻의 라틴어 'scire'에서 연유했다—옮긴이]. 만일 서구인이 인간의 진보에서 다음 단계를 맡지 못한다면 그것은 다른 곳, 아프리카나 중국 같은 데에서 이루어질 것이다. 내가 그것을 슬퍼해야 하는가? 아니, 그 자체에 대해서는 아니다. 인간성(humanity)은 색깔을 바꿀 권리가 있다. 그러면서도 나는, 나를 키워준 문명과 맺어져 있기 때문에 그렇게 되는 것을 무한히 슬퍼할 것이다. 영국이 나를 키워주었고, 언어를 가르쳐주었고, 지적인 추구를 하도록 관용과 즐거움을 가르쳐주었으므로, 만일 지금으로부터 100년 뒤에 셰익스피어와 뉴턴이 호머나 유클리드처럼 인간의 등정에서 역사적 화석이 되어버린다면, 나는 몹시

허전한 느낌을 맛보게 되리라.

나는 이 시리즈를 동아프리카의 오모 강에서 시작했는데, 그때 일어났던 어떤 사건이 이후로도 계속 내 마음에 남아 있었기 때문에 다시 그곳으로 돌아갔다. 우리가 첫 프로그램의 첫 문장을 시작하려던 날 아침에 경비행기가 카메라맨과 녹음기사를 태운 채 이륙했다. 그런데 이륙 후 몇 분 만에 비행기가 추락했다. 조종사와 두 사람은 기적적으로 무사히 살아 나왔다.

그러나 당연히 그 무시무시한 사건은 나에게 깊은 영향을 주었다. 내가 인류 역사의 행렬을 펼쳐 보일 준비를 하고 있을 때, '현재'가 역사의 인쇄된 페이지 사이로 조용히 손을 내밀며 말했던 것이다. '여기다, 지금이다'라고. 역사는 사건이 아니라 사람이다. 그리고 역사는 기억하는 사람뿐만이 아니라, 현재 속에서 과거를 살고 행동하는 사람들이다. 비행사의 즉각적인 결정의 행동이 곧 역사이며, 그 행동은 모든 지식, 모든 과학, 인간이 시작된 이래로 배워온 모든 것의 결정체로서 이루어진 것이다.

우리는 다른 비행기가 오기를 기다리면서 이틀간 캠프에 있었다. 그리고 나는 카메라맨에게 (서툴렀는지는 모르지만 친절하게) 공중 촬영을 다른 사람에게 맡기고 싶지 않느냐고 물었다. 그는 말했다. "나도 그 생각을 해보았습니다. 내일 다시 비행기를 타고 올라가면 아마 두렵겠지요. 그러나 촬영을 계속하겠습니다. 그것이 제가 할 일이니까요."

우리 모두는 두려워한다. 우리 자신에 대해, 미래에 대해, 세계에 대해. 그것이 인간적 상상력의 본질이다. 그러나 모든 인간, 모든 문명은 스스로가 하겠다고 작정한 책임 때문에 계속 전진해왔다. 수련된 업(業)에 대한 개인적 헌신과 지적 헌신, 감정적 헌신이 함께 뭉쳐 하나로 작용해서 인간의 등정을 이루어온 것이다.

체념의 순간마다 생각나는 20세기 르네상스인 브로노우스키*

우리가 다 알다시피, 20세기 후반의 과학적 발전 그리고 그에 따른 물질적 면에서 근대 인간생활의 다양성과 팽창 등은 그 속도에 있어서든, 범위에 있어서든 거대하고 놀랄 만한 것이다. 새로운 발견과 발명에 따른 '옛날 것'의 변화의 규모가 크고 작은 면에서 너무나도 눈부신 것이 많기에, 나 같은 보통 사람은 그런 모든 것을 이해하기는커녕 상상조차 해볼 수가 없을 때가 많다.

그럴 때마다 느끼는 것이 하나 있다면 내가 때를 잘못 타고났다는 것이라고나 할까. 제트기로 세계를 여행하고, 컬러텔레비전을 보고, 컴퓨터를 사용하고, 워드프로세서로 글을 쓰면서도 비행기가 어떻게 나는지, 컬러 화면이 어떤 과정으로 텔레비전 화면에 나오는 것인지, 컴퓨터가 무엇인지, 워드프로세서가 어떻게 해서 작동하는 것인지 등의 원리 원칙을 전혀 모르고 있을 뿐만 아니라, 또 알려 해도 너무나도 힘들고 복잡하고 신비스러운 것으로만 생각하다 보니 무식한 사람이 다 돼버린 느낌만 든다. 그러한 '무식'한 느낌을 면하려면 내가 평생 동경하고 존경하는 사람들, 이른바 르네상스인같이 되려고 애써야겠지만, 20세기 후반의 오늘날에서는 도저히 불가능한 일인 것만 같으니 체념하고 그저 '교육받은 무식한 사람'의 팔자를 지니고 살아가야 할 것만 같다.

이와 같은 무력한 체념의 순간마다 생각나는 사람들 중의 한 사람이 바로 이 책의 저자인 브로노우스키 박사다. 이 사람이 어떤 사람이냐 할 때, 그저 한마디로 그

분은 전형적인 르네상스인이라고 하면 충분할 것 같다.

수학자로 시작한 그는 물리학자이면서 시인이요 극작가요 발명가에다 휴머니스트이며, 열 권이 넘는 저서를 집필한 다양한 전문 지식과 취미와 업적을 남긴 사람이다. 나 같은 사람은 때를 잘못 타고나서 무식한 사람이 됐다고 체념하려 한다면, 브로노우스키 같은 사람은 그렇게도 신이 나서 흥분할 정도로 현대의 과학 면에서의 인간상과 인간 생활양식에 경탄을 표하고 있다. 그의 글을 옮기면서 줄곧 느낀 것이 바로 그의 그러한 경탄과 인간의 무한한 능력과 그 능력의 꾸준한 향상에 대한 기쁨이라 하겠다. 참으로 신기한 것이다.

나같이 문학을 하는 사람은 때로는 인간상의 너무나도 암담하고 황량한 면을 보고 깊은 절망의 문턱에까지 가서 방황하는 반면, 브로노우스키 같은 사람은 '인간' 그 자체에 대하여 그렇게도 신기해하고 즐거움을 느끼고 있다. 그러고는 인간의 예술적 창조와 과학적 창조를 정신적으로 연결시키려 하고 있다. 그러면서도 그는 그러한 노력을 하려는 동기의 하나로서 인간이 내놓은 '천재'들의 위대한 능력에 경건한 존경을 보이고 있다. 그러한 그의 태도 속에는 '인간이 창조해가는 과학이란 것은 오로지 인간만이 향유하고 있는 하나의 귀한 선물이다'라는 믿음이 있다. 그러한 태도와 자세로서 이 책을 쓰면서 그가 창조하고자 노력한 것이 있다면, 그것은 그의 말대로 20세기를 위한 하나의 종합된 철학을 찾아보려 한 것이었다.

흔히 우리는 이제 인간 생활에는 생활양식(life-style)은 있어도 인생철학은 없다는 말을 듣는다. 광범위한 인간 생활 양상을 통합해보아도, 보편적인 인간을 위한 보편적인 철학은 이제 없고, 또 있을 수도 없다는 것이 거의 상식처럼 되어버리고 말았다. 그러나 브로노우스키 같은 사람은 하나의 과학철학을 통하여 보편성에서 개개의 구체성으로 내려온 현대 세계의 인생철학을 다시금 '상승'시켜보려는 노력을 했다고 말할 수 있다.

그런 노력을 해온 브로노우스키라는 하나의 인간상은 끝까지 인간을 믿고 위하고 긍정하려고 평생을 바친 사람의 모습이다. 그 모습은 이 책의 구석구석에서 찾아볼 수 있고, 또한 느낄 수 있다. 따스한 사람, 절망하지 않는 사람, 생에서 느끼는 무한한 즐거움을 즐기는 사람, 인간의 조건 속에서 끝없이 긍정을 찾는 사람, 그러한 부러운 인간의 모습이다.

이 책을 통하여 지식이니 정보니 하는 것 외에도, 그의 인간상과의 접촉을 통해서 삶의 긍정이라 할까, 그런 것을 얻을 수 있다고 본다. 어떤 때는 너무나도 차디찬 이 세상의 삶 속에서나마 꺼지지 않고 반짝이는 희망에 찬 인간 정신을 그는 찬양했던 것이다.

인류의 문화적 진화의 원동력인 인간 지성의 발달사라고도 할 이 책을 통해서, 우리는 진보와 '등정(ascent)'을 향해 늘 열려 있는 인간의 위대한 정신과 무한한 가능성을 깊이 체험할 수 있으며, 이와 같은 인류의 발전은 앞으로도 꺼지지 않는 불꽃처럼 계속되리라는 확신을 갖게 된다.

이 책을 우리말로 옮기는 작업에 도움을 준 편집부 여러분과, 특히 수원대학 영문과 김현숙 씨에게 감사드린다.

1985년 10월

김은국

* 이 글은 1985년판 『인간 등정의 발자취』(범양사)의 역자 머리말을 재수록한 것입니다.

다시 느끼는 인간의 위대한 신비

김은국 선생님이 『인간 등정의 발자취』를 번역하는 것을 도와드린 지 꼭 20여 년이 흐른 것 같다. 당시 책을 읽으면서, 브로노우스키 자신이 인간의 위대한 전진에 대해서 느낀 경이로움을 전달하는 과정을 놀라운 감동으로 지켜본 기억이 있다. 인문학자와 과학자 사이에 넘을 수 없을 정도의 벽이 있으며, 같은 인문학자 사이에서도 내 분야와 네 분야가 뚜렷이 구분되어 있는 우리네 학문 풍토와 비교할 때, 과학의 모든 분야뿐 아니라 문학, 미술, 건축, 조각 등 온갖 분야에서 박학다식한 지식을 가지고 있으면서, 그런 지식을 통찰하고 종합해서 일반대중을 위해 평이하게 풀어놓는 그 능력에 놀라지 않을 수 없었다. 한 사물, 한 사건을 한 시각으로 보지 않고 다양한 인과관계를 가진 현상으로 정리해가는 브로노우스키의 작업은 경이 그 자체였다.

그의 시각을 조용히 따라가면서 관찰하게 되는 인간의 역사는 또 다른 감동을 안겨주었다. 보잘것없는 원시인에서 현대의 인간으로 진화해서 '내려온' 과정을 다윈이 그의 저서 『인간의 유래The Descent of Man』로 집약하고 있는 반면, 인간이 현재의 모습으로 되기까지의 과정을 놀라운 발전적 향상으로 본 브로노우스키가 자신의 저서를 『인간 등정의 발자취The Ascent of Man』라고 이름붙인 것은 당연하게 여겨진다.

물론 인간이 이처럼 엄청난 발전을 이루었음에도 불구하고 여전히 극복하지 못한 자연의 영역이 있으며 그로 인해 인간의 한계가 더욱 뼈저리게 여겨지는 것도 사실이다. 가까운 예를 보더라도, 우리는 인체에 무해한 조류독감이 어떻게 인간의 바이러스와 결합해서 엄청난 사상자를 낼 수도 있는 무시무시한 독감 변종으로 변하는지 알지 못하며, 그에 대비하기 위한 백신마저 가지고 있지 않다. 그러나 이런 위험한 고비는 인간의 등정 중에 항상 있어왔고, 인간이 그때마다 새로운 상상력으로 극복해온 과정이 바로 브로노우스키가 보는 '인간 등정의 발자취'에 고스란히 드러나 있다.

젊은 시절에, 브로노우스키가 보여주는 인간의 광활하고 심오한 발자취를 경탄하면서 좇아갔던 것이 엊그제 같은데, 개정판을 내기 위해 글을 다듬느라고 다시 읽으면서 그의 장대한 여정을 따라가는 기회를 가지게 되어 정말로 기뻤다. 어찌 보면 지겨울 수도 있는 것이 교정이라는 작업인데도 오히려, 그동안 눈앞에 닥친 인문학 공부에 매달리느라 잊고 있었던 영역, 참신하고 신비로움을 주는 영역을 탐험하는 재미를 진심으로 즐기고 있었다. 매일 발길에 밟히는 흔하디흔한 제비꽃에서 어느 날 갑자기 경이로움을 느끼게 된 워즈워스처럼, 광대한 바닷가에서 유난히 색이 곱고 매끄러운 조약돌을 발견하고 기뻐하는 소년에 자신을 비유한 뉴턴처럼, 나도 글을 다듬는 과정에서 인간의 위대한 신비를 다시 느끼는 경이롭고 기쁜 경험을 했다.

이런 경험을 하게 해주신 김은국 선생님께 진정으로 감사드린다. 사실 예전의 번역에서 아주 작은 역할을 했을 뿐인데 선생님께서는 당시의 출판사 사정으로 공동역자로 넣지 못한 것을 미안해하시면서 이번에는 굳이 공동역자 되기를 주장하셨다. 그 제안을 염치없게 받아들이면서, 미안한 마음에, 혹시라도 손볼 부분이 있으면 성심껏 고치는 것이 도리라고 생각했다. 솔직히, 김은국 선생님의 유려한 문장은 브로노우스키가 의도한 이상으로 그의 의도를 잘 전달하고 있으므로 손을 댄다는 것이 주제넘은 짓일지도 모르겠다. 그래도 20년 만에 다시 나오는 번역이 조금이라도 나아지게 하는 것이 선생님께 덜 죄송하겠다는 순진한 마음으로, 세월의 흐름으로 인해 낯설어진 표현들을 고치는 작업을 했다. 이런 노력이 독자가 이 책을 읽을 때 도움이 되기를 간절히 바랄 뿐이다. 이후 혹시라도 드러나는 오류는 온전히 나의 부족의 소치임을 밝힌다.

인생의 가장 중요한 시기에 참된 인간으로 사는 것이 어떤 것인지를 몸소 보여주셨고 지금도 좋은 친구로 남아주신 김은국 선생님께 이 자리를 빌려서 진정으로 감사드린다. 이미 절판되고 사장되어버린 이전의 번역을 찾아내어 새로이 정비하고 사진까지도 온전히 넣어 브로노우스키의 등정을 우리의 진보의 등정으로 만들 수 있는 기회를 주신 바다 출판사, 수고한 편집부에도 감사드린다.

2004년 3월

김현숙

인간에 대한 무서운 집념이 빚어낸 역작

송상용(한양대 석좌교수·철학)

과학과 문학의 소질을 함께 갖고 있는 사람은 흔하지 않다. 브로노우스키(Jacob Bronowski, 1908~74)는 이 둘에서 다 성공했다는 점에서 드문 행운아이다. 폴란드에서 태어나 영국에 귀화한 그는 케임브리지 대학교에서 수학을, 미국에서 생물학을 전공했다. 그는 시인 블레이크(William Blake)에 대한 권위자로서 『시인의 방어 The Poet's Defence』 등 저서가 있고 『폭력의 얼굴The Face of Violence』을 쓴 희곡작가이기도 하다. 나아가 그는 과학을 인문화함으로써 두 문화의 간극을 좁히는 데 큰일을 했다. 그는 『과학의 상식The Common Sense of Science』(1951), 『과학과 인간의 가치Science and Human Values』(1956)로 유명해졌으며 텔레비전에 자주 출연해 과학을 대중에게 쉽게 해설했다. 『서구의 지적 전통The Western Intellectual Tradition』(1960, 매즐리시와 공저), 『인간의 정체The Idendity of Man』(1965), 그리고 우리나라에서도 『과학과 인간의 미래』(1984)로 번역된 『미래감각A Sense of the Future』(1977) 등을 지었다.

브로노우스키의 『인간 등정의 발자취The Ascent of Man』(1973)는 우리나라에서 이미 널리 알려진 책이다. 나온 지 3년 만인 1976년 『인간역사』라는 제목으로 언론인 이종구 님의 축약 번역판(삼성문화문고 79)이 나와 1만 부 이상은 팔린 듯하고 KBS에서 박성래 교수의 해설을 붙여 여러 차례 방영해 절찬을 받은 바 있다. 9년 뒤에 판형이 약간 줄고 일부 천연색 사진이 흑백으로 바뀌기는 했지만 완역판이 나왔다. 『순교자The Martyred』를 쓴 재미작가 김은국 님이 이 책을 옮긴 것은 뜻밖이면서도 매우 다행한 일이다. 그의 유려한 글은 원서의 높은 문학적 향기를 유감없이 살려놓았다. 축약판은 오역투성이였는데 이번 번역은 놀랄 만치 성실했다. 그러나 문제가 전혀 없는 것은 아니었다. 미흡한 것을 바로잡아 새로 낸 것이 이 책이다. 이제 오래간만에 개정판이 나오게 되니 반갑기 이를 데 없다.

이 책은 인류의 문화적 진화의 원동력인 인간 지성의 발달사이다. 예술, 문학, 종교, 기술, 건축 등 광범한 내용을 담고 있으나 주종을 이루고 있는 것은 아무래도 과학사라고 보아야 한다. 그러나 지은이는 역사라기보다는 철학, 과학보다는 현대판 '자연철학'을 제시하는 것이라고 주장한다. 옮긴이의 말처럼 그것은 보편성에서 구체성으로 내려온 현대세계의 인생철학을 다시 상승시켜보려는 노력이라 할 수 있다. 이 책이 여느 과학사와 다른 점은 어디까지나 인간이 중심이라는 것이다. 브로노우스키는 자연 이해의 궁극 목표가 인간성의 이해이며 자연 속에서의 인간 조건의 이해라고 믿기 때문이다. 그에게는 인간의 위대한 정신과 무한한 가능성에 대한 믿음이 넘쳐흐른다. 그는 철저히 인간을 긍정하며, 인간이 만든 과학에 대한 두터운 신뢰를 보인다.

『인간 등정의 발자취』는 인간의 진화에서 최근의 유전자 연구까지 다채로운 내용을 인류의 진보라는 줄기에 얽어맴으로써 독자들을 매료한다. 그가 수학자, 생물학자, 시인, 비평가, 과학 해설자, 행정가를 겸한 현대의 보기 드문 르네상스인이 아니었던들 이런 일은 불가능했으리라. 그러나 우리가 이 책을 읽고 강렬한 감동을 받는 것은 그의 비상한 재치보다도 인간에 대한 무서운 집념 때문이다.

나는 1974년 일본의 국제학회에 참석하고 있을 때 MIT 교수 와이너에게 브로노우스키의 부음을 들었다. 1977년 영국에 간 기회에 BBC에 들러 그의 마지막 방송 대본을 얻었다. 1987년 런던 하이게이트 공동묘지로 마르크스의 무덤을 찾았을 때 우연히 건너편 끝에 자리잡은 브로노우스키의 아무런 장식 없는 무덤을 발견했다. 과학이 날로 삭막해가는 이때 그토록 따뜻했던 휴머니스트가 이 세상에 없는 것이 아쉽기만 하다.

천사 아래 있는 존재

- Campbell, Bernard G., *Human Evolution:An Introduction to Man's Adaptations*, Aldine Publishing Company, Chicago, 1966, and Heinemann Educational, London, 1967; and 'Conceptual Progress in Physical Anthropology:Fossil Man', *Annual Review of Anthropology*, I, pp. 27~54, 1972.
- Clark, Wilfrid Edward Le Gros, *The Antecedents of Man*, Edinburgh University Press, 1959.
- Howells, William, editor, *Ideas on Human Evolution:Selected Essays*, 1949~1961, Harvard University Press, 1962.
- Leakey, Louis S. B., *Olduvai Gorge*, 1951~61, 3 Vols, Cambridge University Press, 1965~71.
- Leakey, Richard E. F., 'Evidence for an Advanced Plio-Pleistocene Hominid from East Rudolf, Kenya', *Nature*, 242, pp. 447~50, 13 April 1973.
- Lee, Richard B., and Irven De Vore, editors, *Man the Hunter*, Aldine Publishing Company, Chiago, 1968.

계절의 수확

- Kenyon, Kathleen M., *Digging up Jericho*, Ernest Benn, London, and Frederick A. Praeger, New York, 1957.
- Kimber, Gordon, and R. S. Athwal, 'A Reassessment of the Course of Evolution of Wheat', *Proceedings of the National Academy of Sciences*, 69, no. 4, pp. 912~15, April 1972.
- Piggott, Stuart, *Ancient Euorpe:From the Beginnings of Agriculture to Classical Antiquity*, Edinburgh University Press and Aldine Publishing Company, Chicago, 1965.
- Scott, J. P., 'Evolution and Domestication of the Dog', pp. 243~75 in *Evolutionary Biology*, 2, edited by Theodosius Dobzhansky, Max K. Hecht, and William C. Steere, Appleton-Century-Crofts, New York, 1968.
- Young, J. Z., *An Introduction to the Study of Man*, Oxford University Press, 1971.

돌의 결

- Gimpel, Jean, *Les Bâtisseurs de Cathédrales*, Editions du Seuil, Paris, 1958.
- Hemming, John, *The Conquest of the Incas*, Macmillan, London, 1970.
- Lorenz, Konrad, *On Aggression*, Methuen, London, 1966.
- Mourant, Arthur Ernest, Ada C. Kopeć and Kazimiera Domaniewska-Sobczak, *The ABO Blood Groups; comprehensive tables and maps of world distribution*, Blackwell Scientific Publications, Oxford, 1958.

- Robertson, Donald S., *Handbook of Greek and Roman Architecture*, Cambridge University Press, 2nd ed., 1943.
- Willey, Gordon R., *An Introduction to American Archaeology*, Vol. I, North and Middle America, Prentice-Hall, New Jersey, 1966.

숨겨진 구조

- Halton, John, *A New System of Chemical Philosophy*, 2 vols, R. Bickerstaff and G. Wilson, London, 1808~27.
- Debus, Allen G., 'Alchemy', *Dictionary of the History of Ideas*, Charles Scribner, New York, 1973.
- Needham, Joseph, *Science and Civilization in China*, 1~4, Cambridge University Press, 1954~71.
- Pagel, Walter, *Paracelsus. An introduction to Philosophical Medicine in the Era of the Renaissance*, S. Karger, Basel and New York, 1958.
- Smith, Cyril Stanley, *A History of Metallography*, University of Chicago Press, 1960.

천구의 음악

- Heath, Thomas L., *A Manual of Greek Mathematics*, 7 vols, Clarendon Press, Oxford, 1931; Dover Publications, 1967.
- Mieli, Aldo, *La Science Arabe*, E. J. Brill, Leiden, 1966.
- Neugebauer, Otto Eduard, *The Exact Sciences in Antiquity*, Brown University Press, 2nd ed., 1957; Dover Publications, 1969.
- Weyl, Hermann, *Symmetry*, Princeton University Press, 1952.
- White, John, *The Birth and Rebirth of Pictorial Space*, Faber, 1967.

별의 사자(使者)

- Drake, Stillman, *Galileo Studies*, University of Michigan Press, 1970.
- Gebler, Karl von, *Galileo Galilei und die Römische Curie*, Verlag der J. G. Gotta' schen Buchhandlung, Stuttgart, 1876.
- Kuhn, Thomas S., *The Copernican Revolution*, Harvard University Press, 1957.
- Thompson, John Eric Sidney, *Maya History and Religion*, University of Oklahoma Press, 1970.

장엄한 시계 장치

- Einstein, Albert, 'Autobiographical Notes', in *Albert Einstein:Philosopher-Scientist*, edited by Paul Arthur Schilpp, Cambridge University Press, 2nd ed., 1952.
- Hoffman, Banesh, and Helen Dukas, *Albert Einstein*, Viking Press, 1972.
- Leibniz, Gottfried Wihelm, *Nova Methodus pro Maximis et Minimis*, Leipzig, 1684.

- Newton, Isaac, *Isaac Newton's Philosophiae Naturalis Principia Mathematica*, London, 1687, edited by Alexandre Koyré and I. Bernard Cohen, 2 vols, Cambridge University Press, 3rd ed., 1972.

동력(動力)을 찾아서

- Ashton, T. S., *The Industrial Revolution 1760-1830*, Oxford University Press, 1948.
- Crowther, J. G., *British Scientists of the 19th Century*, 2 vols, Pelican, 1940~41.
- Hobsbawm, E. J., *The Age of Revolution:Europe 1789-1848*, Weidenfeld and Nicolson, 1962; New American Library, 1965.
- Schofield, Robert E., *The Lunar Society of Birmingham*, Oxford University Press, 1963.
- Smiles, Samuel, *Lives of the Engineers*, 1~3, John Murray, 1861; reprint, David and Charles, 1968.

창조의 사다리

- Darwin, Francis, *The Life and Letters of Charles Darwin*, John Murray, 1887.
- Dubos, René Jules, *Louis Pasteur*, Gollancz, 1951.
- Malthus, Thomas Robert, *An Essay on the Principle of Population, as it affects the Future Improvement of Society*, J. Johnson, London, 1798.
- Sanchez, Robert, James Ferris and Leslie E. Orgel, 'Conditions for purine synthesis:Did prebiotic synthesis occur at low temperatures?', *Science*, 153, pp. 72~73, July 1966.
- Wallace, Alfred Russel, *Travels on the Amazon and Rio Negro, With an Account of the Native Tribes, and Observations on the Climate, Geology, and Natural History of the Amazon Valley*, Ward, Lock, 1853.

세계 속의 세계

- Broba, Engelbert, *Ludwig Boltzmann*, Franz Deuticke, Vienna, 1955.
- Bronowski, J., 'New Concepts in the Evolution of Complexity', *Synthese*, 21, no. 2, pp. 228~46, June 1970.
- Burbidge, E. Margaret, Geoffrey R. Burbidge, William A. Fowler, and Fred Hoyle, 'Synthesis of the Elements in Stars', *Reviews of Modern Physics*, 29, no. 4. pp. 547~650, October 1957.
- Segrè, Emilio, *Enrico Fermi:Physicist*, University of Chicago Press, 1970.
- Spronsen, J. W. van, *The Periodic System of Chemical Elements:A History of the First Hundred Years*, Elsevier, Amsterdam, 1969.

지식과 확실성

- Blumenbach, Johann Friedrich, *De generis humani varietate nativa*, A. Vandenhoeck, Göttingen, 1775.
- Gillispie, Charles C., *The Edge of Objectivity:An Essay in the History of Scientific Ideas*, Princeton University Press, 1960.
- Heisenberg, Werner, 'Über den anschaulichen Inhalt der quantentheoretischen Kinematik und Mechanik',

Zeitschrift für Physik, 43, p. 172, 1927.
• Szilard, Leo, 'Reminiscences', edited by Gertrud Weiss Szilard and Kathleen R. Winsor in *Perspectives in American History*, II, 1968.

이어지는 세대

• Briggs, Robert W. and Thomas J. King, 'Transplantation of Living Nuclei from Blastula Cells into Enucleated Frogs' Eggs', *Proceedings of the National Academy of Sciences*, 38, pp. 455~63, 1952.
• Fisher, Ronald A., *The Genetical theory of Natural Selection*, Clarendon Press, Oxford, 1930.
• Olby, Robert C., *The Origins of Mendelism*, Constable, 1966.
• Schrödinger, Erwin, *What is Life?*, Cambridge University Press, 1944; new ed., 1967.
• Watson, James D., *The Double Helix*, Atheneum, and Weidenfeld and Nicolson, 1968.

긴 유년 시대

• Braithwaite, R. B., *Theory of Games as a tool for the Moral Philosopher*, Cambridge University Press, 1955.
• Bronowski, J., 'Human and Animal Languages', pp. 374~95, in *To Honor Roman Jakobson*, I., Mouton & Co., The Hague, 1967.
• Eccles, John C., editor, *Brain and the Unity of Conscious Experience*, Springer-Verlag, 1965.
• Gregory, Richard, *The Intelligent Eye*, Weidenfeld and Nicolson, 1970.
• Neumann, John von, and Oskar Morgenstern, *Theory of Games and Economic Behavior*, Princeton University Press, 1943.
• Wooldridge, Dean E., *The Machinery of the Brain*, McGraw-Hill, 1963.

찾아보기

*고딕 숫자는 사진 번호임

ㄷ

ㄹ

ㅁ

ㅂ

ㅇ

ㅌ

ㅍ

ㅎ

브로노우스키의 저서

The Poet's Defence 1939 & 1966

William Blake and The Age of Revolution 1944 & 1965

The Common Sense of Science 1951

The Face of Violence 1954 & 1967

Science and Human Values 1958 『과학과 인간가치』(이화여대 출판부)

With The Abacus and The Rose :

A New Dialogue on Two World Systems 1965

Selections from William Blake 1958

The Western Intellectual Tradition

(*with Prof. Bruce Mazlish*) *1960* 『서양의 지적전통 』(학연사, 매즐리시와 공저)

Insight 1964

The Identity of Man 1965 & 1972 『나는 누구인가 』(정우사)

Nature and Knowledge: The Philosophy of Contemporary Science 1969

옮긴이 **김은국(Richard E. Kim)**

재미작가. 서울대 상대, 미국 미들버리대에서 수학했고, 존스 홉킨스대와 아이오와대에서 각각 '창작'으로 석사학위, 미국 하버드대에서 '극동문학' 연구로 석사학위를 취득했다. 1965~66년 구겐하임 펠로우로 선발되었으며, 1969년 이후 매사추세츠대, 시라큐스대, 샌디에고 주립대 등에서 교수를 역임했다.
1981~83년에는 서울대에서 풀브라이트 교환교수로 활동했다. 1974년 현대 한국문학 번역상을 수상했다. 중국과 소련에 흩어져 사는 한국 이민을 다룬 다큐멘터리 시리즈, 〈소련의 잃어버린 한국인을 찾아서〉(1988) 〈거대한 시베리아 횡단철도〉(1989) 등을 포함해 KBS-TV에서 다수의 다큐멘터리 프로그램을 진행했다. 저서에 『순교자』(1964), 『죄없는 사람』(1968), 『잃어버린 이름』(1970), 포토에세이 『소련과 중국, 그리고 잃어버린 동족들』(1989) 등이 있다.

옮긴이 **김현숙**

부산대학교 사범대 영어교육과를 졸업하고, 서울대학교 영문과에서 석사와 박사학위를 받았다. 1989년부터 2022년까지 수원대학교 인문대 영문과 교수로 재직하였다. 풀브라이트 연구비로 미국 하버드 대학교 영문과에서 방문교수로, 학술진흥재단 해외파견교수로 미국 스탠퍼드 대학교에서 방문교수로 연구한 바 있다. 19세기영어권문학회 회장을 역임하였다. 저서로 2007년 대한민국 학술원 우수학술도서로 선정된 『영미소설 속의 여성, 결혼, 그리고 삶』을 비롯해 『디킨즈 소설의 대중성과 예술성』, 『영미명작, 좋은 번역을 찾아서 1. 2』(공저), 『19세기 영어권 여성문학론』(공저)이 있으며, 제인 오스틴의 『이성과 감성』, 『아시아계 미국문학의 길잡이』(공역) 등을 우리말로 옮겼고, 다수의 논문을 발표했다.

감수 **송상용**

1937년 서울에서 태어나 서울대 화학과와 철학과, 인디애나대 과학사·과학철학과를 졸업했다. 성균관대, 한림대에서 교수를 지냈고, 케임브리지대, 베를린공대, 주오대에서 객원연구원으로 활동했다. 한국과학사학회, 한국과학철학회 회장을 역임했으며, 현재는 한양대 석좌교수로 있으면서 한국과학기술한림원 종신회원, 아시아생명윤리학회 부회장 등을 겸하고 있다.
한국과학저술인협회 저술상(1987), 대한민국과학기술상 진흥상(1997) 등을 수상했으며 저서에 『교양과학사』, 『서양과학의 흐름』, 『한국과학기술30년사』 등이 있다.

인간 등정의 발자취

초판 1쇄 발행 | 2004년 4월 19일
개정2판 1쇄 발행 | 2023년 5월 8일
개정2판 2쇄 발행 | 2023년 12월 8일

지은이 제이콥 브로노우스키
옮긴이 김은국 김현숙
감수 송상용

펴낸곳 (주)바다출판사
주소 서울시 마포구 성지1길 30 3층
전화 02-322-3885(편집) 02-322-3575(마케팅)
팩스 02-322-3858
홈페이지 www.badabooks.co.kr
이메일 badabooks@daum.net

ISBN 979-11-6689-148-9 03400